Soil Mechanics and Engineering Geology

土力学与工程地质

主　编　夏建中
参　编　罗战友　陆　江　曹宇春
　　　　陈洪波　吴李泉　夏建中
主　审　谢康和

ZHEJIANG UNIVERSITY PRESS
浙江大学出版社

图书在版编目（CIP）数据

土力学与工程地质 / 夏建中主编. —杭州：浙江大学出版社，2012.11（2018.2 重印）
ISBN 978-7-308-09974-5

Ⅰ. ①土… Ⅱ. ①夏… Ⅲ. ①土力学—教材②工程地质—教材 Ⅳ. ①TU43②P642

中国版本图书馆 CIP 数据核字（2012）第 097626 号

内容简介

本套教材把土力学和工程地质学置于一门课程内，内容既重视学科基础理论知识的阐述，又注重结合工程实例，力求把知识的传授与能力的培养结合起来。为简明实用，在编排上去除了一些繁杂的理论推导过程。本书共分两部分，第一部分为工程地质，共分为五章，分别为概述、矿物与岩石、地质构造、地下水、不良地质现象的工程问题，第二部分为土力学，包括土的物理性质和工程分类、土的渗透性和渗流问题、土中应力计算、土的压缩性和地基沉降计算、土的抗剪强度、土压力理论、土坡稳定分析、地基承载力、土的动力特性，各章后附有相应的思考题和习题。建议授课总学时 64 学时，其中工程地质占 9 学时，土力学试验占 9 学时，习题和课堂讨论 6 学时，理论授课 40 学时。

本书内容简明扼要、便于自学土力学部分，既可作为土木工程专业以及相近专业的土力学及工程地质课程教材，也可供土木工程研究人员和相关工程技术人员参考。

土力学与工程地质

主　编　夏建中
参　编　罗战友　陆　江　曹宇春
　　　　陈洪波　吴李泉　夏建中
主　审　谢康和

责任编辑　杜希武
封面设计　刘依群
出版发行　浙江大学出版社
　　　　　（杭州市天目山路 148 号　邮政编码 310007）
　　　　　（网址：http://www.zjupress.com）
排　　版　杭州好友排版工作室
印　　刷　浙江云广印业有限公司
开　　本　787mm×1092mm　1/16
印　　张　17.25
字　　数　419 千
版 印 次　2012 年 11 月第 1 版　2018 年 2 月第 3 次印刷
书　　号　ISBN 978-7-308-09974-5
定　　价　35.00 元

版权所有　翻印必究　印装差错　负责调换

浙江大学出版社发行中心联系方式：（0571）88925591；http://zjdxcbs.tmall.com

前　　言

本教材为浙江省本科院校重点建设教材之一，编写定位为普通高校土木工程专业和相关专业的课堂教学用书及相关工程技术人员的参考用书。

本教材是综合了全国高校土木工程专业教学指导委员会指定的《土力学》和《工程地质学》教学大纲编写而成，对工程地质部分则做了较大的浓缩和精简，建议总课时不少于 60 学时。根据大纲要求，本书共分十章，包括土的物理性质和工程分类、土的渗透性和渗流、土中应力计算、土的压缩性和地基沉降计算、土的抗剪强度、土压力理论、土坡稳定分析、地基承载力、土的动力特性、工程地质，其中工程地质部分主要内容有岩石、矿物、地质构造、地貌、地下水、不良地质现象、不同类型工程地质问题等。各章后附有相应的思考题和习题。

土力学是高等院校土木工程专业四年制本科教育一门重要的专业基础必修课，工程地质学在多数本科院校土木类专业中也都作为一门重要的专业基础课单独立课。但由于课堂教学课时的有限，本教材尝试把土力学和工程地质置于同一课程内，两部分有机地衔接，以压缩总授课时数。现行的土木一级学科涵盖了原建筑工程、道桥、市政、铁路、地下建筑、港口、矿井、隧道等多个方向，本教材本着兼容"大土木"不同的专业方向，体现土木工程专业的大融合，便于学生拓宽知识面。书中的工程地质学部分虽然做了较大的精简，但注重了在大土木工程专业中的应用，为土木工程专业本科学生提供了必需的工程地质学的基础知识。教材内容丰富，概念清晰，突出重难点，注意教学的一般规律，循序渐进；既重视学科基础理论知识的阐述，又注重结合工程实例，对比较庞杂、冗余的部分尽量削枝强干，适当淡化了繁杂的理论推导，对实验原理方法也只作概要性介绍，同时在内容上与新规范相结合，力求把知识的传授与能力的培养结合起来，有利于提高学生适应工程实践的能力和扩展土木工程专业学生的知识面。

本书由浙江科技学院夏建中教授主编，浙江大学博士生导师谢康和教授主审。参加编写人员皆为浙江科技学院岩土工程研究所教师，具体分工如下：土力学部分第 1 章、第 9 章由陆江编写，第 2 章、第 5 章由夏建中编写，第 3 章、第 7 章由陈洪波编写，第 4 章由曹宇春编写，第 6 章、第 8 章由罗战友编写，工程地质部分由吴李泉编写。

由于编者水平有限，书中错误在所难免，恳请读者批评指正。最后编者向资助本教材出版的浙江省教育厅、浙江大学出版社、书中引用文献的原作者以及本书主审谢康和教授表示深深的致谢！

目　　录

第一部分　工程地质

第二部分 土力学

第一部分　工程地质

第1章 概 述

1.1 地质学

地质学(geology)是由瑞士人索修尔(Saussure H. B. de)于 1779 年提出来的;地质学是研究地球的科学,是研究地球的组成、构造及其形成和演化规律并利用这些规律为人类社会服务的科学;地质学的重点研究对象是地壳;地质学的服务对象主要包括矿产、能源、环境和灾害等四个方面。地壳是人类赖以生活和活动的场所,一切建筑物都建筑在地壳上,它构成人类生存和工程建筑的环境和物质基础。人类的工程活动都是在一定的地质环境中进行的,两者之间具有密切的联系,并且相互影响和相互制约(图 1-1)。

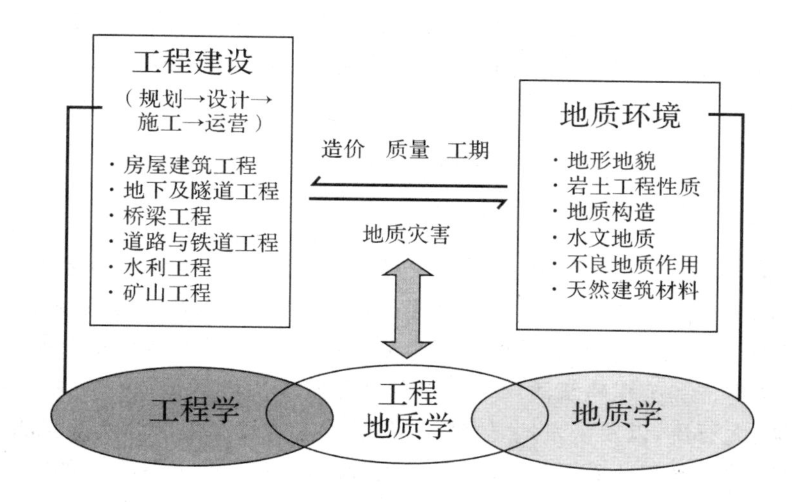

图 1-1 工程活动与地质环境的关系

1.2 工程地质学

工程地质学是介于地质学与工程学之间的一门边缘交叉学科,它是研究与人类工程建筑等活动有关的地质问题的学科,是地质学的一个分支。工程地质学的研究目的在于查明建设地区或建筑场地的工程地质条件,分析、预测和评价可能存在和发生的工程地质问题及其对建筑物和地质环境的影响和危害,提出防治不良地质现象的措施,为保证工程建设的合理规划以及建筑物的正确设计、顺利施工和正常使用，提供可靠的地质科学依据。

工程地质学孕育、萌芽于地质学的发展和人类工程活动经验的积累中。17 世纪以前，许多国家成功地建成了至今仍享有盛名的伟大建筑物，但人们在建筑实践中对地质环境的考虑，完全依赖于建筑者个人的感性认识。17 世纪以后，由于产业革命和建设事业的发展，出现并逐渐积累了关于地质环境对建筑物影响的文献资料。第一次世界大战结束后，整个世界开始了大规模建设时期；1929 年，奥地利的 K・太沙基出版了世界上第一部《工程地质学》。1937 年苏联的 Φ・Π・萨瓦连斯基的《工程地质学》一书问世。50 年代以来，在世界工程建设发展中，工程地质学逐渐吸收了土力学、岩石力学和计算数学中的很多理论和方法，更加完善和发展了本身的内容和体系。

我国工程地质学的发展基本上始自 1950 年代。工程地质工作密切结合国民经济建设，为国家国土规划与资源开发、各类工程建设、镇城建设和地质灾害防治及地质环境保护提供了强有力的技术支撑，工作领域几乎覆盖国民经济的所有部门；可以说，我国已建的水电站、铁路和公路、金属矿山、大型煤矿、城镇及不计其数的工业与民用建筑，都留下了工程地质工作者辛勤的汗水。丰富的工程实践，也促进了我国工程地质学科体系的飞速发展，相继形成了“工程地质力学”、“地质过程机制分析—定量评价”及“系统工程地质学”等国内外有较大影响的理论及学术思想体系；如谷德振在岩体稳定性问题中提出的结构控制论以及刘国昌在区域工程地质方面，都对工程地质学的发展作出了重要的贡献；在诸如高边坡稳定性研究、地下开挖的地面地质效应研究、崩滑地质灾害预测及土体工程地质特性研究等方面都走到了国际前沿；在工程地质理论及实践水平上，我国都处在世界先进水平之列。

1.3 工程地质学研究内容

工程地质学的研究内容主要包括：①研究建设地区和建筑场地中岩土体的空间分布规律和工程地质性质，控制这些性质的岩石和土的成分和结构，以及在自然条件和工程作用下这些性质的变化趋向；制定岩石和土的工程地质分类。②分析和预测建设地区和建筑场地范围内在自然条件下和工程建筑活动中发生和可能发生的各种地质作用和工程地质问题，例如地震、滑坡、泥石流，以及诱发地震、地基沉陷、人工边坡和地下洞室围岩的变形和破坏、开采地下水引起的大面积地面沉降、地下采矿引起的地表塌陷，及其发生的条件、过程、规模和机制，评价它们对工程建设和地质环境造成的危害程度。③研究防治不良地质作用的有效措施。④研究工程地质条件的区域分布特征和规律，预测其在自然条件下和工程建设活动中的变化和可能发生的地质作用，评价其对工程建设的适宜性。

由于各类工程建筑物的结构和作用及其所在空间范围内的环境不同，因而可能发生和必须研究的地质作用和工程地质问题往往各有侧重。据此，工程地质学又常分为水利水电工程地质学、道路工程地质学、采矿工程地质学、海港和海洋工程地质学、城市工程地质学等。

1.4 工程地质学研究方法

工程地质学的研究方法主要包括地质学方法、实验和测试方法、计算方法和模拟方法。地质学方法，即自然历史分析法，是运用地质学理论查明工程地质条件和地质现象的空间分布，分析研究其产生过程和发展趋势，进行定性的判断，它是工程地质研究的基本方法，也是其他研究方法的基础。实验和测试方法，包括为测定岩、土体特性参数的实验、对地应力的量级和方向的测试以及对地质作用随时间延续而发展的监测。计算方法，包括应用统计数学方法对测试数据进行统计分析，利用理论或经验公式对已测得的有关数据，进行计算，以定量地评价工程地质问题。模拟方法，可分为物理模拟（也称工程地质力学模拟）和数值模拟，它们是在通过地质研究深入认识地质原型，查明各种边界条件，以及通过实验研究获得有关参数的基础上，结合建筑物的实际作用，正确地抽象出工程地质模型，利用相似材料或各种数学方法，再现和预测地质作用的发生和发展过程。电子计算机在工程地质学领域中的应用，不仅使过去难以完成的复杂计算成为可能，而且能够对数据资料自动存储、检索和处理，甚至能够将专家们的智慧存储在计算机中，以备咨询和处理疑难问题，即工程地质专家系统。

1.5 工程地质学基本任务

研究人类工程活动与地质环境之间的相互制约，合理开发和妥善保护地质环境，使工程活动和地质环境协调相处是工程地质学的最基本任务，其基本任务主要表现在以下三方面：①区域稳定性研究与评价，指由内力地质作用引起的断裂活动、地震对工程建设地区稳定性的影响；②地基稳定性研究与评价，指地基的牢固、坚实性、安全性；③环境影响评价，指人类工程活动对环境造成的影响。因此，工程地质学的具体任务是：①评价工程地质条件，阐明建筑工程兴建和运行的有利和不利因素，选定建筑场地和适宜的建筑型式，保证规划、设计、施工、使用、维修顺利进行；②论证和预测有关工程地质问题发生的可能性、发生的规模和发展趋势；③提出改善、防治或利用有关工程地质条件的措施、加固岩土体和防治地下水的方案；④研究岩体、土体分类和分区及区域性特点；⑤研究人类工程活动与地质环境之间的相互作用与影响。

第2章 矿物与岩石

地球是宇宙间沿着近似圆形的轨道绕太阳公转的一个行星；地球的内部构造是由化学成分、密度、压力、温度等不同的圈层所组成，具有同心圆状的圈层构造；依各圈层的特点可分为地壳、地幔、地核。地球的固体外壳称作地壳（图2-1）。组成地壳的岩石，都是在一定的地质条件下，由一种或几种矿物自然组合而成的矿物集合体，矿物的成分、性质及其在各种因素影响下的变化，都会对岩石的强度和稳定性发生影响。

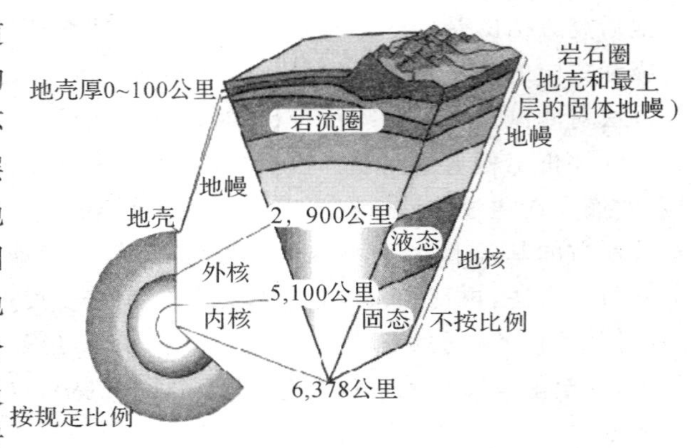

图2-1 地球构造示意图

2.1 矿 物

矿物是指存在于地壳中的具有一定化学成分和物理性质的自然元素和化合物（图2-2）。组成矿物的元素质点（离子、原子或分子）在矿物内部按一定的规律排列，形成稳定的结晶格子构造，在生长过程中如条件适宜，能生成具有一定几何外形的晶体。构成岩石的矿物，称为造岩矿物。目前发现的地壳中的造岩矿物多达3000余种，以硅酸盐类矿物为最多，约占矿物总量的90%，其中最常见的矿物约有50余种，例如正（斜）长石、黑（白）云母、辉石、角闪石、橄榄石、绿泥石、滑石、高岭石、石英、方解石、白云石、石膏、黄（赤、褐、磁）铁矿等。

图2-2 石英矿物

2.1.1 矿物的种类

根据矿物的形成与变化方式，可将造岩矿物划分为原生矿物和次生矿物两个种类。其中，原生矿物是由地幔中的岩浆侵入地壳或喷出地面后冷凝而成，且未发生任何质及形态变化的矿物称为原生矿物，如正长石、斜长石，黑(白)云母，辉石，角闪石，石英，方解石，磁铁矿等。而次生矿物通常由原生矿物在水溶液中析出形成，也有的是在氧化、碳酸化、硫酸化或生物化学风化作用下形成；次生矿物有很多种，其中最为主要的是高岭石、伊里石和蒙脱石等黏土类矿物，黏土矿物是指具有片状或链状结晶格架的铝硅酸盐，它是由原生矿物中的长石及云母等矿物风化形成。

2.1.2 矿物的主要物理性质

矿物的物理性质，决定于矿物的化学成分和内部构造。由于不同矿物的化学成分和内部构造不同，因而反映出不同的物理性质。所以，矿物的物理性质，是鉴别矿物的重要依据。

1)光学性质：

(1)颜色：矿物的颜色，是矿物对可见光波的吸收作用产生的。按成色原因，有自色、他色、假色之分。

自色：是矿物固有的颜色，颜色比较固定。一般来说，含铁，锰多的矿物，如黑云母、普通角闪石、普通辉石等，颜色较深；含硅、铝、钙等成分多的矿物，如石英、长石、方解石等，颜色较浅。

他色：是矿物混入了某些杂质所引起的，与矿物的本身性质无关。他色不固定，对鉴定矿物没有很大意义。

假色：是由于矿物内部的裂隙或表面的氧化薄膜对光的折射、散射所引起的。如方解石解理面上常出现的虹彩；斑铜矿表面常出现斑驳的蓝色和紫色。

(2)光泽：矿物表面呈现的光亮程度，称为光泽。它是矿物表面的反射率的表现。按其反射强弱程度，分金属光泽、半金属光泽和非金属光泽。造岩矿物绝大部分属于非金属光泽。

玻璃光泽：反光如镜，如长石、方解石解理面上呈现的光泽。

珍珠光泽：像珍珠一样的光泽，如云母等。

丝绢光泽：纤维状或细鳞片状矿物，形成丝绢般的光泽，如纤维石膏和绢云母等。

油脂光泽：矿物表面不平，致使光线散射，如石英断口上呈现的光泽。

蜡状光泽：石蜡表面呈现的光泽，如蛇纹石、滑石等致密块体矿物表面的光泽。

土状光泽：矿物表面暗淡如土，如高岭石等松细粒块体矿物表面所呈现的光泽。

(3)条痕：矿物在无釉瓷板上摩擦时所留下的粉末痕迹，它是指矿物粉末的颜色。对不透明矿物的鉴定很重要。

2)形态特征

矿物的形态是指矿物单体、矿物规则连生体及同种矿物集合体的外貌形态。由于矿物的化学成分、内部排列构造不同，其外形特征也不同；同时它也受矿物形成时的环境条件影响。通常情况下，结晶体呈规则的几何形状，如石英、方解石、正长石、斜长石、辉石、角闪石等，而非结晶体为不规则形态；常见的矿物形态有粒状、板状、片状、柱状、和纤维状等。

(1)单体矿物形态

单向延长类型：晶体向一个方向发育，形成柱状、针状、纤维状，如纤维状石膏、角闪石等。

双向延长类型：晶体向两个方向发育，形成板状、片状，如板状石膏、云母、重晶石等。

三向延长类型：晶体向三个方向发育，形成立方体、八面体等，如黄铁矿、橄榄石。

(2)集合体的形态

晶簇：在岩石空洞或裂隙中以共同的基底生长许多单晶，如石英晶簇、方解石晶簇。

纤维状：由许多针状矿物或柱状矿物平行排列，如纤维石膏。

粒状：大小略等，不具一定规律，聚合而成的形状。

鲕状：胶体围绕一个质点凝聚而成一个结核，形似鱼卵，如鲕状赤铁矿。

钟乳状：石钟乳、石笋等。

土状：细小颗粒聚集体的形状，如高岭土。

块状：无特征，如蛋白石等。

3)力学性质

(1)硬度：矿物抵抗外力刻划、研磨的能力，称为硬度。硬度是矿物的一个重要鉴定特征。在鉴别矿物的硬度时，是用两种矿物对刻的方法来确定矿物的相对硬度。

摩氏硬度计：是硬度对比的标准，从软到硬依次由下列10种矿物组成，称为摩氏硬度计。

①滑石②石膏③方解石④萤石⑤磷灰石⑥正长石⑦石英⑧黄玉⑨刚玉⑩金刚石

可以看出，摩氏硬度只反映矿物相对硬度的顺序，它并不是矿物绝对硬度的等级。矿物硬度的确定，是根据两种矿物对刻时互相是否刻伤的情况而定。在野外工作中，常用指甲(2～2.5)、铁刀刃(3～5.5)、玻璃(5～5.5)、钢刀刃(6～6.5)鉴别矿物的硬度。矿物硬度，对岩石的强度有明显影响。风化、裂隙、杂质等会影响矿物的硬度。所以在鉴别矿物的硬度时，要注意在矿物的新鲜晶面或解理面上进行。

(2)解理、断口：矿物受打击后，能沿一定方向裂开成光滑平面的性质，称为解理。裂开的光滑平面称为解理面。不具方向性的不规则破裂面，称为断口。不同晶质矿物，由于其内部构造不同，在受力作用后开裂的难易程度、解理数目以及解理面的完全程度也有差别。根据解理出现方向的数目，有一个方向的解理，如云母等；有两个方向的解理，如长石等；有三个方向的解理，如方解石等。根据解理的完全程度，可将解理分为以下几种：

极完全解理极：易裂开成薄片，解理面大而完整，平滑光亮，如云母。

完全解理：沿解理方向开裂成小块，解理面平整光亮，如方解石。

中等解理：既有解理面，又有断口，如正长石。

不完全解理：常出现断口，解理面很难出现，如磷灰石。

矿物解理的完全程度和断口是互相消长的，解理完全时则不显断口。反之，解理不完全或无解理时，则断口显著。如不具解理的石英，则只呈现贝壳状的断口。解理是造岩矿物的另一个鉴定特征。

2.1.3 矿物的鉴定方法

主要是运用矿物的形态以及矿物的物理性质等特征来鉴定的。一般可以先从形态着手、然后再进行光学性质、力学性质及其他性质的鉴别。对矿物的物理性质进行测定时，应找矿物的新鲜面，这样试验的结果才会正确，因风化面上的物理性质已改变了原来矿物的性质，不能反映真实情况。在使用矿物硬度计鉴定矿物硬度时，可以先用小刀(其硬度在5度左右)，如果矿物的硬度大于小刀，这时再用硬度大于小刀的标准硬度矿物来刻划被测定的矿物，以便能较快的进行。在自然界中也有许多矿物，它们之间在形态、颜色、光泽等方面有相同之处，但一种矿物确具有它自己的特点，鉴别时应利用这个特点，即可较正确地鉴别矿物。

2.2 岩　　石

岩石是一种或多种矿物的集合体，是由矿物或岩屑物质在地质作用下按一定规律聚集而成的自然体。岩石的主要特征一般包括其矿物成分、结构和构造三个方面。岩石按其成因可分为岩浆岩、沉积岩和变质岩三大类(表 2-1)。

表 2-1　三大类岩石的主要特征与区别见下表

岩类/特征	岩浆岩	沉积岩	变质岩
主要矿物成分	全部为从岩浆岩中析出的原生矿物，成分复杂，但较稳定；浅色的矿物有石英、长石、白云母等；深色矿物有黑云母、角闪石、辉石、橄榄石等	次生矿物占主要地位，成分单一，一般多不固定；常见的有石英、长石、白云母、方解石、白云石、高岭石等	除具有变质前原来岩石的矿物，如石英、长石、云母、角闪石、方解石、白云石、高岭石等外，尚有经变质作用产生的矿物，如石榴子石、滑石、绿泥石、蛇纹石等
结构	以结晶粒状、斑状结构为特征	以碎屑、泥质及生物碎屑结构为特征。部分为成分单一的结晶结构，但肉眼不易分辨。	以变晶结构等为特征
构造	具块状、流纹状、气孔状、杏仁状构造	据层理构造	多具片理构造
成因	直接由高温熔融的岩浆经岩浆作用而形成岩浆作用而形成	主要由先成岩石的风化产物，经压密、胶结、重结晶等成岩作用而形成产物，经压密、胶结、重结晶等成岩作用而形成	由先成的岩浆岩、沉积岩和变质岩，经变质作用而形成岩，经变质作用而形成

2.2.1　岩浆岩

岩浆是在地壳深处或上地幔产生的高温炽热、黏稠、含有挥发分的硅酸盐熔融体，是形成各种岩浆岩和岩浆矿床的母体，岩浆的发生、运移、聚集、变化及冷凝成岩的全部过程，称为岩浆作用。由岩浆凝结形成的岩石，称岩浆岩或火成岩，约占地壳总体积的 65％或地壳总质量的 95％(图 2-3)。岩浆作用主要有两种方式，由岩浆侵入活动形成侵入岩，由火山活动或喷出活动形成喷出岩(火山岩)；常见的岩浆岩有花岗岩、安山岩及玄武岩等。

1)矿物成分

根据现代火山喷溢而出的熔岩得知，岩浆的主要成分是硅酸盐；其中 SiO_2 的含量在 30％～80％之间，金属氧化物如 Al_2O_3、Fe_2O_3、FeO、MgO、CaO、Na_2O 等占 20％～60％，其他如重金属、有色金属、稀有金属及放射性元素等，它们的总量不超过 5％；此外，岩浆中还含有一些挥发性组分，其中主要是 H_2O、CO_2、H_2S、F、Cl 等。

岩浆岩中常见的造岩矿物有正长石、斜长石、黑(白)云母、辉石、角闪石、石英、磁铁矿、橄榄石等。

2)结构

岩浆岩的结构是指组成岩石的矿物结晶程度、晶粒大小、形状及其相互结合的情况。岩

图 2-3　岩浆岩(花岗岩类)

浆岩的结构特征，是岩浆成分和岩浆冷凝时物理环境的综合反映。按颗粒相对大小可分为：

等粒结构(全晶质)：同一种矿物的结晶颗粒大小近似者；

似斑状结构(全晶质)：岩石中的同一种主要矿物，其结晶颗粒如大小悬殊；

斑状结构(半晶质)：由结晶颗粒和基质组成。

按颗粒绝对大小可分为(针对全晶质结构中)：

粗粒结构：矿物的结晶颗粒大于5mm；

中粒结构：矿物的结晶颗粒5～2mm；

细粒结构：矿物的结晶颗粒2～0.2mm；

微粒结构：矿物的结晶颗粒小于0.2mm。

3)构造

岩浆岩的构造是指矿物在岩石中的组合方式和空间分布情况；构造的特征主要取决于岩浆冷凝时的环境。岩浆岩最常见的构造主要有：

(1)块状构造：矿物在岩石中分布杂乱无章，不显层次，呈致密块状；如花岗岩、花岗斑岩等一系列深成岩与浅成岩的构造。

(2)流纹状构造：由于熔岩流动，由一些不同颜色的条纹和拉长的气孔等定向排列所形成的流动状构造；这种构造仅出现于喷出岩中，如流纹岩所具的构造。

(3)气孔状构造：岩浆凝固时，挥发性的气体未能及时逸出，以致在岩石中留下许多圆形、椭圆形或长管形的孔洞；气孔状构造常为玄武岩等喷出岩所具有。

(4)杏仁状构造：岩石中的气孔，为后期矿物(如方解石、石英等)充填所形成的一种形似杏仁的构造；如某些玄武岩和安山岩的构造。气孔状构造和杏仁状构造，多分布于熔岩的表层。

4)基本类型

根据岩浆岩中SiO_2含量，可将岩浆岩分为下列的四种基本类型：①超基性岩浆岩，SiO_2 <45%；②基性岩浆岩，SiO_2：45%～52%；如辉长岩、辉绿岩、玄武岩等；③中性岩浆岩，SiO_2：52～65%；如正长岩、正长斑岩、粗面岩、闪长岩、闪长斑岩、安山岩等；④酸性岩浆岩，

$SiO_2 > 65\%$；如花岗岩、花岗斑岩、流纹岩等。

根据岩浆岩的形成条件、产状、矿物成分和结构、构造等方面，可将岩浆岩分为深成岩、浅成岩、喷出岩三大类，每类中又根据成分的不同又可分出具体的各类。

2.2.2 沉积岩

沉积岩是在地表和地表下不大深的地方，由松散堆积物在温度不高和压力不大的条件下形成的岩石层；它是地壳表面分布最广的一种层状岩石；在地球地表面，有 70%的岩石是

图 2-4 被河流冲刷的层状沉积岩体(黄河壶口瀑布处)

沉积岩(图 2-4)。沉积岩的成岩过程是由出露地表的各种岩石经过风化破坏，形成岩石碎屑、细粒黏土矿物、溶解物质等，被流水等运动介质搬运到河、湖、海洋等低洼的地方沉积下来，经长期压密、胶结、重结晶等复杂的地质过程后形成了沉积岩；在沉积过程中的生物活动和火山喷出物的堆积，对沉积岩的形成也起到重要的作用。

1)物质组成

沉积岩的物质成分可分为两大类，一类是颗粒成分，另一类是胶结物质。沉积岩中的颗粒成分在沉积物固结成岩以前是一些松散的沉积颗粒状物质，如块石、碎石或卵石、砂砾、黏土块等；沉积岩中的胶体化合物主要有 Al_2O_3、Fe_2O_3、SiO_2、MnO_2、黏土矿物和磷酸盐矿物等。

沉积岩的造岩矿物主要有两类，一类矿物为难于分解的或存在于岩屑物质中的母岩矿物，这类矿物如石英、长石、云母等；另一类是黏土矿物以及其他的水成或氧化新矿物，这类矿物有方解石、石膏、白云岩、岩盐、黄铁矿、赤铁矿等。

2)结构

根据组成物质、颗粒大小及其形状等方面的特点，可将沉积岩划分为四种结构类型。

(1)碎屑结构：由碎屑物质被胶结物胶结而成，如粗粒、中粒、细粒、粉粒砂岩。

(2)泥质结构：几乎全部由小于 0.005mm 的黏土质点组成；是泥岩、页岩等黏土岩的主要结构。

(3)结晶结构：由溶液中沉淀或经重结晶所形成的结构；由沉淀生成的晶粒极细，经重结晶作用晶粒变粗，但一般多小于 1mm，肉眼不易分辨；结晶结构为石灰岩、白云岩等化学岩

的主要结构。

(4)生物结构:由生物遗体或碎片所组成,如贝壳结构、珊瑚结构等;是生物化学岩所具有的结构。

3)构造

沉积岩的构造是由其成分、结构、颜色的不均一引起的沉积岩层内部和层面上宏观特征的总称,沉积岩最主要的构造是层理构造。层理构造是沉积岩成层的性质;由于季节性气候的变化,沉积环境的改变,使先后沉积的物质在颗粒大小、形状、颜色和成分上发生相应变化,从而显示出来的成层现象,称为层理构造。层理可分为水平层理、斜层理、交错层理等。

岩层是层与层之间的界面,称为层面。上下两个层面间成分基本均匀一致的岩石,称为岩层。它是层理最大的组成单位。一个岩层上下层面之间的垂直距离称为岩层的厚度。在短距离内岩层厚度的减小称为变薄;厚度变薄以至消失称为尖灭;两端尖灭就成为透镜体;大厚度岩层中所夹的薄层,称为夹层。沉积岩内岩层的变薄、尖灭和透镜体,可使其强度和透水性在不同的方向发生变化;松软夹层,容易引起上覆岩层发生顺层滑动。

4)分类

根据沉积作用方式和岩石成分可将沉积岩分为碎屑岩类、黏土岩类、化学及生物化学岩类三大类。

碎屑岩类:主要由碎屑物质组成的岩石;其中由先成岩石风化破坏产生的碎屑物质形成的,称为沉积碎屑岩,如砾岩、砂岩及粉砂岩等;由火山喷出的碎屑物质形成的,称为火山碎屑岩,如火山角砾岩、凝灰岩等。

黏土岩类:主要由黏土矿物及其他矿物的黏土粒组成的岩石,如泥岩、页岩等。

化学及生物化学岩类:主要由方解石、白云石等碳酸盐类的矿物及部分有机物组成的岩石,如石灰岩、白云岩等。

常见的沉积岩及岩类有凝灰岩、火山角砾岩、砾岩、砂岩、粉砂岩、石英砂岩、长石砂岩、泥岩(也称黏土岩)、页岩、石灰岩、白云岩、泥灰岩、煤和岩盐等。

2.2.3 变质岩

变质岩是由原来的岩石(岩浆岩、沉积岩和变质岩)在地壳中受到高温、高压及化学成分加入的影响,在固体状态下发生矿物成分及结构构造变化后形成的新的岩石(图2-5)。在变质因素的影响下,促使岩石在固体状态下改变其成分、结构和构造的作用,称为变质作用。一般变质岩分为两大类,一类是变质作用作用于岩浆岩,形成的变质岩成为正变质岩;另一类是作用于沉积岩,生成的变质岩为副变质岩。在变质作用中,由于温度、压力、应力和具有化学活动性流体的影响,在基本保持固态条件下,原岩的化学成分、矿物成分和结构构造发生不同程度的变化。变质岩的主要特征是这类岩石大

图 2-5　变质岩(片麻岩)

多数具有结晶结构、定向构造(如片理、片麻理等)和由变质作用形成的特征变质矿物如蓝晶石、红柱石、矽线石、石榴石、硬绿泥石、绿帘石、蓝闪石等。

1)组成成分

变质岩与原岩的化学成分有密切关系,同时与变质作用的特点有关。由于形成变质岩的原岩不同、变质作用中各种性状的具化学活动性流体的影响不同,因此变质岩的化学成分变化范围往往较大。

变质岩的矿物成分主要由长石、石英、云母、角闪石、辉石和橄榄石等造岩矿物组成。此外,尚含有火成岩、沉积岩所没有的典型变质矿物;主要有:①铝的硅酸盐矿物,如红柱石、蓝晶石、矽线石等;②不含铁的镁硅酸盐矿物,如镁橄榄石等;③钙镁锰铝硅酸盐矿物,如石榴子石类矿物等;④铁镁铝的硅酸盐矿物如堇青石、十字石等;⑤纯钙的硅酸盐矿物,如硅灰石等。变质岩的矿物成分主要取决于原岩的总的化学成分和变质作用程度。

2)结构

变质岩的结构特征常作为岩石分类命名的依据,对查明岩石的变质作用类型、程度亦有重要意义。结构类型包括:①变余(残留)结构,特点是保留有部分原岩的成分和结构构造,如变余砾状结构、变余斑状结构等;②变晶结构,是在重结晶或变质结晶过程中形成的,如粗粒变晶结构、鳞片变晶结构等;③交代结构,由交代作用形成,如交代假象结构、交代环带结构等;④碎裂结构,由岩石受压碎裂而形成,如压碎粒化结构、糜棱结构等。

3)构造

变质岩的构造主要的是片理构造和块状构造,比较典型的片理构造有下面几种:

(1)板状构造:片理厚,片理面平直,重结晶作用不明显,颗粒细密,光泽微弱,沿片理面裂开则呈厚度一致的板状,如板岩。

(2)千枚状构造:片理薄,片理面较平直,颗粒细密,沿片理面有绢云母出现,容易裂开呈千枚状,呈丝绢光泽,如千枚岩。

(3)片状构造:重结晶作用明显,片状、板状或柱状矿物沿片理面富集,平行排列,片理很薄,沿片理面很容易剥开呈不规则的薄片,光泽很强,如云母片岩等。

(4)片麻状构造:颗粒粗大,片理很不规则,粒状矿物呈条带状分布,少量片状、柱状矿物相间断续平行排列,沿片理面不易裂开,如片麻岩。

4)分类

按变质作用可以将变质岩划分为:①动力变质岩类,由动力变质作用所形成,如压碎角砾岩、碎裂岩、碎斑岩等;②区域变质岩类,由区域变质作用所形成;③混合岩类;④接触变质岩类,如角岩、大理岩类;⑤交代变质岩类,如蛇纹岩、云英岩等。

常见的变质岩有:①片理状岩类,如片麻岩、片岩、千枚岩等;②块状岩类,如大理岩、石英岩等。

第3章　地质构造

地壳中存在很大的应力;组成地壳的岩层或岩体,在地应力的长期作用下,发生变形变位形成各种构造运动的形迹,称为地质构造;如褶皱、断裂等。褶皱、断裂破坏了岩层或岩体的连续性和完整性,降低了岩层的稳定性,使工程建筑的地质环境复杂化。

3.1　地质年代

3.1.1　地质年代的确定方法

岩层的地质年代有两种,一种是绝对地质年代,另一种是相对地质年代。绝对地质年代说明岩层形成的确切时间,但不能反映岩层形成的地质过程。相对地质年代能说明岩层形成的先后顺序及其相对的新老关系,相对地质年代虽然不能说明岩层形成的确切时间,但能反映岩层形成的自然阶段,从而说明地壳发展的历史过程。地质工作中,一般以应用相对地质年代为主。

相对地质年代的确定:许多地质事件,如火山喷发、河谷切割、沉积岩形成、岩层的变形等,都可以根据最简单的原理,确定其有关岩石记录的相对新老,地质学确定岩石相对新老顺序主要依据下述基本规律或方法:

1)地层层序律

在地质历史中的每个地质年代都有相应的沉积岩层(部分地区还有喷出岩)形成,这种在一定地质年代内形成的层状岩石称为地层。在一个地区内,如果没有发生巨大的构造变动,沉积岩层的原始产状是水平或接近水平的,而且都是先形成的在下面,后形成的在上面;这种正常的地层叠置关系,称为地层层序律,即叠置律。根据地层层序律便可将地层的先后顺序确定下来(图3-1)。

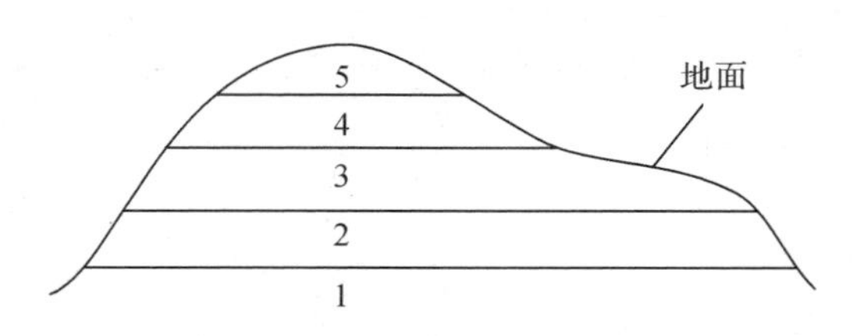

图3-1　地层层序律

2)生物演化律

地质历史上的生物称为古生物,其遗体和遗迹可保存在沉积岩层中,它们一般被钙质、硅质等所充填或交代(石化),形成化石。生物界的演化历史也是生物不断适应生活环境的结果,生物演化总的趋势是从简单到复杂,从低级到高级。利用一些演化较快存在时间短,分布较广泛,特征较明显的生物化石种或生物化合组合,作为划分相对地质年代依据。

3)岩性对比法

岩性对比法以岩石的组成、结构、构造等岩性方面的特点为对比的基础,认为在一定区域内同一时期形成的岩层,其岩性特点基本上是一致的或近似的。

4)地质体之间的切割律

地质历史上,地壳运动和岩浆活动的结果,往往可使不同岩层之间,岩层和侵入体之间,侵入体和侵入体之间发生相互穿插的切割关系。可以利用这种切割规律来确定地质事件的先后顺序。地质体之间的相互穿插切割关系有沉积岩之间的整合接触、平行不整合接触、角度不整合接触以及岩浆岩与围岩之间的沉积接触和侵入接触等。

(1)整合接触:即相邻的新、老两套地层产状一致,岩石性质与生物演化连续而渐变,沉积作用没有间断。

(2)平行不整合接触:又叫假整合接触。指相邻的新、老地层产状基本相同,但两套地层之间发生了较长期的沉积间断,其间缺失了部分时代的地层。两套地层之间的界面叫做剥蚀面,又叫不整全面。界面上可能保存有风化剥蚀的痕迹,有时在界面靠近上覆岩层底面一侧还有源于下伏岩层的底砾岩。

(3)角度整合接触:相邻的新、老地层之间缺失了部分地层,且彼此之间的产状也不相同,成角度相交;剥蚀面上具有明显的风化剥蚀痕迹,常具有底砾岩。

(4)侵入接触:岩浆侵入于先形成的岩层中形成的接触关系。侵入接触的主要标志是侵入体与其围岩之间的接触带有接触变质现象,侵入体与围岩的界线常常不很规则。

(5)沉积接触:沉积岩覆盖于侵入体之上,其间有剥蚀面,剥蚀面上有侵入体被风化剥蚀形成的碎屑物质。

3.1.2 地质年代单位和地层单位

根据地壳运动和生物演化等特征,将地质历史划分为若干个大小级别不同的时间段落。地质年代按时间的长短依次是宙、代、纪、世、期。在地质历史上每个地质年代都有相应的地层形成,因此地质年代单位和地层单位是对应的,与地质年代单位宙、代、纪、世、期对应的地层单位分别是宇、界、系、统、阶。

3.1.3 地质年代表

通过已经建立的各地区的区域地层系统的对比和补充,已建立起包括整个地质时代所有地层在内的、完整的、世界性的标准地层表及相应的地质年代表(表 3-1)。

表 3-1 地质年代简表

宙	代	纪	同位素年龄(百万年)		生物进化阶段	
			距今年龄	持续时间	植物	动物
显生宙	新生代(Kz)	第四纪(Q)	2.5	2.5		人类出现
		第三纪(R)	67	64.5		哺乳动物
	中生代(Mz)	白垩纪(K)	137	70	被子植物	鸟类
		侏罗纪(J)	195	58		
		三叠纪(T)	230	35		
	古生代(Pz)	二叠纪(P)	285	55	裸子植物	爬行动物
		石炭纪(C)	350	65	蕨类植物	蕨类植物
		泥盆纪(D)	400	50		两栖动物
		志留纪(S)	440	40		鱼类
		奥陶纪(O)	500	60	裸蕨植物	
		寒武纪	570	70		
隐生宙	元古代(Pt)	震旦纪(Z)	2400	1830		无脊椎动物
	太古代(Ar)		4500	2100	菌藻	

3.2 岩层产状

岩层产状即岩层的空间位置;用走向、倾向、倾角三要素表示(图 3-2)。走向是表示岩层在空间的水平延伸方向,岩层面与水平面的交线称为走向线;走向线与地理子午线间所夹的方位角就是走向方位角;岩层的走向用走向线的方位角表示;同一岩层的走向有两个值,其数值相差 180°。倾向表示岩层倾斜的方向,垂直于走向线、沿层面倾斜向下所引的直线称为倾斜线;倾斜线在水平面上的投影线所指的方向称为倾向;倾向一般用方位角表示,数值与走向相差 90°。岩层层面与水平面所夹的锐角称为岩层的倾角,岩层倾角表示岩层在空间倾斜角度的大小。岩层产状要素是在野外直接用地质罗盘在岩层层面上测量出来的。

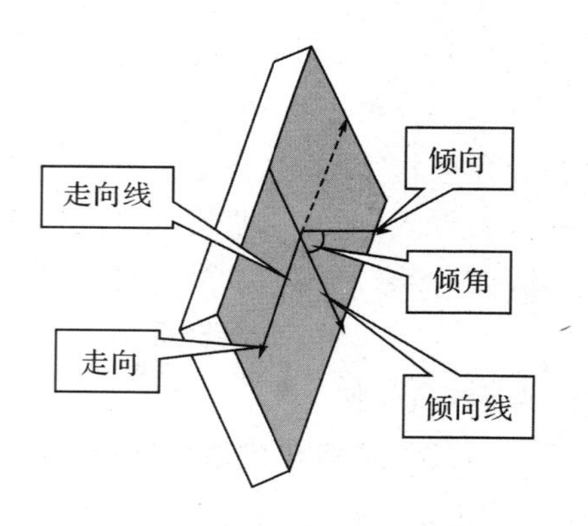

图 3-2 岩层产状要素示意图

3.3 褶被构造

组成地壳的岩层,受构造应力的强烈作用,使岩层形成一系列波状弯曲而未丧夫其连续性的构造,称为褶皱构造。褶被的基本类型有两种。一是背斜,为岩层向上拱起的拱形褶皱,经风化、剥蚀后露出地面的地层,向两侧成对称出现,老地层在中间,新地层在两侧;另一是向斜,为岩层向下弯曲的槽形褶皱,经风化、剥蚀后,露出地面的地层向两侧对称出现,新地层在中间，老地层在两侧（图 3-3）。

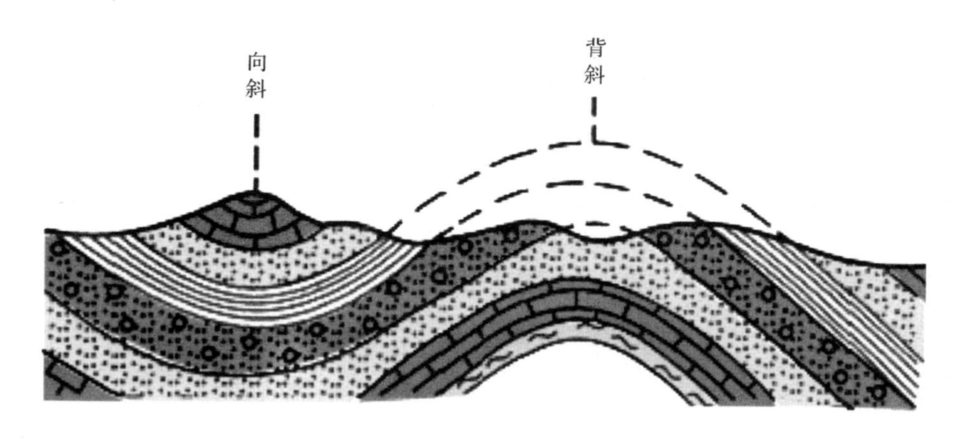

图 3-3 褶皱的基本类型

3.3.1 褶被要素

褶皱的组成部分叫褶皱要素。褶皱要素主要有核、翼、转折端、枢纽、轴面等；组成褶皱中心部分的岩层叫核；翼是褶皱两侧的岩层；转折端是从一翼向另一翼过渡的弯曲部分；组成褶皱的岩层的同一层面上各个最大弯曲点的连线叫枢纽；轴面是连接褶皱各层枢纽构成的面，轴面可以是平面，也可以是曲面。

3.3.2 褶皱的野外识别

对于大型褶曲构造，野外经常采用穿越法和追索法进行观察。穿越法就是沿着选定的调查路线，垂直岩层走向进行观察；用穿越的方法，便于了解岩层的产状、层序及其新老关系。追索法是平行岩层走向进行观察的方法，便于查明褶曲延伸的方向及其构造变化的情况。当两翼岩层在平面上彼此平行展布时为水平褶曲，如果两翼岩层在转折端闭合或呈"S"形弯曲时，则为倾伏褶曲。

3.3.3 褶皱的工程地质评价

褶皱构造对工程建筑有以下几方面的影响。

(1)褶皱核部岩层由于受水平挤压作用，产生许多裂隙，直接影响到岩体的完整性和强度，在石灰岩地区还往往使岩溶较为发育。所以在核部布置各种建筑工程，如厂房、路桥、坝址、隧道等，必须注意岩层的坍落、漏水及涌水问题。

(2)在褶皱翼部布置建筑工程时，如果开挖边坡的走向近于平行岩层走向，且边坡倾向于岩层倾向一致，边坡坡角大于岩层倾角，则容易造成顺层滑动现象。

(3)对于隧道等深埋地下的工程，一般应布置在褶皱翼部。因为隧道通过均一岩层有利稳定，而背斜顶部岩层受张力作用可能塌落，向斜核部则是储水较丰富的地段。

3.4 断裂构造

构成地壳的岩体，受构造应力作用发生变形，当变形达到一定程度后，使岩体的连续性和完整性遭到破坏，产生各种大小不一的断裂，称为断裂构造。断裂构造是地壳中常见地质构造，包括节理的断层两类。

3.4.1 节理

节理也称为裂隙，是岩体受力断裂后两侧岩块没有显著位移的小型断裂构造。节理按成因可分为两大类，一类是由构造运动产生的节理叫构造节理，它在地壳中分布极为广泛，分布也有一定的规律；另一类是由成岩作用、外动力、重力非构造因素形成的裂隙称为非构造裂隙，非构造裂隙分布的规律性不明显，常常出现在小范围内。按构造节理形成的应力性质，构造节理可分为张节理和剪节理两大类（图 3-4）。

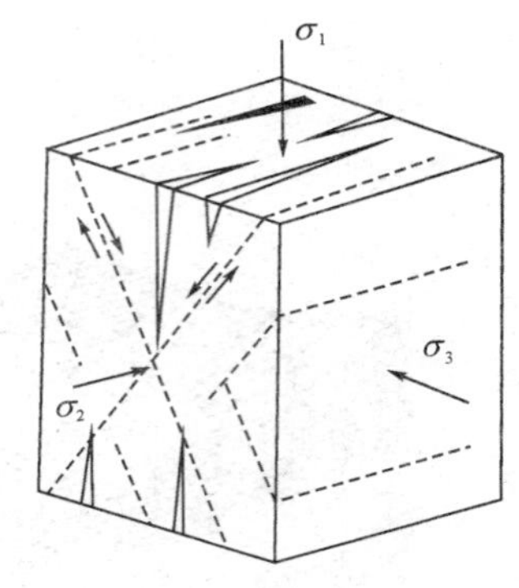

图 3-4　节理示意图

张节理：其主要特征是产状不很稳定，在平面上和剖面上的延展均不远；节理面粗糙不平，擦痕不发育，节理两壁裂开距离较大，且裂缝的宽度变化也较大，节理内常充填有呈脉状的方解石、石英，以及松散已胶结的黏性土和岩屑等；当张节理发育于碎屑岩中时，常绕过较大的碎屑颗粒或砾石，而不是切穿砾石；张节理一般发育稀疏，节理间的距离较大，分布不均匀。

剪节理：剪节理的特征是产状稳定，在平面和剖面上延续均较长；节理面光滑，常具擦痕、镜面等现象，节理两壁之间紧密闭合；发育于碎屑岩中的剪节理，常切割较大的碎屑颗粒或砾石；一般发育较密，且常有等间距分布的特点；常成对出现，呈两组共轭剪节理。

节理的工程地质评价：岩体中的裂隙，在工程上除了有利于开挖处，对岩体的强度和稳定性均有不利的影响。岩体中存在裂隙，破坏了岩体的整体性，促进岩体风化速度，增强岩体的透水性，因而使岩体的强度和稳定性降低。当裂隙主要发育方向与路线走向平行，倾向与边坡一致时，不论岩体的产状如何，路堑边坡都容易发生崩塌等不稳定现象。在路基施工中，如果岩体存在裂隙，还会影响爆破作业的效果。所以，当裂隙有可能成为影响工程设计的重要因素时，应当对裂隙进行深入的调查研究，详细论证裂隙对岩体工程建筑条件的影响，采取相应措施，以保证建筑物的稳定和正常使用。

3.4.2 断层

断层是岩体破裂后有显著位移的断裂构造（图 3-5）。

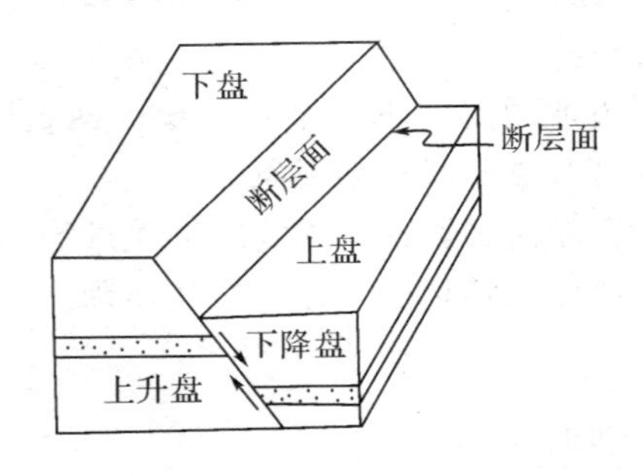

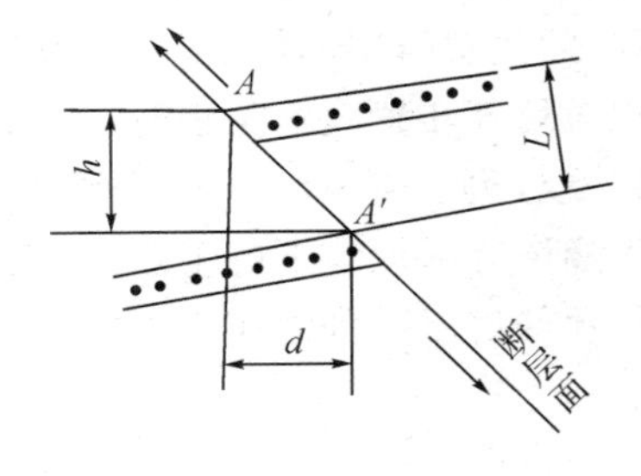

图 3-5　断层示意图

1)断层要素

断层要素包括断层面、断层线、断盘和断距。断层面指两侧岩块发生相对位移的断裂面;断层线是断层面与地面的交线;断层面两侧发生相对位移的岩块,称为断盘;断层两盘沿断层面相对移动开的距离称为断距。

2)断层类型

根据两盘相对移动的特点,断层的基本类型有上盘相对下降,下盘相对上升的正断层;上盘相对上升,下盘相对下降的逆断层;两盘沿断层走向相对水平移动的平移断层。断层的组合类型有阶梯状断层、地堑和地垒、叠瓦状断层等多种形式。

3)断层的野外识别标志

在自然界,大部分断层由于后期遭受剥蚀破坏和覆盖,在地表上暴露得不清楚,因此需根据地层、构造等直接证据和地貌、水文等方面的间接证据来判断断层的存在与否及断层类型。

构造线和地质体的不连续:任何线状或面状的地质体,如地层、岩脉、岩体、变岩质的相带、不整合面、侵入体与围岩的接触界面、褶皱的枢纽及早期形成的断层等,在平面或剖面上的突然中断、错开等不连续现象是判断断层存在的一个重要标志。

地层的重复与缺失:在层状岩石分布地区,沿岩层的倾向,原来层序连续的地层发生不对称的重复或是某些层位缺失,根据这些重复、缺失以及倾向和倾角的关系,可以推断断层的类型。

断层面(带)的构造特征:由于断层面两侧岩块的相互滑动和摩擦,在断层面上及其附近留下的各种证据。主要有:

(1)擦痕和阶步:擦痕常表现为一组彼此平行而且比较均匀细密的相间排列的脊和槽,有时可见擦痕一端粗而深,另一端细而浅,则由粗的一端向细的一端的指向即为对盘运动方向。阶步是指断层面上与擦痕垂直的微小陡坡,在平行运动方向的剖面上其形状特征呈不对称波状,陡坡倾斜方向指示对盘错动方向。

(2)牵引构造:指断层两盘沿断层面作相对滑动时,断层附近的岩层因受断层面摩擦力而产生的弧形弯曲现象。岩石弧形弯曲突出的方向大体指本盘错动方向。

(3)构造透镜体:指断层带中常发育的规模不等,并呈一定方向排列的透镜状岩块。部分构造透镜体是由于断层形成时的挤压作用产生的共扼剪节理把岩石切割成菱形岩块再进一步挤压研磨而成。

(4)断层岩:是断层带中因断层动力作用被搓碎、研磨,有时伴有重结晶作用而形成的一种岩石。根据研磨程度以及重结晶作用所反映的结构构造特征,可分为断层角砾岩、碎裂岩、糜棱岩等类型。

地貌及其他标志:较大的断层由于断层面直接出露,在地貌上形成陡立的峭壁,称为断层崖。当断层崖遭受与崖面垂直的水流侵蚀切割后,可形成一系列的三角形陡崖,叫做断层三角面。断层的存在常常控制和影响水系的发育,并可引起河流遇断层面而急剧改向。温泉和冷泉呈带状分布往往也是断层存在的标志。线状分布小型侵入体也常反映断层的存在。

4)断层的工程地质评价

由于断裂构造的存在,破坏了岩体的完整性,加速风化作用、地下水的活动及岩溶发育。

断层可能在以下几方面对工程建筑产生影响。第一，降低地基岩体的强度稳定性；断层破碎带力学强度低、压缩性大，建于其上的建筑物由于地基的较大沉陷，易造成断裂或倾斜；断裂面对岩质边坡、坝基及桥基稳定常有重要影响。第二，跨越断裂构造带的建筑物，由于断裂带及其两侧上、下盘的岩性均可能不同，易产生不均匀沉降。第三，隧道工程通过断裂破碎时易了生坍塌。第四，断裂带在新的地壳运动影响下，可能发生新的移动，从而影响建筑物的稳定。

3.5 地质图

地质图是反映一个地区各种地质条件的图件；是将自然界的地质情况，用规定的符号按一定的比例缩小投影绘制在平面上的图件，是工程实践中需要搜集和研究的一项重要地质资料。因此，学会分析和阅读地质图是十分必要的。

3.5.1 地质图的类型

地质图的种类很多。主要用来表示地层、岩性和地质构造条件的地质图，称为普通地质图，简称为地质图。此外，还有许多用来表示某一项地质条件，或服务于某项国民经济的专门性地质图。一幅完整的地质图应包括平面图、剖面图和柱状图。平面图是反映地表地质条件的图，是最基本的图件。地质剖面图是配合平面图，反映一些重要部位的地质条件，它对地层层序和地质构造现象的反映比平面图更清晰、更直观。柱状图是综合反映一个地区各地质年代的地层特征、厚度和接触关系的图件。

3.5.2 地质图的规格

地质平面图应有图名、图例、比例尺、编制单位和编制日期等。在地质图的图例中，从新地层到老地层，严格要求自上而下或自左到右顺次排列。

3.5.3 阅读地质图

阅读地质图的方法与步骤如下：

看图和比例尺：以了解地质图所表示的内容，图幅的位置，地点范围及其精度。如图比例尺是 1∶5000，即图上 1cm 相当于实地距离 50m。

阅读图例：了解图中有哪些地质时代的岩层及其新老关系；并熟悉图例的颜色及符号，附有地层柱状图时，可与图例配合阅读。

分析地形地貌：了解本区的地形起伏，相对高差，山川形势，地貌特征等。

阅读地层分布、产状及其和地形关系，分析不同地质时代的分布规律，岩性特征，及新老接触关系，了解区域地层的基本特点。

阅读图上有无褶皱，褶皱类型、轴部、翼部的位置；有无断层，断层性质、分布，以及断层两侧地层的特征，分析本地区地质构造形态的基本特征。

综合分析各种地质现象之间的关系及规律性。

在上述阅读分析的基础上，对图幅范围内的区域地层岩性条件和地质构造特征，应结合工程建设的要求，进行初步分析评价。

第4章 地下水

10.4.1 基本特征

地下水是地壳中一个极其重要的天然资源，也是岩土三相组成部分中的一个重要组分，其中重力水是一种很活跃的流动介质，它对岩土体的工程力学性质影响很大。地下水在岩土孔隙或裂隙中能够渗流透过的性质称之为渗透性；这种渗透性对岩土的强度和变形会发生作用，使地质条件更为复杂，甚至引发地质灾害。地下水渗流会引起岩土体的渗透变形(或称渗透破坏)，直接影响建(构)筑物及其地基的稳定与安全；抽水使地下水位下降而导致地基土体固结，造成建筑物的不均匀沉降；有的地下水对混凝土和其他建筑材料会产生腐蚀作用；因此，地下水是工程地质分析、评价和地质灾害防治中的一个极其重要的影响因素。

存在于地壳表面以下岩土体空隙(如岩石裂隙、溶穴、土孔隙等)中的水称为地下水，主要补给来源来自大气降水渗入地下部分，地下水有气态、液态和固态三种形式。根据岩土中水的物理力学性质可将地下水分为气态水、结合水、毛细水、重力水、固态水以及结晶水和结构水等。

当岩石、土层的空隙完全被水饱和时，黏土颗粒之间除结合水以外的水都是重力水，它不受静电引力的影响，而在重力作用下运动，可传递静水压力。重力水能产生浮托力、孔隙水压力。流动的重力水在运动过程中会产生动水压力。重力水具有溶解能力，对岩土产生化学潜蚀，导致土的成分及结构的破坏。能够给出并透过相当数量重力水的岩层或土层，称为含水层。

4.2 地下水的性质

4.2.1 地下水的物理性质

地下水的物理性质有温度、颜色、透明度、气味、味道、导电性及放射性等。其中，地下水的温度变化很大，并受气候和地质条件控制；而地下水的颜色决定于化学成分及悬浮物；地下水多半是透明的；当地下水含有气体或有机质时具有一定的气味，地下水味道主要取决于地下水的化学成分；当地下水含有一些电解质时，水的导电性增强，当然也受温度的影响。通过地下水物理性质的研究，能初步了解地下水的形成环境、污染情况及化学成分，为利用地下水提供依据。

4.2.2 地下水的化学成分

岩土中的地下水，是一种良好的溶剂，经常不断地和岩土发生作用，能溶解岩土中的可溶物质，使其变成离子状态进入地下水，形成水的化学成分。在地下水的补给、径流、排泄过程中，由于地质、自然地理环境的影响，地下水会发生浓缩、混合、离子交换吸附、脱硫酸和碳酸作用，促使地下水的化学成分不断变化。因此，地下水的化学成分，是在很长的时间内，经过各种作用形成的。自然界中存在的元素，绝大多数已在地下水中发现，但是，只有少数是含量较多的常见元素。这些常见元素，有的在地壳中含量较高，且在水中具有一定溶解度，如 O、Ca、Mg、Na、K 等；有的在地壳中含量并不很大，但是溶解度相当大，如 Cl。某些元素，如 Si、Fe 等，虽然在地壳中含量很大，但由于其溶解于水的能力很弱，所以，在地下水中的含量一般并不高。

4.3 地下水类型

地下水按埋藏条件可分为三大类：即包气带水、潜水、承压水。根据含水层的空隙性质，地下水可分为三个亚类：孔隙水、裂隙水、岩溶水（图 4-1）。

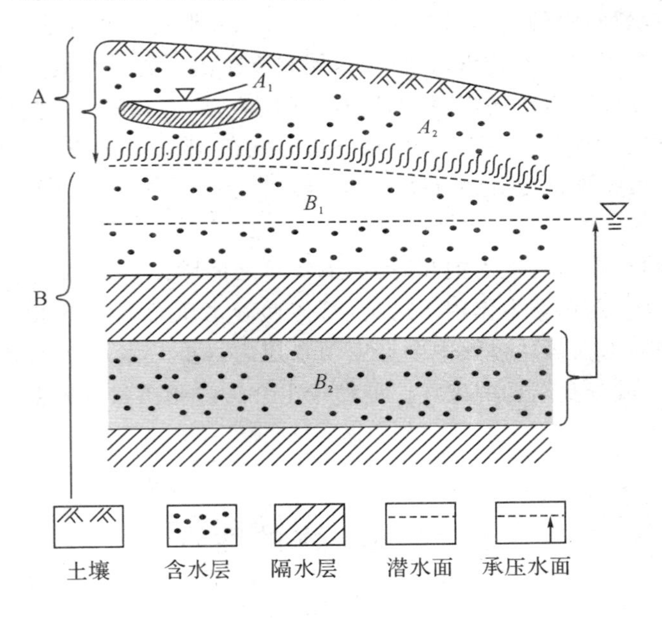

图 4-1 地下水的垂直分带

4.3.1 包气带水

包气带水处于地表面以下潜水位以上的包气带岩上层中，包括土壤水、沼泽水、上层滞水以及基岩风化壳（黏土裂隙）中季节性存在的水。包气带水的主要特征是受气候控制，季节性明显，变化大，雨季水量多，旱季水量少，甚至干涸。包气带水对建筑工程有一定影响。

4.3.2 潜水

埋藏在地表以下第一层较稳定的隔水层以上具有自由面的重力水叫潜水。潜水主要分布在地表各种岩、土里，多数存在于第四纪松散沉积层中，坚硬的沉积岩、岩浆岩和变质岩的裂隙及洞穴中也有潜水分布。潜水面随时间而变化，其形状则随地形的不同而异，可用类似于地形图的方法表示潜水面的形状，即潜水等水位线图。掌握潜水动态变化规律就能合理地利用地下水，防止地下水可能造成的对建筑工程的危害。

4.3.3 承压水

地表以下充满两个稳定隔水层之间的重力水称为承压水或自流水。承压水的形成与所在地区的地质构造及沉积条件有密切关系。只要有适宜的地质构造条件，地下水都可形成承压水。适宜形成承压水的地质构造大致有两种，一为向斜构或盆地，称为自流盆地；另一为单斜构造亦称为自流斜地。

4.3.4 裂隙水

埋藏在基岩裂隙中的地下水叫裂隙水。这种水运动复杂，水量变化较大，这与裂隙发育及成因有密切关系。裂隙水按基岩裂隙成因分类有：①风化裂隙水，②成岩裂隙水，③构造裂隙水。裂隙水的存在、类型、运动、富集等受裂隙发育程度、性质及成因控制，只有很好地研究裂隙发育、发展的变化规律，才能更好地掌握裂隙水的规律性。

4.3.5 岩溶水

赋存和运移于可熔岩的溶隙溶洞（洞穴、管道、暗河）中的地下水叫岩溶水。我国岩溶的分布比较广，特别在南方地区。因此，岩溶水分布很普遍，水量丰富，对供水极为有利，但对矿床开采、地下工程和建筑工程等都会带来一些危害。根据岩溶水的埋藏条件可分为：①岩溶上层滞水，指在厚层灰岩的包气带中，常有局部非可溶的岩层存在，起着隔水作用；②岩溶潜水，在大面积出露的厚层灰岩地区广泛分布着岩溶潜水；③岩溶承压水，岩溶地层被覆盖或岩溶层与砂页岩互层分布时，在一定的构造条件下，就能形成岩溶承压水。

岩溶水的分布主要受岩溶发育规律控制。所谓岩溶就是指水流与可溶岩石相互作用的过程以及伴随产生的地表及地下地质现象的总和。岩溶作用既包括化学溶解和沉淀作用，也包括机械破坏作用和机械沉积作用。因此，岩溶水在其运动过程中不断地改造着自身的赋存环境。实践和理论证明，在岩溶地区进行地下工程和地面建筑工程，必须弄清岩溶的发育与分布规律，因为岩溶的发育导致建筑工程场区的工程地质条件大为恶化。

4.3.6 泉水

泉是地下水天然露头，主要是地下水或含水层通道露出地表形成的。因此，泉是地下的主要排泄方式之一。泉的类型按补给源可分为包气带泉、潜水泉、自流水泉三类。泉不仅可做供水水源，也对研究地质构造及地下水都有很大意义。

4.4 地下水对建筑工程的影响

地下水对建筑工程的不良影响主要有以下几个方面：

4.4.1 地下水位下降引起软土地基沉降

在沿海软土层中进行深基础施工时，往往需要人工降低地下水位。若降水不当，会使周围地基土层产生固结沉降，轻者造成邻近建筑物或地下管线的不均匀沉降；重者使建筑物基础下的土体颗粒流失，甚至掏空，导致建筑物开裂和危及安全使用。

如果抽水井滤网和砂滤层的设计不合理或施工质量差，那么，抽水时会将软上层中的黏粒、粉粒、甚至细砂等细小土颗粒随同地下水一起带出地面，使周围地面土层很快产生不均匀沉降，造成地面建筑物和地下管线不同程度的损坏。另一方面，井管埋设完成开始抽水时，井内水位下降，井外含水层中的地下水不断流向滤管，经过一段时间后，在井周围形成漏斗状的弯曲水面即降水漏斗。在这一降水漏斗范围内的软上层会发生渗透固结而造成地基土沉降。而且，由于上层的不均匀性和边界条件的复杂性，降水漏斗往往是不对称的，因而使周围建筑物或地下管线产生不均匀沉降，甚至开裂。

4.4.2 动水压力产主流砂和潜蚀

土颗粒之间的有效应力等于零，土粒就处于悬浮状态，这种现象称为流砂。出现流砂时的水力坡度称为临界水力坡度。流砂是一种不良的工程地质现象，在建筑物深基础工程和地下建筑工程的施工中所遇到的流砂现象主要有轻微流砂、中等流砂、严重流砂。

如果地下水渗流产生的动水压力小于土颗粒的有效重度 γ'，即渗流水力坡度小于临界水力坡度；那么，虽然不会发生流砂现象，但是土中细小颗粒仍有可能穿过粗颗粒之间的孔隙被渗流携带而走；时间长了，在上层中将形成管状空洞，使土体结构破坏，强度降低，压缩性增加，我们将这种现象称为机械潜蚀。

4.4.3 地下水的浮托作用

当建筑物基础底面位于地下水位以下时，地下水对基础底面产生静水压力，即产生浮托力。如果基础位于粉性土、砂性土、碎石土和节理裂隙发育的岩石地基上，则按地下水位100%计算浮托力；如果基础位于节理裂隙不发育的岩石地基上，则按地下水位50%计算浮托力；如果基础位于黏性土地基上；其浮托力较难确切地确定，应结合地区的实际经验考虑。

地下水不仅对建筑物基础产生浮托力，同样对其水位以下的岩石、土体产生浮托力。所以在确定地基承载力设计值时，无论是基础底面以下土的天然重度或是基础底面以上土的加权平均重度，地下水位以下一律取有效重度。

4.4.4 地下水对钢筋混凝土的腐蚀

硅酸盐水泥遇水硬化，并形成 $Ca(OH)_2$、水化硅酸钙 $CaOSiO_2 \cdot 12H_2O$、水化铝酸钙 $CaOA1_2O_3 \cdot 6H_2O$ 等，这些物质往往会受到地下水的腐蚀。根据地下水对建筑结构材料腐蚀性评价标准，将腐蚀类型分为结晶类腐蚀、分解类腐蚀、结晶分解复合类腐蚀三种。

根据各种化学腐蚀所引起的破坏作用，将离子的含量归纳为结晶类腐蚀性的评价指标；将侵蚀性 CO_2、离子和 pH 值归纳为分解类腐蚀性的评价指标；而将 Mg^{2+}、$C1^-$ 等离子的含量作为结晶分解类腐蚀性的评价指标。同时，在评价地下水对建筑结构材料的腐蚀性时必须结合建筑场地所属的环境类别。

第 5 章　不良地质现象的工程问题

所有建筑场址都具有地层、构造和地下水等一般地质条件。在地壳上部的岩土层还会遭受各种各样的内外动力地质作用，如地壳运动、地震、大气营力作用、流水作用以及人类工程活动等因素作用，造成了各种各样的地质现象；如岩石风化、斜坡滑动与崩塌、河流的侵蚀与堆积、岩溶、地震等，这些地质现象对工程的安全和使用起到不同程度的不良影响，甚至危害甚大，因而称这些地质现象为不良地质现象。对于工程地质任务来说，对这些不良地质现象应查明其类型、范围、活动性、影响因素、发生机理、对工程的影响和评价，以及为改善场地的地质条件而应采取的防治措施。

5.1　风化作用

风化作用是指地表或接近地表的坚硬岩石、矿物与大气、水及生物接触过程中产生物理、化学变化而在原地形成松散堆积物的全过程。根据风化作用的因素和性质可将其分为物理风化作用、化学风化作用、生物风化作用三种类型；而引起这些作用发生的风化因素统称为风化营力。

风化作用的结果会导致岩石的强度和稳定性降低，对工程建筑条件起着不良的影响，并促进滑坡、崩塌等不良地质现象的形成和发展。

5.1.1　物理风化作用

物理风化作用是指岩石在风化营力的影响下，产生一种单纯的机械破坏作用。它的特点是破坏后岩石的化学成分不改变，只是岩石发生崩解、破碎、形成岩屑，岩石由坚硬变疏松。引起岩石物理风化作用的因素主要是温度变化和岩石裂隙中水分的冻结。

温度变化是引起岩石物理风化作用的最主要因素。由于温度的变化产生温差，温差可促使岩石膨胀和收缩交替地进行，久之则引起岩石破裂。

水的冻结在严寒地区和高山接近雪线地区经常发生。当气温到 0℃或以下时，在岩石裂隙中的水，就产生冰冻现象。水由液态变成固态时，体积膨胀约 9%，对裂隙两壁产生很大的膨胀压力，起到楔子的作用，称为“冰劈”。据有关资料证实，一克水结冰时，可产生 96.0MPa 的压力，使储水裂隙进一步扩大。当冰融化后，水沿着扩大了的裂隙向深部渗入，软化或溶蚀岩体，如此反复融冻，使岩石崩解成块。

5.1.2　化学风化作用

化学风化作用是指岩石在水和各种水溶液的化学作用和有机体的生物化学作用下所引起的破坏过程。化学风化作用不仅破碎了岩石，而且改变了化学成分，产生了新的矿物，直到适应新的化学环境为止。化学风化作用可以分为水化作用、氧化作用、水解作用，以及溶解作用。

1)水化作用

水化作用是水分和某种矿物质的结合，在结合时，一定分量的水加入到物质的成分里，改变了矿物原有的分子式，引起体积膨胀，使岩石破坏。如硬石膏($CaSO_4$)遇水后变成普通石膏($CaSO_4 2H_2O$)其体积膨胀60%，这对围岩产生巨大压力，使围岩胀裂。

2)氧化作用

氧化作用常是在有水存在时发生的，常与水化作用相伴进行。在自然界中低氧化合物、硫化物和有机化合物最易遭受氧化作用。尤其低价铁，常被氧化成高价铁。常见的黄铁矿(FeS_2)，在水溶液中可氧化，变成硫酸亚铁($FeSO_4$ 和硫酸(H_2SO_4)，而硫酸又有腐蚀作用。硫酸亚铁进一步氧化成褐铁矿($FeSO_4 \cdot 2H_2O$)。黄铁矿在风化过程中会析出游离的硫酸，这种硫酸具有很强的腐蚀作用，能溶蚀岩石中某些矿物，形成一些洞穴和斑点，致使岩石破坏。此外，若水中含有多量的硫酸，对钢筋混凝土和石料等增加了腐蚀破坏。

3)水解作用

水解作用是指矿物与水的成分起化学作用形成新的化合物。如正长石($KAlSi_3O_8$)经水解后形成高岭土($A1_2O_3 \cdot 2SiO_2 \cdot H_2O$)、石英($SiO_2$)和氢氧化钾(KOH)。大气中和水中经常含有二氧化碳(CO_2)，它与围岩矿物相互作用形成碳酸化合物，称其为碳酸盐化作用。它是岩石风化的重要因素之一，主要是在硅酸盐或铝硅酸盐中以 CO_2 代替 SiO_2 的化学作用，如正长石的风化经常是碳酸盐化作用。

4)溶解作用

溶解作用是指水直接溶解岩石矿物的作用，使岩石遭到破坏。最容易溶解的是卤化盐类(岩盐、钾盐)，其次是硫酸盐(石膏、硬石膏)，再次是碳酸盐类(石灰岩、白云岩等)。其他岩石虽然也溶解于水，但溶解的程度低得多。岩石在水里的溶解作用一般进行得十分缓慢，但是，当水中含有侵蚀性 CO_2 而发生碳酸化作用时，水的溶解作用就会显著增强，如在石灰岩地区经常有溶洞、溶沟等岩溶现象，就是这种溶解作用造成的。此外，当水的温度增高以及压力增大时，水的溶解作用就会比较活跃。

5.1.3 生物风化作用

岩石在动、植物及微生物影响下所起的破坏作用称为生物风化作用。生物在地表的风化作用相当广泛，它对岩石的破坏有物理的和化学的。

生物的物理风化是植物根部楔入岩石裂隙中，而使岩石崩裂；动物对于岩石的物理风化作用表现为穴居动物的掘土、穿凿等的破坏作用并促进岩石风化。而生物的化学风化作用表现为生物的新陈代谢，其遗体以及其产生的有机酸、碳酸、硝酸等的腐蚀作用，使岩石矿物分解和风化，造成岩石成分改变、性质软化和疏松。

5.1.4 岩石风化程度和风化带

1)岩石风化程度

岩石风化的结果，使原来母岩性质改变，形成不同风化程度的风化岩。按岩石风化深浅和特征，可将岩石风化程度划分为五级，即：

(1)未风化：岩石组织结构未变。

(2)微风化:岩石组织结构基本未变,沿节理面有铁锰质渲染,矿物质基本未变,无疏松物质。

(3)弱风化(也称中等风化):岩石组织结构部分破坏,裂隙面风化较重,矿物质稍微变质,沿节理面出现矿物风化,坚硬块体有松散物质。

(4)强风化:岩石组织结构大部分破坏,矿物成分已显著变化,长石、云母已风化成次生矿物,颜色变化,疏松物质与坚硬块体混杂。

(5)全风化:岩石组织结构已全部破坏,矿物成分除石英外大部分已风化成土状,基本不含坚硬块体。

2)风化带

岩石的风化一般是由表及里的,地表部分受风化作用的影响最显著,由地表往下风化作用的影响逐渐减弱以至消失。因此在风化剖面的不同深度上,岩石的物理力学性质有明显的差异。从岩石风化程度的深浅,在风化剖面上自下而上可分成四个风化带:微风化带、弱风化带、强风化带和全风化带。

岩石风化带的界线,在工程建筑中是一项重要的工程地质资料。许多工程,特别是岩石工程都需要运用风化带的概念来划分地表岩体不同风化带的分界线,作为岩基持力层、基坑开挖、挖方边坡坡度以及采取相应的加固措施的依据之一。但是要确切地划分风化界线尚无有效方法,通常只根据当地的地质条件并结合实践经验予以确定。况且,由于各地的岩性、地质构造、地形和水文地质条件不同,岩石风化带的分布情况变化很大。并且往往地下存在有风化囊,因而增加了风化带界线划分的难度。所以,划分岩石风化带需要结合实际情况进行综合分析。

5.2 河流地质作用

河流是在河谷中流动的常年水流,河谷由谷底、河床、谷坡、坡缘及坡麓等要素构成。河流地质作用包括两个方面,一方面是侵蚀,切割地面和冲刷河岸;另一方面是堆积,形成各种沉积物和流水沉积地貌,如河流阶地、冲积平原等。

5.2.1 流水的侵蚀作用

流水的侵蚀作用包括溶蚀和机械侵蚀两种方式。溶蚀作用是在可溶性岩石分布的地区内比较显著,它能溶解岩石中的一些可溶性矿物,其结果使岩石结构逐渐松散,加速了机械侵蚀作用。

河流的机械侵蚀是河谷地质发展过程中的一个重要现象。对工程地质来说,由于流水的机械侵蚀作用,可使河床移动和河谷变形,也可使河岸冲刷破坏,这就严重地威胁河谷两岸的建筑物和构筑物的安全(图 5-1)。

5.2.2 河谷的类型及河流阶地

山区河谷从其成因来看可分为构造谷和侵蚀谷。构造谷一般是受地质构造控制的,它沿地质构造线发展;如果河流确实是在构造运动所生成的凹地内流动,流水开凿出自己的河谷,这种河谷称为真正的构造谷;例如向斜谷、地堑断裂谷等。如果河流沿着构造软弱带流

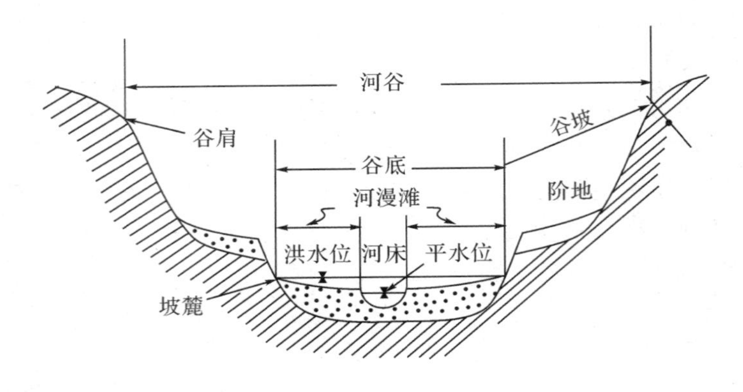

图 5-1 河流侵蚀作用形成的结果

动，河谷完全是由本身的流水冲刷出来的，这种河谷称为适应性的构造谷，也称侵蚀构造谷；如断层谷、背斜谷、单斜谷等；侵蚀谷由水流侵蚀而成，侵蚀谷不受地质构造的影响，它可以任意切穿构造线。侵蚀谷发展为成形河谷一般可分峡谷型、河漫滩河谷、河谷三个阶段。

河流阶地不会被水所淹没。根据侵蚀与堆积之间关系的不同，主要有侵蚀阶地、基座阶地和堆积阶地三大类型(图 5-2)。

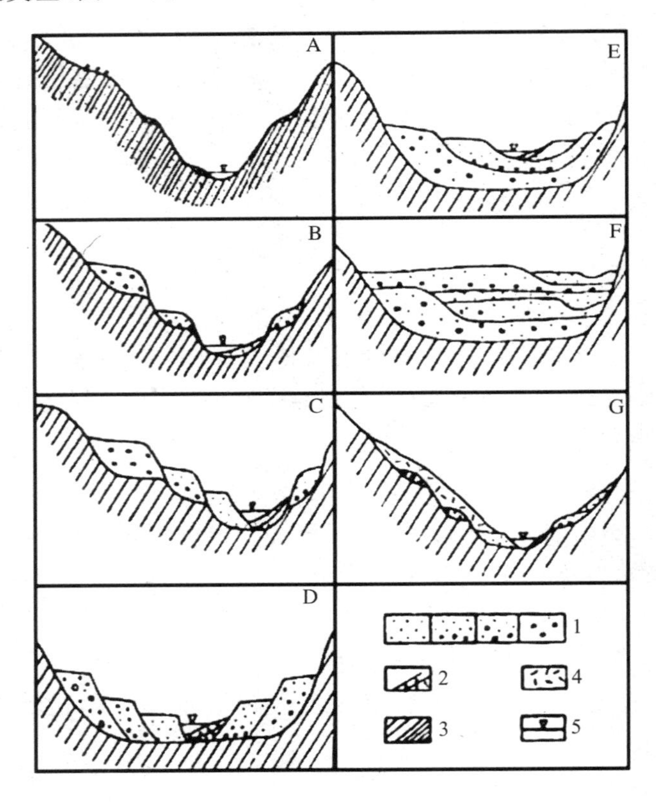

图 5-2　阶地的类型

①侵蚀阶地-A；②基座阶地 - B；③堆积阶地：嵌入阶地-C、内迭阶地-D、上迭阶地-E；

④掩埋阶地-F；⑤坡下阶地-G

1)侵蚀阶地(图 5-2A):这种阶地的特点是阶面上的基岩毕露,或覆盖的冲积物很薄。一般多分布于山间河谷原始流速较大的河段,或者分布在河流的上游。侵蚀阶地的生成是因地壳有一段宁静时期,而后由于地壳上升、河流下蚀很快,而形成侵蚀阶地。侵蚀阶地由于基岩出露地表,作为房地基或桥梁和水坝的接头是属好的地质条件。

2)基座阶地(图 5-2B):基座阶地是属于侵蚀阶地到堆积阶地的过渡类型。阶地面上有冲积物覆盖着,但在阶地陡坎的下部仍可见到基岩出露。形成这种阶地是由于河水每一次的深切作用比堆积作用大得多。作为厂房地基,因土层薄可减轻基础沉降。若桩尖落在基岩上,沉降量更小。

3)堆积阶地:这种阶地完全由冲积所组成,上层深厚,阶地面不见基岩。堆积阶地可分为上迭阶地,内迭阶地及嵌入阶地。

嵌入阶地(图 5-2C):嵌入阶地的阶地面和陡坎都不露出基岩,但它不同于上迭和内迭阶地。因为嵌入阶地的生成,后期河床比前一期下切要深,而使后期的冲积物嵌入到前期的冲积物中。这说明每一次地壳上升幅度一次比一次剧烈。

内迭阶地(图 5-2D):内迭阶地是新的阶地套在老的阶地内,每一次新的侵蚀作用都只切到第一次基岩所形成的谷底。而所堆积的阶地范围一次比一次小,厚度也一次比一次小。这说明地壳每次上升的幅度基本一致,而堆积作用却逐渐衰退。

上迭阶地(图 5-2E):上迭阶地是新阶地完全落在老阶地之上,其生成是由于河流的几次下切都不能达到基岩,下切侵蚀作用逐次减小,堆积作用规模也一次次地减小。这说明每一次升降运动的幅度都是逐渐减小的。

另外还有掩埋阶地、坡下阶地等(图 5-2F、G)。堆积阶地作为厂房地基要看其冲积物性质以及土层分布情况。最值得注意的是,是否有掩埋的古河道或牛轭湖堆积的透镜体,在工程地质勘察中应予查明。

5.3 滑坡与崩塌

5.3.1 滑坡的定义及构造

滑坡是指斜坡上的土体或者岩体,受河流冲刷、地下水活动、地震及人工切坡等因素影响,在重力作用下,沿着一定的软弱面或者软弱带,整体地或者分散地顺坡向下滑动的自然现象(图 5-3)。滑动的岩土体一般具有整体性特点。斜坡上岩土体的移动方式为滑动,不是倾倒或滚动,因而滑坡体的下缘常为滑动面或滑动带的位置。规模大的滑坡一般是缓慢地往下滑动,其位移速度多在突变加速阶段才显著。有些滑坡滑动速度一开始也很快,这种滑坡经常是在滑坡体的表层发生翻滚现象,因而称这种滑坡为崩塌性滑坡。有时会造成灾难性的后果。

1)滑坡体

斜坡内沿滑动面向下滑动的那部分岩土体。这部分岩土体虽然经受了扰动,但大体上仍保持有原来的层位和结构构造的特点。滑坡体和周围不动岩土体的分界线叫滑坡周界。滑坡体的体积大小不等,大型滑坡体可达几千万立方米。

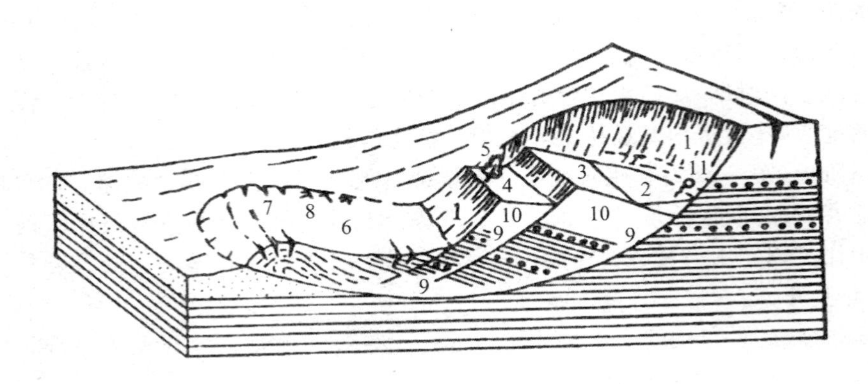

1—滑坡壁　2—滑坡洼地　3、4—滑坡台阶　5—醉树　6—滑坡舌
7—鼓张裂缝　8—羽状裂缝　9—滑动面　10—滑坡体　11—滑坡泉

图 5-3　滑坡块状示意图

2)滑动面、滑动带和滑坡床

滑坡体沿其滑动的面称滑动面。滑动面以上，被揉皱了为厚数厘米至数米的结构扰动带，称滑动带。有些滑坡的滑动面(带)可能不止一个，在最后滑动面以下稳定的岩土体称为滑坡床。

滑动面的形状随着斜坡岩土的成分和结构的不同而各异。在均质黏性上和软岩中，滑动面近于圆弧形。滑坡体如沿着岩层层面或构造面滑动时，滑动面多呈直线形或折线形，多数滑坡的滑动面由直线和圆弧复合而成，其后部经常呈弧形，前部呈近似水平的直线。

滑动面大多数位于黏土夹层或其他软弱岩层内；如页岩、泥岩、千枚岩、片岩、风化岩等。由于滑动时的摩擦，滑动面常常是光滑的，有时有清楚的擦痕；同时，在滑动面附近的岩土体遭受风化破坏也较厉害。滑动面附近的岩土体通常是潮湿的，甚至达到饱和状态。许多滑坡的滑动面常常有地下水活动，在滑动面的出口附近常有泉水出露。

3)滑坡后壁

滑坡体滑落后，滑坡后部和斜坡未动部分之间形成的一个陡度较大的陡壁称滑坡后壁。滑坡后壁实际上是滑动面在上部的露头。滑坡后壁的左右呈弧形向前延伸，其形态呈“圈椅”状，称为滑坡圈谷。

4)滑坡台地

滑坡体滑落后，形成阶梯状的地面称滑坡台地。滑坡台地的台面往往向着滑坡后壁倾斜。滑坡台地前缘比较陡的破裂壁称为滑坡台坎。有两个以上滑动面的滑坡或经过多次滑动的滑坡，经常形成几个滑坡台地。

5)滑坡鼓丘

滑坡体在向前滑动的时候，如果受到阻碍，就会形成隆起的小丘，称为滑坡鼓丘。

6)滑坡舌

滑坡体的前部如舌状向前伸出的部分称为滑坡舌。

7)滑坡裂缝

在滑坡运动时，由于滑坡体各部分的移动速度不均匀，在滑坡体内及表面所产生的裂缝称为滑坡裂缝。

根据受力状况不同，滑坡裂缝可以分为四种：

(1)拉张裂缝：在斜坡将要发生滑动的时候，由于拉力的作用，在滑坡体的后部产生一些张口的弧形裂缝；与滑坡后壁相重合的拉张裂缝称主裂缝；坡上拉张裂缝的出现是产生滑坡的前兆。

(2)鼓张裂缝：滑坡体在下滑过程中，如果滑动受阻或上部滑动较下部为快，则滑坡下部会向上鼓起并开裂，这些裂缝通常是张口的。鼓张裂缝的排裂方向基本上与滑动方向垂直，有时交互排列成网状。

(3)剪切裂缝：滑坡体两侧和相邻的不动岩土体发生相对位移时，会产生剪切作用；或滑坡体中央部分较两侧滑动快而产生剪切作用，都会形成大体上与滑动方向平行的裂缝。这些裂缝的两侧常伴有如羽毛状平行排列的次一级裂缝。

(4)扇形张裂缝：滑坡体向下滑动时，滑坡舌向两侧扩散，形成放射状的张开裂缝，称为扇形张裂缝，也称滑坡前缘放射状裂缝。

8)滑坡主轴

滑坡主轴也称主滑线，为滑坡体滑动速度最快的纵向线，它代表整个滑坡的滑动方向。滑动迹线可以为直线，也可以是折线。运动最快之点相连的主轴为折线形。

5.3.2 滑坡的分类

由于自然界的地质条件和作用因素复杂，各种工程分类的目的和要求又不尽相同，因而可从不同角度进行滑坡分类，根据我国的滑坡类型可有如下的滑坡划分：

1)按滑坡体的主要物质组成和滑坡与地质构造关系划分

(1)覆盖层滑坡；本类滑坡有黏性土滑坡、黄土滑坡、碎石滑坡、风化壳滑坡。

(2)基岩滑坡；根据滑坡与地质结构的关系可分为均质滑坡、顺层滑坡、切层滑坡等三类，其中顺层滑坡又可分为沿层面滑动或沿基岩面滑动的滑坡。

(3)特殊滑坡；本类滑坡有融冻滑坡、陷落滑坡等

2)按滑坡体的厚度划分：①浅层滑坡；②中层滑坡；③深层滑坡；④超深层滑坡。

3)按滑坡的规模大小划分：①小型滑坡；②中型滑坡；③大型滑坡；④巨型滑坡。

4)按形成的年代划分：①新滑坡；②古滑坡。

5)按力学条件划分：①牵引式滑坡；②推动式滑坡。

5.3.3 滑坡的发育过程

一般说来，滑坡的发生是一个长期的变化过程，通常将滑坡的发育过程划分为三个阶段：

1)蠕动变形阶段

斜坡在发生滑动之前通常是稳定的。有时在自然条件和人为因素作用下，可以使斜坡岩土强度逐渐降低(或斜坡内部剪切力不断增加)，造成斜坡的稳定状况受到破坏。

在斜坡内部某一部分因抗剪强度小于剪切力而首先变形，产生微小的移动，往后变形进一步发展，直至坡面出现断续的拉张裂缝。随着拉张裂缝的出现，渗水作用加强，变形进一步发展，后缘拉张，裂缝加宽，开始出现不大的错距，两侧剪切裂缝也相继出现。坡脚附近的岩土被挤压、滑坡出口附近潮湿渗水，此时滑动面已大部分形成，但尚未全部贯通。斜坡变形再进一步继续发展，后缘拉张裂缝不断加宽，错距不断增大，两侧羽毛状剪切裂缝贯通并

撕开，斜坡前缘的岩土挤紧并鼓出，出现较多的鼓张裂缝，滑坡出口附近渗水混浊，这时滑动面已全部形成，接着便开始整体地向下滑动。

从斜坡的稳定状况受到破坏，坡面出现裂缝，到斜坡开始整体滑动之前的这段时间称为滑坡的蠕动变形阶段。蠕动变形阶段所经历的时间有长有短。长的可达数年之久，短的仅数月或几天的时间。一般说来，滑动的规模愈大，蠕动变形阶段持续的时间愈长。斜坡在整体滑动之前出现的各种现象，叫做滑坡的前兆现象，尽早发现和观测滑坡的各种前兆现象，对于滑坡的预测和预防都是很重要的。

2)滑动破坏阶段

滑坡在整体往下滑动的时候，滑坡后缘迅速下陷，滑坡壁越露越高，滑坡体分裂成数块，并在地面上形成阶梯状地形，滑坡体上的树木东倒西歪地倾斜，形成“醉林”。滑坡体上的建筑物(如房屋、水管、渠道等)严重变形以致倒塌毁坏。

随着滑坡体向前滑动，滑坡体向前伸出，形成滑坡舌。在滑坡滑动的过程中，滑动面附近湿度增大，并且由于重复剪切，岩土的结构受到进一步破坏，从而引起岩土抗剪强度进一步降低，促使滑坡加速滑动。滑坡滑动的速度大小取决于滑动过程中岩土抗剪强度降低的绝对数值，并和滑动面的形状，滑坡体厚度和长度，以及滑坡在斜坡上的位置有关。

如果岩土抗剪强度降低的数值不多，滑坡只表现为缓慢的滑动，如果在滑动过程中，滑动带岩土抗剪强度降低的绝对数值较大，滑坡的滑动就表现为速度快、来势猛，滑动时往往伴有巨响并产生很大的气浪，有时造成巨大灾害。

3)渐趋稳定阶段

由于滑坡体在滑动过程中具有动能，所以滑坡体能越过平衡位置，滑到更远的地方，滑动停止后，除形成特殊的滑坡地形外，在岩性、构造和水文地质条件等方面都相继发生了一些变化。

在自重的作用下，滑坡体上松散的岩土逐渐压密，地表的各种裂缝逐渐被充填，滑动带附近岩土的强度由于压密固结又重新增加，这时对整个滑坡的稳定性也大为提高。经过若干时期后，滑坡体上的东倒西歪的“醉林”又重新垂直向上生长，但其下部已不能伸直，因而树干呈弯曲状，有时称它谓“马刀树”，这是滑坡趋于稳定的一种现象。当滑坡体上的台地已变平缓，滑坡后壁变缓并生长草木，没有崩塌发生；滑坡体中岩土压密，地表没有明显裂缝，滑坡前缘无水渗出或流出清晰的泉水时，就表示滑坡已基本趋于稳定。

滑坡趋于稳定之后，如果滑坡产生的主要因素已经消除，滑坡将不再滑动，而转入长期稳定。若产生滑坡的主要因素并未完全消除，且又不断积累，当积累到一定程度之后，稳定的滑坡便又会重新滑动。

5.3.4 滑坡的影响因素

凡是引起斜坡岩土体失稳的因素称为滑坡因素。主要的滑坡因素有：

1)斜坡外形

斜坡的存在，使滑动面能在斜坡前缘临空出露；这是滑坡产生的先决条件。同时，斜坡不同高度、坡度、形状等要素可使斜坡内力状态变化，内应力的变化可导致斜坡稳定或失稳。当斜坡愈陡、高度愈大以及当斜坡中上部突起而下部凹进，且坡脚无抗滑地形时，滑坡容易发生。

2)岩性

滑坡主要发生在易亲水软化的上层中和一些软岩中。例如黏质土、黄土和黄土类土、山坡堆积、风化岩以及遇水易膨胀和软化的土层。软岩有页岩、泥岩和泥灰岩、千枚岩以及风化凝灰岩等。

3)构造

斜坡内的一些层面、节理、断层、片理等软弱面若与斜坡坡面倾向近于一致，则此斜坡的岩土体容易失稳成为滑坡；这时，此等软弱面组合成为滑动面。

4)水

水的作用可使岩土软化、强度降低，可使岩土体加速风化。若为地表水作用还可以使坡脚侵蚀冲刷；地下水位上升可使岩土体软化、增大水力坡度等。不少滑坡有“大雨大滑、小雨小滑、无雨不滑”的特点，说明水对滑坡作用的重要性。

5)地震

地震可诱发滑坡发生，此现象在山区非常普遍。地震首先将斜坡岩土体结构破坏，可使粉砂层液化，从而降低岩土体抗剪强度；同时地震波在岩土体内传递，使岩土体承受地震惯性力，增加滑坡体的下滑力，促进滑坡的发生。

6)人为因素

(1)在兴建土建工程时，由于切坡不当，斜坡的支撑被破坏，或者在斜坡上方任意堆填岩土方、兴建工程、增加荷载，都会破坏原来斜坡的稳定条件。

(2)人为地破坏表层覆盖物，引起地表水下渗作用的增强，或破坏自然排水系统，或排水设备布置不当，泄水断面大小不合理而引起排水不畅，漫溢乱流，使坡体水量增加。

(3)引水灌溉或排水管道漏水将会使水渗入斜坡内，促使滑动因素增加。

5.3.5 崩塌

陡峻或极陡斜坡上，某些大块或巨块岩块，突然地崩落或滑落，顺山坡猛烈地翻滚跳跃，岩块相互撞击破碎，最后堆积于坡脚，这一过程称为崩塌(图 5-4)。

崩塌堆积以大块岩石为主，直径大于 0.5m 者往往达 50%～70%以上。在我国西南、西北地区铁路两侧的崩塌以数百万立方为最常见。规模极大的崩塌可称为山崩，而仅个别巨石崩落称坠石。

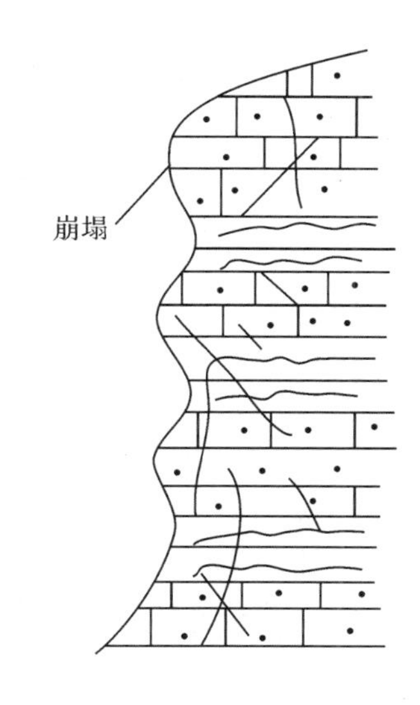

图 5-4 崩塌示意图

崩塌会使建筑物，有时甚至使整个居民点遭到毁坏，使公路和铁路被掩埋。由崩塌带来的损失，不单是建筑物毁坏的直接损失，并且常因此而使交通中断，给运输带来重大损失。崩塌有时还会使河流堵塞形成堰塞湖，这样就会将上游建筑物及农田淹没，在宽河谷中，由于崩塌能使河流改道及改变河流性质，而造成急湍地段。

崩塌的主要发生条件和发育因素可分为下列几个方面：

1)山坡的坡度及其表面的构造

造成崩塌作用要求斜坡外形高而且陡峻，其坡度往往达 55°～75°；山坡的表面构造对发生崩塌也有很大的意义；如果山坡表面凹凸不平，则沿突出部分可能发生崩塌。然而山坡表面的构造并不能作为评价山坡稳定性的唯一依据，还必须结合岩层的裂隙、风化等情况来评价。

2)岩石性质和节理程度

岩石性质不同其强度、风化程度、抗风化和抗冲刷的能力及其渗水程度都是不同的。如果陡峻山坡是由软硬岩层互层组成，由于软岩层属易于风化，硬岩层失去支持而引起崩塌。

一般形成陡峻山坡的岩石，多为坚硬而性脆的岩石，属于这种岩石的有厚层灰岩、砂岩、砾岩及喷出岩。

在大多数情况下，岩石的节理程度是决定山坡稳定性的主要因素之一。虽然岩石本身可能是坚固的，风化轻微的，但其节理发育亦会使山坡不稳定，当节理顺山坡发育时，特别是当发育在山坡表面的突出部分时最有利于发生崩塌。

3)地质构造

岩层产状对山坡稳定性也有重要的意义。如果岩层倾斜方向和山坡倾向相反，则其稳定程度较岩层顺山坡倾斜的大。岩层顺山坡倾斜其稳定程度的大小还取决于倾角大小和破碎程度。

一切构造作用，正断层、逆断层，逆掩断层，特别在地震强烈地带对山坡的稳定程度有着不良影响，而其影响的大小又决定于构造破坏的性质、大小、形状和位置。

5.4 岩溶与土洞

岩溶也称喀斯特(Karst)，它是由于地表水或地下水对可溶性岩石溶蚀的结果而产生的一系列地质现象；如溶沟、溶槽、溶洞、暗河等。土洞是由于地表水和地下水对土层的溶蚀和冲刷而产生空洞，空洞的扩展，导致地表陷落的地质现象(图 5-5)。岩溶与土洞作用的结果，可产生一系列对工程很不利的地质问题；如岩土体中空洞的形成、岩石结构的破坏、地表突然塌陷、地下水循环改变等，这些现象严重地影响建筑场地的使用和安全。

5.4.1 岩溶

岩溶形态是可溶岩被溶蚀过程中的地质表现；可分为地表岩溶形态和地下岩溶形态。地表岩溶形态有溶沟(槽)、石芽、漏斗、溶蚀洼地、坡立谷、溶蚀平原等。地下岩溶形态有落水洞(井)、溶洞、暗河、天生桥等。

①溶沟溶槽是微小的地形形态，它是生成于地表岩石表面，由于地表水溶蚀与冲刷而成的沟槽系统地形。

②漏斗是由地表水的溶蚀和冲刷并伴随塌陷作用而在地表形成的漏斗状形态。

③溶蚀洼地是由许多的漏斗不断扩大汇合而成。

④坡立谷和溶蚀平原；坡立谷是一种大型的封闭洼地，也称溶蚀盆地，面积由几平方公里到数百平方公里；坡立谷再发展而成溶蚀平原。

⑤落水洞和竖井皆是地表通向地下深处的通道，其下部多与溶洞或暗河连通。

⑥溶洞是由地下水长期溶蚀、冲刷和塌陷作用而形成的近于水平方向发育的岩溶形态。

⑦暗河是地下岩溶水汇集和排泄的主要通道。

图 5-5　岩溶地貌

⑧天生桥是溶洞或暗河洞道塌陷直达地表而局部洞道顶板不发生塌陷，形成的一个横跨水流的石桥，天生桥常为地表跨过槽谷或河流的通道。

岩溶的形成是由于水对岩石的溶蚀结果。因而其形成条件是必须有可溶于水而且是透水的岩石；同时，水在其中是流动的、有侵蚀力的；即造成岩溶的物质基础有两个方面，岩体和水质，而水在岩体中是流动的。

在岩溶地区地下水流动有垂直分带现象，因而所形成的岩溶也有垂直分带的特征。

①垂直循环带或称包气带；这带位于地表以下，地下水位以上。这里平时无水，只有降水时有水渗入，形成垂直方向的地下水通道。如呈漏斗状的称为漏斗，成井状的称为落水洞。大量的漏斗和落水洞等多发育于本带内。

②季节循环带或称过渡带；这带位于地下水最低水位和最高水位之间，本带受季节性影响，当干旱季节时，则地下水位最低，这时该带与包气带结合起来，渗透水流成垂直下流。而当雨季时，地下水上升为最高水位，该带则为全部地下水所饱和，渗透水流则成水平流动，因而在本带形成的岩溶通道是水平的与垂直的交替。

③水平循环带或称饱水带；这带位于最低地下水位之下，常年充满着水，地下水作水平流动或往河谷排泄。因而本带形成水平的通道，称为溶洞，如溶洞中有水流，则称为地下暗河。但是往河谷底向上排泄的岩溶水，具有承压性质。因而岩溶通道也常常呈放射状分布。

④深循环带；本带内地下水的流动方向取决于地质构造和深循环水。由于地下水很深，它不向河底流动而排泄到远处。这一带中水的交替强度极小，岩溶发育速度与程度很小，但在很深的地方可以在很长的地质时期中缓慢地形成岩溶现象；这种岩溶形态一般为蜂窝状小洞。

5.4.2　土洞与潜蚀

因地下水或者地表水流入地下土体内，将颗粒间可溶成分溶滤，带走细小颗粒，使土体被掏空成洞穴而形成土洞。这种地质作用的过程称为潜蚀。当土洞发展到一定程度时，上部土层发生塌陷，破坏地表原来形态，危害建(构)筑物安全和使用。土洞的形成主要是潜蚀作用导致的；潜蚀是指地下水流在土体中进行溶蚀和冲刷的作用。

5.4.3 岩溶与上洞的工程地质问题

岩溶与土洞地区对建(构)筑物稳定性和安全性有很大影响。主要表现在溶蚀岩石的强度大为降低、造成基岩面不均匀起伏、漏斗对地面稳定性的影响等三个方面。

溶洞和土洞地基稳定性必须考虑溶洞和土洞分布密度和发育情况、溶洞或土洞的埋深对地基稳定性影响、抽水对土洞和溶洞顶板稳定的影响等三个问题。

思考题

5-1 简要叙述工程地质的主要研究内容、研究方法、基本任务。

5-2 简叙矿物的基本种类和基本特征。

5-3 简叙岩石的基本种类和基本特征。

5-4 地质构造的主要类型与基本特征有哪些？

5-5 褶皱与断裂的主要特征及其识别标志是什么？

5-6 地质图构成包括哪些基本要素？

5-7 地下水基本特性及其对工程的影响有哪几个方面？

5-8 不良地质现象的主要类型及其基本特征包括哪些？

5-9 简叙滑坡的主要特性。

第二部分　土 力 学

第 1 章　土的物理性质及工程分类

1.1　绪　　论

1.1.1　与土相关的工程问题

我们居住的地球表面由岩石的细微碎屑覆盖，我们称之为土。从考古发掘得到的土器就可以看出，自人类出现以来，土就与人类有着密切的关系。人类进入文明社会以来，公路、铁路、桥梁、隧道等几乎所有的土木建造物均以土层作为基础，而在堤防、土坝等工程中则将土作为主要的建筑材料。

另一方面，世界各地与土相关的灾害时有发生。如地震引起的建筑物倒塌，暴雨、融雪等引起的滑坡等。此外，一些大城市如上海，由于过度抽取地下水引起的局域地表沉降等问题也带来了社会问题。意大利有名的比萨斜塔就是不均匀沉降的著名工程案例。

一般来讲，与土相关的传统工程问题分为变形、强度、渗流三大类。

1.1.2　土的生成

土是由构成地壳表面的岩石在风化作用下形成的。风化作用是指岩石在热、大气、水、生物等物理化学作用下，向更加稳定的物质进一步变化调整的过程，分为物理风化、化学风化与生物风化。

物理风化是指岩石由于温度变化、裂隙水的冻结及盐类结晶而逐渐破碎崩解为土的过程，包括：(1)温度变化引起的破碎作用；(2)在流水、波浪、降雨、冻融作用下的侵蚀与破碎作用；(3)风的侵蚀作用；(4)冰河的侵蚀作用。化学风化是指岩石在水溶液、大气及有机物的化学作用或生物化学作用下引起的破坏过程，包括：(1)大气中的氧化作用，包括氧化还原反应；(2)溶解、水合、水化等作用下的分解作用；(3)碳酸、盐类的溶解作用。生物风化作用是指在植物成长、繁茂的过程中，对于物理风化或者化学风化的促进作用。

图 1-1　物理风化

图 1-2　生物风化

工程地质学中一般把地表覆盖的土分为定积土与运积土两大类，再根据成因分为残积土、植积土、坡积土、冲积土、风积土、火山性堆积土以及冰积土，见表 1-1。

表 1-1　基于成因的分类表

生成地点的不同	成　因	分　类
定积土(原生土)	物理破碎 化学的分解	残积土(风化土)
	植物的腐朽积聚	植积土(有机土)
运积土(堆积土)	重力	坡积土
	流水	河成(冲积)土 海成(冲积)土 湖成(冲积)土
	风力	风积土(风成土)
	火山	火山性堆积土
	冰河	冰积土(冰成土)

残积土是母岩风化后残留于原地、覆盖于未风化部分之上的土。

植积土是在植物枯死腐朽的分解作用与炭化作用下形成的堆积土，例如沼泽中的泥炭以及地表的黑色表土。

坡积土是指受重力作用(例如滑坡)经过短距离搬运形成的土。

冲积土最常见，一般是在流水作用下冲积而成。冲积土层一般上部为细粒土，下部为砂或者砾石层，平原地形大部分为冲积土层。

风积土是在风力搬运下形成的土，常见于黄土地带、沙漠以及办干燥地带等。

火山性堆积土是指火山喷发扬起的火山砾石、轻石、火山砂、火山灰等由风力搬运至火山周边等地形成的土。

冰积土是在冰川作用下搬运堆积而成的土，常常由多种土类混杂而成。

工程上遇到的土大多数都是在第四纪地质历史时期形成的，把握土的成因与形成年代对理解土的工程现象有着重要的参考价值。

1.2　土的三相组成

土是由大大小小的土颗粒组成，其基本构成可分为实体部分的土颗粒与土颗粒间的孔隙两部分。土颗粒间的孔隙在地下水位以下充满水，而在地下水位以上一般充满水与空气。因此土是由土颗粒、水以及空气，即固相、液相以及气相构成的三相体，如图 1-3 所示。

土的三相组成不是固定的，不同成因形成的土其三相组成自然不同，即使是同一成因形成的土，在不同的条件下(如季节气候变化；地下水位升降；承受地面荷载前后等)其三相组成也会发生变化。土的三相组成不同时，会呈现出不同的物理状态，例如干燥与潮湿、坚硬与软弱、密实与松散等，而土的物理状态与其力学性能有着密切联系。因此，要研究土的工程性质，必须首先分析和研究土的三相组成。

土中孔隙体积的大小以及孔隙中水量的比例对土的工程性质影响较大。作为建筑物地

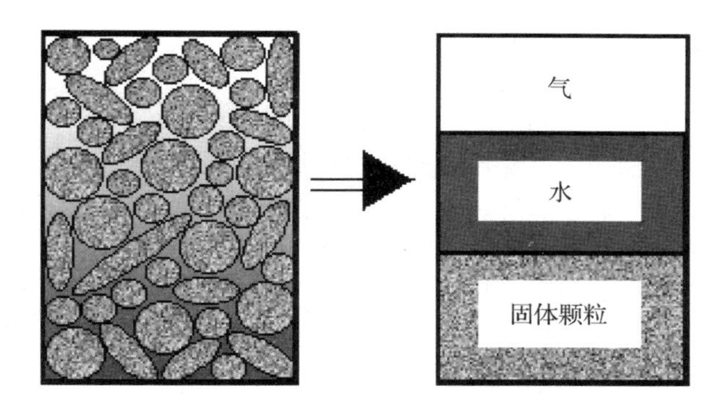

图 1-3　土的三相示意图

基，应选择孔隙体积较小、密度较大的土层，以期具有更好的工程性质。

对于像黏土这样的土颗粒极小、孔隙较大的土，其性质受孔隙中含水程度影响较大，因此工程中对于其物理性质的了解非常重要。

1.2.1　固体颗粒

1.2.1.1　粒组

在河流上游中常见的粒径较大的卵石、块石等，随着水流在摩擦、破碎等物理作用下，到了下游河口平原处就变成了细小的颗粒沉积下来。即使同样矿物成分构成的土，位于不同的堆积场地，其粒径相差悬殊，相应地工程性质也有着较大的差异。

天然土是由大小不同的土粒混合而成，大小不同土颗粒的混合比例称之为颗粒级配。为了把握土的工程性质，就需要对土的颗粒级配进行分析。由于颗粒大小相近的土类具有相近的工程性质，因此工程上将土中各种不同粒径的土粒，按照粒径大小和性质相近的原则划分为组，称为粒组。

不同国家、不同行业部门对粒组的划分有着不同的规定。表 1-2 为我国采用的粒组划分标准。

一般来说，土颗粒越小，与水的相互作用就越强烈。粗粒土与水几乎没有任何物理化学作用，而粒径小于 0.005mm 的黏粒以及更小的胶粒具有较强的活性，遇水会具有黏性、塑性、膨胀性等特性。

表 1-2　我国规范规定的粒组划分标准及粒组工程特性

<table>
<tr><th colspan="2">标准 1</th><th colspan="3">标准 2</th><th colspan="3">标准 3</th><th>一般特性</th></tr>
<tr><td>颗粒名称</td><td>粒径范围(mm)</td><td colspan="2">颗粒名称</td><td>粒径范围(mm)</td><td colspan="2">颗粒名称</td><td>粒径范围(mm)</td><td rowspan="6">透水性大，无黏性，毛细水上升高度极微，不能保持水分</td></tr>
<tr><td>漂石(块石)</td><td>>200</td><td colspan="2">漂石(块石)</td><td>>200</td><td colspan="2">漂石(块石)</td><td>>200</td></tr>
<tr><td>卵石(碎石)</td><td>20～200</td><td colspan="2">卵石(碎石)</td><td>60～200</td><td colspan="2">卵石(小块石)</td><td>60～200</td></tr>
<tr><td rowspan="3">圆砾(角砾)</td><td rowspan="3">2～20</td><td rowspan="3">砾粒</td><td>粗砾</td><td>20～60</td><td rowspan="3">砾粒</td><td>粗砾</td><td>20～60</td></tr>
<tr><td>中砾</td><td>5～20</td><td>中砾</td><td>5～20</td></tr>
<tr><td>细砾</td><td>2～5</td><td>细砾</td><td>2～5</td></tr>
</table>

续表

标准1			标准2			标准3			一般特性
砂粒	粗砂	0.5～2	砂粒	粗砂	0.5～2	砂粒	粗砂	0.5～2	易透水，无黏性，毛细水上升高度不大，遇水不膨胀，干燥不收缩，呈松散状，无塑性，压缩性甚微
	中砂	0.25～0.5		中砂	0.25～0.5		中砂	0.25～0.5	
	细砂	0.075～0.25		细砂	0.075～0.25		细砂	0.074～0.25	
粉粒		0.005～0.075	粉粒		0.005～0.075	粉粒		0.002～0.074	透水性小，毛细水上升高度较大，湿润时能出现微黏性，遇水时膨胀与干燥时收缩都不明显
黏粒		≤0.005	黏粒		≤0.005	黏粒		≤0.002	几乎不透水，结合水作用显著，潮湿时可塑，黏性大，遇水膨胀与干燥收缩都较明显，压缩性大

注：①标准1为《岩土工程勘查规范》(GB 50021—2001)、《建筑地基基础设计规范》(GB 50007—2002)；

②标准2为《土的工程分类标准》(GB/T 50145—2007)；

③标准3为《公路土工试验规程》(JTG E40—2007)。

1.2.1.2 颗粒级配的分析方法

常用的颗粒级配分析方法有筛分法(适用于粒径大于0.075mm的土)与比重计法(适用于粒径小于0.075mm的土)。如土中同时含有大于与小于0.0075mm的土粒时，需要两种方法并用。

筛分法是将风干、分散的代表性土样通过一套自上而下孔径由大到小的标准筛(如60、20、2、0.5、0.25、0.1、0.075mm)，称出留在各筛子上的干土重，即可求出各个粒组的相对含量。

比重计法是根据斯托克斯定律，当土粒简化为理想球体时，土粒的沉降速度与颗粒直径的平方成正比，所以较粗的颗粒沉降较快。将定量的土样与水混合后注入量筒中，悬液经过搅拌，各种粒径的土粒在悬液中均匀分布，但静止后，土粒在悬液中下沉，通过测定沉降时间来计算某一深度处的土颗粒最大粒径。然后基于悬液的比重来计算小于该粒径土颗粒占总量的百分比。

1.2.1.3 颗粒级配的表示方法

表格法是常用的土的颗粒级配的表示方法之一，以列表的形式直接表达各粒组的相对含量，有两种方式：累积百分含量表示法与粒组含量表示法。前者是直接由筛分试验得到，后者是由相邻累积百分含量之差得到。另一常用的土的颗粒级配的表示方法是级配曲线法，是将累积百分含量表格中的数据绘制于半对数坐标系得到的。由于土颗粒粒径相差悬殊，因此粒径横坐标采用对数坐标，纵坐标为粒径小于某粒径的累积百分含量，如图1-4。

若级配曲线平缓(如图1-4中的B试样)，表示土中各种大小的颗粒都有，土粒不均匀，作为填方工程的土料时，比较容易获得较大的密实度，所以级配良好。曲线若比较陡，则表示土粒分布在较为狭窄的一个区域内，较均匀，作为填方工程的土料时，难以易获得较大的密实度，级配不好(如图1-4中的C试样)。此外，如果土颗粒的级配是不连续的，那么在累积曲线上会出现平台段(如图1-4中的A试样)，在平台段内，只有横坐标粒径的变化，而没

表 1-3 颗粒级配的表格表示法

粒径 d_i(mm)	粒径小于 d_i 的累积百分含量(%)	粒组(mm)	粒组含量(%)
10	100.0	10～5	25.0
5	75.0	5～2	20.0
2	55.0	2～1	12.3
1	42.7	1～0.5	8.0
0.5	34.7	0.5～0.25	6.2
0.25	28.5	0.25～0.1	4.9
0.1	23.6	0.1～0.075	4.6
0.075	19.0	0.075～0.01	8.1
0.010	10.9	0.01～0.005	4.2
0.005	6.7	0.005～0.001	5.2
0.001	1.5	<0.001	1.5

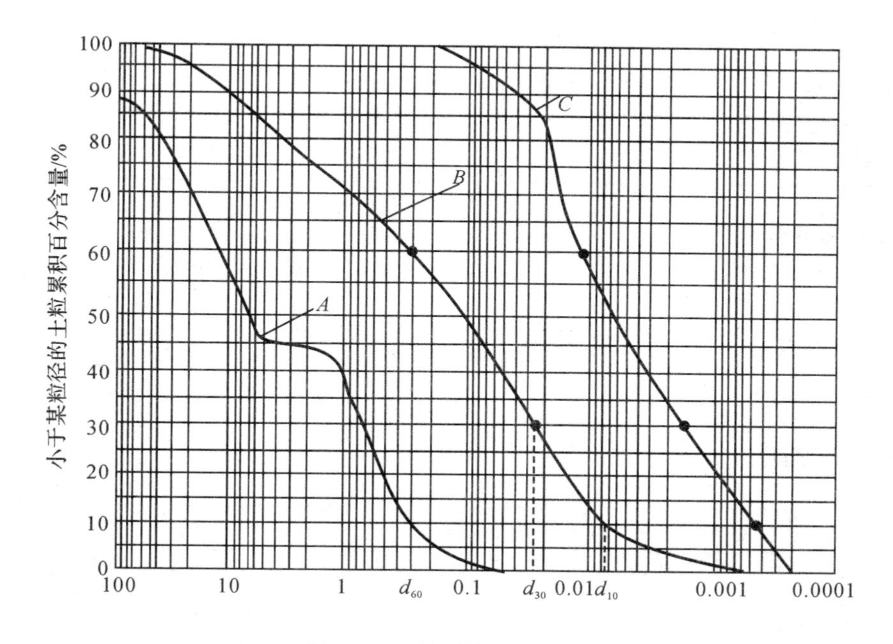

图 1-4 土的颗粒级配曲线

有纵坐标含量的增减,说明平台段内的粒组含量为零,存在不连续粒径,级配不良。

为了利用土的级配曲线评价土的工程性质,定义以下两个参数:

不均匀系数 C_u

$$C_u=\frac{d_{60}}{d_{10}}$$

曲率系数 C_c

$$C_c=\frac{d_{30}^2}{d_{10}\cdot d_{60}}$$

式中,d_{10}、d_{30}、d_{60}为累积百分含量分别为10%、30%、60%的粒径,分别称作有效粒径、连续粒径、限定粒径。

不均匀系数 C_u 反映的是大小不同粒组的分布情况，C_u 较小，则土的级配曲线较陡，土粒径均匀，称其为匀粒土，级配不良。C_u 越大，表明粒组分布范围比较广，曲线较平缓，土的颗粒粒径不均匀，级配良好。曲率系数 C_c 反映的是曲线的整体形状是否连续。工程中，当同时满足 $C_u \geqslant 5$ 和 $C_c = 1 \sim 3$ 两个条件时，土的级配良好，易获得较大的密实度，具有较低的压缩性和较高的强度，工程性质优良，如图 1-4 曲线 B。

【例题 1-1】 某烘干土样质量为 200g，其颗粒分析结果如表例 1-1-1 所列。试绘制累积曲线，确定不均匀系数，并评价土的工程性质。

表例 1-1-1　颗粒分析结果

粒径(mm)	10～5	5～2	2～1	1～0.5	0.5～0.25	0.25～0.1	0.1～0.05	0.05～0.01	0.01～0.005	<0.005
粒组含量(g)	10	16	18	24	22	38	20	25	7	20

【解】 土样的颗粒级配分析结果如表例 1-1-2 所列。

表例 1-1-2　颗粒分析结果

粒径(mm)	10	5	2	1	0.5	0.25	0.1	0.05	0.01	0.005
小于某粒径土占总土质量的百分比(%)	100%	95%	87%	78%	66%	55%	36%	26%	13.5%	10%

累积曲线如图例 1-1 所示。

由曲线可得：　$d_{60}=0.33, d_{50}=0.21, d_{30}=0.063, d_{10}=0.005$

$$C_u=\frac{d_{60}}{d_{10}}=\frac{0.33}{0.005}=66>5$$

$$C_c=\frac{d_{30}^2}{d_{60}\times d_{10}}=\frac{0.063^2}{0.33\times 0.005}=2.41$$

故该土级配良好。

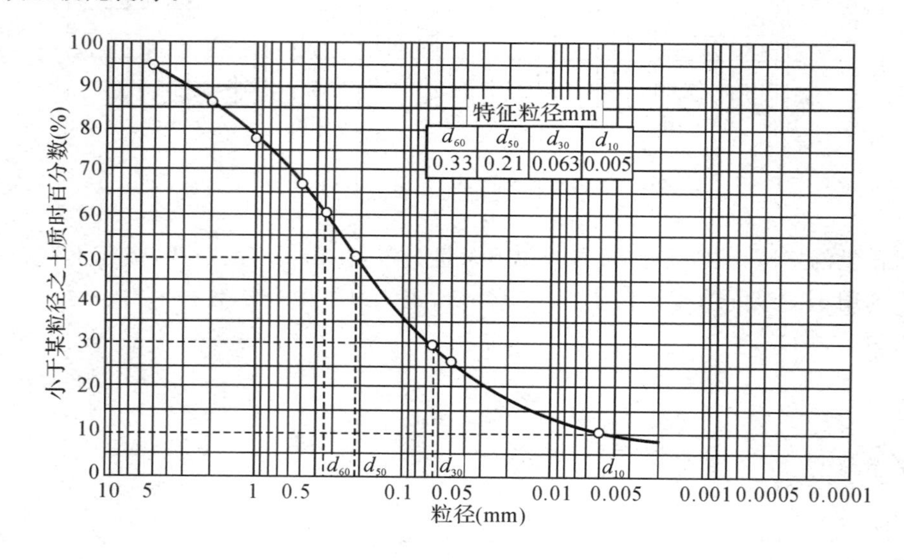

图例 1-1　土样的颗粒累积曲线

1.2.1.4 土颗粒的矿物成分

土颗粒的矿物成分主要决定于母岩的成分及其所经受的风化作用，一般分为原生矿物、次生矿物和有机质等。

1)原生矿物：由岩石经过物理风化作用所形成，与母岩相比，仅大小、形状发生了变化，化学成分并没有改变，故称为原生矿物。常见的原生矿物有石英、长石和云母等，其物理化学性质较稳定。尤其是石英，在自然界中存在最多，分布最广，抗化学风化能力强。漂石、卵石、圆砾等粗大土粒都是岩石的碎屑，它们的矿物成分与母岩相同。

2)次生矿物：由化学风化作用形成，不仅使母岩的大小、形状发生了改变，同时形成了新的矿物，称为次生矿物。如黏土矿物、氧化物、氢氧化物和各种难溶盐类(如碳酸钙等)，它们都是次生矿物。

黏土矿物的颗粒很微小，在电子显微镜下观察到的形状为片状(图 1-5)，经 X 射线分析证明这种片状构造是一种层状晶体构造，基本上是由两种原子层(称为晶片)构成。一种是硅氧晶片，它的基本单元是 Si-O 四面体；另一种是铝氢氧晶片，它的基本单元是 Al-OH 八面体(图 1-6)。由于晶片结合情况的不同，便形成了具有不同性质的各种黏土矿物。其中主要有蒙脱石、伊利石和高岭石三类。

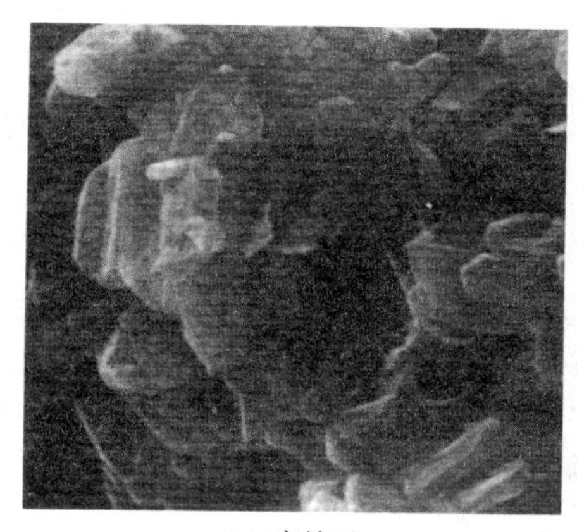

(a) 高岭石

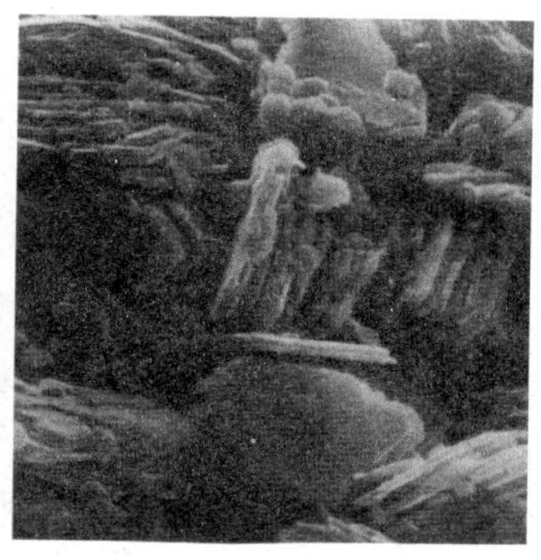

(b) 伊利石

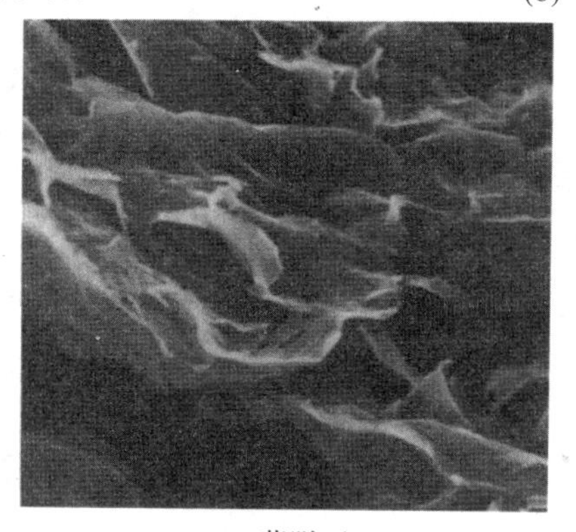

(c) 蒙脱石

图 1-5 黏土矿物的显微照片

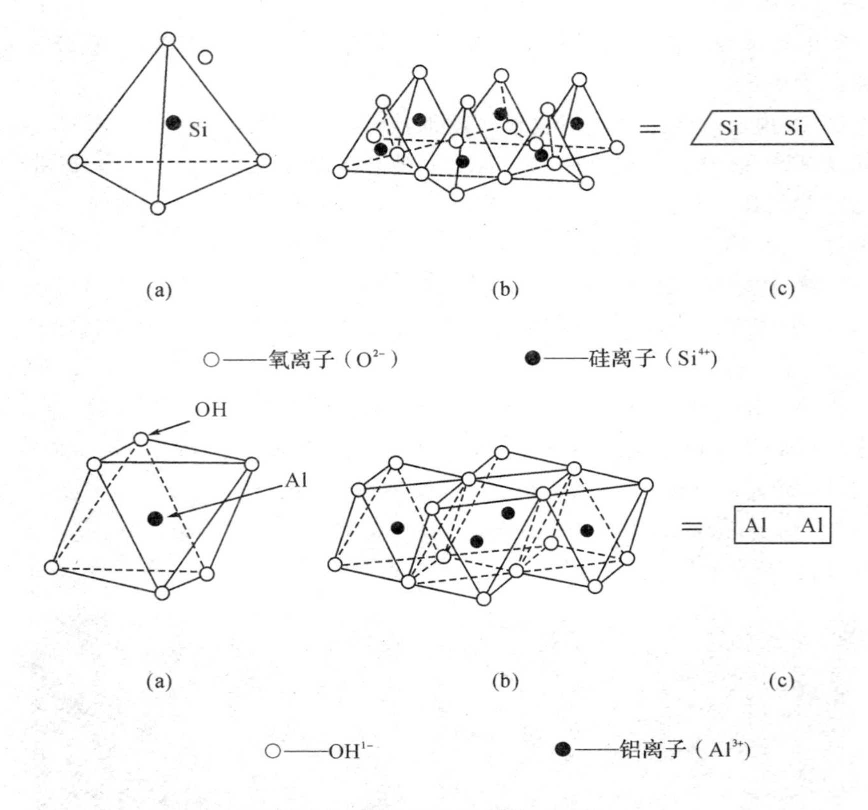

图 1-6　黏土矿物的晶片示意图

蒙脱石是化学风化的初期产物，其结构单元(晶胞)是两层硅氧晶片之间夹一层铝氢氧晶片所组成的。由于晶胞的两个面都是氧原子，其间没有氢键，因此联结很弱，如图 1-7(b)，水分子可以进入晶胞之间，从而改变晶胞之间的距离，甚至达到完全分散到单晶胞为止。蒙脱石的主要特征是颗粒细小，具有较大的吸水膨胀和脱水收缩的特性。

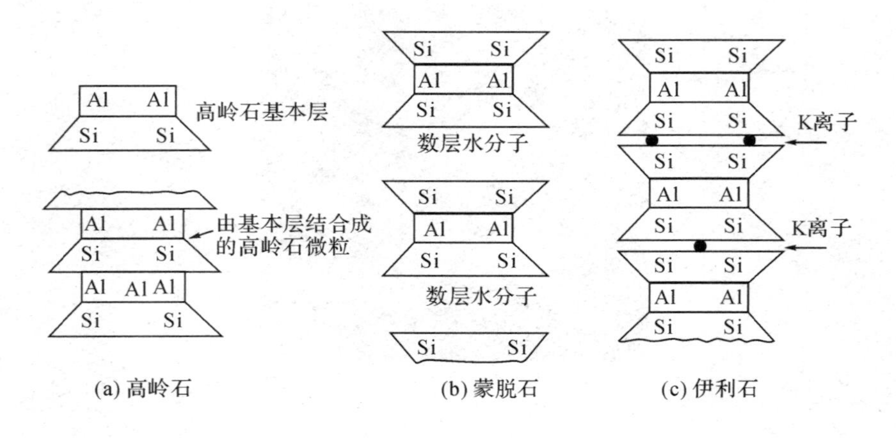

图 1-7　黏土矿物的构造示意图

伊利石的结构单元类似于蒙脱石，所不同的是 Si-O 四面体中的 Si^{4+} 可以被 Al^{3+}、Fe^{3+} 所取代，因而在相邻晶胞间将出现若干一价正离子(K^{+})以补偿晶胞中正电荷的不足，如图 1-7(c)。所以伊利石的结晶构造没有蒙脱石那样活动，其吸水能力低于蒙脱石。

高岭石的结构单元是由一层铝氢氧晶片和一层硅氧晶片组成的晶胞。高岭石的矿物就是由若干重叠的晶胞构成的，如图 1-7(a)。这种晶胞一面露出氢氧基，另一面则露出氧原子。晶胞之间的联结是氧原子与氢氧基之间的氢键，它具有较强的联结力，因此晶胞之间的距离不易改变，水分子不能进入。高岭石的主要特征是颗粒较粗，其亲水性不及伊利石强。

由于黏土矿物是很细小的扁平颗粒，且表面带有负电荷，所以极容易和极化的水分子相吸引(图 1-8)。表面积愈大，这种吸引力就愈强，黏土矿物表面积的相对大小可以用单位体积(或质量)的颗粒总表面积来表示，称为土的比表面积。土颗粒越细，比表面积越大，则吸水能力越强。例如一个棱边为 lcm 的立方体颗粒，其体积为 $1cm^3$，总表面积只有 $6cm^2$，比表面为 $6cm^2/cm^3=6cm^{-1}$；若将 $1cm^3$ 立方体颗粒分割为棱边 0.001mm 的许多立方体颗粒，则其总表面积可达 $6\times10^4cm^2$，比表面可达 $6\times10^4cm^{-1}$。由此可见，由于土粒大小不同而造成比表面数值上的巨大变化，必然导致土的性质的突变，尤其对黏性土，比表面积是反映其特征的一个重要指标。三种黏土矿物的主要特征见表 1-4。

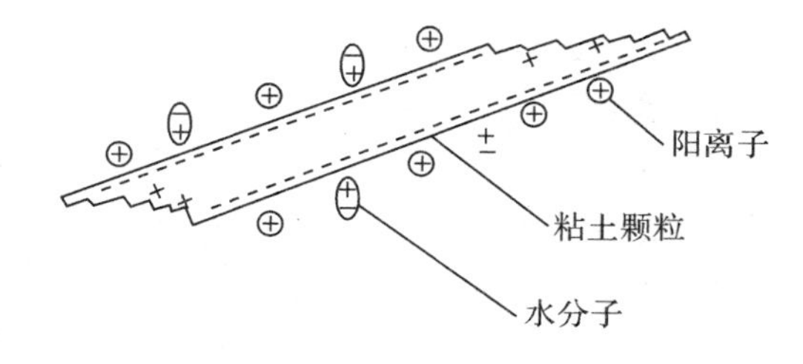

图 1-8　黏土颗粒的表面电荷

(3)有机质：有机质是由土层中的动植物分解而成的。一种是分解不完全的植物残骸，形成泥炭，疏松多孔；另一种则是完全分解的腐殖质。腐植质的颗粒更小，呈凝胶状，具有极强的吸附性。有机质含量对土的性质影响比蒙脱石更大，例如，当土中含有 1%～2%的有机质时，其对液限和塑限的影响相当于 10%～20%的蒙脱石。总之，土中胶态腐殖质的存在，使土具有高塑性、膨胀性和黏性，而其强度和承载力很低，故对工程建设极为不利。对于有机质含量大于 3%～5%的土，应加注明，此种土不适宜作为填筑材料。

表 1-4　三类黏土矿物的特性

特征指标＼矿物	高岭石	伊利石	蒙脱石
长和宽(μ)	0.3～3.0	0.1～2.0	0.1～1.0
厚(μ)	$\frac{1}{3}-\frac{1}{10}$长(宽)	0.01～0.2	0.001～0.01
比表面积(m^2/g)	10～20	80～100	800
液　限	300～110	50～120	100～900
塑　限	25～40	35～60	60～100
涨缩性	小	中	大
渗透性	大(>10^5 cm/s)	中	小(>10^{-10} cm/s)
强　度	大	中	小
压缩性	小	中	大
活动性	小	中	大

1.2.2　土中水

水在土中的存在形态有固态的冰、气态的水蒸气、液态的水以及矿物中的结晶水。

当土中的温度降至冰点以下时，土中的水结冰，形成冻土。在北方寒冷地区，基础埋置深度的确定要考虑冻胀问题，防止地基冻胀起鼓而损坏基础，以及地基融陷引起的基础下沉。水蒸气对工程性质的影响不大，而矿物中的结晶水不直接影响土的工程性质。以下主要讨论液态水。

存在于土中的液态水可分为结合水和自由水两大类。

1.2.2.1　结合水（吸附水）

结合水是指受电分子吸引力吸附于土粒表面的土中水，对土的工程性质影响极大。

根据水分子被吸附的强弱，水分子层分为固定层和扩散层，即双电层（如图 1-9 所示）。位于固定层的结合水称为强结合水，位于扩散层的结合水称为弱结合水。

强结合水直接靠近土粒表面，受到的吸引力极大，可达一千个标准大气压，但厚度不大，约为几个水分子层或更多一些。不能溶解盐类，也不能传递静水压力，只有吸热变成蒸汽时才能移动。这种水的密度比普通水高，约为 1.2～2.4g/cm^3，其性质接近于固体，冰点为－78℃，在 105～200℃高温下才能蒸发，具有极大的黏滞度、弹性和抗剪强度。当黏土中只含有强结合水时，呈固体状态，磨碎后则呈粉末状态；当砂土中只含有强结合水时，呈松散状态。如果将干燥的土移到天然湿度的空气中，则土的质量将增加，直到土中吸着的强结合水达到最大吸着度为止。土粒愈细，土的比表面愈大，则最大吸着度就愈大。砂土的最大吸着度约占土粒质量的 1%，而黏土则可达 17%。

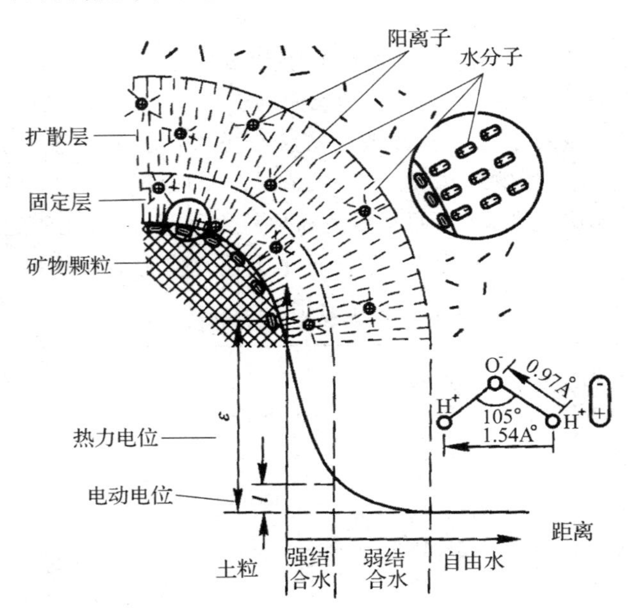

图 1-9　结合水示意图

弱结合水占水膜的大部分，仍然不能传递静水压力，但当这层水膜的厚度不均匀时，水膜较厚的地方可以向薄的地方转移，所以土具有可塑性。弱结合水层的厚度小于 0.5 微米，它的密度约为 1.0～1.7g/cm³，这层水膜厚度的大小对黏性土的性质影响很大。当弱结合水膜厚度较大时，土的塑性较大，当弱结合水离土颗粒表面愈远时，受电分子引力越弱，逐渐接近自由水的性质。

1.2.2.2　自由水

离开土颗粒较远，距离超过电分子引力的作用范围受重力法则作用。自由水的性质和普通水相同，能传递静力水压力，冰点为 0℃，有溶解能力。自由水按其移动所受作用力的不同，可分为重力水和毛细水。

重力水是存在于地下水位以下透水土层的土颗粒空隙中的自由水，有一个统一的地下水位，地下水位以下是饱水带，饱水带内存在静水压力。重力水在重力和压力差作用下稳定地流动，并对土粒有浮力作用。重力水对土层中的应力状态，对开挖基槽、基坑以及修筑地下构筑物的排水、防水有较大的影响。无论在粗粒土中还是在细粒土中，都可以存在重力水，并遵循达西定理。

位于潜水水位以上的透水土层中，受水与空气交界面处的表面张力作用下的自由水，称为毛细水。由于毛细现象所湿润的范围称为毛细水带（图 1-10）。毛细水上升高度与土中孔隙的大小、形状，土粒矿物组成以及水的性质有关。毛细上升高度还取决于粒度分布。通常，在粉土中毛细高度最高，产生毛细现象的最大极限土颗粒粒径是 2mm。毛细水常会给工程带来一些不利影响。在北方寒冷地区，要注意因毛细水上升引起地基基础冻胀，建筑物的地下部分要采取防潮措施；在干旱地区，地下水中的可溶性盐随毛细水的上升而不断蒸发，盐分逐渐聚集在地表处形成的盐渍土可能侵蚀基础，对此也要引起注意。

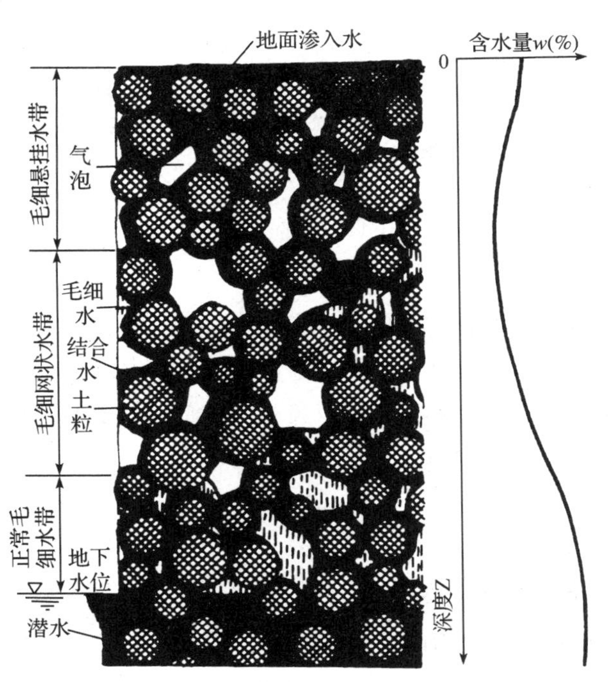

图 1-10　土层中的毛细水带

1.2.3 土中气体

土中与大气直接联通的空气，称为自由气体。该部分气体在土层受到外部压力后，土体发生压缩时逸出，它对土的性质影响不大。

对于细颗粒土中的与大气隔绝的密闭型气体，称为封闭气泡。封闭气泡在土层受到外部荷载作用时不能逸出，而是被压缩。当土中封闭气泡较多时，土的压缩性增加，渗透性减小。

1.3 土的物理状态

1.3.1 土的物理性质指标

土是固、液、气三相的分散系，本来是混合分布的，为了阐述与标记的方便，将三相分别集中起来，按比例画出一个草图（图 1-11），称为土的三相草图。在三相草图的左边标出土中各相质量，右边注明各相所占的体积（图 1-11(c)），以便于对土的三相组成比例进行定量分析。

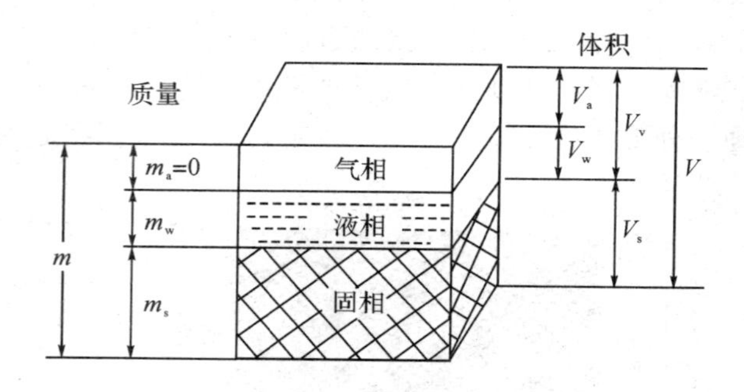

图 1-11 土的三相草图

1.3.1.1 基本试验指标

表示土的三相组成比例关系的指标，称为土的三相比例指标。其中土的天然密度、含水量、土粒相对密度三项指标，是通过实验直接测定的，称为基本试验指标。

1）土的天然密度 ρ 与天然重度 γ：土单位体积的质量称为土的天然密度，用 ρ 表示，单位为 g/cm^3。其表达式为：

$$\rho=\frac{m}{V} \tag{1-3a}$$

式中：m——土的总质量，$m=m_s+m_w$，g；

V——土的总体积，$V=V_a+V_w+V_s=V_v+V_s$，cm^3。

单位体积土受到的重力称为土的天然重度，用 γ 表示，单位为 kN/m^3。表达式为：

$$\gamma=\rho\cdot g \tag{1-3b}$$

天然状态下土的密度变化范围较大。一般黏性土为 1.8～2.0g/cm^3；砂土为 1.6～2.0g/cm^3；腐质土为 1.5～1.7g/cm^3。

黏性土的密度用“环刀法”测定，用一个环刀（刀刃向下）放在削平的原状土样面上，徐徐削去环刀外围的土，边削边压，使保持天然状态的土样压满环刀内，称得环刀内土样的质量，求得它与环刀容积之比值即为其密度。

砂和砾石等粗颗粒土的密度用灌水法或灌砂法测定，根据试样的最大粒径确定试坑尺寸，称出从试坑中挖出的试样质量，在试坑里铺上塑料薄膜，灌水或砂测量试坑的体积，也即被测土样的体积，最后算出密度。

对于容易破裂的土或形状不规则的坚硬土块，可采用蜡封法测其密度，以上实验具体操作方法均可见《土工实验方法标准》(GB/T50123—1999)。

2)土粒相对密度 d_s：土粒密度(单位体积土粒的质量)与 4℃时纯水密度之比，称为土粒相对密度(也称土粒比重)，用 d_s 表示，为无量纲指标。其表达式为：

$$d_s=\frac{m_s}{V}\cdot\frac{1}{\rho_{w_1}}=\rho_s/\rho_{w_1} \tag{1-4}$$

式中：ρ_s——土粒的密度，即单位体积土粒的质量，g/cm³；

ρ_{w_1}——4℃时纯水的密度，$\rho_{w1}=1\text{g/cm}^3$。

实用上，土粒相对密度在数值上等于土粒的密度，但前者无量纲。

土粒相对密度或比重可在试验室内用比重瓶法测定，具体操作步骤见《土工实验方法标准》(GB/T50123—1999)。由于土粒相对密度变化的幅度不大，当无条件进行试验时，可按经验数值直接选用。砂土为 2.65～2.69，粉土为 2.7～2.71，黏性土为 2.72～2.75。

3)土的含水量 w：土中水的质量与土粒质量之比，称为土的含水量，用 w 表示，以百分数计。表达式为：

$$w=\frac{m_w}{m_s}\times100\%=\frac{m-m_s}{m_s}\times100\% \tag{1-5}$$

式中：m_s——土中水的质量，g；

m_w——土颗粒的质量，g。

含水量是非常重要的一个工程指标。天然土层的含水量变化范围很大，可以从干砂的含水量近于零，到蒙脱土的含水量百分之几百。

土的含水量一般用“烘干法”测定。先称小块原状土样的湿土质量，放入烘干箱内，控制温度 105～110℃，恒温 8 小时左右，然后秤出烘干之后土的质量，算出湿、干土质量之差与干土质量的比值，即为土的含水量。

在野外没有烘箱或需要快速测定含水量时，可用酒精燃烧法或红外线烘干法。卵石的含水量可用铁锅炒干法。

1.3.1.2 土的其他换算指标

1)干密度 ρ_d 与干重度 γ_d：土单位体积中所含固体颗粒的质量，称为土的干密度，用 ρ_d 表示，单位为 g/cm³。表达式为：

$$\rho_d=\frac{m_s}{V} \tag{1-6a}$$

干重度 γ_d 为：

$$\gamma_d=\rho_d\cdot g \tag{1-6b}$$

干密度反映了土的密实程度，工程上常作为填方工程中土体压实质量的检查标准。ρ_d 越大，土体越密实，强度越高，水稳定性也越好，但花费的压实费用也大。应根据工程的重要性和当地土的压实特性，选择最优含水量以达到最大干密度 $\rho_{d\max}$。一般土的干密度的范围为 1.3～2.0g/cm^3。

2)饱和密度 ρ_{sat} 与饱和重度 γ_{sat}：当土中孔隙充满水时的单位体积质量，称为饱和密度，用 ρ_{sat} 表示，单位为 g/cm^3。表达式为：

$$\rho_{sat}=\frac{m_s+V_v\rho_w}{V} \tag{1-7a}$$

饱和重度 γ_{sat} 为：

$$\gamma_{sat}=\rho_{sat}\cdot g \tag{1-7b}$$

一般土饱和密度的范围为 1.8～2.3g/cm^3。

3)有效密度(浮密度)ρ' 与饱和重度 γ'：在地下水位以下，单位土体中土粒的质量扣除同体积水的质量以后，即为单位土体积中土粒的有效质量，称为土的有效密度，用 ρ' 表示，单位为 g/cm^3。表达式为：

$$\rho'=\frac{m_s-V_s\rho_w}{V} \quad 或 \quad \rho'=\rho_{sat}-\rho_w$$

饱和重度 γ' 为：

$$\gamma'=\rho'\cdot g=\gamma_{sat}-\gamma_w \tag{1-8b}$$

一般有效密度的范围为 0.8～1.3g/cm^3。

显然，几种密度和重度在数值上有如下关系：

$$\rho_{sat}\geqslant\rho\geqslant\rho_d$$

$$\gamma_{sat}\geqslant\gamma\geqslant\gamma_d>\gamma'$$

4)孔隙比 e：土中孔隙体积与固体颗粒实体体积之比，称为土的孔隙比，用 e 表示，以小数计。表达式为：

$$e=\frac{V_v}{V_s} \tag{1-9}$$

孔隙比是土的一个重要的物理性质指标，它反映天然土层的密实程度，同时又是软黏土分类的指标。

一般土孔隙比的范围为砂土 $e=0.5\sim1.0$，黏性土和粉土 $e=0.5\sim1.2$，淤泥土的 $e\geqslant1.5$。$e\leqslant0.6$ 的砂土为密实状态，是良好的地基；$1.0<e<1.5$ 的黏性土为软弱淤泥质地基。

5)孔隙率 n：土中孔隙体积与土总体积之比，称为土的孔隙率，用 n 表示，以百分数计。表达式为：

$$n=\frac{V_v}{V}\times100\% \tag{1-10}$$

孔隙率反映土中孔隙大小的程度，一般土的孔隙率范围为 30%～50%。

孔隙比和孔隙率都是用来表示孔隙体积含量的概念。容易证明两者之间具有以下关系：

$$n=\frac{e}{1+e}\times100\% \tag{1-11a}$$

$$e=\frac{n}{1-n} \tag{1-11b}$$

6)饱和度：土孔隙中水的体积与孔隙总体积之比，称为土的饱和度，用 S_r 表示，以百分数计。表达式为：

$$S_r=\frac{V_w}{V_v}\times100\% \tag{1-12}$$

砂土根据饱和土 S_r 的指标值分为稍湿、很湿和饱和三种湿度状态，其划分标准见表 1-5。显然，干土的饱和度 $S_r=0$，而完全饱和土的饱和度 $S_r=100\%$。

表 1-5　砂土湿度状态的划分

砂土湿度状态	稍　湿	很　湿	饱　和
饱和度 S_r（%）	$S_r\leqslant 50$	$50<S_r\leqslant 80$	$S_r>80$

1.3.1.3　指标的换算

三相指标相互之间有一定的关系，只要知道其中某些指标，通过简单的计算就可以得到其他指标。上述指标中，天然密度（重度）、土粒相对密度、含水量是通过实验直接测得的，其他指标均需由该三个指标换算得到。通常的换算时，一般令固体颗粒体积 $V_s=1$，根据定义有 $V_V=e$、$V=1+e$、$W_s=\gamma_w d_s$、$W_w=w\gamma_w d_s$、$W=\gamma_w d_s(1+w)$，据此可以容易地导出各指标间的换算公式，如表 1-6。

表 1-6　土的三相比例指标换算公式

名　称	符号	三相比例表达式	常用换算公式	单位	常见的数值范围
土粒比重	d_s	$d_s=\dfrac{m_s}{V_s\rho_{w1}}$	$d_s=\dfrac{S_r e}{w}$		黏性土：2.72～2.76 粉　土：2.70～2.71 砂类土：2.65～2.69
含水量	w	$w=\dfrac{m_w}{m_s}\times 100\%$	$w=\dfrac{S_r e}{d_s}$ $w=\dfrac{\rho}{\rho_d}-1$		20%～60%
密度	ρ	$\rho=\dfrac{m}{V}$	$\rho=\rho_d(1+w)$ $\rho=\dfrac{d_s(1+w)}{1+e}\rho_w$	g/cm³	1.6～2.6g/cm³
干密度	ρ_d	$\rho_d=\dfrac{m_s}{V}$	$\rho_d=\dfrac{\rho}{1+w}$ $\rho_d=\dfrac{d_s}{1+e}\rho_w$	g/cm³	1.3～1.8 g/cm³
饱和密度	ρ_{sat}	$\rho_{sat}=\dfrac{m_s+V_s\rho_w}{V}$	$\rho_w=\dfrac{d_s+e}{1+e}\rho_w$	g/cm³	1.8～2.3 g/cm³
有效密度	ρ'	$\rho'=\dfrac{m_s-V_s\rho_w}{V}$	$\rho'=\rho_{sat}-\rho_w$ $\rho'=\dfrac{d_s-1}{1+e}\rho_w$	g/cm³	0.8～1.3 g/cm³
重度	γ	$\gamma=\dfrac{m}{V}\cdot g=\rho\cdot g$	$\gamma=\dfrac{d_s(1+w)}{1+e}\gamma_w$	kN/m³	16～20kN/m³
干重度	γ_d	$\gamma_d=\dfrac{m_s}{V}\cdot g=\rho_d\cdot g$	$\gamma_d=\dfrac{d_s}{1+e}\gamma_w$	kN/m³	13～18 kN/m³
饱和重度	γ_{sat}	$\gamma_{sat}=\dfrac{m_s+V_s\rho_w}{V}\cdot g=\rho_{sat}\cdot g$	$\gamma=\dfrac{d_s+e}{1+e}\gamma_w$	kN/m³	18～23 kN/m³
有效重度	γ'	$\gamma'=\dfrac{m_s-V_s\rho_w}{V}\cdot g=\rho'\cdot g$	$\gamma'=\dfrac{d_s-1}{1+e}\gamma_w$	kN/m³	8～13 kN/m³

续表

名　称	符号	三相比例表达式	常用换算公式	单位	常见的数值范围
孔隙率	n	$n=\frac{V_V}{V}\times100\%$	$n=\frac{e}{1+e}$ $n=1-\frac{\rho_d}{d_s\rho_w}$		黏性土和粉土： 30%～60% 砂类土： 25%～45%
饱和度	S_r	$S_r=\frac{V_w}{V_v}\times100\%$	$S_r=\frac{wd_s}{e}$ $S_r=\frac{w\rho_d}{n\rho_w}$		0～100%

注：水的重度 $\gamma_w=\rho_w\cdot g=1\text{t/m}^3\times9.81\text{m/s}^2=9.81\times10^3(\text{kg}\cdot\text{m/s}^2)\text{m}^3\approx10\text{kN/m}^3$

【例题 1-2】 某原状土样，经试验测得天然密度 $\rho=1.91\text{g/cm}^3$，含水量 $w=9.5\%$，土粒相对密度 $d_s=2.70$。试计算：①土的孔隙比 e、饱和度 S_r；②当土中孔隙充满水时土的密度 ρ_{sat} 和含水量 w。

【解】 绘三相草图，见图例 1-2。设土的体积 $=1.0\text{cm}^3$。

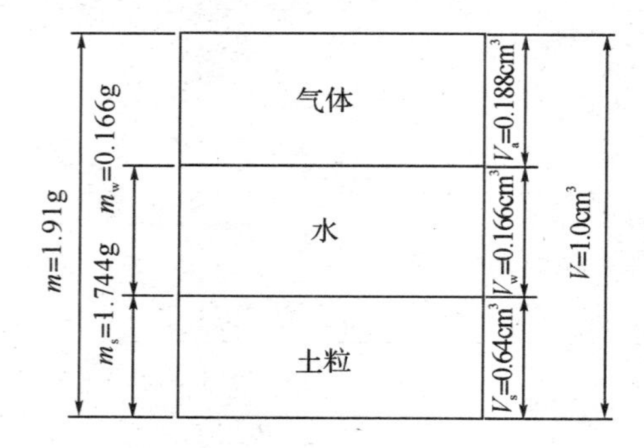

图例 1-2　三相计算草图

(1)根据密度定义，得：　　$m=\rho V=1.91\times1.0=1.91\text{g}$

根据含水量定义，得：　　$m_w=w\times m_s=0.095m_s$

从三相草图有：　　$m_w+m_s=m$

因此　　$0.095m_s+m_s=1.91g, m_s=1.744g, m_w=0.166\text{g}$

根据土粒相对密度定义，得土粒密度 ρ_s 为：

$$\rho_s=d_s\rho_{w1}=2.70\times1.0=2.70\text{g/cm}^3$$

土粒体积　　$V_s=\frac{m_s}{\rho_s}=\frac{1.744}{2.70}=0.646\text{cm}^3$

水的体积　　$V_w=\frac{m_w}{\rho_w}=\frac{0.166}{1.0}=0.166\text{cm}^3$

气体体积　　$V_a=V-V_s-V_w=1.0-0.646-0.166=0.188\text{cm}^3$

因此，孔隙体积 $V_v=V_w+V_a=0.166+0.188=0.354\text{cm}^3$。至此，三相草图中，三相组成的量，无论是质量或体积，均已算出，将计算结果填入三相草图中。

根据孔隙比定义，得：

$$e=\frac{V_v}{V_s}=\frac{0.354}{0.646}=0.548$$

根据饱和度定义，得：

$$S_r=\frac{V_w}{V_v}\times100\%=\frac{0.166}{0.354}\times100\%=46.9\%$$

(2)当土中孔隙充满水时，由饱和密度定义，有：

$$\rho_{sat}=\frac{m_s+V_v\rho_w}{V}=\frac{1.744+0.354\times1.0}{1.0}=2.10\text{g/cm}^3$$

由含水量定义，有：

$$w=\frac{V_v\rho_w}{m_s}\times100\%=\frac{0.354\times1.0}{1.744}\times100\%=20.3\%$$

【例题 1-3】 某土样已测得其孔隙比 $e=0.70$，土粒相对密度 $d_s=2.72$。试计算：①土的干重度 γ_d、饱和重度 γ_{sat}、浮重度 γ'；②当土的饱和度 $S_r=75\%$时，土的重度 γ 和含水量 w 为多大？

【解】 绘三相草图，见图例 1-3。设土粒体积 $V_s=1.0\text{cm}^3$

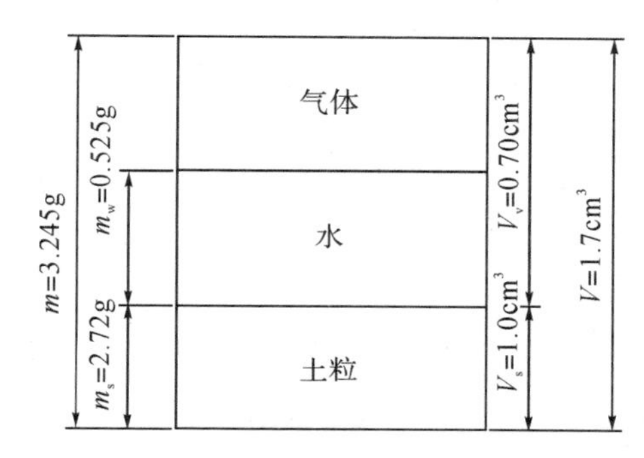

图例 1-3　三相计算草图

(1)根据孔隙比的定义，有：

$$V_v=eV_s=0.70\times1.0=0.70\text{cm}^3$$

根据土粒相对密度的定义，有：

$$m_s=d_sV_s\rho_{w1}=2.72\times1.0\times1.0=2.72\text{g}$$

土的总体积为：

$$V=V_v+V_s=0.70+1.0=1.70\text{cm}^3$$

根据土的干重度的定义，有：

$$\gamma_d=\frac{m_sg}{V}=\frac{2.72\times9.81}{1.70}=15.70\text{kN/m}^3$$

当孔隙充满水时，土的质量为：

$$m=m_s+V_v\rho_w=2.72+0.70\times1.0=3.42\text{g}$$

根据土的饱和重度的定义，有：

$$\gamma_{sat}=\frac{mg}{V}=\frac{3.42}{1.70}\times9.81=19.74\text{kN/m}^3$$

则浮重度 γ' 为：　$\gamma'=\gamma_{sat}-\gamma_w=19.74-9.81=9.93\text{kN/m}^3$

(2)当土的饱和度 $S_r=75\%$时，由饱和度定义，有：

$$V_w=S_rV_v=0.75\times0.70=0.525\text{cm}^3$$

此时水的质量 $m_w=\rho_w V_w=1.0\times0.525=0.525\text{g}$

土的总质量 $m=m_w+m_s=0.525+2.72=3.245\text{g}$

由土的重度的定义有：

$$\gamma=\frac{mg}{V}=\frac{3.245\times9.81}{1.70}=18.72\text{kN/m}^3$$

由含水量的定义有：

$$w=\frac{m_w}{m_s}\times100\%=\frac{0.525}{2.72}\times100\%=19.3\%$$

【例题 1-4】 推导常用的三相比例指标之间的换算关系。

【解】 绘制三相比例指标换算图，见图例 1-4，并假设 $V_s=1.0$

根据孔隙比的定义，有：

$$V_v=eV_s=e$$

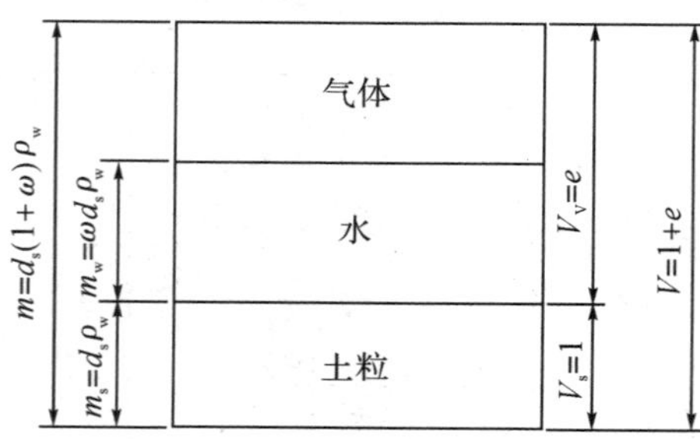

图例 1-4 三相比例指标换算图

则土的总体积 $V=V_s+V_v=1+e$

根据土粒相对密度的定义，有：

$$m_s=d_s V_s\rho_w=d_s\rho_w$$

由含水量的定义，有：

$$m_w=wm_s=wd_s\rho_w$$

则土的总质量 $m=m_s+m_w=d_s\rho_w+wd_s\rho_w=(1+w)d_s\rho_w$

将上述质量和体积填入三相草图，由三相指标的定义，可推导得：

$$\rho=\frac{m}{V}=\frac{(1+w)d_s\rho_w}{1+e} \tag{1}$$

$$\rho_d=\frac{m_s}{V}=\frac{d_s\rho_w}{1+e}=\frac{\rho}{1+w} \tag{2}$$

$$\rho_{sat}=\frac{m_s+V_v\rho_w}{V}=\frac{d_s\rho_w+e\rho_w}{1+e}=\frac{d_s+e}{1+e}\rho_w \tag{3}$$

$$\gamma_{sat}=\rho_{sat}\cdot g=\frac{d_s+e}{1+e}\rho_w\cdot g=\frac{d_s+e}{1+e}\gamma_w \tag{4}$$

$$\gamma'=\gamma_{sat}-\gamma_w=\frac{d_s+e}{1+e}\gamma_w-\gamma_w=\frac{d_s-1}{1+e}\gamma_w \tag{5}$$

$$\gamma_d=\rho_d\cdot g=\frac{\rho}{1+w}\cdot g=\frac{\gamma}{1+w} \tag{6}$$

$$n=\frac{V_v}{V}=\frac{e}{1+e} \tag{7}$$

$$S_r=\frac{V_w}{V_v}=\frac{m_w/\rho_w}{e}=\frac{wd_s}{e} \tag{8}$$

1.3.2 土的物理状态指标

土的物理状态对无黏性土来说是指其密实程度，对黏性土而言是指其软硬程度或稠度。

1.3.2.1 无黏性土的密实度指标

土的密实度是指单位体积中的固体颗粒含量。砂土的密实度与其工程性质有着密切的关系，呈密实状态时，结构较稳定，压缩性较小，强度较大，可作为良好的天然地基；呈松散状态时(特别对粉、细砂来说)，不仅压缩性高，强度低，且水稳定性差，容易产生流沙，在震动荷载作用下，可能发生液化。因此，在对砂土进行评价时，必须说明它们所处的密实程度。以下介绍砂土的密实度表示方法。

(1)相对密度 D_r。砂土的密实度通常可以用孔隙比描述，但密实度除与孔隙比有关外，还取决于土的级配情况。颗粒级配不同的砂土即使具有相同的孔隙比，但由于颗粒大小不同，颗粒排列不同，其密实度会有较大差异。下面定义的相对密度的概念，同时考虑了孔隙比和级配对土的密实度的影响。

砂土的最大孔隙比 e_{max} 与天然孔隙比 e 之差和最大孔隙比 e_{max} 与最小孔隙比 e_{min} 之差的比值，称为相对密实度，以 D_r 表示。表达式为：

$$D_r=\frac{e_{max}-e}{e_{max}-e_{min}}$$

式中：e——砂土的天然状态孔隙比；

e_{max}——该砂土的最疏松状态孔隙比，可取风干砂样，通过长颈漏斗轻轻地倒入容器来确定；

e_{min}——该砂土的最密实状态孔隙比，可将风干砂样分批装入容器，采用振动或锤击夯实的方法增加砂样的密实度，直至密度不变时确定其最小孔隙比。

从上式可知，若砂土的天然孔隙比 e 接近于 e_{min}，即相对密实度 D_r 接近于 1 时，土呈密实状态；当 e 接近于 e_{max} 时，即相对密实度 D_r 接近于 0，则呈松散状态。三种密实度，其划分标准详见表 1-7。

表 1-7 相对密实度对砂土密实度的划分标准

密实度	密 实	中 密	松 散
相对密实度 Dr	1～0.67	0.67～0.33	0.33～0

从理论上采用 D_r 作为判断砂土密实度的标准较为完善的。但是，在实际应用中，由于现场采取原状土样较为困难，e_{max}、e_{min} 不易测定，对同一种砂由不同的人做试验可能测得不同的结果，甚至同一个人重复做试验也会有不同的结果。这就影响相对密实度的准确性。因此，在实际应用中，这一判别方法多用于填方工程的质量控制；若是判断原状土的密实度，除了用 D_r 判断外，还要进行现场踏察。

(2)标准贯入试验锤击数。标准贯入试验是在现场进行的一种原位测试方法。即用卷扬机将质量为 63.5kg 的穿心钢锤，提升 76cm 高度，使其自由下落，打击贯入器(外径

50mm、内径35mm且带有刃口的对开钢管)，记录贯入器每贯入30cm深所需的锤击数 N。N 值的大小，反映了土层的松密和软硬程度。由于这种方法避免了在现场难于取得砂土原状土样的问题，因而在实际中被广泛采用。《岩土工程勘察规范》(GB50021—2001)根据标准贯入试验的锤击数 N，将砂土分为松散、稍密、中密及密实四种密实度，其划分标准见表1-8。

表 1-8 标准贯入试验对砂土密实度的划分标准

砂土密实度	松 散	稍 密	中 密	密 实
N	$N\leqslant10$	$10<N\leqslant15$	$15<N\leqslant30$	$N>30$

表 1-9 碎石类土密实度野外鉴别方法

密实度	骨架颗粒含量和排列	可挖性	可钻性
密 实	骨架颗粒含量大于总重的70%，呈交错排列，连续接触	锹、镐挖掘困难，用撬棍方能松动；井壁一般较稳定	钻进极困难；冲击钻探时，钻杆、吊锤跳动剧烈；孔壁较稳定
中 密	骨架颗粒含量等于总重的60%～70%，呈交错排列，大部分接触	锹、镐可挖掘；井壁有掉块现象；从井壁取出大颗粒处，能保持颗粒凹面形状	钻进较困难；冲击钻探时，钻杆、吊锤跳动不剧烈；孔壁有坍塌现象
稍 密	骨架颗粒含量小于总重的60%，排列混乱，大部分不接触	锹可以挖掘；井壁易坍塌；从井壁取出大颗粒后，填充物砂土立即坍落	钻进较容易；冲击钻探时，钻杆稍有跳动；孔壁易坍塌

注：①骨架颗粒系指与表2-2碎石类土分类名称相对应粒径的颗粒；
②碎石类土密实度的划分，应按表列各项要求综合确定。

对于卵石、碎石、砾石等大颗粒土，由于难以取得原状土样，也很难把贯入器打入土中，因而可用野外鉴别的方法，根据其骨架颗粒含量及排列、可挖性、可钻性等直接鉴别其密实度。《建筑地基基础设计规范》(GB50007—2002)将碎石土划分为密实、中密和稍密三种状态。其划分标准见表1-9。

1.3.2.2 黏性土稠度状态指标

黏性土的矿物含量高、颗粒细小，颗粒表面存在结合水膜，并且结合水膜厚度随土中含水量的变化而改变。因而反映黏性土的物理状态指标不是密实度，而是软硬程度(或称稠度)。稠度是指黏性土在某一含水量下对外力引起的变形或破坏的抵抗能力，用坚硬、可塑和流动等状态描述。

1)黏性土的稠度界限及测定。同一种黏性土随其含水量的增加，土体由硬变软，强度逐渐减小，由固态→半固态→可塑状态→流动状态。黏性土由一种状态转到另一种状态的分界含水量，叫做稠度界限。稠度界限包括缩限、塑限和液限，见图1-12。它对黏性土的分类和工程性质的评价有重要意义。

(1)液限 w_L：黏性土由可塑状态过渡到流动状态的界限含水量，称为液限，记为 w_L，用百分数表示。此时土中水的形态既有结合水，也有自由水。

图 1-12　黏性土的物理状态与含水量

我国目前多采用电磁锥式液限仪或光电式液塑限联合测定仪来测定黏性土的液限 w_L。锥体质量为 76g，锥角 30°，见图 1-13。试验步骤：

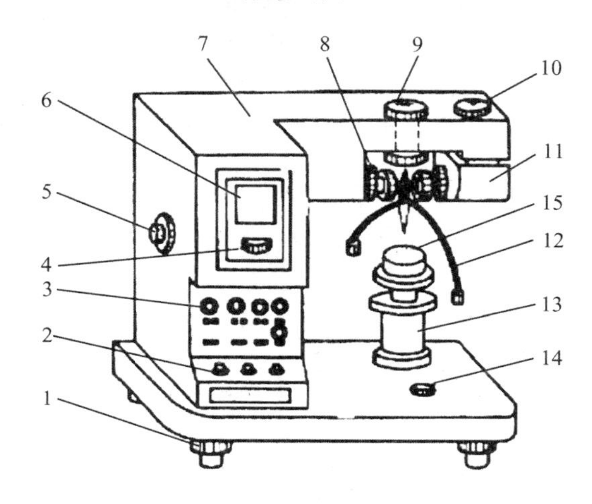

1—水平调节螺丝；2—控制开关；3—指示发光管；4—零线调节螺丝；5—反光镜调节螺丝；6—屏幕；7—机壳；8—物镜调节螺丝；9—电磁装置；10—光源调节螺丝；11—光源装置；12—圆锥仪；13—升降台；14—水平泡；15—盛样杯（内装试样）

图 1-13　光电式液、塑限仪结构示意图

①将土样搅拌均匀，调成糊状，密实地填满金属杯中，应使空气逸出。高出杯口的土用刀刮平。放在仪器升降台座上。

②接通电源，把锥体吸在电磁装置上。

③调节屏幕上准线，使初始读数调至零位刻度线。调节升降座，使圆锥的锥尖刚好接触土的表面，按下按钮，锥体就自由下落沉入试样中，若圆锥体经 5 秒钟恰好沉入土中 10mm，这时杯内土样的含水量就是液限 w_L 值。如果锥体沉入土样的深度不足 10mm，或超过 10mm，可增减含水量，重复试验，直至锥体下沉的深度刚好达到 10mm 为止。

④取出试样杯中的土测定其含水量，即为液限。

美国、日本等国采用碟式液限仪测定黏性土的液限。它是将调成浓糊状的试样装在蝶内，刮平表面，用开槽器在土中切成 V 槽，槽底宽度为 2mm，如图 1-14，摇动摇把使碟子抬高 10mm，再使碟子下落，连续下落 25 次后，如土槽合拢长度为 13mm，这时试样的含水量就是液限。见图 1-14。

(2)塑限 w_p：黏性土由半固态过渡到可塑状态的界限含水量，称为塑限，记为 w_p，用百分数表示。此时土中水的形态既有强结合水，也有有弱结合水，并且强结合水含量达到最大值。

图 1-14　蝶式液限仪示意图

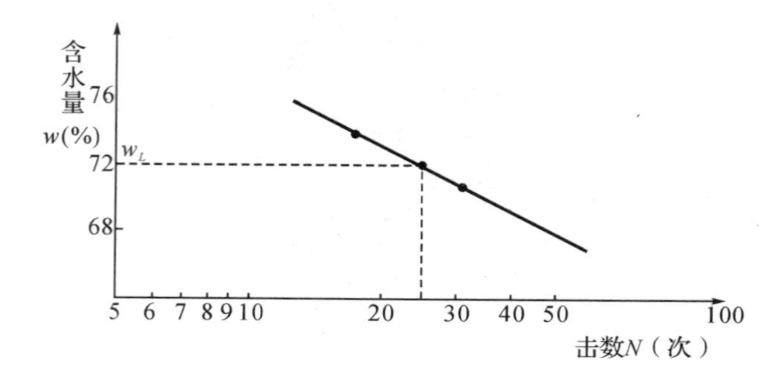

图 1-15　蝶式液限仪测定的液限曲线

过去国内外普遍采用“搓条法”测定黏性土的塑限 w_p，这种方法简单方便(图 1-16)。即用双手将天然湿度的土样搓成小圆球(球径小于 10mm)，放在毛玻璃板上再用手掌慢慢搓滚成小土条，若土条搓到直径为 3mm 时恰好开始断裂，此时土条的含水量即为塑限 w_p 值。但是，采用“搓条法”测定黏性土的塑限存在明显缺点，由于是手工操作，受人为因素的影响较大，因而成果不稳定。

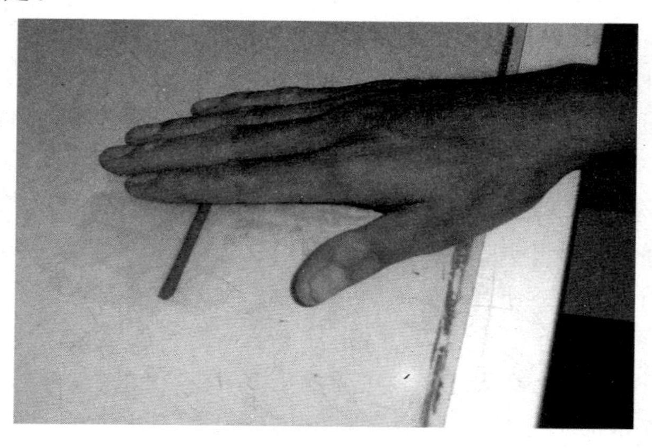

图 1-16　搓条法示意图

目前，我国的标准已规定采用电磁锥式液、塑限仪联合测定液限、塑限。测定时，将调成不同含水量的试样（制备 3 个不同含水量试样），过夜后进行试验，操作方法同液限试验，均在锥体下沉 5 秒钟时测读圆锥体的下沉深度，并测三个试样的含水量。在双对数坐标纸上绘出圆锥下沉深度与含水量的关系直线（见图 1-17），在直线上查得圆锥下沉 10mm 所对应的含水量为液限，下沉深度为 2mm 所对应的含水量为塑限。取值至整数。（见《土工实验方法标准》(GB/T 50J123—1999)）。

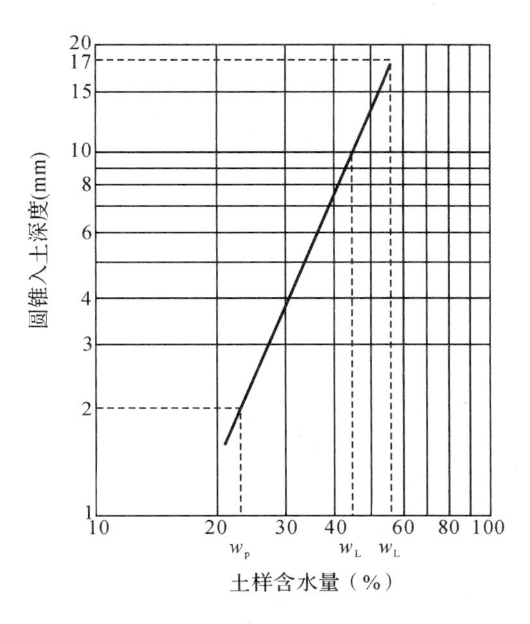

图 1-17　圆锥入土深度与含水量的关系

(3)缩限 w_s：黏性土由半固体状态不断蒸发水分，则体积逐渐缩小，直到体积不再缩小时的土的界限含水量称为缩限，记为 w_s，用百分数表示。

图 1-18 表示了黏性土体积与含水量的关系。

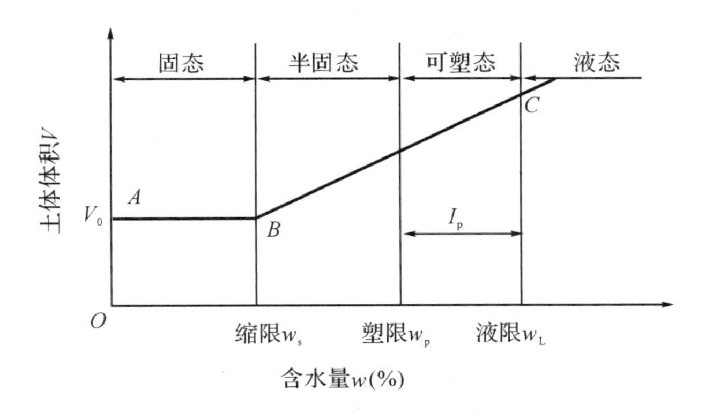

图 1-18　黏性土 V-w 关系示意图

2)黏性土的塑性指数和液性指数

(1)塑性指数 I_P：土样的液限和塑限的差值（省去%符号）称为塑性指数，用符号 I_P 表示。表达式为：

$$I_P = w_L - w_P$$

塑性指数表示黏性土处于可塑状态的含水量的变化范围。塑性指数越大，说明该状态的含水量变化范围也越大。而含水量主要取决于黏粒含量，黏粒含量越高，则其比表面以及所吸附的结合水含量越高，因而塑性指数就越大。此外，塑性指数还与土粒的矿物成分以及土中水的离子成分及浓度等因素有关，这里不作详述。

由于塑性指数在一定程度上综合反映了影响黏性土特征的各种因素，故工程上常按塑性指数对黏性土进行分类。《建筑地基基础设计规范》(GB 50007—2002)规定黏性土按塑性指数 I_P 值划分为黏土和粉质黏土。

(2)液性指数 I_L：黏性土的天然含水量和塑限的差值(去掉%号)与塑性指数之比称为液性指数，用符号 I_L 表示。表达式为：

$$I_L = \frac{w - w_P}{w_L - w_P}$$

由上式可知，若 $w \leqslant w_P$，则 $I_L \leqslant 0$，土样呈坚硬状；若 $w_p < w \leqslant w_L$，则 $0 < I_L \leqslant 1$，土样呈塑性状；若 $w > w_L$，则 $I_L > 1$，土样呈液态(流动态)。液性指数的大小表示土的软硬程度，是确定黏性土承载力的重要指标。按照我国的《建筑地基基础设计规范》(GB 50007—2002)，黏性土稠度状态可按表 1-10 划分。

表 1-10　黏性土的稠度标准

状态	坚硬	硬塑	可塑	软塑	流塑
液性指数 I_L	$I_L \leqslant 0$	$0 < I_L \leqslant 0.25$	$0.25 < I_L \leqslant 0.75$	$0.75 < I_L \leqslant 1.0$	$I_L > 1.0$

【例题 1-5】 室内试验结果给出某地基土样的天然含水量 $w = 19.3\%$，液限 $w_L = 28.3\%$，塑限 $w_p = 16.7\%$。

(1)计算该土的塑性指数 I_P 及液性指数 I_L；

(2)确定该土的物理状态。

【解】 (1)由式(1-14)可知塑性指数　　$I_P = w_L - w_P = 28.3 - 16.7 = 11.6$

再由式(1-15)得液性指数　$I_L = \frac{w - w_P}{w_L - w_P} = \frac{19.3 - 16.7}{28.3 - 16.7} = 0.224$

(2)由表 1-10　可知　$0 < I_L = 0.224 < 0.25$，所以该土处于硬塑状态。

1.4　土的结构与构造

1.4.1　土的结构

土的结构是指土粒(或团粒)的大小、形状、互相排列及联结的特征。粗粒土与细粒土相比，土粒的大小、形状、相互排列及其联结形式有着明显不同，因而二者具有不同的结构和性质。

1.4.1.1　粗粒土结构

一般粗粒土的结构为单粒结构，例如碎石土和砂土。

单粒结构可以是疏松的，也可以是紧密的。图 1-19(a)是松散型单粒结构示意图，这一结构是水流动的环境条件下沉积形成的，如河流砾石。图 1-19(b)中的紧密单粒结构则是这些沉积物在一个平静的水域环境中沉积形成的。呈紧密状单粒结构的土，由于其颗粒排列紧密，在动、静荷载作用下不会产生较大沉降，所以强度高，压缩性小，且透水性大，是较为良好的天然地基土。具有疏松单粒结构的土，在受到震动以及其他外力作用时，土粒易发生移动，会引起土的很大变形，因此，这种土层未经处理一般不宜作为建筑物的地基。

(a) 松散

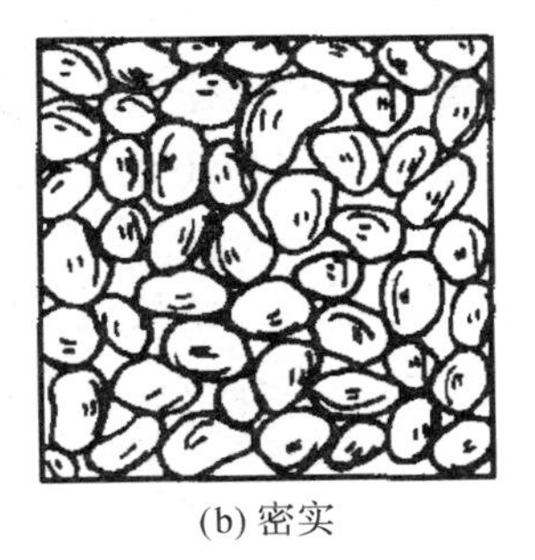
(b) 密实

图 1-19　土的单粒结构

1.4.1.2　细粒土结构

细粒土往往表现出土质松软，压缩性大，结构稳定性差等特征，通常具有以下两种结构形式。

(1)蜂窝状结构。由粒径为 0.075mm～0.005mm 的粉粒组成的土，其颗粒在水中下沉时，由于土颗粒之间的吸引力大于颗粒本身的重量，则下沉土颗粒被吸引住，不再下沉，形成具有很大孔隙的蜂窝状结构，如图 1-20 所示。细砂和粉土一般具有这种结构。

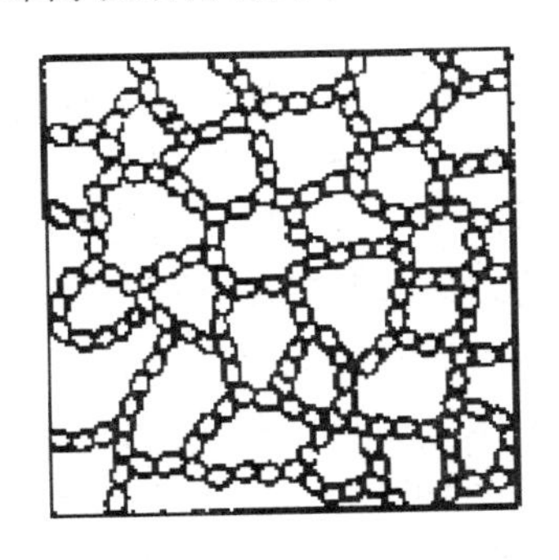
图 1-20　土的蜂窝状结构

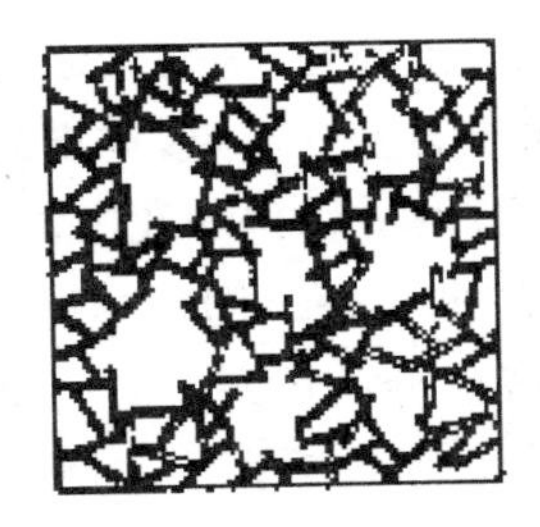
图 1-21　土的絮状结构

(2)絮状结构。由粒径小于 0.005mm 的黏粒组成的土，其颗粒能在水中长期悬浮，不因自重而下沉。黏粒在水中运动时，由于吸着水层薄，一旦相互接触，彼此间很容易吸引并结合在一起，然后成团下沉，形成类似蜂窝而空隙很大的絮状结构，如图 1-21 所示。这一结构是通过现代的显微技术获得的。黏粒随机排列成束状或片状，构成黏粒排列的高度定向性。

1.4.2　土的构造

土的构造是指土体在空间构成上不均匀特征的总和，如不同土层的相互组合以及被节理、裂隙等切割后所形成土块在空间上的排列、组合方式。土的构造是在土的生成过程和各种地质因素作用下形成的，所以不同土类和成因类型，其构造特征是不一样的。

土的构造常见的有以下几种：

1. 层状构造-土层是由不同的颜色或不同的粒径的土组成层理，各层基本相互平行。平原的层理通常为水平向，这种构造反映不同年代不同搬运条件形成的土层，为细粒土的一个重要特征。

2. 分散构造-土层中土粒分布均匀，性质相近，如砂与卵石层一般为分散构造。

3. 结核状构造-在细粒土中混有粗颗粒或各种结核，如含砾石的冰碛黏土等。

4. 裂隙状构造-土体中有很多不连续的小裂隙，某些硬塑或坚硬状态的黏土为此种构造。

通常分散构造工程性质最好。结核状构造工程性质好坏取决于细粒土部分。裂隙状构造因裂隙强度低、渗透性大，工程性质往往不好。

1.5 土的工程分类

1.5.1 土的分类原则和方法

自然界土的成分、结构和性质千变万化，其工程性质也千差万别。为了能大致判别土的工程特性和评价土作为地基或建筑材料的适宜性，有必要对土进行科学的分类。分类体系的建立是将工程性质相近的土归为一类，以便对土作出合理的评价和选择恰当的方法对土的特性进行研究。为了能通用，这种分类体系应当是简明的，而且尽可能直接与土的工程性质相联系。

目前国内外还没有统一的土分类标准，但分类的原则基本一致。关于土的工程分类体系，目前国内外主要由两种：一种是建筑工程系统的分类体系。它侧重于把土作为建筑地基和环境，故以原状土为基本对象，对土的分类除考虑土的组成外，很注重土的天然结构性，即土的粒间连接性质和强度，例如我国国家标准《建筑地基基础设计规范》和《岩土工程勘察规范》、美国国家公路协会（AASHTO）分类及英国基础试验规程（CP2004，1972）的分类等。另一种是材料系统的分类体系。它则侧重于把土作为建筑材料，用于路堤、土坝和填土地基等工程，故以扰动土为基本对象，对土的分类以土的组成为主，不考虑土的天然结构性，例如，我国国家标准《土的工程分类标准》、公路路基土分类法、水电部 SD128-84 分类法和美国材料协会的土质统一分类法（ASTM，1969）等。

由于土分类的侧重点不同，对同样的土选用不同的规范分类，定出的名称可能存在差异。在使用规范时必须充分注意这个问题。

目前国内应用于对土进行分类的标准、规程（规范）主要有以下几种：

(1)建设部《建筑地基基础设计规范》(GB 50007—2002)；

(2)建设部《土的工程分类标准》(GB/T 50145—2007)；

(3)交通部《公路土工试验规程》(JTG E40—2007)；

(4)水利部《土工试验规程》(SL 237—1999)128—84。

1.5.2 《建筑地基基础设计规范》(GB50007—2002)的土分类系统

该规范关于土的划分标准,对粗颗粒土,主要考虑其结构、强度和颗粒级配;对细颗粒土,则侧重于土的塑性和成因,并且给出了岩石的分类标准。规范把土划分成六种类型:岩石、碎石土、砂土、粉土、黏性土和人工填土。

1.5.2.1 岩石

岩石(基岩)是指颗粒间牢固联结,形成整体或具有节理、裂隙的岩体。它的分类为:

(1)按成因不同分为岩浆岩、沉积岩和变质岩。

(2)根据坚硬程度分为坚硬岩、较硬岩、较软岩、软岩和极软岩五种,详见表 1-11。

(3)根据风化程度分为未风化、微风化、中等风化、强风化和全风化五种。其中微风化或未风化的坚硬岩石,为最优良地基;强风化或全风化的软质岩石,为不良地基。

(4)按完整性分为完整、较完整、较破碎、破碎和极破碎五种,详见表 1-12。

表 1-11 岩石按坚硬程度分类

坚硬程度类	坚硬岩	较硬岩	较软岩	软 岩	极软岩
饱和单轴抗压强度标准值 f_{rk}(kPa)	$f_{rk}>60$	$60\geqslant f_{rk}>30$	$30\geqslant f_{rk}>15$	$15\geqslant f_{rk}>5$	$f_{rk}\leqslant 5$

表 1-12 岩石按完整程度分类

完整程度等级	完整	较完整	较破碎	破 碎	极破碎
完整性指数	>0.75	0.75～0.55	0.55～0.35	0.35～0.15	<0.15

注:完整性指数为岩体纵波波速之比的平方。测定波速时选定的岩体、岩块应有代表性。

1.5.2.2 碎石土

如果土中粒径大于 2mm 的含量高于整个土体总重量的 50%,该土称为碎石土。碎石土是典型的粗粒土,按粒组含量和颗粒形状,碎石土又可以进一步细分,见表 1-13。

碎石土根据骨架颗粒含量与排列,可挖性与可钻性,分为密实、中密、稍密三种状态。碎石土的压缩性小,强度高,渗透性大,是良好的地基土。

表 1-13 碎石土的分类标准

土的名称	颗粒形状	粒 组 含 量
漂 石	圆形及亚圆形为主	大于 200mm 粒径的粒组含量超过整个土体重量的 50%
块 石	棱角形为主	
卵 石	圆形及亚圆形为主	大于 20mm 粒径的粒组含量超过整个土体重量的 50%
碎 石	棱角形为主	
圆 砾	圆形及亚圆形为主	大于 2mm 粒径的粒组含量超过整个土体重量的 50%
角 砾	棱角形为主	

注:分类是应根据粒组含量由大到小以最先符合者确定。

1.5.3.3 砂土

粒径变化在 0.075～2mm 之间,大于 0.075mm 的土粒含量超过土体总重量的 50%,该土称为砂土。砂土属于细中粒土,无塑性,由细小岩石及矿物碎片组成。按粒组含量,砂土又可以进一步分为砾砂、粗砂、中砂、细砂和粉砂五类,如表 1-14 所示。

通常砾砂、粗砂和中砂为良好的地基;细砂和粉砂密实状态为良好地基,疏松状态,则不然。另外,饱和疏松的砂土,在受到地震和其他动荷载作用时,易产生液化,在选择地基基础方案应当注意。

表 1-14　砂土的分类标准

土的名称	粒组含量
砾　砂	大于2mm粒径的粒组含量占总重量的25%～50%
粗　砂	大于0.5mm粒径的细粒含量超过总重量的50%
中　砂	大于0.25mm粒径的粒组含量超过总重量的50%
细　砂	大于0.075mm粒径的粒组含量超过总重量的85%
粉　砂	大于0.075mm粒径的粒组含量超过总重量的50%

注：分类应根据粒组含量由大到小以最先符合者确定。

1.5.3.4　粉土

若粒径变化在0.002～0.075mm之间，且粒径大于0.075mm的土粒含量不超过土体总重量的50%，塑性指数$I_P \leqslant 10$，该土称为粉土。粉土是细粒土，其性质介于砂土和黏土之间。无机质粉土亦称“岩粉”。

通常密实的粉土是良好地基，而饱和稍密的粉土在地震作用下，土体结构容易遭到破坏，产生液化。

1.5.3.5　黏性土

粒径小于0.002mm，且粒径大于0.075mm的土粒含量不超过土体总重量的50%，塑性指数$I_P>10$的土，称为黏性土。黏性土是典型的细粒土，形状不规整。黏性土依据塑性指数I_P可以细分成两类：粉质黏土和黏土，如表1-15所示。

硬塑状态的黏性土的承载力高，压缩性小，为良好地基；流塑状态的黏性土非常软弱，为不良地基。

表 1-15　黏性土的分类标准

塑性指数 I_P	土的名称
$I_P>17$	黏　土
$10<I_P \leqslant 17$	粉质黏土

1.5.3.6　人工填土

人工填土是由于人类活动而堆积形成的土。由于它形成的年代较近，通常工程性质不良。常见的人工填土有素填土、压实填土、杂填土和冲填土。

(1)素填土：由碎石土、砂土、粉土、黏性土等组成的填土。

(2)压实填土：素填土分层填筑后，再经过人工或机械压实后形成的填土。

(3)杂填土：各种垃圾混杂形成的人工土，包括工业废料，建筑垃圾和生活垃圾等。

(4)冲填土：水力冲填泥砂成的填土。

此外，自然界中还分布有许多特殊性质的土，包括淤泥、淤泥质土、膨胀土、湿陷黄土、红黏土等。这些土分布在我国的不同地区。它们的分类都有各自的规范，在实际工程中可选择相应的规范查用。

【例题 1-6】　有一砂土试样，经筛析后各粒组含量的百分数如表例1-6所示。试确定砂土的名称。

表例 1-6　土样筛分试验结果

粒组(mm)	<0.075	0.075～0.1	0.1～0.25	0.25～0.5	0.5～1.0	>1.0
含量(%)	8.0	15.0	42.0	24.0	9.0	2.0

【解】 由表例 1-6 土样筛分试验数据和表 1-14 的划分标准可知：

粒径 d>0.075mm 的颗粒含量占 92%(>85%)，可定名为细砂；

粒径 d>0.075mm 的颗粒含量占 92%(>50%)，可定名为粉砂。

但根据表 1-14 的注解，应根据粒径由大到小，以先符合者确定，故该砂土应定名为细砂。

【例题 1-7】 试确定例题 1-5 所述土样的名称。

【解】 由例题 1-5 的计算结果 $I_P=11.6$；

根据表 1-15 的划分标准，$10<I_P=11.6\leqslant17$，故该土为粉质黏土。

1.5.3 《公路土工试验规程》(JTG E40—2007)的分类系统

该规程根据土颗粒组成特征、土的塑性指标：液限(w_L)、塑限(w_P)和塑性指数(I_P)、土中有机质存在情况，将土分为巨粒土、粗粒土、细粒土和特殊土，分类总体系见图 1-22。其中，土的颗粒根据图 1-23 所列粒组范围划分为巨粒组、粗粒组和细粒组。

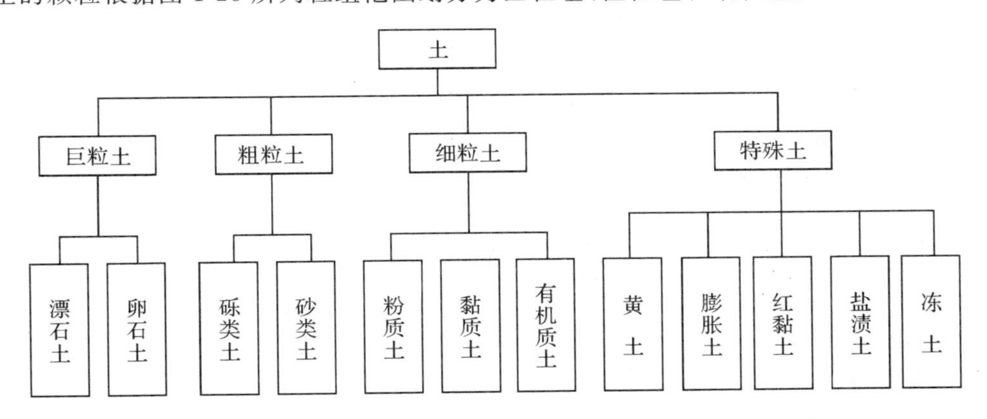

图 1-22　土分类总体系

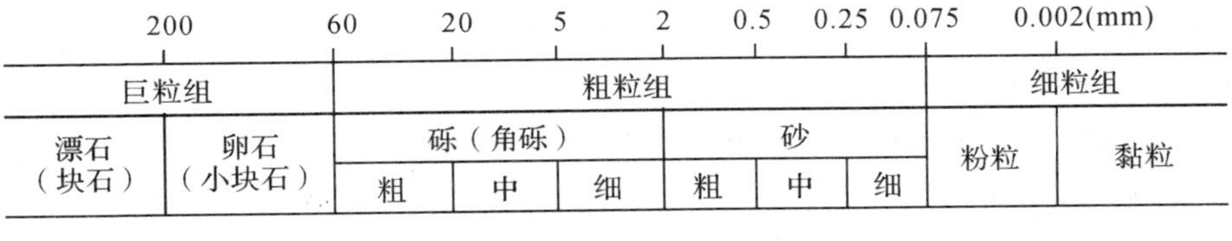

200　60　20　5　2　0.5　0.25　0.075　0.002(mm)

巨粒组		粗粒组						细粒组	
漂石(块石)	卵石(小块石)	砾(角砾)			砂			粉粒	黏粒
		粗	中	细	粗	中	细		

图 1-23　粒组划分图

对于细粒土，应根据图 1-24，塑性图进行分类，液限(w_L)为横坐标、塑性指数(I_P)为纵坐标构成。

1.5.3.1 巨粒土分类

巨粒土应按图 1-25 定名分类。巨粒组质量多于总质量 75%的土称漂(卵)石。巨粒组质量为总质量 50%～75%(含 75%)的土称漂(卵)石夹土。巨粒组质量为总质量 15%～50%(含 50%)的土称漂(卵)石质土。巨粒组质量少于或等于总质量 15%的土，可扣除巨粒，按粗粒土或细粒土的相应规定分类定名。

漂（卵）石按下列规定定名：

1）漂石粒组质量多于卵石粒组质量的土称漂石，记为 B。

2）漂石粒组质量少于或等于卵石粒组质量的土称卵石，记为 *Cb*。

漂（卵）石夹土按下列规定定名：

1）漂石粒组质量多于卵石粒组质量的土称漂石夹土，记为 BSl。

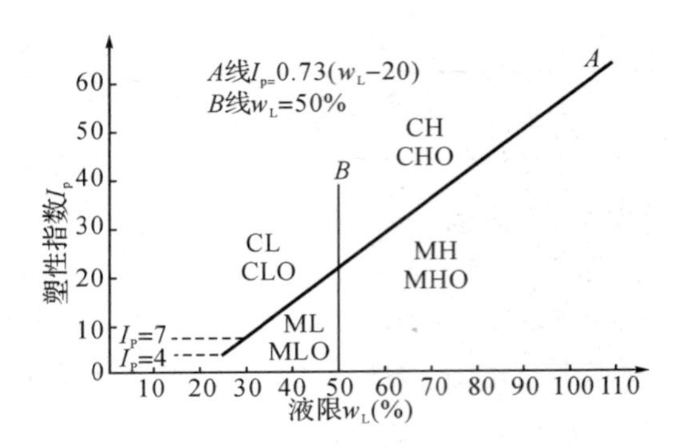

图 1-24　塑性图

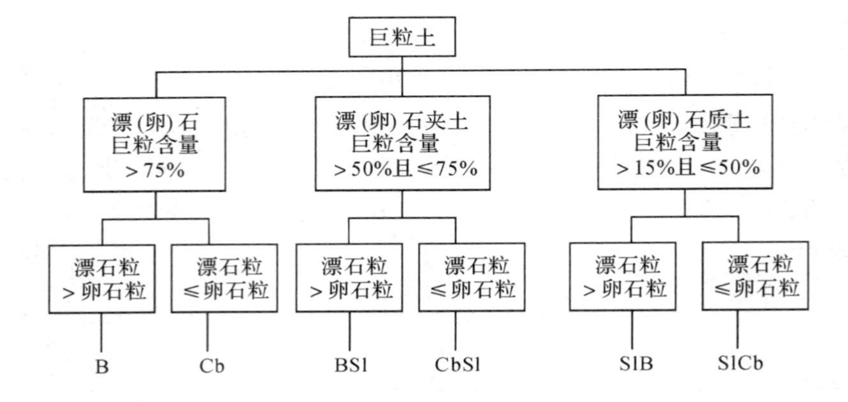

图 1-25　巨粒土分类体系

注：1. 巨粒土分类体系中的漂石换成块石，B 换成 B_a，即构成相应的块石分类体系。

2. 巨粒土分类体系中的卵石换成小块石，C_b 换成 Cb_a，即构成相应的小块石分类体系。

2）漂石粒组质量少于或等于卵石粒组质量的土称卵石夹土，记为 CbSl。

漂（卵）石质土应按下列规定定名：

1）漂石粒组质量多于卵石粒组质量的土称漂石质土，记为 SlB。

2）漂石粒组质量少于或等于卵石粒组质量的土称卵石质土，记为 SlCb。

3）如有必要，可按漂（卵）石质土中的砾、砂、细粒土含量定名。

1.5.3.2　粗粒土分类

粗粒土是指试样中巨粒组土粒质量少于或等于总质量 15%，且巨粒组土粒与粗粒组土粒质量之和多于总土质量 50%的土。粗粒土分为砾类土与砂类土。

粗粒土中砾粒组质量多于砂粒组质量的土称砾类土。砾类土应根据其中细粒含量和类别以及粗粒组的级配进行分类。分类体系见图 1-26。

1）砾类土中细粒组质量少于或等于总质量 5%的土称砾，按下列级配指标定名：

（1）①当 $C_u \geqslant 5$，且 $C_c = 1 \sim 3$ 时，称级配良好砾，记为 GW。

（2）不同时满足上述的①条件时，称级配不良砾，记为 GP。

2）砾类土中细粒组质量为总质量 5%～15%（含 15%）的土称含细粒土砾，记为 GF。

3）砾类土中细粒组质量大于总质量的 15%，并小于或等于总质量的 50%的土称细粒土质砾，按细粒土在塑性图中的位置定名：

（1）当细粒土位于塑性图 A 线以下时，称粉土质砾，记为 GM。

（2）当细粒土位于塑性图 A 线或 A 线以上时，称黏土质砾，记为 GC。

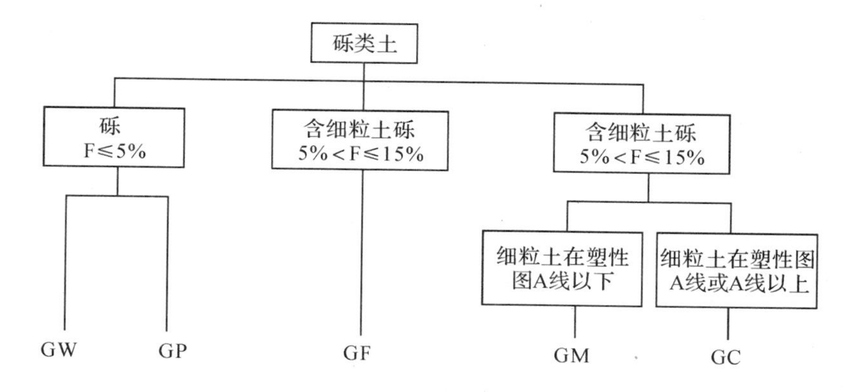

图 1-26　砾类土分类体系

注：砾类土分类体系中的砾石换成角砾，G 换成 G_a，即构成相应的角砾土分类体系。

粗粒土中砾粒组质量少于或等于砂粒组质量的土称砂类土。砂类土应根据其中细粒含量和类别以及粗粒组的级配进行分类。分类体系见图 1-27。

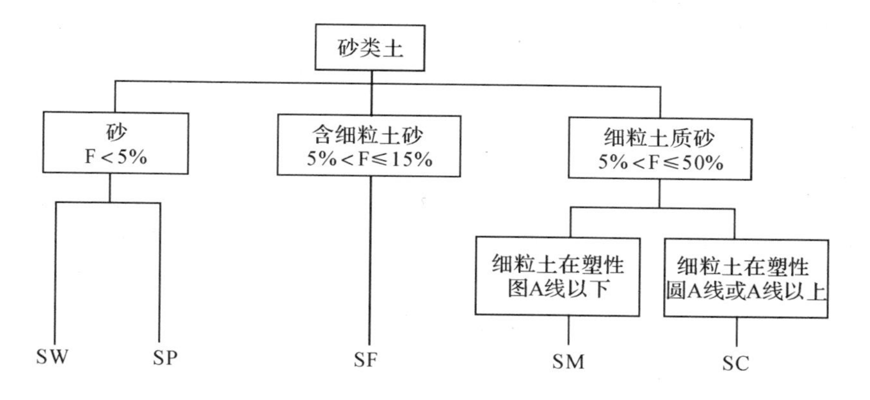

图 1-27　砂类土分类体系

注：需要时，砂可进一步细分为粗砂、中砂和细砂。

粗砂——粒径大于 0.5mm 颗粒多于总质量 50%；

中砂——粒径大于 0.25mm 颗粒多于总质量 50%；

细砂——粒径大于 0.075mm 颗粒多于总质量 75%。

根据粒径分组由大到小，以首先符合者命名。

（1）砂类土中细粒组质量少于或等于总质量 5%的土称砂，按下列级配指标定名：

①当 $C_u \geqslant 5$，且 $C_c = 1 \sim 3$ 时，称级配良好砂，记为 SW。

②不同时满足上述的①条件时，称级配不良砂，记为 SP。

（2）砂类土中细粒组质量为总质量 5%～15%（含 15%）的土称含细粒土砂，记为 SF。

（3）砂类土中细粒组质量大于总质量的 15%，并小于或等于总质量的 50%的土称细粒土质砂，按细粒土在塑性图中的位置定名：

①当细粒土位于塑性图 A 线以下时，称粉土质砂，记为 SM。

②当细粒土位于塑性图 A 线或 A 线以上时，称黏土质砂，记为 SC。

1.5.3.3 细粒土分类

试样中细粒组土粒质量多于或等于总质量 50％的土称细粒土。分类体系见下图。

细粒土应按下列规定划分：

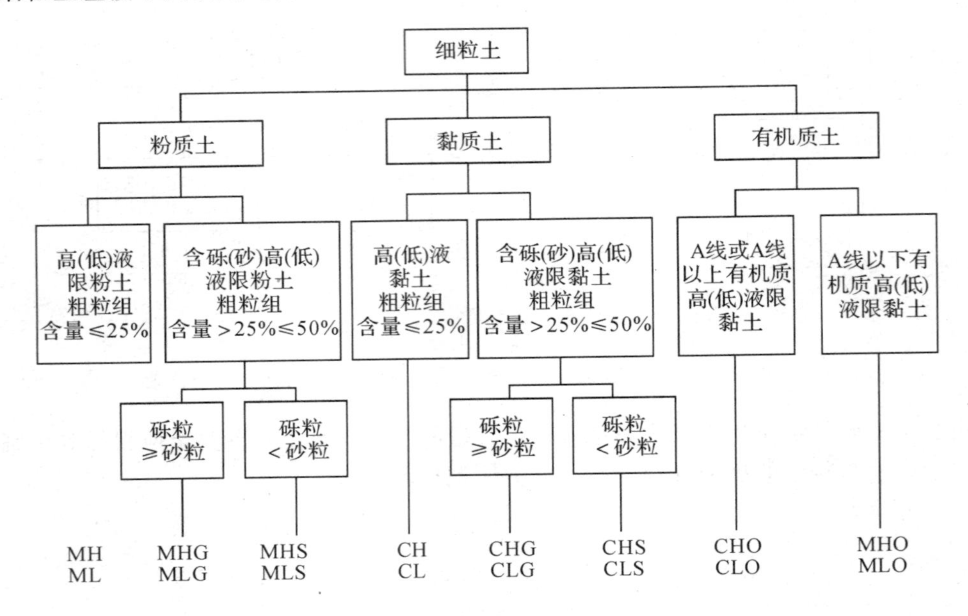

图 1-28 细粒土分类体系

(1)细粒土中粗粒组质量少于或等于总质量 25％的土称粉质土或黏质土。

(2)细粒土中粗粒组质量为总质量 25％～50％(含 50％)的土称含粗粒的粉质土或含粗粒的黏质土。

(3)试样中有机质含量多于或等于总质量的 5％，且少于总质量的 10％的土称有机质土。试样中有机质含量多于或等于 10％的土称为有机土。

细粒土应按其在图 1-24 中的位置确定土名称：

(1)当细粒土位于塑性图 A 线或 A 线以上时，在 B 线或 B 线以右，称高液限黏土，记为 CH；在 B 线以左，$I_P=7$ 线以上，称低液限黏土，记为 CL。

(2)当细粒土位于 A 线以下时，在 B 线或 B 线以右，称高液限粉土，记为 MH；在 B 线以左，$I_P=4$ 线以下，称低液限粉土，记为 ML。

(3)黏土～粉土过渡区(CL～ML)的土可以按相邻土层的类别考虑细分。

1.5.3.4 有机质土分类

土中有机质包括未完全分解的动植物残骸和完全分解的无定形物质。后者多呈黑色、青黑色或暗色；有臭味；有弹性和海绵感。借目测、手摸及嗅感判别。当不能判定时，可采用下列方法：将试样在 105～110℃的烘箱中烘烤。若烘烤 24h 后试样的液限小于烘烤前的四分之三，则该试样为有机质土。

有机质土应根据塑性图 1-24 按下列规定定名：

(1)位于塑性图 A 线或 A 线以上时：

在 B 线或 B 线以右，称有机质高液限黏土，记为 CHO；

在 B 线以左，$I_P=7$ 线以上，称有机质低液限黏土，记为 CLO。

(2)位于塑性图 A 线以下：

在 B 线或 B 线以右，称有机质高液限粉土，记为：MHO；

在 B 线以左，$I_P=4$ 线以下，称有机质低液限粉土，记为 MLO。

(3)黏土～粉土过渡区(CL～ML)的土可以按相邻土层的类别考虑细分。

【例题 1-8】 有 100g 的土样，颗粒分析试验结果如表例 1-8 所示，试用《建筑地基基础设计规范》(GB 50007—2002)分类法确定这种土的名称，并计算土的 C_u 和 C_c，评价土的工程性质。

表例 1-8　土样颗粒分析试验结果

试样编号	A								
筛孔直径(mm)	200	60	20	2	0.5	0.25	0.075	<0.075	合计
留筛质量(g)	0	34.7	5.5	30.8	5.2	13.82	9.98	0	100
大于某粒径的土样占全部土样质量的百分数(%)	0	34.7	40.2	71	76.2	90.0	100	0	100
通过某筛孔径的土样质量的百分数	100	65.3	59.8	29	23.8	9.98	0	0	—

【解】 (1)　采用《建筑地基基础设计规范》(GB 50007—2002)分类法。分类时应根据粒组含量由大到小，以最先符合者确定。根据表例 1-8 颗粒分析结果知，粒径大于 2mm 的颗粒含量占全部质量的 71%。查表 1-13 可知，该土应定名为圆砾(角砾)。

(2)根据表例 1-8 中所给数据，土样的有效粒径 $d_{10}\approx0.25$mm，限定粒径 $d_{60}\approx20$mm，$d_{30}\approx2$mm。则

不均匀系数 $$C_u=\frac{d_{60}}{d_{10}}=\frac{20}{0.25}=80>5,$$

曲率系数 $$C_c=\frac{d_{30}^2}{d_{10}\times d_{60}}=\frac{2^2}{0.25\times20}=0.8<1.0$$

所以，此土样级配不良，工程性质不好。

1.6　土的压实性

在实际工程建设中，经常遇到填土问题，例如房屋地基的处理，公路、铁路路基的填筑，以及修筑土堤、土坝等。为了增加填土的密实度，减小其压缩性和渗透性，保证土体具有足够的强度、刚度和稳定性，通常对土体进行分层碾压、夯打处理。

为了便于控制填土的质量和提高施工的效率，通常需要事先进行压实试验。一般压实试验分为现场填筑试验和室内击实试验两种方法。前者是在现场选一试验地段，按设计要求和施工方法进行填土，并同时进行有关测试工作，以查明填筑条件(如土料、堆填方法、压实机械等)和填筑效果(如土的密实度)的关系。室内击实试验是近似地模拟现场填筑情况，

是一种半经验性的试验，用锤击方法将土击实，研究土在不同击实功能下土的击实特性，以便取得有参考价值的设计数值，以指导设计和施工。

土的击实效果受很多因素的影响，例如土的类型及其含水量，击实方法和击实能量等。

1.6.1 土的击实原理

土的击实是指用重复性的冲击动荷载，将土体中的空气和水挤出使土粒压密的过程。

现以黏性土为例说明土的击实原理。在一定的击实功作用下，当土中含水量很小时，由于土颗粒表面仅存在结合水膜，土粒相互间相对移动需要克服很大的粒间阻力（毛细压力或者结合水的剪切阻力），需要消耗很大的能量，因而土的干密度增加很少。随着含水量的增加，土粒表面水膜逐渐增厚，粒间阻力迅速减小，在外力作用下土粒容易改变相对位置而移动，达到更紧密程度，此时干密度增加。当土中含水量达到某一合适值时，土最易于压密、并能获得最大干密度 $\rho_{d\max}$，此时土中的含水量称为最优含水量 w_{op}。

当土中含水量超过最优含水量 w_{op} 以后，土粒孔隙中几乎充满了水，甚至出现了自由水，在外力作用下，孔隙当中过多的水分不易立即排出，阻止土粒互相靠拢。同时，土中孔隙里剩余不多的气体大多以微小封闭气泡的形式存在，封闭气泡也很难被全部挤出，因而，此时土的干密度反而减小。在排水不畅的情况下，过多次数的反复击实，甚至会导致土体密实度不加大而土体结构破坏的后果。例如，工程上俗称的“橡皮土”即源于此。

土的最优含水量 w_{op} 可在室内通过击实试验测定。大量试验统计表明，黏性土的最优含水量 w_{op} 约与 w_p 相近，大约为 $w_{op}=w_p+2$，如图 1-29。土中所含的细粒越多（即黏土矿物越多），则最优含水量越大，最大干密度越小。

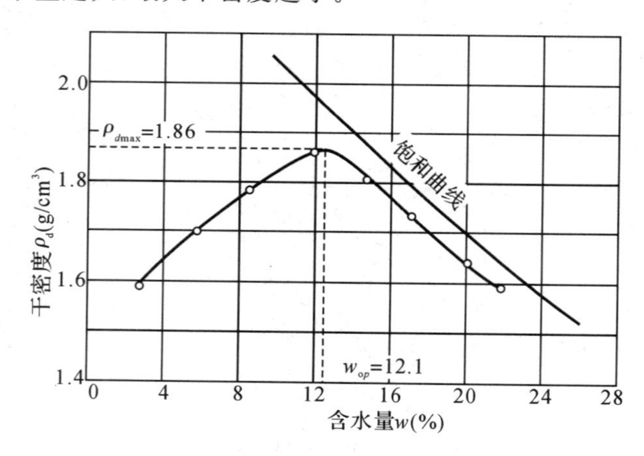

图 1-29　含水量与干密度的关系曲线

实际上，实验室内的击实试验方法很多，现场填土的方式也多种多样，但是最终得到的击实曲线都具有相似的峰值特征。通常击实曲线上的这一峰值，即为最大干密度 $\rho_{d\max}$，与之相对应的含水量，即为最优含水量 w_{op}。

1.6.2 击实试验及其影响因素

1.6.2.1 土的击实试验

室内击实试验是利用击实仪（图 1-30）把某一含水量的土料填入击实筒内，用击锤按规定落距对土打击一定的次数，即用一定的击实功击实土，测其含水量和干密度，并进一步确

定土的最优含水量 w_{op} 和最大干密度 $\rho_{d\max}$。

目前我国通用的击实仪分为轻型和重型两种类型，击实仪的规格见表 1-16。

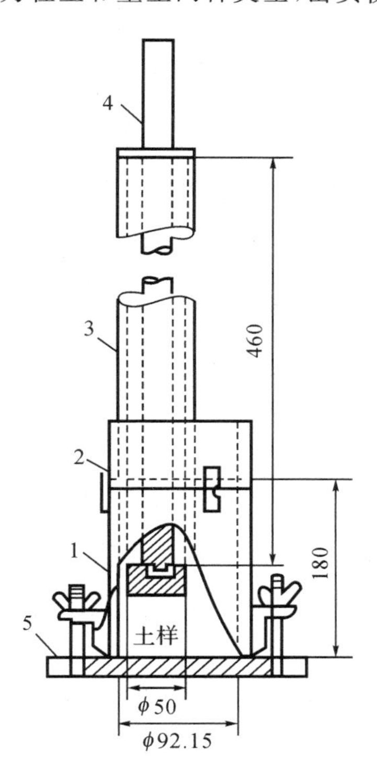

1—击实筒；2—护筒；3—导筒；
4—击锤；5—底板

图 1-30 击实仪示意图

击实仪的基本部分都是击实筒和击实锤，前者是用来盛装制备土样，后者对土样施以击实功能。击实筒分为大击实筒和小击实筒（见图 1-31），大击实筒用于测试最大粒径为 38mm 的土，小击实筒用于测试最大粒径为 25mm 的土。实验室击实试验的主要步骤为：将某一土样分成 6～7 份，每份掺入不同的水量并拌和均匀，得到各种不同含水量的土样；每份试样都分三层击实，击锤的高度和夯击的次数保持一样；测出每份土样的含水量和干密度；以含水量为横坐标，干密度为纵坐标，绘制含水量与干密度的关系曲线，即为击实曲线（图 1-29）。详细的操作过程和方法见土工试验规程。

表 1-16 击实仪的规格

击实仪型号	锤质量 /kg	锤底直径 /cm	落高 /cm	击实功 /(kJ/m³)	每层击数	层数	击实筒		
							直径/cm	高度/cm	容积/ cm³
轻型 Ⅰ	2.5	5	30	598	27	3	10	12.7	997
轻型 Ⅱ	2.5	5	30	598	59	3	15.2	12	2 177
重型 Ⅰ	4.5	5	45	2 687	27	5	10	12.7	997
重型 Ⅱ	4.5	5	45	2 687	98	5	15.2	12	2 177

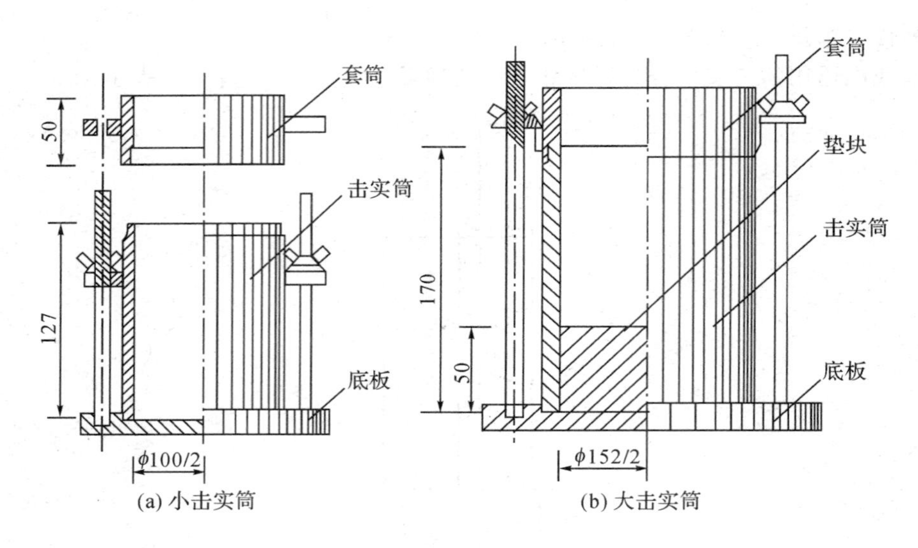

图 1-31 击实筒示意图

1.6.2.2 影响土击实性的因素

土的击实性除受含水量影响外，还与击实功能、土质情况、所处状态、击实条件以及颗粒级配等有关。

(1)压实功能的影响。压实功能是指压实每单位体积土所消耗的能量，击实试验中的压实功能用下式表示：

$$N=\frac{W\cdot d\cdot n\cdot m}{V}$$

式中：W——击锤质量(kg)，在标准击实试验中击锤质量为 2.5kg；

d——落距(m)，击实试验中定为 0.30m；

n——每层土的击实次数，标准试验为 27 击；

m——铺土层数，试验中分三层；

V——击实筒的体积，为 $1\times10^{-3}\mathrm{m}^3$。

同一种土，用不同的功能击实，得到的击实曲线有一定的差异，如图 1-32 所示。

由图 1-32 可以看出：

1)土的最大干密度 $\rho_{d\max}$ 和最优含水量 w_{op} 不是常量。$\rho_{d\max}$ 随击数的增加而逐渐增大，而 w_{op} 则随击数的增加而逐渐减小。

2)当含水量较低时，击数的影响较明显；当含水量较高时，含水量与干密度关系曲线趋近于饱和线，也就是说，这时提高击实功能是无效的。

因此，实际施工中应注意控制好压实功与含水量之间的关系，用尽量小的能量达到规定的密实度。

(2)土质的影响。在一定的击(压)实能量作用下，不同的土质，其压实效果不同。

前面已述在一定的击实功作用下，黏性土达到最优含水量时，最易于密实。黏性土的最优含水量 w_{op} 约与 w_p 相近，约为液限的 0.55～0.65 倍，此时土饱和度一般在 80%左右。

无黏性土情况有些不同。无黏性土的压实性也与含水量有关，不过不存在着一个最优含水量。一般在完全干燥或者充分洒水饱和的情况下容易压实到较大的干密度。潮湿状

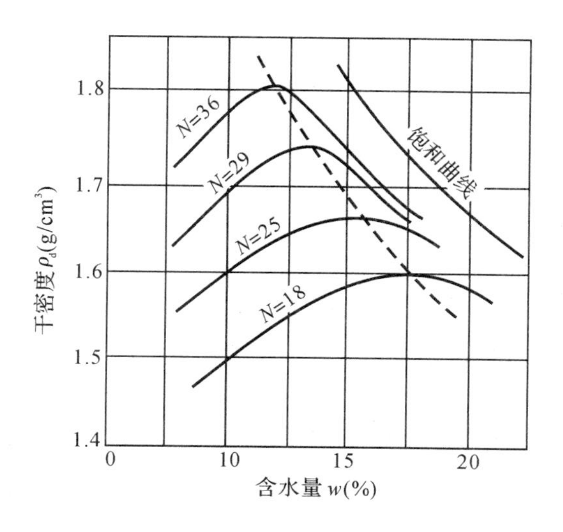

图 1-32　不同压实功能的击实曲线

态，由于具有微弱的毛细水连结，土粒间移动所受阻力较大，不易被挤紧压实，干密度不大。试验和实践证明，粗砂在含水量为 4%～5%左右时，压实干密度最小，而中砂压实密度最小时的含水量为 7%左右，如图 1-33 所示。

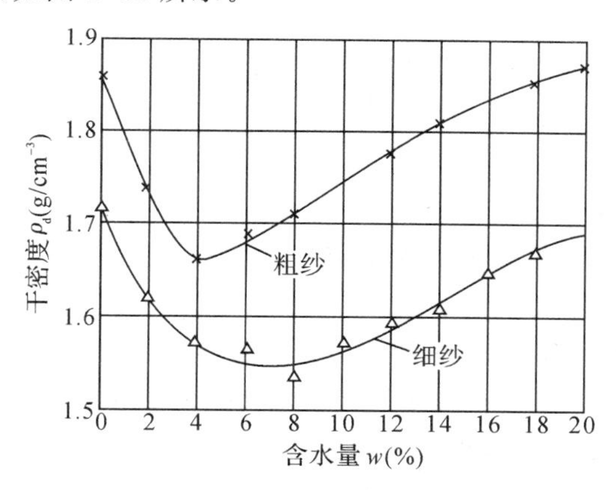

图 1-33　粗粒土的击实曲线

(3)颗粒级配的影响。在同类土中，土的颗粒级配对土的压实效果影响很大，颗粒级配不均匀的容易压实，均匀的不易压实。这是因为级配均匀的土中较粗颗粒形成的孔隙很少有细颗粒去充填。

(4)压实工具和压实方法的影响。在实际工程中，通常采用不同的压实机具对土体进行压实。不同的压实工具，其压力作用深度不同，因而压实效果也不同。通常夯击式作用深度大，振动式次之，静力碾压式最浅。

压实作用时间愈长，土密实度愈高，但随着时间的进一步加长，其密实度的增长幅度会逐渐减小。在压实过程中，一般要求压实机具以较低速度行驶，以保证压实质量。

思 考 题

1-1　什么是土？它是如何形成的？与其他工程材料比较有何特点？

1-2　试比较土中各类水的特征，并分析它们对土的工程性质的影响。

1-3　研究土的结构性有何工程意义？

1-4　什么是土的物理性质指标？其中那些是基本试验指标？哪些是换算指标？

1-5　为什么要区分干密度、饱和密度和有效密度？

1-6　无黏性土与黏性土在矿物成分、土的结构、物理状态各方面有何重要区别？

1-7　土的物理状态指标有哪些？如何利用这些指标评价土的工程性质？

1-8　为什么细粒土压实时存在最优含水量？

1-9　为什么要进行土的工程分类？

1-10　按照《建筑地基基础设计规范》(GB 50007—2002)地基分几大类？各类土划分的标准是什么？

2-11　按照《公路土工试验规程》(G JTG E40—2007)地基分几大类？各类土划分的标准是什么？

习　　题

1-1　某工程地基勘察中，取原状土 $50cm^3$，重 95.12g，烘干后重 75.05g，土粒比重为 2.67，求此土样的天然重度、干重度、有效重度、天然含水量、孔隙比、孔隙率和饱和度。(答案：$19.0kN/m^3$，$15.0kN/m^3$，$19.4kN/m^3$，$9.4kN/m^3$，26.8%，0.78%，43.8%，0.918)

1-2　一住宅地基土层，用体积为 $72cm^3$ 的环刀取样，测得环刀加湿土重为 169.5g，环刀重 40.9g，烘干后土重为 121.5g，土粒比重为 2.70，问该土样的含水量、饱和度、孔隙比、孔隙率、天然重度、饱和重度、浮重度和干重度各是多少？并比较各种重度的大小。(答案：6.3%，0.281，0.60，37.5%，$17.6kN/m^3$，$20.2kN/m^3$，$10.4kN/m^3$，$16.6kN/m^3$。$\gamma_{sat}>\gamma>\gamma_d>\gamma'$)

1-3　甲、乙两土样的颗粒分析结果列于习题 1-3 附表，试绘制颗粒累积曲线，并确定不均匀系数以及评价级配均匀情况。(答案：甲土的 $C_u=23$)

习题 1-3 附表

粒径(mm)		2～0.5	0.5～0.25	0.25～0.1	0.1～0.05	0.05～0.02	0.02～0.01	0.01～0.005	0.005～0.002	<0.002
相对含量(%)	甲土	24.3	14.2	20.2	14.8	10.5	6.0	4.1	2.9	3.0
	乙土			5.0	5.0	17.1	32.9	18.6	12.4	9.0

1-4　某砂土土样的密度为 $1.77g/cm^3$，含水量为 9.8%，土粒比重为 2.67，烘干后测定最小孔隙比为 0.461，最大孔隙比为 0.943，试求孔隙比 e 和相对密实度 D_r，并评定该砂土的密实度。(答案：$D_r=0.595$)

1-5　土料室内击实试验数据如习题 1-5 附表所列。试绘制 ρ_d-w 关系曲线，求最优含水量和最大干密度。（答案：20%；1.62g/cm^3）

习题 1-5 附表

含水量 w(%)	5	10	20	30	40
密度 ρ(g/cm^3)	1.58	1.76	1.94	2.02	2.06

1-6　某一完全饱和黏性土试样的含水量为 30%，土粒比重为 2.73，液限为 33%，塑限为 17%，试求孔隙比、干密度和饱和密度，并按塑性指数和液性指数分别定出该黏性土的分类名称和软硬状态。（答案：$\rho_{sat}=1.95$g/cm^3）

1-7　某地基土试样，经初步判断属粗颗粒土，经筛分试验，得到各粒组含量百分比如习题 1-7 附表所示。试用《建筑地基基础设计规范》(GB 50007—2002)分类法确定该土的名称。（答案：细砂）

习题 1-7 附表各粒组含量

粒组(mm)	<0.075	0.075～0.1	0.1～0.25	0.25～0.5	0.5～1.0	>1.0
含量(%)	8.0	15.0	42.0	24.0	9.0	2.0

第2章　土的渗透性和渗流问题

2.1　概　　述

土体是一种非连续性的三相体。其中的液相存在于岩土体的孔隙中，液相中有结合水、毛细水和重力水，其中结合水吸附于固体颗粒表面，是不能流动的，毛细水依靠表面张力作用可以沿着孔隙向上或其他方向移动；只有重力水可以在土体连通的孔隙中受重力的作用在不平衡的势能情况下流动，这个流动的过程就称为渗透。土体具有被流体渗透的性质称为土体的渗透性。

土体的渗透性和土的强度与变形特性密切相关，水在土体中的渗透，一方面会造成水量的损失，影响工程效益；另一方面还会引起土体内部的应力状态的变化，从而改变土体内部的稳定条件，引发工程和环境问题。在许多实际工程中都会遇到渗流问题，如图2-1分别为水利工程中的土坝和闸基、建筑物基础施工中开挖的基坑、隧道、渠道等工程中出现的渗流情况，而一旦发生渗流，就可能演变成边坡、坝体或地基的失稳和变形、岩溶的渗透塌陷等后果，造成重大的灾害。因而渗流问题的研究具有十分重要的工程意义。在这些渗流问题中，通常都要求计算其渗流量并评判其渗透稳定性。概括说来，对土的渗透问题的研究主要包括以下三个方面：

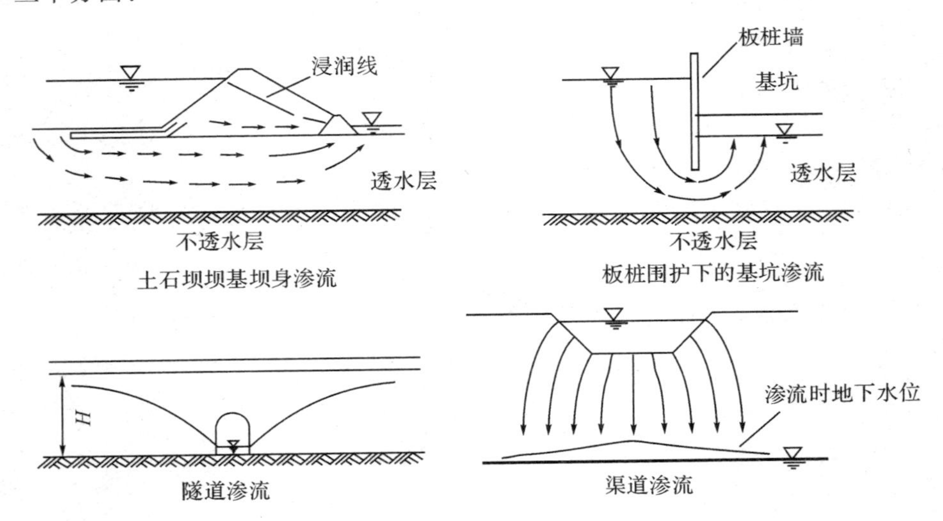

图2-1　土木工程中的渗流问题

1)渗流量问题。

土坝坝身、坝基及渠道的渗漏水量的估算,基坑开挖时的透水量及排水量的计算,水井的出水量估算,以及地基处理中排水固结的速率等,都与渗流量的计算有关。渗流量的大小将直接关系到工程的经济效益。

2)渗透变形(或称渗透破坏)问题。

土体内渗透的水流会对土颗粒施加动水作用力,这种力称为渗透力。当渗透力过大时就会引起土颗粒的位移,造成地基土体的渗透变形,再进而造成溃坝、滑坡、地面隆起等灾难性后果。因此渗透变形问题直接关系到建(构)筑物的安全,是地基发生破坏的重要原因之一。

3)渗流控制问题。

当渗流量和渗透变形不满足设计要求时,就要采取工程措施加以控制,称为渗流控制。

2.2 土的渗透定律——达西定律

2.2.1 渗流试验与达西定律

土体孔隙中的自由水,在重力作用下会发生运动。土体中孔隙的形状和大小是极不规则的,因而水在土体孔隙中的渗透是一种十分复杂的现象。

流体力学理论证明,液体流动除了要满足连续原理外,还必须要满足液流的能量方程,即必须有相当的能量转化为液体渗流流动的动能。而这个转化为动能能量的来源一般就是液体所具有的高位势能。常用水头的概念来研究水体流动中的位能和动能。所谓水头,实际上就是单位重量水体所具有的能量。

饱和土体中 A、B 两点间是否出现渗流,完全是由这两点的能量差决定的,也就是这两点的水头差决定的。只有当两点间的总水头差 $\Delta h>0$ 时,才会发生水从总水头高的点向总水头低的点流动的现象。

由于土体中的孔隙一般非常微小,水在土体中流动时的黏滞阻力很大,所以流动的过程中通常都会存在能量损失,即水头损失,A,B 两点间的水头损失,可用无量纲的水力梯度概念来表示,即

$$i=\frac{\Delta h}{l} \tag{2-1}$$

式中:i——水力梯度

l——为 A,B 两点间的渗流途径,即使水头损失 Δh 的渗流长度。

水力梯度 i 的物理意义为单位渗流长度上的水头损失,水力梯度 i 在研究土的渗透规律中是个十分重要的物理量。

1896 年,法国学者达西(Darcy,H.)根据层流中砂土渗透实验(图 2-2),发现了土中水渗流速度与能量(水头)损失之间的渗流规律,即水在土中的渗流速度与试样两端面间的水头差成正比,而与渗流长度成反比,称为达西定律:

$$v=k\frac{h}{L}=ki \tag{2-2}$$

或
$$q = vA = kiA \tag{2-3}$$

式中：v——渗透速度(cm/s 或 m/s)；

q——渗流量(cm/s 或 m/s)；

$i = \Delta h / l$——水力梯度，它是沿渗流方向单位距离的水头损失，无因次；

Δh——为试样两端的水位差(cm 或 m)，即水头损失，$\Delta h = h_1 - h_2$，h_1 和 h_2 分别为土样上下游面的水头；

l——渗流路径长度(cm 或 m)；

k——渗透系数(cm/s 或 m/s)，其物理意义是当水力梯度 i 等于 1 时的渗透速度；

A——试样截面积(cm^2 或 m^2)。

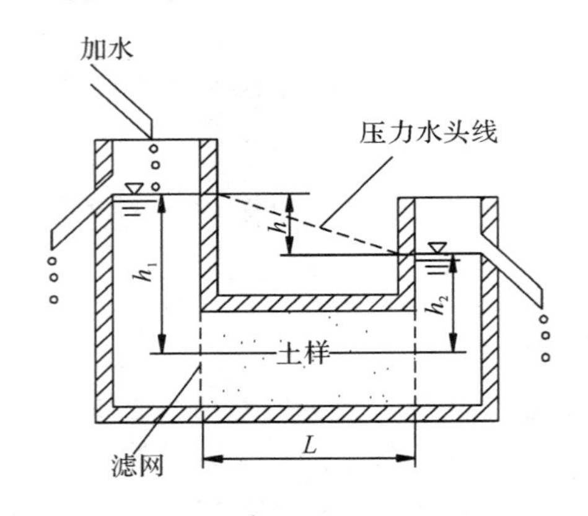

图 2-2　达西定律试验简图

需要注意的是，在公式推导中采用的土样的断面积 A，包括了土粒骨架所占的部分面积在内，而土粒本身是不能透水的，故真实的过水面积 A_s 应小于 A，所以式(2-2)中的渗透流速 v 应小于实际平均流速 v_s，一般称 v 为假想渗流速度。由于土中孔隙分布的复杂性，要计算实际流速很困难，故在实际工程应用中，均采用假想的平均流速 v。

2.2.2　达西定律的适用范围

1)在一般情况下，砂土、黏土中的渗透速度很小，其渗流可以看作是一种水流流线互相平行的流动——层流，渗流运动规律符合达西定律，渗透速度 v 与水力梯度 i 的关系可在 $v-i$坐标系中表示成一条直线，如图 2-3(a)所示

2)粗颗粒土(如砾、卵石等)的试验结果如图 2-3(c)所示，由于其孔隙很大，当水力梯度较小时，流速不大，渗流仍可认为是层流，$v-i$ 关系成线性变化，达西定律仍然适用；当水力梯度较大时，流速增大，渗流将过渡为不规则的相互混杂的流动形式——紊流，这时 $v-i$ 关系呈非线性变化，达西定律不再适用。

3)汉斯博(S. Hansbo，1961)等不少专家进行的试验结果显示，少数黏性很强的密实黏土(如颗粒极细的高压缩性土，可自由膨胀的黏性土等)中的渗流规律会偏离达西定律，需将达西定律进行修正。这是因为在这类黏土中，土颗粒周围存在着结合水，结合水因受到分子引力作用而呈现黏滞性。因此，黏土中自由水的渗流受到结合水的黏滞作用产生很大阻力，只有克服结合水的黏滞阻力后才能开始渗流。我们把克服此黏滞阻力所需的水力梯度，称为黏土的起始水力梯度 i_b。这类土在发生渗透后，其渗透速度仍可近似的用直线表示，这

样，在黏土中应按下述修正后的达西定律计算渗流速度：

$$v=k(i-i_b) \tag{2-4}$$

如图 2-3(*b*)中曲线②所示。

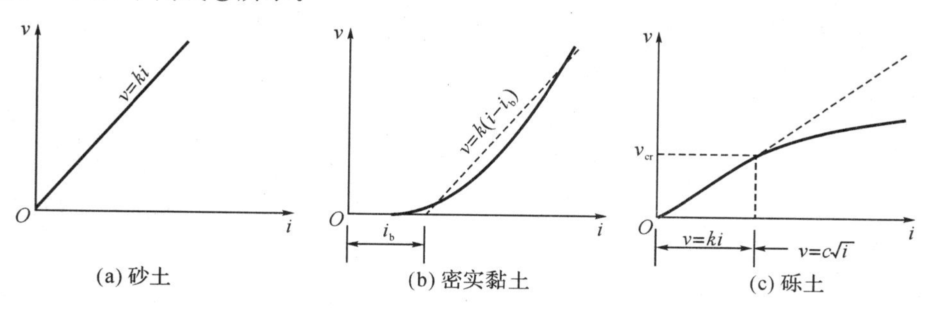

图 2-3　土的渗透速度与水力梯度之间的关系

2.3　渗透系数的确定

渗透系数 k 与水力梯度 i 的一次方成正比，并与土的性质有关。它是表示土的渗透性强弱、综合反映土体渗透能力的指标，其数值的正确确定对渗透计算有着非常重要的意义。渗透系数一般由渗透试验确定。

影响渗透系数大小的因素很多，主要取决于土体颗粒的形状、大小、不均匀系数和水的黏滞性等，要建立计算渗透系数 k 的精确理论公式比较困难，通常可通过试验方法或经验估算法来确定 k 值。

渗透系数的试验测定可以分为现场试验和室内试验两大类。一般，现场试验比室内试验所得到的成果要准确可靠。因此，对于重要工程常需进行现场测定。

2.3.1　实验室内测定渗透系数

室内测定土的渗透系数的仪器和方法较多，但就其原理而言，可分为常水头试验和变水头试验两种。前者适用于透水性强的无黏性土，后者适用于透水性弱的黏性土。下面分别介绍这两种方法的基本原理。

1)常水头试验法

常水头试验法是在整个试验过程中保持水头为一常数，其试验装置如图 2-4 所示。

设试样的厚度即渗流路径长度为 L，截面积为 A，试验时的水位差为 h，这三者在试验前可以直接量出或控制。试验中只要用量筒和秒表测出在某一时段 t 内流经试样的渗水量 V，即可求出该时段内通过土体的流量

$$q=\frac{V}{t} \tag{2-5}$$

将上式代入式(2-8)中，便可得到土的渗透系数

$$k=\frac{VL}{Aht} \tag{2-6}$$

常水头试验适用于测定透水性大的砂性土的渗透系数。黏性土由于渗透系数很小，渗

透水量很少，用这种试验不易准确测定，须改用变水头试验。

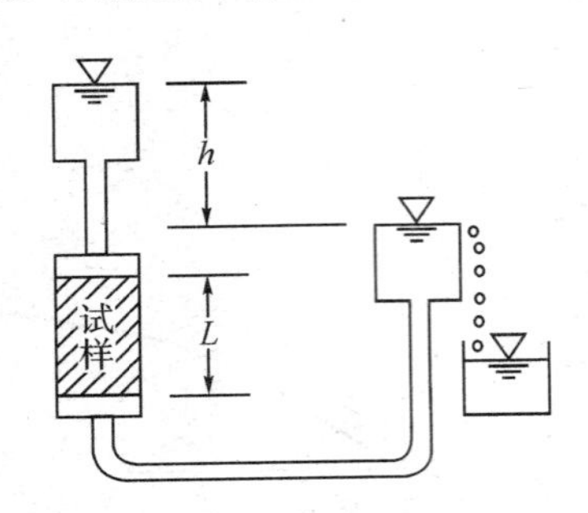

图 2-4　常水头试验装置示意图

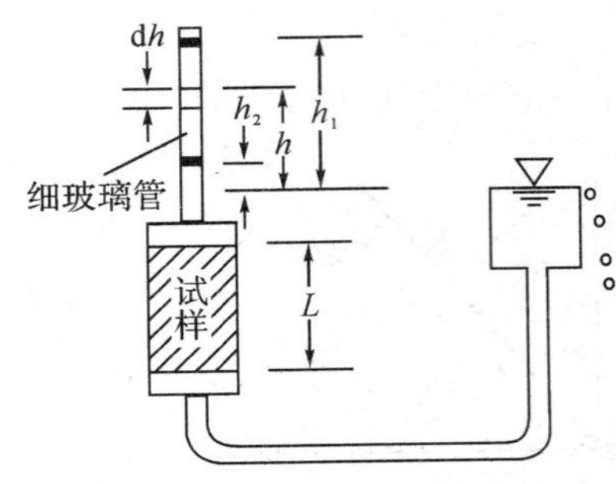

图 2-5　变水头试验装置示意图

2)变水头试验法

变水头法在整个试验过程中，水头是随着时间而变化的，其试验装置如图 2-5 所示。试样的一端与细玻璃管相接，在试验过程中测出某一时段内细玻璃管中水位的变化，就可根据达西定律，求出土的渗透系数。

设细玻璃管的内截面积为 a，试验开始以后任一时刻的水位差为 h，经时段 $\mathrm{d}t$，细玻璃管中水位下落 $\mathrm{d}h$，则在时段 $\mathrm{d}t$ 内流经试样的水量

$$\mathrm{d}V = -a\mathrm{d}h \tag{2-7}$$

式中，负号表示渗水量随 $\mathrm{d}h$ 的减小而增加。

根据达西定律，在时段 $\mathrm{d}t$ 内流经试样的水量又可表示为

$$\mathrm{d}V = k\frac{h}{L}A\,\mathrm{d}t \tag{2-8}$$

令式(2-7)等于式(2-8)，可以得到

$$\mathrm{d}t = \frac{aL}{kA}\frac{\mathrm{d}h}{h} \tag{2-9}$$

将上式两边积分

$$\int_{t1}^{t2}\mathrm{d}t = \int_{h1}^{h2}\frac{aL}{kA}\,\frac{\mathrm{d}h}{h} \tag{2-10}$$

即可得到土的渗透系数

$$k = \frac{aL}{A(t_2 - t_1)}\ln\frac{h_1}{h_2} \tag{2-11}$$

如用常用对数表示，则上式可写成

$$k = 2.3\,\frac{aL}{A(t_2 - t_1)}\lg\frac{h_1}{h_2} \tag{2-12}$$

式(2-12)中的 a，L，A 为已知，试验时只要测出与时刻 t_1 和 t_2 对应的水位 h_1 和 h_2，就可求出渗透系数。

2.3.2　现场测定法

现场测定法的试验条件比实验室测定法更符合实际土层的渗透情况，测得的渗透系数 k 值为整个渗流区较大范围内土体渗透系数的平均值，是比较可靠的测定方法，但试验规模较大，所需人力物力也较多。现场测定渗透系数的方法较多，常用的有野外注水试验和野外

抽水试验等，这种方法一般是在现场钻井孔或挖试坑，在往地基中注水或抽水时，量测地基中的水头高度和渗流量，再根据相应的理论公式求出渗透系数 k 值。这里仅介绍抽水试验确定 k 值的方法。

抽水试验开始前，先在现场钻一中心抽水井，贯穿要测定 k 值的砂土层，并在距井中心不同距离处设置一个或两个观测孔。根据井底土层情况可分为二种类型，井底钻至不透水层时称为完整井，井底未钻至不透水层时称非完整井，分别见图 2-6(a)和图 2-6(b)。

然后自井中以不变的速率连续进行抽水。抽水造成井周围地下水位逐渐下降，形成一个以井孔为轴心的降落漏斗状的地下水面。测定试验井和观测孔中的稳定水位，可以画出测压管水位变化图形。假定水流是水平流向时，则流向水井的渗流过水断面应是一系列的同心圆柱面。当地下水进入抽水井的流量与抽水量相等且维持稳定时，测读此时的单位时间抽水量 q，同时在两个距离抽水井分别为 r_1 和 r_2 的观测孔处测量出水位 h_1 和 h_2。对非完整井需量测抽水井中的水深 h_0，并确定降水影响半径 R。通过达西定律即可求出土层的平均渗透系数 k 值如下：

1)无压完整井

$$k=\frac{q\ln\left(\frac{r_2}{r_1}\right)}{\pi(h_2^2-h_1^2)} \tag{2-13}$$

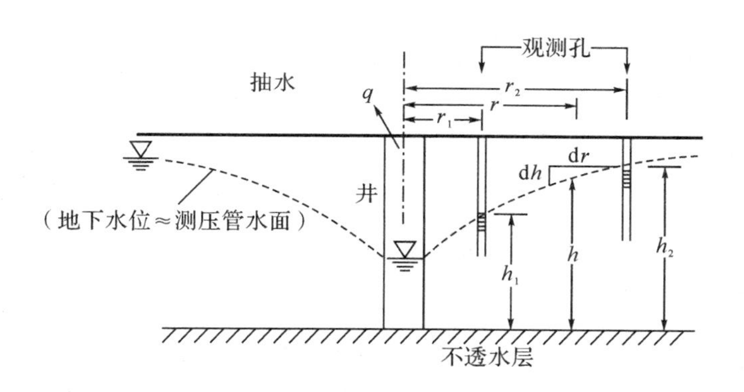

图 2-6(a) 无压完整井抽水试验

2)无压非完整井

$$k=\frac{q\ln\left(\frac{R}{r_0}\right)}{\pi[(h-h)^2\cdot\left[1+\left(0.30+\frac{10r_0}{H}\right)\sin\left(\frac{1.8h}{H}\right)\right]} \tag{2-14}$$

2.3.3 经验估算法

室内渗透试验的优点是设备简单，费用较低。但是，由于土的渗透性与土的结构有很大的关系，地层中各个方向的渗透性往往不一样，另外取样时的扰动也容易改变原状土的结构，因此，室内试验测出的渗透系数值常常不能很好地反映现场土的实际渗透性质。

现场测定 k 值可以获得场地较为可靠的平均渗透系数，但试验所需费用较多，故要根据工程规模和勘察要求，确定是否需要采用。

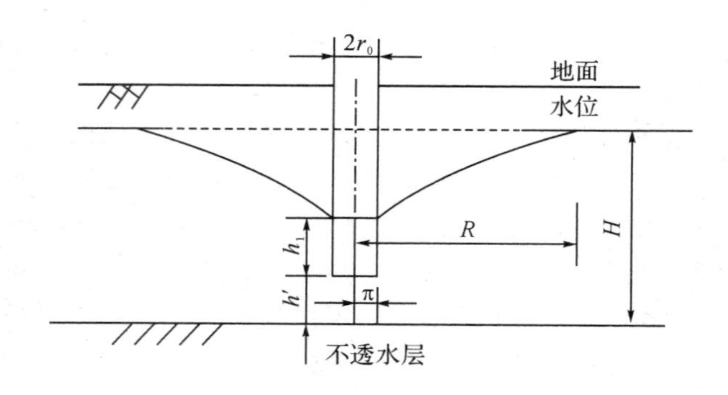

图 2-6(b) 无压非完整井抽水试验

对于大量的中小工程,我们可参考有关规范、文献提供的经验表格或数据,常见土的渗透系数值见表 2-1。

表 2-1 土的渗透系数参考值

土的类别	渗透系数 k(cm/s)	土的类别	渗透系数 k(cm/s)
黏 土	$<10^{-7}$	中 砂	10^{-2}
粉质黏土	$10^{-5}\sim10^{-6}$	粗 砂	10^{-2}
粉 土	$10^{-4}\sim10^{-5}$	砾 砂	10^{-1}
粉 砂	$10^{-3}\sim10^{-4}$	砾 石	10^{-1}
细 砂	10^{-3}		0

2.4 渗透系数影响因素

影响土体渗透性的因素很多,土类不同,影响因素也不尽相同。

1)砂性土。影响砂性土渗透性的主要因素是孔隙比、颗粒大小、级配、密度、饱和度以及土中的封闭气泡。(1)孔隙比的影响。由于渗流是在土孔隙中发生的,故孔隙比 e 越小,k 越小,试验表明,在同一种砂土中 k 大约与 e^2 或者 $e^2/(1+e)$ 成比例。(2)颗粒的尺寸及级配的影响。渗流通道(即土中孔隙通道)越细,对水流的阻力就越大,而土中孔隙通道的粗细与颗粒的尺寸和级配有关,特别是与其中较细的颗粒的尺寸有关。故土颗粒愈粗,愈浑圆、均匀,则孔隙通道越大,渗透性则愈大;级配良好的土,细颗粒填充粗颗粒孔隙中,土体孔隙减小,渗透性变小;对于均匀砂土,当有效粒径 $d_{10}=0.10\sim3$mm 时,Hazen(1911)建议了以下经验公式:$k=Cd_{10}^2$,其中 $C=0.4\sim1.2$,为与土性有关的经验系数。(3)相对密实度的影响。渗透性随相对密实度 D_r 增加而减小。

2)黏性土。影响黏性土渗透性的因素比砂性土更为复杂。(1)黏土矿物的影响。黏性土中含有亲水性矿物(如蒙脱石)或有机质时,由于它们具有很大的膨胀性,就大大降低土的渗透性。含有大量有机质的淤泥几乎是不透水的。在同样孔隙比情况下,黏土矿物的渗透性依次是:高岭石>伊利石>蒙脱石。(2)结合水厚度的影响。黏性土中若土粒的结合水膜厚度较厚时，会阻塞土的孔隙，降低土的渗透性。例如钠黏土，由于钠离子的存在，使黏土颗粒的扩散层厚度增加，透水性降低。(3)结构性的影响。由于天然沉积土的分层性，其渗透性往往是各向异性的。对于裂隙黏土及风化黏土，其渗透性往往不取决于颗粒间的孔隙，而取决于宏观的裂隙；同样，具有凝聚（絮状）结构的黏土，其团粒间的孔隙会使其渗透系数很大。特别对层状黏土，由于水平粉细砂层的存在，使水平向渗透系数远远大于竖直向渗透系数；西北地区的黄土，具有竖直方向的大孔隙，那么竖直方向的渗透性要比水平方向的大得多。

不管是砂性土还是黏性土，饱和度和温度对渗透性都有影响。由于气泡阻碍水流动，故孔隙中即使有很小的气泡也会严重影响土的渗透性，饱和度越高，渗透系数越大。而流体的黏滞性与温度有关，温度高，黏滞性减小，所以渗透系数随温度的升高而增大（参见《土工试验规程》(SL237—1999)）。

卡萨格兰德(Casagrande，1939)建议的渗透系数的三个重要界限值为 1.0、10^{-4}和 10^{-9} cm/s，在工程应用中很有意义。一般认为：1.0cm/s 是土中渗流的层流和紊流的界限；10^{-4} cm/s 是排水良好与排水不良之界限，也是对应于发生管涌的敏感范围；10^{-9} cm/s 大体上是土的渗透系数的下限。不同类的土之间的渗透系数相差极大，一般的范围为：黏土，$k \leqslant 10^{-6}$ cm/s；粉土，$10^{-6} < k \leqslant 10^{-4}$ cm/s；砂，$10^{-3} < k \leqslant 10^{-1}$ cm/s。

2.5 成层土的渗透系数

实际地基多是由渗透性不同的多层土组成的，并且每层土的水平向与垂直向的渗透系数是相差很大的，一般水平向的大得多。在计算渗流量时，为简单起见，常常把几个土层等效为厚度等于各土层之和，渗透系数为等效渗透系数的单一土层。

现讨论由渗透系数各不相同的成层土组成的地基，确定其垂直方向和水平方向的等效渗透系数。

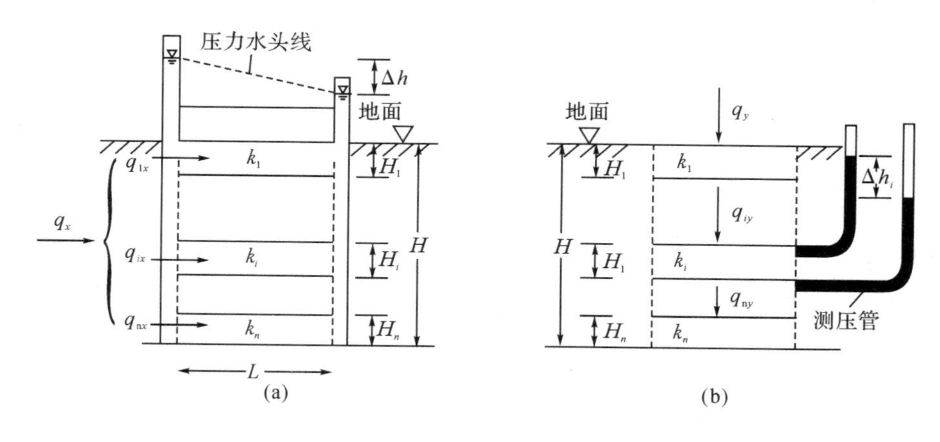

图 2-7 成层土渗流情况

2.5.1　水平渗流情况

如图 2-7(a)所示，在渗流场中截取的渗径长度为 L 的一段与层面平行的渗流区域，各土层的水平向渗透系数分别为 k_1、$k_2 \cdots k_n$，厚度分别为 $H_1, H_2 \cdots H_n$，总厚度为 H。若通过各土层的渗流量为 $q_{1x}, q_{2x} \cdots q_{nx}$，则通过整个土层的总渗流量 q_x 应为各土层渗流量之总和，即

$$q_x = q_{1x} + q_{2x} + \cdots + q_{nx} = \sum_{i=1}^{n} q_{ix} \tag{a}$$

根据达西定律，总渗流量又可表示为

$$q_x = k_x i H \tag{b}$$

式中：k_x——与层面平行的土层平均渗透系数；

i——土层的平均水力梯度。

对于这种条件下的渗流，通过各土层相同距离的水头损失均相等。因此，各土层的水力梯度以及整个土层的平均水力梯度亦应相等。于是任一土层的渗流量为

$$q_{ix} = k_{ix} i H_i \tag{c}$$

将式(b)和式(c)代入式(a)后可得

$$k_x i H = \sum_{i=1}^{n} k_{ix} i H_i$$

因此，最后得到整个土层与层面平行的平均渗透系数为

$$k_x = \frac{1}{H} \sum_{i=1}^{n} k_{ix} H_i \tag{2-15}$$

2.5.2　垂直渗流情况

如图 2-7(b)所示，设通过各土层的渗流量为 $q_{1y}, q_{2y} \cdots q_{ny}$，根据水流连续定理，通过整个土层的渗流量 q_y 必等于通过各土层的渗流量，即

$$q_y = q_{1y} = q_{2y} = \cdots = q_{ny} \tag{a}$$

设渗流通过任一土层的水头损失为 Δh_i，水力梯度 i_i 为 $\Delta h_i / H_i$，则通过整个土层的水头总损失 h 应为 $\sum \Delta h_i$，总的平均水力梯度 i 应为 h/H。由达西定律通过整个土层的总渗流量为

$$q_y = k_y \frac{h}{H} A \tag{b}$$

式中：q_y——与层面垂直的土层平均渗透系数；

A——渗流截面积。

通过任一土层的渗流量为

$$q_{iy} = k_{iy} \frac{h_i}{H_i} A = k_{iy} i_i A \tag{c}$$

将(b)、(c)两式分别代入式(a)，可得

$$k_y \frac{h}{H} = k_{iy} i_i \tag{d}$$

整个土层的水头总损失又可表示为

$$h = i_1 h_1 + i_2 h_2 + \cdots + i_n h_n = \sum_{i=1}^{n} i_i h_i \tag{e}$$

将式(d) 代入式(e) 并经整理后可得到整个土层与层面垂直的平均渗透系数为

$$k_y=\frac{H}{\frac{H_1}{k_1}+\frac{H_2}{k_2}+\cdots+\frac{H_n}{k_n}}=\frac{H}{\sum_{i=1}^{n}\frac{H_i}{k_i}} \tag{2-16}$$

由式(2-15)和式(2-16)可知,不同渗流方向的等效渗透系数是不同的。

2.6 二维渗流与流网

2.6.1 渗流连续方程

设从稳定渗流场中任取一微小的土单元体,其面积为 $dxdy$,如图 2-8 所示。

若单位时间内在 x 方向流入单元体的水量为 q_x,流出的水量为$(q_x+\frac{\partial q_x}{\partial x}dx)$;在 y 方向流入的水量为 q_y,流出的水量为$(q_y+\frac{\partial q_y}{\partial y}dy)$。假定在渗流作用下单元体的体积保持不变,水又是不可压缩的,则单位时间内流入单元体的总水量必等于流出的总水量,即

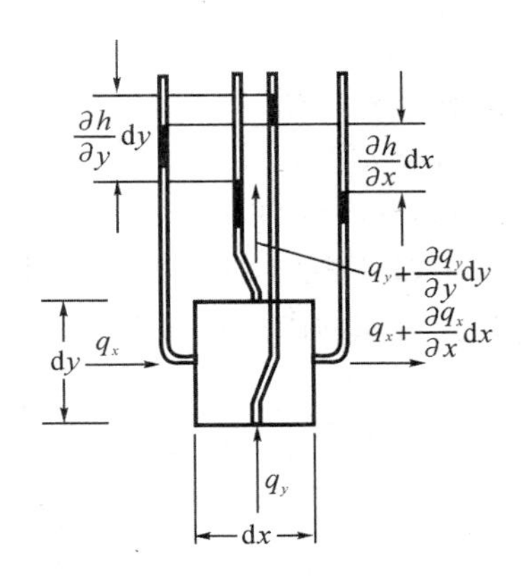

图 2-8 稳定渗流场中的单元体

$$q_x+q_y=(q_x+\frac{\partial q_x}{\partial x}dx)+(q_y+\frac{\partial q_y}{\partial y}dy)$$

或

$$\frac{\partial q_x}{\partial x}dx+\frac{\partial q_y}{\partial y}dy=0 \tag{2-17}$$

根据达西定律,$q_x=k_xi_xdy$,$q_y=k_yi_ydx$,其中 x 和 y 方向的水力梯度分别为$i_x=\frac{\partial h}{\partial x}$,$i_y=\frac{\partial h}{\partial y}$。将上列关系式代入式(2-17)中并化简后可得

$$k_x\frac{\partial^2 h}{\partial x^2}+k_y\frac{\partial^2 h}{\partial y^2}=0 \tag{2-18}$$

此即各向异性土在稳定渗流时的连续方程。

式中:k_x,k_y——分别为 x 和 y 方向的渗透系数;

h——总水头或测压管水头。

如果土是各向同性的,即 k_x 等于 k_y,则式(2-18)可改写成

$$\frac{\partial^2 h}{\partial x^2}+\frac{\partial^2 h}{\partial y^2}=0 \tag{2-19}$$

式(2-19)即为著名的拉普拉斯(Laplace)方程,它是描述稳定渗流的基本方程式。

2.6.2 流网及其特征

由式(2-19)可知,渗流场内任一点的水头 h 是其坐标 x 和 y 的函数,而一旦渗流场中各点的水头为已知,则其他流动特性如渗透速度、水力梯度等也就可以通过计算得出。因此,作为求解渗流问题的第一步,一般就是先确定渗流场内各点的水头,亦即求解渗流基本微分

方程式(2-19)。

众所周知,满足拉普拉斯方程的将是两组彼此正交的曲线。就渗流问题来说,一组曲线称为等势线,在任一条等势线上各点的总水头是相等的,或者说,在同一条等势线上的测压管水位都是同高的;另一组曲线称为流线,它们代表渗流的方向。等势线和流线交织在一起形成的网格叫流网。渗流场中有不同的流线和等势线的组合,然而,只有满足边界条件的那一种流线和等势线的组合形式才是方程式(2-19)的正确解答。

为了求得满足边界条件的解答,常用的方法主要有解析法、数值法、电拟法和图解法等四种。一般解析法是比较精确的,但也只有在边界条件较简单的情况才容易得到,因此并不实用。对于边界条件比较复杂的渗流,一般采用数值法和电拟法。它们的原理请参阅有关著作,但不论采用哪种方法求解,其最后结果均可用流网表示。

图 2-9 为坝基中的流网,虚线表示等势线,实线表示流线。对于各向同性的渗透介质,流网具有下列特征:

1)流线与等势线彼此正交;

2)每个网格的长度比为常数,为了方便常取 1,这时的网络就为正方形或曲边正方形;

3)相邻等势线间的水头损失相等;

4)各流槽的渗流量相等。

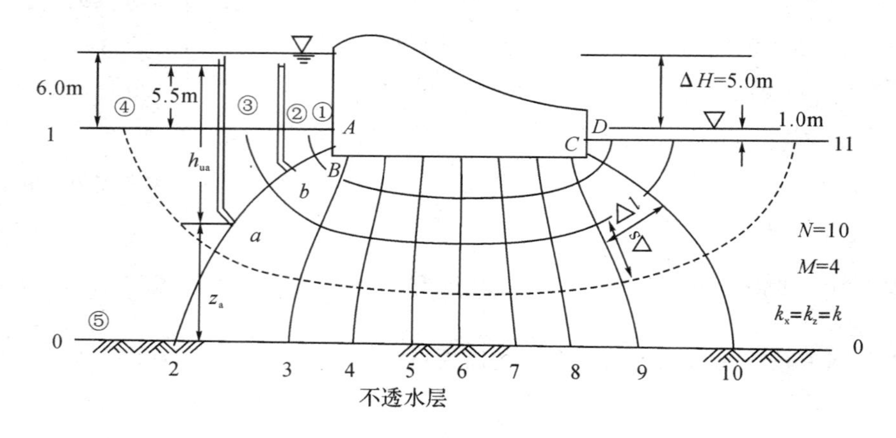

图 2-9　坝体下的渗流流网

流网一经绘出,我们就可以从流网图形上直观地获得流动特性的总轮廓。如图 2-9 所示,愈接近坝底,流线愈密集,表明该处的水力梯度愈大,渗透速度也愈大;而离坝底愈远,流线愈稀疏,则水力梯度愈小。根据流网还可以定量地确定渗流场中的水头,孔隙水应力和水力梯度等。

2.6.3　流网的应用

流网绘出后,可以据此求得渗流场中各点的测管水头、水力梯度、渗透流速以及渗流量。现以图 2-9 所示的流网为例介绍如何求取。

1)测管水头压力

根据流网特征可知。任意两相邻等势线间的势能差相等,即水头损失相等,则相邻两条等势线之间的水头损失 Δh 为:

$$\Delta h=\frac{\Delta H}{N}=\frac{\Delta H}{n-1}\quad (N=n-1) \tag{2-20}$$

式中：ΔH——上、下游水位差，也就是水从上游渗到下游的总水头损失；

N——等势线间隔数；

n——等势线数。

本例中，$n=11$，$N=10$，$\Delta H=5.0\text{m}$，故每一个等势线间隔的水头损失 $\Delta h=5/10=0.5\text{m}$。根据 Δh 即可求出任意点的测管水头。例如求 a 点的测管水头 h_a：

以 0-0 为基准面，$h_a=z_a+h_{ua}$，z_a 为 a 点的位置高度，为已知值，由于 a 点位于第 2 条等势线，所以 a 点的测管水位应比上游水位降低一个 Δh，即其测管水位应在上游水平面以下的 0.5m、地表面以上的 5.5m 处，压力水头 h_{ua} 的高度即为 a 点到上游水面以下 0.5m 处的竖直高度，可自图中按比例直接量出。

2）孔隙水压力

渗流场中各点的孔隙水压力等于该点以上测压管中的水柱高度 h_u 乘以水的容重 γ_w，故 a 点的孔隙水压力为

$$u_a=h_u\gamma_w \tag{2-21}$$

应当注意，图中所示 a、b 两点位于同一根等势线上，所以其测管水位相同，都是上游水面以下 0.5m 处，但其压力水头却不同，所以孔隙水压力也就不同。

3）水力梯度

流网中任意网格的平均水力梯度 $i=\Delta h/\Delta l$，Δl 为该网格处流线的平均长度，可自图中量出。由此可知，流网中网格越密处，其水力梯度越大。故图 2-9 中，下游坝趾水流渗出地面处（图中 CD 段）的水力梯度最大，称为逸出梯度，常是地基渗透稳定的控制梯度。

4）渗透流速

各点的水力梯度已知后，渗透流速的大小可根据达西定律求出，即 $v=ki$，其方向为流线的切线方向。

5）渗透流量

流网中任意两相邻流线间的单宽流量 Δq 是相等的，因为：

$$\Delta q=v\Delta A=ki\cdot\Delta s\cdot 1.0=k\frac{\Delta h}{\Delta l}\Delta s$$

当取 $\Delta s=\Delta l$ 时，

$$\Delta q=k\Delta h \tag{2-22}$$

由于 Δh 是常数，因此 Δq 也是常数。

通过坝下渗流区的总单宽流量

$$q=\sum\Delta q=M\Delta q=Mk\Delta h \tag{2-23}$$

式中，M 为流网中的流槽数，数值上等于流线数减 1。本例中 $M=4$。

通过坝底的总渗流量

$$Q=qL \tag{2-24}$$

2.7 渗流力及渗透变形

2.7.1 渗流力

地下水在土中流动时，由于受到土粒的阻力，而引起水头损失，从作用力与反作用力的原理可知，水流经过时必定对土颗粒施加了一种渗流作用力。正是由于这个渗流力的作用，将会引起土体内部的应力变化，并引起渗透变形，从而导致地基失稳，引起工程问题。把这类问题归为渗透稳定问题。

我们把单位体积土颗粒所受到的渗流作用力，称为渗流力或动水力。用 j 表示：

$$j=\frac{J}{V}=r_w\frac{h}{l}=r_w\cdot i \tag{2-25}$$

从式(2-25)可知，渗流力是一种体积力，量纲与 γ_w 相同，大小与水头梯度成正比，方向与水流方向一致。

对于二维渗流，当流网绘出后，即可方便地求出流网中任意网格上的渗流力及其作用方向。例如图2-10表示自流网中取出的一个网格，已知任两条等势线之间的水头降落为 Δh，则网格平均水力梯度 $i=\Delta h/\Delta l$，单位厚度上网格土体的体积 $V=\Delta s\cdot\Delta l\cdot 1$，则作用于该网格土体上的总渗透力为：

$$J=jV=\gamma_w i\Delta s\Delta l\cdot 1=\gamma_w\Delta h\Delta s$$

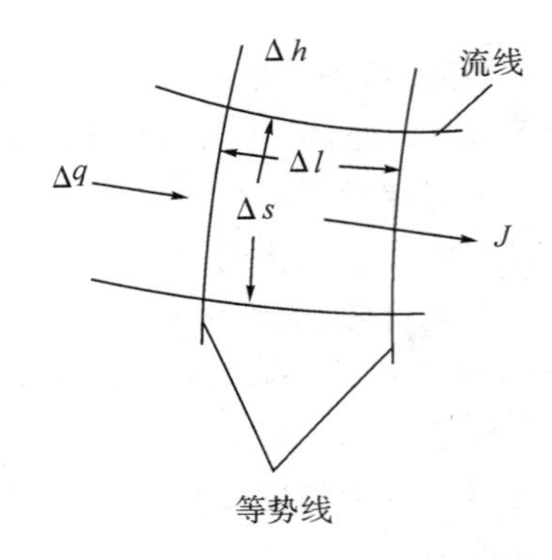

图 2-10 流网中的渗透力计算

渗流力方向与重力方向一致，渗流力对土骨架起渗力压密作用，对土体稳定有利；渗流力方向与重力方向相反，渗流力对土体起浮托作用，对土体稳定十分不利；当渗流力大到某一数值时，就会使该处土体发生浮起和破坏，引起土体失稳。

2.7.2 渗透变形

土工建筑物及地基由于渗流作用而出现的变形或破坏称为渗透变形或渗透破坏，如土层剥落，地面隆起，细颗粒被水带出以及出现集中渗流通道等。

2.7.2.1 渗透变形的类型

土的渗透变形类型主要有管涌、流土、接触流失和接触冲刷四种，但就单一土层来说，渗透变形主要是流土和管涌两种基本型式。

1)流土

如果渗流力方向与土体重力方向相反，当渗流力逐渐增大到某一数值时，向上的渗流力克服了土体向下的重力，则土体发生浮起而处于悬浮状态失去稳定，土粒随水流动，这种现象称为流沙或流土。这时的水力梯度称为临界水力梯度，用符号 i_{cr} 表示。由流土概念和渗流力计算公式可得：

$$i_{cr}=\frac{\gamma'}{\gamma_w}=\frac{\gamma_{sat}}{\gamma_w}-1 \tag{2-26}$$

式中：γ_{sat}——土的饱和重度；

γ_w——水的重度。

已知土的浮重度 γ' 为：

$$\gamma' = \frac{(G_s - 1)\gamma_w}{1 + e}$$

将其代入式(2-26)得

$$i_{cr} = \frac{(G_s - 1)}{1 + e} \tag{2-34}$$

流土或流砂多发生在颗粒级配均匀的饱和细粉砂和粉土层中。它的发生一般是突发性的，对工程危害很大。如图 2-11 所示。

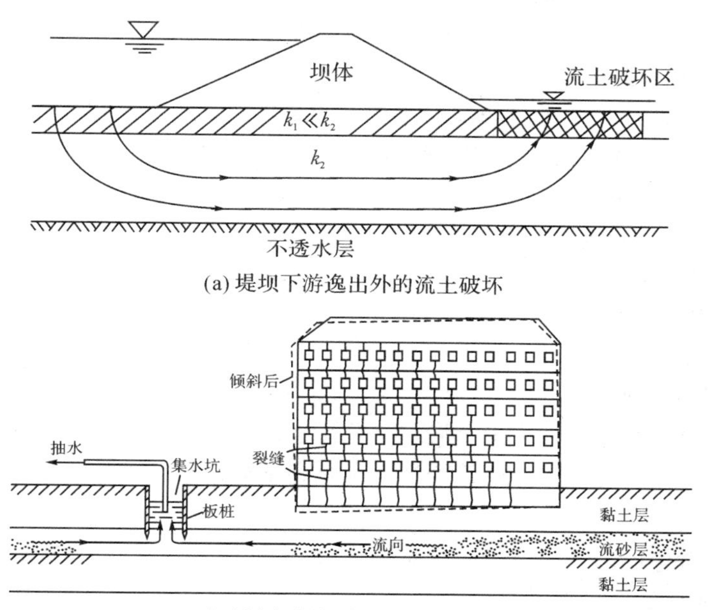

(a) 堤坝下游逸出外的流土破坏

(b) 流砂涌向基坑引起房屋不均匀下沉

图 2-11　流砂(土)现象引起破坏示例

2)管涌

在渗透水流作用下，土中的细颗粒在粗颗粒形成的孔隙中移动，以至流失；随着土的孔隙不断扩大，渗透流速不断增加，较粗的颗粒也相继被水流逐渐带走，最终导致土体内形成贯通的渗流管道，如图 2-12 所示，造成土体塌陷，这种现象称为管涌。可见，与流砂的突发性相比，管涌破坏一般有个时间发展过程，是一种渐进性质的破坏。

3)接触流失。多发生在成层地基中，在土层分层较分明且渗透系数差别很大的两土层中，当渗流垂直于层面运动时，将细粒层(渗透系数小)的细颗粒带入粗粒层(渗透系数较大层)的现象称为接触流失。包括接触管涌和接触流土两种类型。

4)接触冲刷。多发生在成层地基中，指渗流沿着两种不同粒径组成的土层层面发生带走细颗粒的现象。在自然界中，沿两种介质界面诸如建筑物与地基、土坝与涵管等接触面流动促成的冲刷，均属此破坏类型。

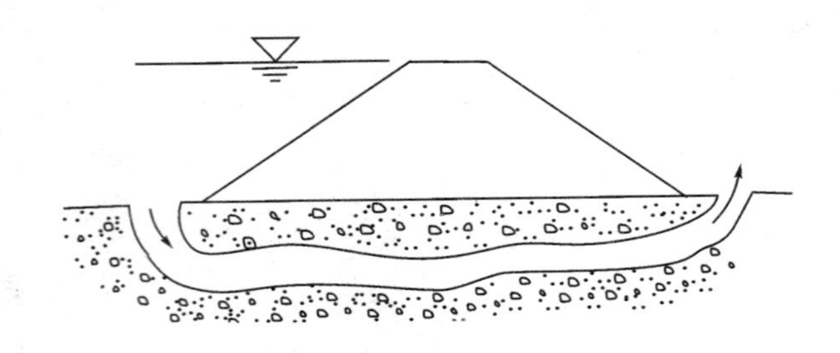

图 2-12　通过坝基的管涌示意图

2.7.2.2　渗透破坏类型的判别

土的渗透变形的发生和发展过程有其内因和外因。内因是土的颗粒组成和结构，即常说的几何条件；外因是水力条件，即作用于土体渗透力的大小。

1）流土可能性的判别

在自下而上的渗流逸出处，无论是黏性土或无黏性土，只要满足渗透梯度大于临界水力梯度这一水力条件，均要发生流土。因此，通过流网求出渗流逸出处的水力梯度 i，即可按下列条件判别流土的可能性：

若 $i<i_{cr}$，土体处于稳定状态；

$i>i_{cr}$，土体发生流土破坏；

$i=i_{cr}$，土体处于临界状态。

i_{cr} 为临界水力梯度值。

2）管涌可能性的判别

一般管涌只发生在无黏性土中，黏性土（分散性土例外）只会发生流土而不会发生管涌，故属于非管涌土。无黏性土中产生管涌还必须具备下列两个条件。

（1）几何条件

土中粗颗粒所构成的孔隙直径必须足够大，能够让细颗粒在其中移动，才有可能发生管涌，所以这是管涌产生的必要条件。

对于不均匀系数 $C_u<10$ 的较均匀土，颗粒粗细相差不多，粗颗粒形成的孔隙直径不比细颗粒大，因此细颗粒不能在孔隙中移动，也就不可能发生管涌。

对于 $C_u>10$ 的不均匀砂砾石土，既可能发生管涌也可能发生流土，主要取决于土的级配情况和细粒含量。

我国学者建议，可用表 2-2 所列的准则判别无黏性土是否发生管涌，表中 D_0 为孔隙平均直径，可用经验公式表示为 $D_0=0.25d_{20}$，d_{20} 表示小于该粒径的质量占总质量的 20%，d_3、d_5 分别为小于该粒径的质量占总质量的 3%和 5%。

表 2-2　无黏性土管涌发生的几何条件判别准则

<table>
<tr><td>$C_u<10$ 的比较均匀的土</td><td colspan="6">$C_u>10$ 的不均匀土</td></tr>
<tr><td rowspan="3">非管涌土</td><td colspan="3">(a)级配不连续的土</td><td colspan="3">(b)级配连续的土</td></tr>
<tr><td>细料含量>35%</td><td>细料含量<25%</td><td>细料含量=25%～35%</td><td>$D_0<d_3$</td><td>$D_0>d_5$</td><td>$D_0=d_3\sim d_5$</td></tr>
<tr><td>非管涌土</td><td>管涌土</td><td>过渡型土</td><td>非管涌土</td><td>管涌土</td><td>过渡型土</td></tr>
</table>

(2)水力条件

只有有足够大的水力梯度,才能产生足够的渗透力带动细颗粒在孔隙间移动,这是发生管涌的水力条件,这个水力梯度叫做管涌的临界水力梯度。目前管涌的临界水力梯度的计算方法尚不成熟,对于一些重大工程,应尽量由渗透破坏试验确定。在无试验条件的情况下,可参考伊斯托敏娜(ИСТОМИНА)得出的临界水力梯度与不均匀系数的关系图,如图 2-13 所示。对于不均匀系数 $C_u>20$ 的管涌土,临界水力梯度约在 0.25～0.30 之间。考虑安全系数后,允许水力梯度$[i]=0.1\sim0.15$。

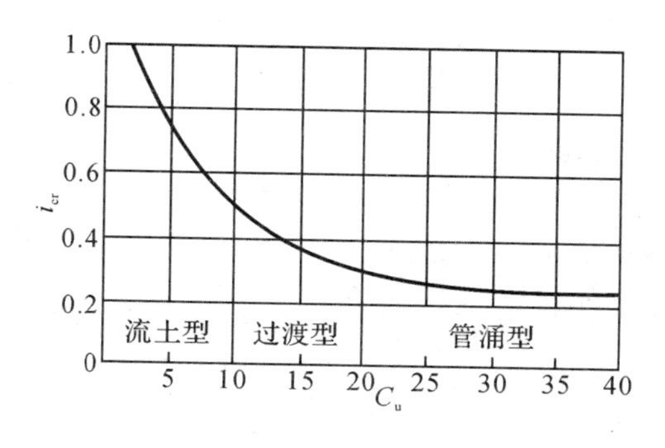

图 2-13　临界水力梯度与不均匀系数的关系

2.7.2.3　渗透变形防治措施

1)流土的防治措施

防治流土的关键在于控制逸出处的水力梯度,为了保证实际的逸出梯度不超过允许梯度,工程上可采取如下措施:

(1)上游做垂直防渗帷幕,如混凝土防渗墙,打钢板桩或灌浆帷幕等。根据实际需要,帷幕可完全切断地基的透水层,彻底解决地基土的渗透变形问题,也可不完全切断透水层,做成悬挂式,起延长渗流途径、降低下游逸出梯度的作用。

(2)上游做水平防渗铺盖,以延长渗流途径、降低下游逸出梯度。

(3)水利工程中,下游挖减压沟或打减压井,贯穿渗透性小的黏性土层,以降低作用在黏性土层底面的渗透压力。

(4)下游加透水盖重,以防止土粒被渗透力所悬浮。

(5)土层加固处理,如冻结法。

这几种工程措施往往是联合使用的,具体的设计方法可参阅有关书籍。

2)管涌的防治措施

管涌的防治同样可从产生管涌的两个条件着手,可以采取以下措施:

1)改变水力条件,降低土层内部和渗流逸出处的渗透梯度。如上游做防渗铺盖或打板桩等。

2)改变几何条件。在渗流逸出部位铺设层间关系满足要求的反滤层,是防止管涌破坏的有效措施。反滤层一般是 1～3 层级配较为均匀的砂子和砾石层,用以保护基土不让细颗粒带出,同时应具有较大的透水性,使渗流可以畅通。

思考题

2.1　什么是达西定律？达西定律成立的条件有哪些？

2.2　实验室内测定渗透系数的方法有哪几种？

2.3　流网有什么特征？

2.4　渗透变形有几种形式？各具有什么特征？

习　题

2.1　如图实验中:(1)已知水头差 $h=20\text{cm}$,土样长度 $L=30\text{cm}$,试求土样单位体积所受的渗透力是多少?(2)若已知土样的土粒比重为 2.72,孔隙比为 0.63,问该土样是否会发生流土现象?(3)求出使该土发生流土时的水头差 h 值。

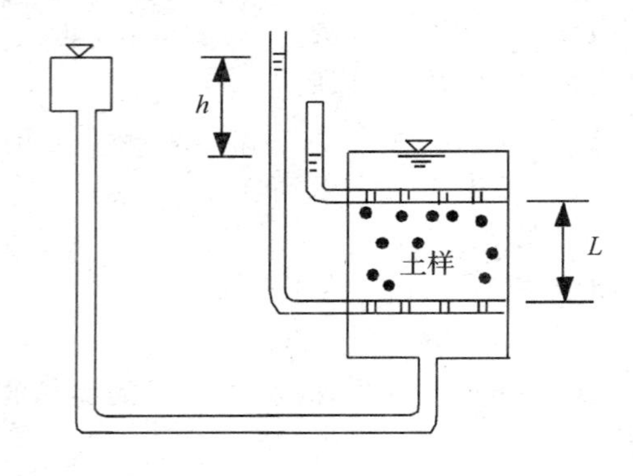

题 2.1 图

2.2　在孔隙率为 0.35,土粒比重为 2.65 的土中开挖基坑,已知基坑底部有一层厚 1.25m的上述土层,受到了 1.85m 以上的渗流水头影响(如图),问在土层上面至少加多厚的粗砂才能抵抗流土现象发生?(假定粗砂与土具有相同的孔隙率和比重,而且不计砂土的水头损失)。

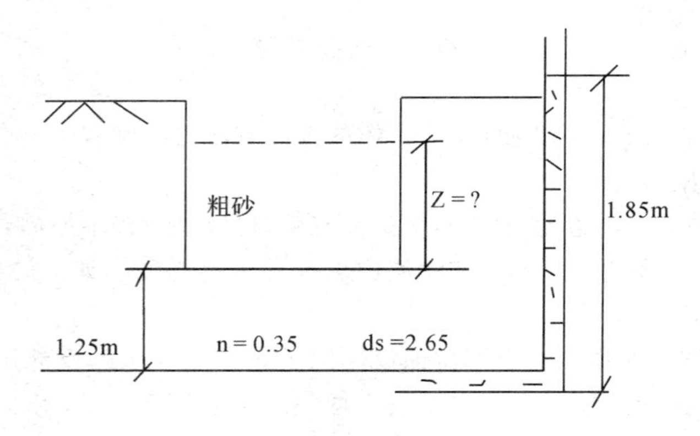

题 2.2 图

2.3　已知流网如图所示,(1)试估算沿板桩墙每米渗入基坑的流量(m^3/min)。设砂的渗透系数 $k=1.8\times10^{-2}\,\text{cm/s}$。(2)试估计坑底是否可能发生渗透破坏,有多大安全系数?设砂的饱和重度为 18.5kN/m^3。

2.4　如图所示地基,黏土层上下的测管水柱高度分别为 1m 及 5m,在承压力作用下产生自下而上的渗流。(1)试计算出 A、B、C 三点的总应力、有效应力、孔隙水压力、水力坡降和渗透力。(2)A 点处是否产生流土?

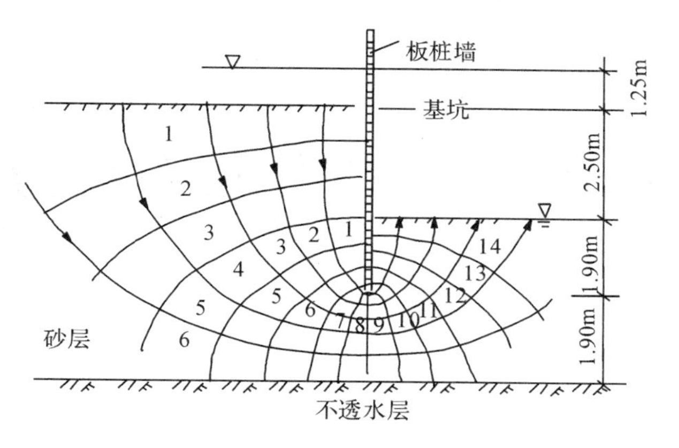

题 2.3 图

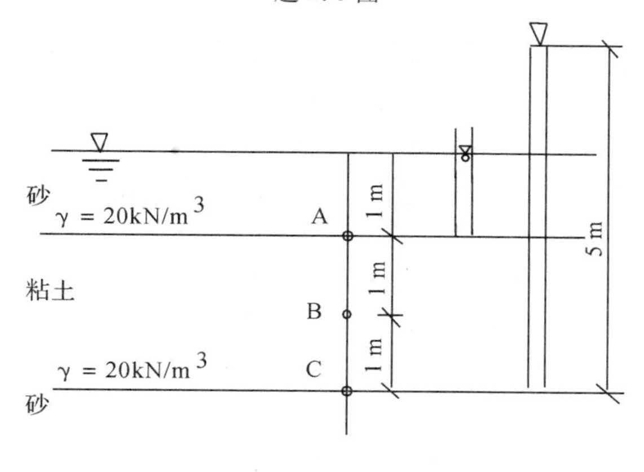

题 2.4 图

2.5　如图所示，在粗砂地基中打入板桩墙，挡水 4m，地基流网如图所示。粗砂渗透系数 $k=1\times10^{-3}$cm/s，孔隙比为 0.60，比重为 2.65，不均匀系数为 8，求：

(1)每米长度上通过等势线 $\Phi4$ 的流量；(2)土体 abcd 可能发生什么形式的渗透破坏，安全系数多大？

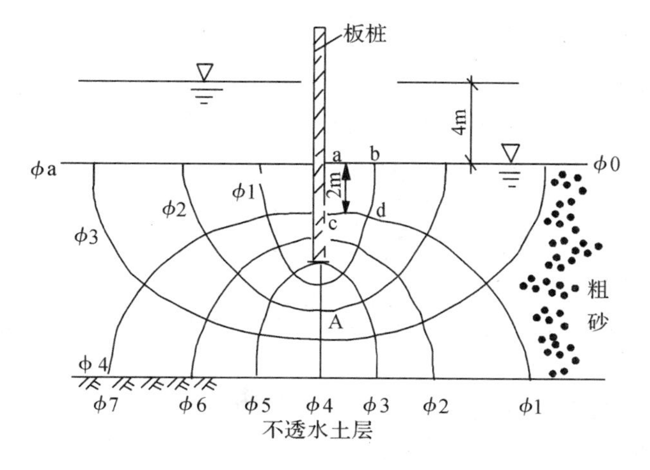

题 2.5 图

第3章　土中应力计算

3.1　概　　述

荷载作用以前，地基土体中存在有初始应力。该初始应力与地基土体成分、地质历史、地下水位等因素有关。我们在考虑地基中的初始应力时一般只考虑地基土自重引起的应力，称为自重应力。在荷载作用下，地基中的初始应力发生改变，改变的部分称为附加应力。地基中的附加应力与作用荷载、土层分布、土的应力—应变关系等有关。自重应力和附加应力之和构成地基土的应力场。

土中应力可以引起土体变形（如地基的沉降、倾斜、水平位移等），如果应力过大，就会使土体变形过大；如果应力超过土体强度，还会发生土的强度破坏，甚至使土体发生失稳破坏，这些情况的发生都会影响土体所承载的建筑物等的正常使用。为确定土体能否满足变形、强度与稳定性要求，必须知道土中应力的大小和分布。因此，分析和计算土中应力以及进一步分析土体应力与变形的关系是非常必要的。土中应力的计算也是土力学的重要内容之一。

3.2　土中的应力状态

3.2.1　应力应变关系假定

土体中的应力分布，取决于土的应力—应变关系特性。土样的单轴压缩试验显示，土的应力—应变关系实际上是非常复杂的非线性关系，但考虑到地基土的应力变化范围不大，为方便分析，我们通常都把它简化为线性关系（图 3-1），即把土看成线弹性变形体，服从广义虎克定律。

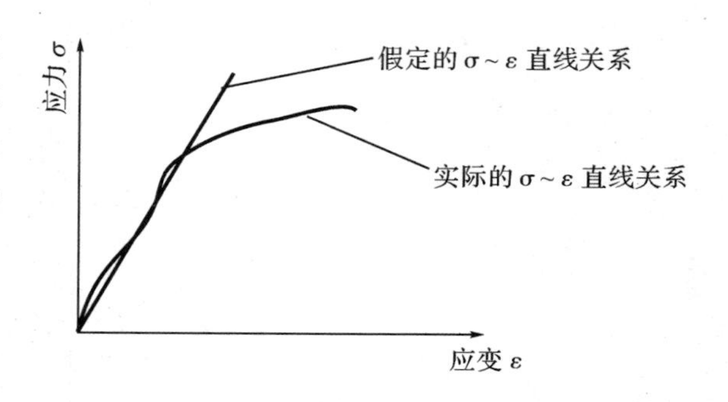

图 3-1　土中应力和应变关系的曲线与假定

同时，在分析土层性质变化不大的土体时，还可以假设土体是均匀、连续、各向同性的半无限弹性体，这样就可以采用弹性力学的理论进行应力应变的求解。这些假定，将非常复杂的问题简化了，便于对土体力学性质的研究。实践证明用弹性理论得到的土中应力解答虽有误差，但仍可满足工程应用的要求。

3.2.2 地基土中几种应力状态

根据地基土为半无限线弹性体的假定，按弹性力学的空间应力问题分析，常见的地基中的应力状态有如下几种类型。

1)空间应力状态

荷载作用下，地基中的应力状态均属三维应力状态。每一点的应力都是 x、y、z 的函数，每一点的应力状态都有 9 个应力分量。，写成矩阵形式则为：

根据剪应力互等原理，有 $\tau_{xy}=\tau_{yx}$，$\tau_{yz}=\tau_{zy}$，$\tau_{xz}=\tau_{zx}$，因此，该单元体只有 6 个应力分量，即 σ_{xx}，σ_{yy}，σ_{zz}，τ_{xy}，τ_{xz}，τ_{yz}。

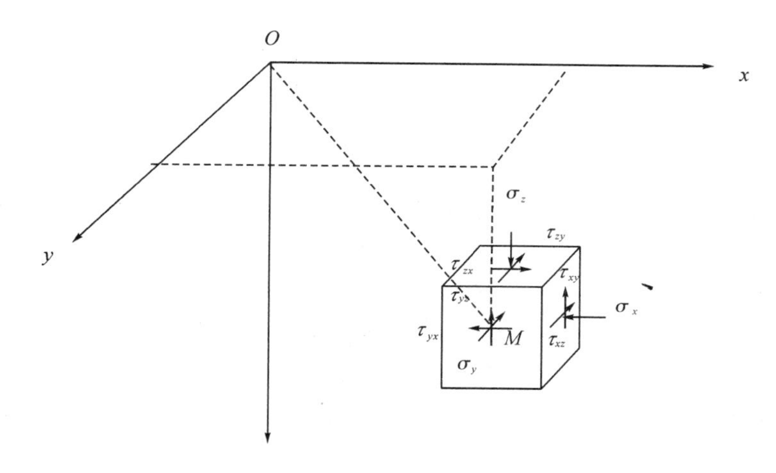

图 3-2 土中一点的应力状态

2)平面应变状态

平面应变是指所有的应变都在一个平面内，与该面垂直方向的应变可忽略。同样如果平面是 XOY 平面，则只有正应变 ε_x，ε_y 和剪应变 γ_y，而没有 ε_x，γ_y，γ_{xy}。平面应变问题比如压力管道、水坝等，这类弹性体是具有很长的纵向轴的柱形物体，横截面大小和形状沿轴线长度不变；作用外力与纵向轴垂直，并且沿长度不变；柱体的两端受固定约束。

天然地面可看作一个平面，并且沿 y 方向的应变 $\varepsilon_y=0$，由于对称性，$\tau_{yx}=\tau_{yz}=0$，这时，每一点的应力状态有 5 个应力分量：σ_{xx}，σ_{yy}，σ_{zz}，τ_{xz}，τ_{zx}。应力矩阵可表示为：

$$\sigma_{ij}=\begin{bmatrix}\sigma_{xx} & 0 & \tau_{xz}\\ 0 & \sigma_{yy} & 0\\ \tau_{zx} & 0 & \sigma_{zz}\end{bmatrix}$$

3)侧限应力状态

侧限应力状态是指侧向应变为零的一种应力状态，土体只发生竖直向的变形。地基在自重作用下的应力状态即属于此种应力状态。

由于任何竖直面都是对称面，故在任何竖直面和水平面上都不会有剪应力存在，即，应力矩阵为：

$$\sigma_{ij}=\begin{bmatrix}\sigma_{xx} & 0 & 0\\ 0 & \sigma_{yy} & 0\\ 0 & 0 & \sigma_{zz}\end{bmatrix}$$

由 $\varepsilon_x=\varepsilon_y=0$，可以推出 $\sigma_x=\sigma_y$，并与成正比。

另外必须注意土力学与弹性力学中应力正负规定的区别。土力学中，法向应力以压为正，拉为负。剪应力的正负规定：当剪应力作用面的外法线方向与坐标轴的正方向一致时，若剪应力的方向与坐标轴的正方向相反时剪应力为正，反之为负；当剪应力作用面的外法线方向与坐标轴的正方向相反时，若剪应力的方向与坐标轴的正方向一致时剪应力为正，反之为负。

3.3 自重应力的计算

土中应力按产生的原因分为自重应力和附加应力。

由地基土体自重引起的应力，称为自重应力。自重应力一般自土体形成时就产生于土中。

计算地表以下土中自重应力时，假设天然地面是一个无限大的水平面，那么在土体内任一单元体的竖直面和水平面上没有剪应力而只有法向应力存在，他们就是水平自重应力 σ_{cx}、σ_{cy} 和竖向自重应力 σ_{cz}。

地表下土体中某点的竖向自重应力 σ_{cz} 等于该点水平单位面积以上的土柱的有效重量。水

平向自重应力 σ_{cx} 和 σ_{cy} 与竖向自重应力成正比关系，即

$$\sigma_{cx}=\sigma_{cy}=K_0\sigma_{cz} \tag{3-1}$$

式中，K_0——称为土的侧压力系数或静止土压力系数，可由试验或经验确定。根据广义胡

克定律可得出 K_0 与泊松比 μ 之间的理论关系为 $K_0=\frac{\mu}{1-\mu}$。

下面主要介绍不同土层的竖向自重应力计算的方法，

3.3.1 均质土层中的自重应力

在深度 z 处水平面上，土体因自身重力产生的竖向应力 σ_{cz}（称竖向自重应力）等于该深度以上单位水平面积的土柱体的重力 W，如图 3-3 所示。在深度 z 处土的竖向自重应力为：

$$\sigma_{cz}=\frac{W}{A}=\frac{\gamma V}{A}=\frac{\gamma zA}{A}=\gamma z \tag{3-2}$$

式中：γ——土的重度；kN/m^3

A——为土柱体的截面积，单位可采用 m^2。

从公式(3-2)可知，自重应力随深度 z 线性增加，呈三角形分布图形。

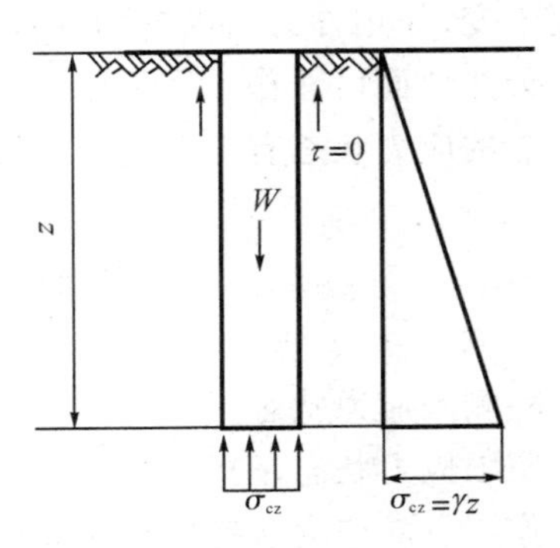

图 3-3　均质土的自重应力

3.3.2 有地下水时的自重应力

土体中有地下水时，地下水位以上的自重应力仍按上述方法确定。地下水位以下土的自重应力的计算，应根据土的性质确定是否需要考虑水的浮力作用。

通常认为水下的砂性土是应该考虑浮力作用的。黏性土则视其物理状态而定。一般认为，若水下黏性土的液性指数 $I_L>0$，则土处于流动状态，土颗粒之间存在着大量自由水，可认为土体受到水浮力作用；若 $I_L<0$，则土处于固体或半固体状态，土中自由水受到土颗粒间结合水膜的阻碍不能传递静水压力，故认为土体不受水的浮力作用；若 $0\leqslant I_l\leqslant 1$，土处于塑性状态，土颗粒是否受到水的浮力作用就较难肯定，在工程实践中一般在是否考虑水浮力的两种情况中，选择对工程产生较大不利影响的情况来计算。

当考虑地下水的浮力作用时，水下部分土的重度按有效重度，即浮重度γ'计算，$\gamma'=\gamma-\gamma_w$；当黏性土处在水下不受水的浮力作用时，计算时不用浮容重，而用天然湿容重，并在该黏土层顶面增加一个静水压力。

当地下水位升降变动时，土的有效重度也随之发生变动，从而引起土中自重应力的变化。例如在软土地区，常因大量抽取地下水，导致地下水位大幅度下降，使原水位以下土的有效应力增加，而造成地表大面积下沉的严重后果。同样，当某种原因使得地下水位长时期上升，如果该地区存在遇水后发生湿陷作用的土层，也会产生沉陷的后果，应引起注意。

3.3.3 成层土的自重应力

若地基是由两个以上不同性质的土层组成的成层土，各层土具有不同重度，则自重应力沿深度呈折线分布，转折点位于土层分界面处。设各土层的厚度为 h_i，重度为 γ_i，则在深度 z 处土的竖向自重应力计算公式为：

$$\sigma_{cz}=\gamma_1 z_1+\gamma_2 z_2+\cdots+\gamma_n z_n=\sum_1^n \gamma_i h_i \tag{3-3}$$

式中：n——为从天然地面到深度 z 处的土层数；

γ_i——为第 i 层土的天然重度；地下水位以下用有效重度γ'代替。

3.3.4 土坝和路基的自重应力

土坝和路基为凸出在地表以上的一定宽度的条状构筑物，剖面形状不符合半空间(半无限体)的要素。由于土坝的边界条件和坝基的变形条件较为复杂，因而要精确求解坝身及坝底应力也比较复杂。对于一些简单的中小型土坝，可以简化计算，坝体中任一点因自重所引起的竖向应力均等于该点上土柱的重量，任意水平面上自重应力的分布形状与坝体断面形状相似。而对一些高土石坝，则需要进行较为精确的坝体应力、变形分析，如需要考虑坝体的边界条件、坝体的用料分配等因素，应用较多的是有限元法。关于有限元分析方法可参考相应专门文献。

【例 3-1】 某地基为成层土，(第一层，黏土，$\gamma_1=18\text{kN/m}^3$，厚 2m；第二层，砂土，$\gamma_2=19\text{kN/m}^3$，厚 2m；第三层；砂土(地下水位以下)，$\gamma_3=20\text{kN/m}^3$，厚 3m。重度如例 3-1(a)所示。计算并绘出沿着深度的自重应力 σ_{cz}分布图。

【解】 $\sigma_{czA}=h_1\gamma_1=2\times 18=36\text{kN/m}^2$

$$\sigma_{czB}=h_1\gamma_1+h_2\gamma_2=2\times 18+2\times 19=36+38=74\text{kN/m}^2$$

$\sigma_{czC}=h_1\gamma_1+h_2\gamma_2+h_3(\gamma_3-\gamma_w)=2\times18+2\times19+3\times(20-10)=36+38+30=104\text{kN/m}^2$

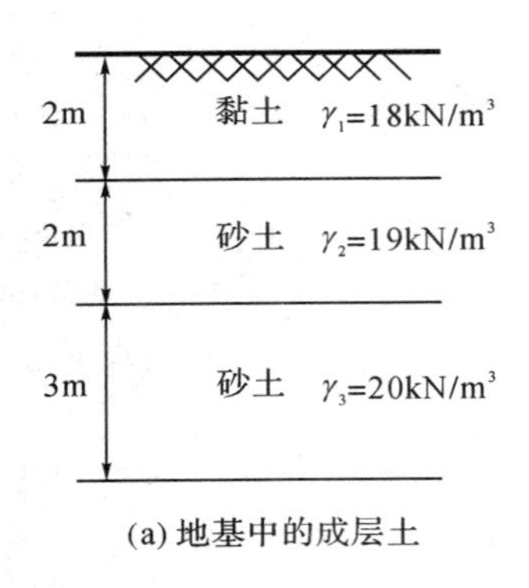

(a) 地基中的成层土

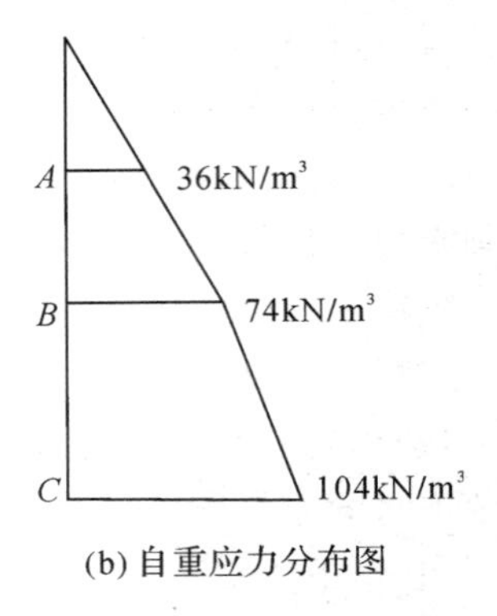

(b) 自重应力分布图

图例 3-1

3.4　基底压力的分布与简化计算

外加荷载与上部建筑和基础的全部重量都是通过基础传递给地基的，并在地基土中产生应力增量，即附加应力。同时在基础底面与地基土接触面上便产生了接触压力，称为基底压力，又称接触压力。相应地，地基对基础底面的反作用力称为基底反力或地基反力。基底压力与地基反力大小相等而方向相反。地基中的附加应力就是由基底压力引起的，所以确定基底压力的大小及分布，是计算附加应力的基础。

3.4.1　基底压力的分布规律

基础底面压力问题是涉及基础与地基土两种不同物体间的接触压力问题，是一个比较复杂的问题，它的分布并不是简单的均匀分布，而是大多数情况下的非均匀分布。影响它分布规律的因素很多，如基础的刚度、形状，尺寸、埋置深度，以及土的性质，荷载的大小等。

基础按刚度大小可分成柔性基础和刚性基础。柔性基础是指抗弯刚度(EI)等于零的基础。它好比放在地上的柔软薄膜，可以随着地基的变形而随意弯曲。所以完全柔性基础的基底压力分布与上部荷载分布相同，如由土筑成的路堤和土坝，基底压力的分布与路堤或土坝断面形状相同，如图 3-4 所示。工程计算及实践经验均表明，均布荷载下柔性基础的基底沉降分布为中部大而边缘小。若要使基底沉降趋于均匀，就必须增大基础边缘荷载，并使中部的荷载相应减少。

刚性基础是指刚度很大($EI\rightarrow\infty$)不会发生弯曲变形的基础。在外荷载作用下，基础底面基本保持平面，即基础各点的沉降几乎是相同的，但基础底面的地基反力分布则不同于上部荷载的分布情况。刚性基础在中心荷载作用下，开始的地基反力呈马鞍形分布；荷载较大时，边缘地基土产生塑性变形，边缘地基反力不再增加，使地基反力重新分布而呈抛物线分布，若外荷载继续增大，则地基反力会继续发展呈钟形分布。如图 3-5 所示。

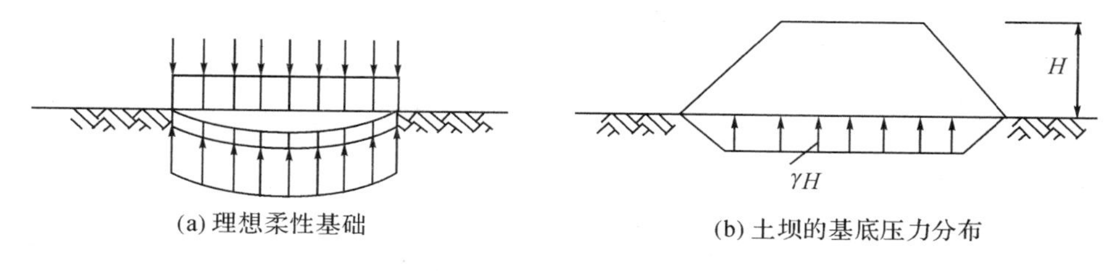

图 3-4　柔性基础下的基底压力分布

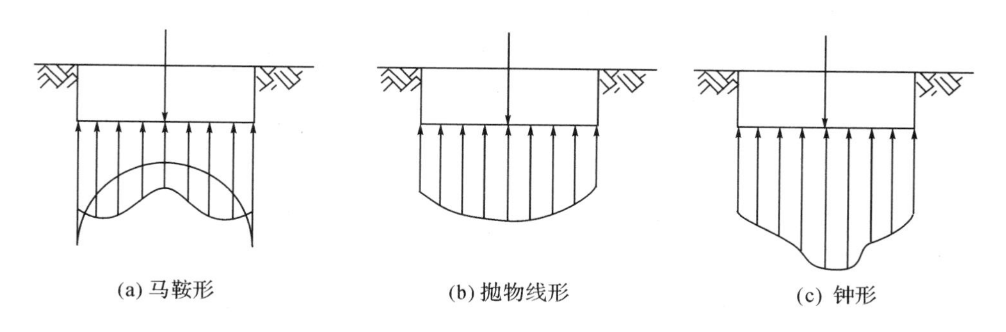

图 3-5　刚性基础下的基底压力分布

3.4.2　基底压力的简化计算

由上述可见，基底压力的分布是复杂的，据此进行土中应力的确定也是很难的。根据土中实际应力的观测结果可以得知，基底压力的分布形状对土中应力的影响只在一定深度内较为明显，超过这一范围其影响已经很小。因此，实用中为简化计算，认为基底压力为直线分布，可根据基底以上荷载的作用情况采用材料力学公式计算。

1. 中心荷载下(轴心受压基础)的基底压力

中心荷载下的基础，其所受荷载的合力通过基底形心。如图 3-6 所示，矩形底面基础受有中心荷载 F 的作用，基底压力为均匀分布，计算公式为

$$p=\frac{F+G}{A} \tag{3-4}$$

式中：p——基底压力，单位可取为 kN/m^2 或 kPa；

F——基础顶面以上通过基底形心的竖向荷载，单位可取为 kN；

G——基础及其台阶上填土的总重力，单位可取为 kN。$G=\gamma_G Ad$，其中 γ_G 为基础及以上填土的平均重度，一般取 $\gamma_G=20$kN/m^3，地下水位以下取有效重度；

d——基础埋深，对室内地面与室外地面高层不同的情况，如图 3-6(b)取室内外平均埋深计算；

A——为基础底面面积，$A=bl$，l 和 b 分别为矩形基底的长度和宽度。

对于荷载均匀分布的条形基础，则沿长度方向截取单位长度(如取 1m)进行基底压力的计算，如基础宽 b 的单位为 m，则式(3-1)中的 A 改为 b(m)，而 F 和 G 则为单位基础长度内的值(可取单位 kN/m)。

2. 偏心荷载下的基底压力

如图 3-6，基础底面为矩形，受偏心荷载作用。偏心荷载下基底压力的大小与分布可按

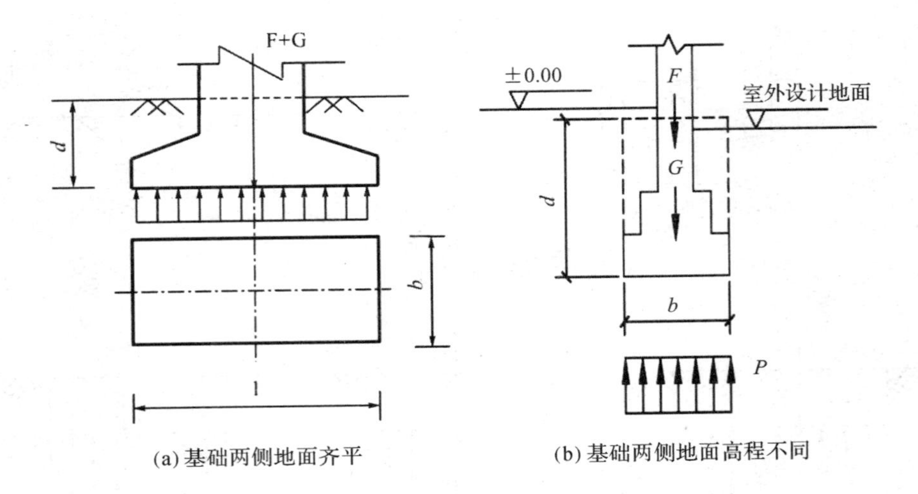

(a) 基础两侧地面齐平　　(b) 基础两侧地面高程不同

图 3-6　中心荷载下的基底压力

材料力学偏心受压短柱的情况确定。通常偏心荷载的作用点位于长边方向的对称轴上，如图 3-7 中 D 点，则在基底两个短边边缘分别产生最大和最小的压力。计算公式为：

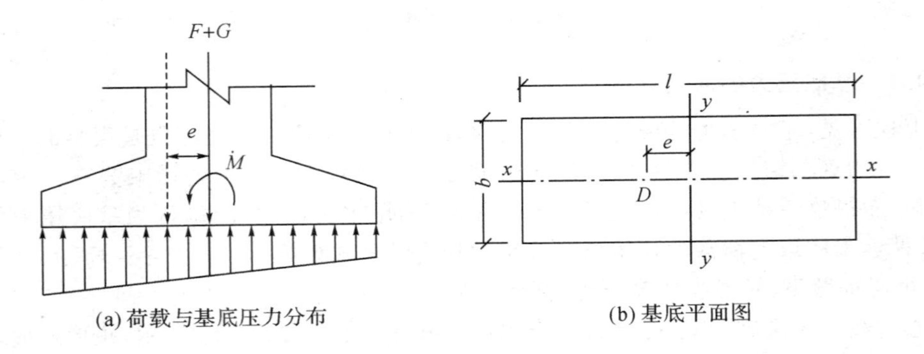

(a) 荷载与基底压力分布　　(b) 基底平面图

图 3-7　偏心荷载下的基底压力

$$p_{\substack{\max\\\min}}=\frac{F+G}{A}\pm\frac{M}{W} \tag{3-5}$$

如将基底面积 $A=lb$，抗弯截面模量 $W=\dfrac{bl^2}{6}$、偏心矩 $e=\dfrac{M}{F+G}$代入上式，可得：

$$p_{\substack{\max\\\min}}=\frac{F+G}{lb}(1\pm\frac{6e}{l}) \tag{3-6}$$

由上式可知，$e<l/6$ 时，基底压力分布呈梯形；$e=l/6$ 时基底压力呈三角形；$e>l/6$ 时，即荷载作用点在截面核心外，$p_{\min}<0$，基底地基反力出现拉力。由于地基土不可能承受拉力，此时基底与地基土局部脱开，使基底压力重分布。根据偏心荷载与地基反力的平衡条件，地基反力的合力作用线应与偏心荷载作用线重合得基底边缘最大地基反力$p'_{\max}$为：

$$p'_{\max}=\frac{2(F+G)}{3(\frac{l}{2}-e)} \tag{3-7}$$

一般而言，工程上不允许基底出现拉力，因此，在设计基础尺寸时，应使合力偏心矩满足

$e<\frac{l}{6}$的条件，以保证安全。同时，为减少因地基应力不均匀而引起过大的不均匀沉降，通常要求：$\frac{p_{max}}{p_{min}}\leqslant 1.5\sim 3.0$，如图 3-8 所示；对压缩性大的黏性土应采取小值；对压缩性小的无黏性土，可用大值。

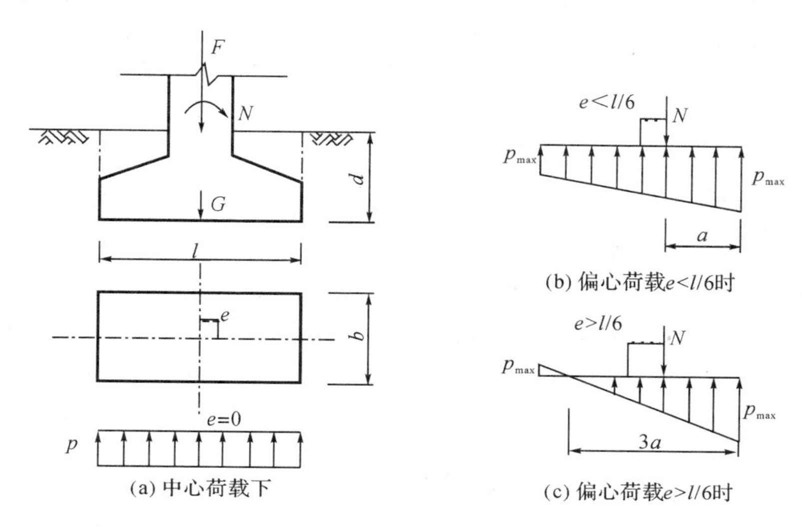

图 3-8　基底压力分布的简化计算

3.4.3　基底附加压力

一般认为，在自重应力作用下，天然土层的压缩变形基本已经完成，只有新增加于基底上的压力才能引起地基土产生附加应力和新的变形。由于新建建筑物基础的地面一般都在地表下一定的埋深，而基础底面以上的土体原先既已存在，它并不会引起基底以下土体中新的应力。因此，修建建筑物后，在基底面上产生的基底压力应扣除基底面上原先存在的自重应力后才是新增的压力，只有该新增压力才会在土体内产生新的附加应力并使地基土产生新的变形。这部分基底压力就称为基底附加压力 p_0，按下式计算：

$$p_0=p-\sigma_d=p-\gamma d \tag{3-8}$$

式中：σ_d——基底处土的自重应力；

γ——为基底标高以上天然土层按分层厚度的加权重度；基础底面在地下水位以下时，地下水位以下的土层用有效重度计算；

d——基础埋置深度。

在基坑工程中，基坑开挖后，基坑底面以下土体受到的是卸载作用，因而会发生体积膨胀，使坑底表面发生回弹。当基坑面积和深度较大时，回弹更为明显，且基坑中间的回弹大于四周边缘。在沉降计算时，为考虑这种坑底的回弹和再压缩而增加的沉降，在计算基底附加压力时，改用公式(3-9)来计算考虑了基底回弹情况下的基底附加压力。

$$p_0=p-(0\sim 1)\sigma_d \tag{3-9}$$

此外，式(3-8)和(3-9)不适用于坑底土体发生遇水膨胀的情况。

3.5 附加应力的计算

在荷载作用下，地基中在初始自重应力的基础上新增加的那部分应力称为附加应力。对于建筑物或构筑物，只有基底附加压力才会使地基土产生应力增量，因而一般将基底附加压力当作作用在弹性半无限体表面上的局部荷载，假定地基土是各向同性、均质的线性变形半空间体，就可以用弹性半空间的理论解答。同时认为基底以上荷载是通过柔性基础作用到地基上。

3.5.1 集中荷载作用下的土中附加应力计算

3.5.1.1 布西奈斯克解

在均匀的、各向同性的半无限弹性体表面作用一竖向集中力时，半无限体内任意点产生的应力和位移的解答是由法国数学家布西奈斯克(J. V. Boussinesq，1885)提出的，称为布西奈斯克解。如图 3-9 所示，半空间表面作用有集中力 Q 时，可得在半空间内某点 $M(x、y、z)$ 的 9 个应力分量 σ_x、σ_y、σ_z、$\tau_{xy}=\tau_{yx}$、$\tau_{xz}=\tau_{zx}$、$\tau_{zy}=\tau_{yz}$ 和 3 个位移分量 u、v、w。

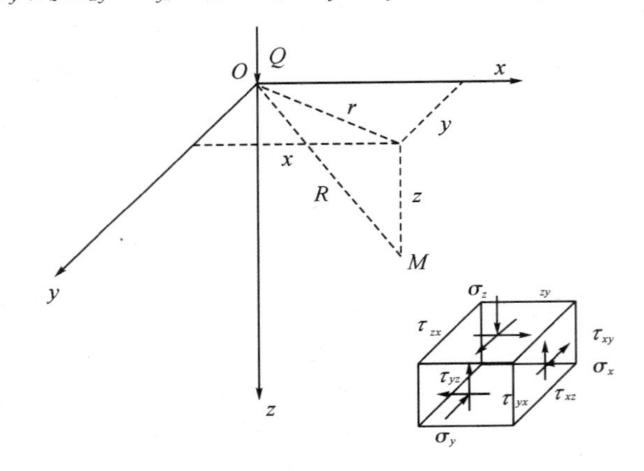

图 3-9 集中力作用下土中应力计算

工程中最常用的是竖向正应力 σ_z 及地表上距离集中力为 r 处的竖向位移 w(土的沉降)。

$$\sigma_z=\frac{3Q}{2\pi}\frac{z^3}{R^5}=\frac{3Q}{2\pi z^2}\frac{1}{\left[1+\left(\frac{r}{z}\right)^2\right]^{5/2}}=K\frac{Q}{z^2} \tag{3-10}$$

$$w=\frac{Q(1+\mu)}{2\pi E}\left[\frac{z^2}{R^3}+2(1-\mu)\frac{1}{R}\right] \tag{3-11}$$

式中：K——为竖向附加应力系数，是(r/z)的函数，

$$K=\frac{3}{2\pi\left[1+\left(\frac{r}{z}\right)^2\right]^{5/2}} \tag{3-12}$$

R——为 M 点距离坐标原点的距离，$R=\sqrt{x^2+y^2+z^2}$；

E，μ——分别为土的弹性模量及泊松比。

3.5.1.2　竖直集中力下土中应力分布特点

竖直集中力下，土中附加应力的分布有两个特点，即应力的扩散和集聚。

1)土中附加应力的扩散

从式(3-10)可知：

(1)在集中力作用线上(即 $r=0, K=\frac{3}{2\pi}, \sigma_z=\frac{3}{2\pi}\cdot\frac{Q}{z^2}$)，附加应力 σ_z 随着深度 z 的增加而递减；z=0 为奇异点，此时如按公式计算(3－10)，应力和位移均趋于无穷大，土已发生塑性变形，表明按弹性理论得到的该公式已不适用。

(2)当离集中力作用线某一距离 r 时，在地表处的附加应力 $\sigma_z=0$，随着深度的增加，σ_z 逐渐递增，但到一定深度后，σ_z 又随着深度 z 的增加而减小。

(3)当 z 一定时，即在同一水平面上，附加应力 σ_z 随着 r 的增大而减小。

以上现象可用地基附加应力等值线图(也称应力泡)来表示，如图 3-10。

上述可见，土中附加应力以竖向集中力作用点为中心，引起的附加应力向深部向四周无限传递，在传递过程中，应力强度不断降低。这种现象称为应力扩散。

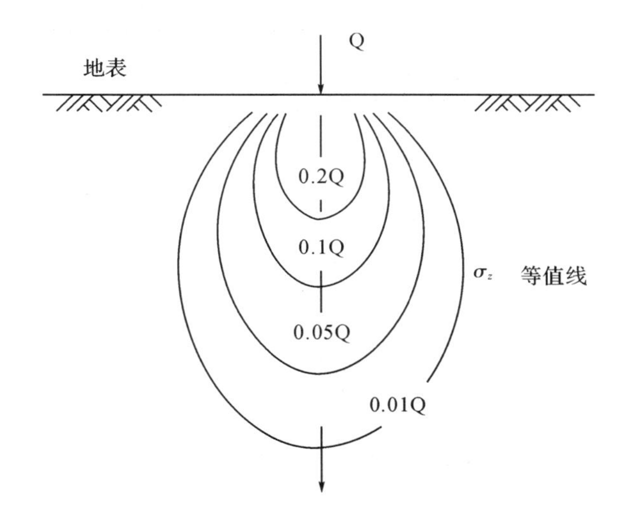

图 3-10　竖向集中荷载下的土中附加应力的扩散

2)土中应力的集聚

地面上受到一个以上集中力作用时，地基土中的应力是这几个集中力在土中产生的应力的叠加，称为应力的集聚。叠加的效果有如下的应力叠加原理。

应力叠加原理：如果地面上有几个集中力作用时，则地基中任意点 M 处的附加应力 σ_z 可以利用式(3-10)分别求出各集中力对该点所引起的附加应力，然后进行叠加，即：

$$\sigma_z=K_1\frac{Q_1}{z^2}+K_2\frac{Q_2}{z^2}+\cdots\cdots+K_n\frac{Q_n}{z^2} \tag{3-13}$$

式中：$K_1, K_2, \cdots, K_n$——分别为集中力 $Q_1, Q_2, \cdots, Q_n$ 作用下的竖向应力分布函数。

当地表面(弹性半空间表面)作用有竖向局部荷载，且地基中计算点与局部荷载的距离比局部荷载作用面的尺寸大很多时，局部荷载可近似用一个集中力代替，该集中力作用在荷载面的形心，大小为作用面上全部荷载之和。

【例题 3-2】 在地表面作用集中力 $Q=200\text{kN/m}^2$，通过计算绘制地面以下 $z=3\text{m}$ 处水平面上的竖向附加应力 σ_z 分布图，以及与 Q 作用点的水平距离 $r=1\text{m}$ 处竖直面上的竖向法向应力 σ_z 分布图。

【解】 列表计算，如表例 3-2-1、表例 3-2-2。竖向附加应力的分布如图例 3-2-1、图例 3-2-2 所示。

表例 3-2-1　$z=3\text{m}$ 处水平面上竖向附加应力计算表

r	K	σ_z
0	0.4775	15.92
1	0.3669	12.23
2	0.1904	6.35
3	0.0844	2.81
4	0.0371	1.24
5	0.0172	0.57
6	0.0085	0.28

表例 3-2-2　$r=1\text{m}$ 处竖直面上竖向附加应力计算表

r	K	σ_z
0	0	0.00
0.25	0.0004	1.92
0.5	0.0085	10.25
1	0.0844	25.32
2	0.2733	20.50
3	0.3669	12.23
4	0.4103	7.69
5	0.4329	5.19
6	0.4459	3.72
7	0.4539	2.78
8	0.4593	2.15
9	0.4630	1.71

3.5.2　矩形面积上各种分布荷载作用下的附加应力计算

实际工程中，荷载不会以集中力的形式作用在土上，而往往是通过基础将荷载分布在一定面积上，这样的荷载称为分布荷载。分布荷载下地基土中的应力可根据集中荷载的布西奈斯克解答和叠加原理确定。矩形基础是最常用的基础形式，以下讨论矩形面积上各类分布荷载在地基中引起的附加应力计算。

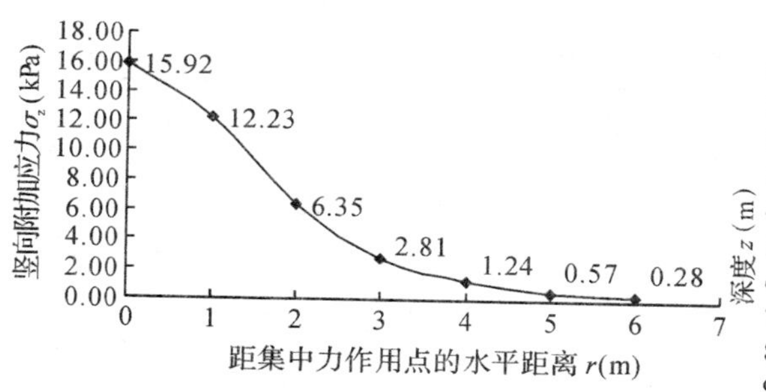

图例 3-2-1　$z=3\text{m}$ 处水平面上竖向附加应力的分布

图例 3-2-2　$r=1\text{m}$ 处竖直面上竖向附加应力的分布

3.5.2.1　矩形面积上受竖直的均布荷载作用下的竖直附加应力

1)角点下的应力

矩形基础当底面作用有竖直均布荷载时，矩形基底角点(如 O)下任意深度处的竖向附加应力，可以利用基本公式(3-11)沿着整个矩形面积进行积分求得。

如图 3-11，将基底角点 O 设为坐标原点，若设基础面上作用着强度为 p 的竖直均布荷载，则微小面积 $dxdy$ 上的作用力 $dp=pdxdy$ 可作为集中力来看待，于是，由该集中力在基底角点 O 以下深度为 z 处的 M 点所引起的竖向附加应力为：

$$d\sigma_z=\frac{3p}{2\pi}\cdot\frac{1}{\left[1+(\frac{r}{z})^2\right]^{5/2}}\cdot\frac{dxdy}{z^2}\qquad(3\text{-}14)$$

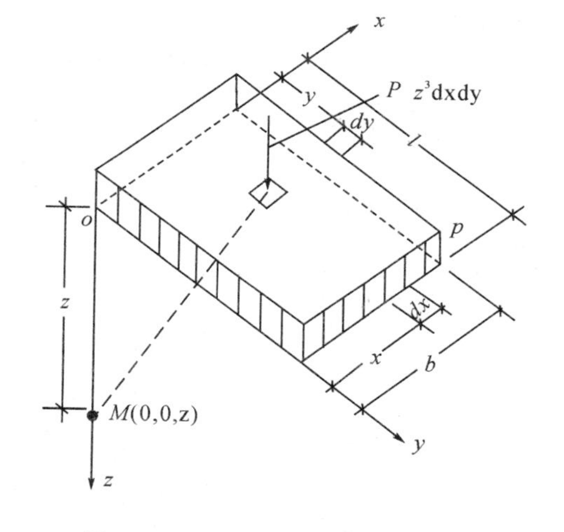

图 3-11　矩形均布荷载角点下土中竖向附加应力的计算

将 $r^2=x^2+y^2$ 代入上式并沿整个基底面积积分，即可得到矩形基底竖直均布荷载对角点 O 以下深度为 z 处所引起的附加应力为：

$$\sigma_z=\int_o^B\int_o^L\frac{3p}{2\pi}\cdot\frac{z^3dxdy}{(\sqrt{x^2+y^2+z^2})^5}$$

$$=\frac{p}{2\pi}\left[\frac{mn(1+m^2+2n^2)}{\sqrt{1+m^2+n^2}(m^2+n^2)(1+n^2)}+\arctan(\frac{m}{n\sqrt{1+m^2+n^2}})\right]$$

令

$$K_c=\frac{1}{2\pi}\left[\frac{mn(1+m^2+2n^2)}{\sqrt{1+m^2+n^2}(m^2+n^2)(1+n^2)}+\arctan\frac{m}{n\sqrt{1+m^2+n^2}}\right]\qquad(3\text{-}15)$$

则

$$\sigma_z=K_cp\qquad(3\text{-}16)$$

式中：K_c——矩形基础，底面受竖直均布荷载作用时，角点以下的竖直附加应力分布系数；

上式可见，K_c 是 $m=\frac{l}{b}$，$n=\frac{z}{b}$的函数，可从表 3-1 中查得；

l——为基础底面的长边；

b——为基础底面的短边，且 $l \geqslant b$。

表 3-1 矩形面积上受竖直均布荷载作用下的角点下附加应力系数 K_c

$n=z/b$	$m=l/b$										
	1.0	1.2	1.4	1.6	1.8	2.0	3.0	4.0	5.0	6.0	10.0
0.0	0.2500	0.2500	0.2500	0.2500	0.2500	0.2500	0.2500	0.2500	0.2500	0.2500	0.2500
0.2	0.2486	0.2489	0.2490	0.2491	0.2491	0.2491	0.2492	0.2492	0.2492	0.2492	0.2492
0.4	0.2401	0.2420	0.2429	0.2434	0.2437	0.2439	0.2442	0.2443	0.2443	0.2443	0.2443
0.6	0.2229	0.2275	0.2300	0.2351	0.2324	0.2329	0.2339	0.2341	0.2342	0.2342	0.2342
0.8	0.1999	0.2075	0.2120	0.2147	0.2165	0.2176	0.2196	0.2200	0.2202	0.2202	0.2202
1.0	0.1752	0.1851	0.1911	0.1955	0.1981	0.1999	0.2034	0.2042	0.2044	0.2045	0.2046
1.2	0.1516	0.1626	0.1705	0.1758	0.1793	0.1818	0.1870	0.1882	0.1885	0.1887	0.1888
1.4	0.1308	0.1423	0.1508	0.1569	0.1613	0.1644	0.1712	0.1730	0.1735	0.1738	0.1740
1.6	0.1123	0.1241	0.1329	0.1436	0.1445	0.1482	0.1567	0.1590	0.1598	0.1601	0.1604
1.8	0.0969	0.1083	0.1172	0.1241	0.1294	0.1334	0.1434	0.1463	0.1474	0.1478	0.1482
2.0	0.0840	0.0947	0.1034	0.1103	0.1158	0.1202	0.1314	0.1350	0.1363	0.1368	0.1374
2.2	0.0732	0.0832	0.0917	0.0984	0.1039	0.1084	0.1205	0.1248	0.1264	0.1271	0.1277
2.4	0.0642	0.0734	0.0812	0.0879	0.0934	0.0979	0.1108	0.1156	0.1175	0.1184	0.1192
2.6	0.0566	0.0651	0.0725	0.0788	0.0842	0.0887	0.1020	0.1073	0.1095	0.1106	0.1116
2.8	0.0502	0.0580	0.0649	0.0709	0.0761	0.0805	0.0942	0.0999	0.1024	0.1036	0.1048
3.0	0.0447	0.0519	0.0583	0.0640	0.0690	0.0732	0.0870	0.0931	0.0959	0.0973	0.0987
3.2	0.0401	0.0467	0.0526	0.0580	0.0627	0.0668	0.0806	0.0870	0.0900	0.0916	0.0933
3.4	0.0361	0.0421	0.0477	0.0527	0.0571	0.0611	0.0747	0.0814	0.0847	0.0864	0.0882
3.6	0.0326	0.0382	0.0433	0.0480	0.0523	0.0561	0.0694	0.0763	0.0799	0.0816	0.0837
3.8	0.0296	0.0348	0.0395	0.0439	0.0479	0.0516	0.0645	0.0717	0.0753	0.0773	0.0796
4.0	0.0270	0.0318	0.0362	0.0403	0.0441	0.0474	0.0603	0.0674	0.0712	0.0733	0.0758
4.2	0.0247	0.0291	0.0333	0.0371	0.0407	0.0439	0.0563	0.0634	0.0674	0.0696	0.0724
4.4	0.0227	0.0268	0.0306	0.0343	0.0376	0.0407	0.0527	0.0597	0.0639	0.0662	0.0696
4.6	0.0209	0.0247	0.0283	0.0317	0.0348	0.0378	0.0493	0.0564	0.0606	0.0630	0.0663
4.8	0.0193	0.0229	0.0262	0.0294	0.0324	0.0352	0.0463	0.0533	0.0576	0.0601	0.0635
5.0	0.0179	0.0212	0.0243	0.0274	0.0302	0.0328	0.0435	0.0504	0.0547	0.0573	0.0610
6.0	0.0127	0.0151	0.0174	0.0196	0.0218	0.0233	0.0325	0.0388	0.0431	0.0460	0.0506
7.0	0.0094	0.0112	0.0130	0.0147	0.0164	0.0180	0.0251	0.0306	0.0346	0.0376	0.0428
8.0	0.0073	0.0087	0.0101	0.0114	0.0127	0.0140	0.0198	0.0246	0.0283	0.0311	0.0367
9.0	0.0058	0.0069	0.0080	0.0091	0.0102	0.0112	0.0161	0.0202	0.0235	0.0262	0.0319
10.0	0.0047	0.0056	0.0065	0.0074	0.0083	0.0092	0.0132	0.0167	0.0198	0.0222	0.0280

2)非角点下任意深度处的附加应力计算

对于在基底范围以内或以外任意点下的竖向附加应力，可利用角点下的应力计算公式(3-16)并按叠加原理进行计算，这种方法称之为“角点法”。如图 3-16 为所求计算点不在矩形荷载面角点下的四种情况。实线内为荷载平面范围，欲求平面位置在 o 点的各个深度的附加应力，则可通过 o 点做平行于矩形两边的辅助线，使 o 点成为几个小矩形的共同角点，利用应力叠加原理，即可求得 o 点以下各个深度的附加应力。注意的是对矩形基底竖直均布荷载，在应用“角点法”时，l 始终是基底长边的长度，b 为短边的长度。

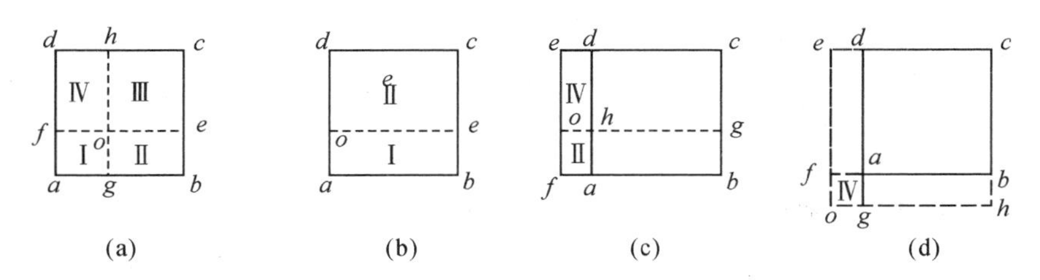

图 3-12　角点法计算基底下任意一点的附加应力

(1)o 点在荷载面内(图 3-12(a))

$$\sigma_z = (K_{c\text{I}} + K_{c\text{II}} + K_{c\text{III}} + K_{c\text{IV}})p \tag{3-17}$$

如 o 点位于荷载面中心，因 $K_{c\text{I}} = K_{c\text{II}} = K_{c\text{III}} = K_{c\text{IV}}$，则 $K_{c\text{I}} = 4K_{c\text{I}}\,p$

(2)o 点在荷载面边缘(图 3-12(b))

$$\sigma_z = (K_{c\text{I}} + K_{c\text{II}})p \tag{3-18}$$

(3)o 点在荷载面边缘外侧(图 3-16(c))。此时荷载面 $abcd$ 可看是荷载面Ⅰ($ofbg$)与Ⅱ($ofah$)之差再加上Ⅲ($oecg$)与Ⅳ($oedh$)之差。

$$\sigma_z = (K_{c\text{I}} - K_{c\text{II}} + K_{c\text{III}} - K_{c\text{IV}})p \tag{3-19}$$

(4)o 点在荷载面角点外侧(图 3-16(d))。此时荷载面 $abcd$ 可看是荷载面Ⅰ($ohce$)、Ⅳ($ogaf$)两个面积中扣除Ⅱ($ohbf$)和Ⅲ($ogde$)而成。则

$$\sigma_z = (K_{c\text{I}} - K_{c\text{II}} - K_{c\text{III}} + K_{c\text{IV}})p \tag{3-20}$$

【例 3-3】 如图例 3-3，某矩形基础底面为 $2\times1\text{m}^2$，均布基底附加压力 $p=100\text{kN/m}^2$。求：基础角点 A、边点 E、中心点 O、基底外 F 点和 G 点下深度 $z=1\text{m}$ 处土的附加应力；绘出中心点 O 处、角点 B 和基底外 G 点沿竖直面的竖向附加应力分布图，并根据计算结果说明附加应力的扩散规律。

【解】 根据基底附加应力(矩形面积上的竖向均布荷载)计算地基中土的附加应力。矩形角点下，可直接应用角点附加应力公式计算，对非角点下，需按计算点的平面位置作辅助线，仍采用角点法计算。

(1)求 A 点下的附加应力

A 点是矩形 $ABCD$ 的角点，且，$m=l/b=2/1=2$，$n=z/b=1$，根据公式(3-16)查表 3-1得：

$$K_c = 0.1999$$

再根据公式(3-18)得 A 点下的附加应力：

$$\sigma_{zA} = K_c p = 0.1999\times100 = 19.99\text{kN/m}^2$$

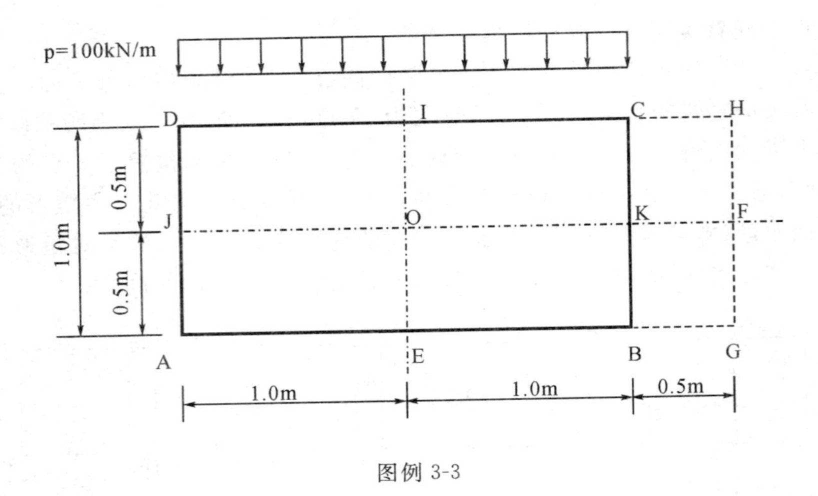

图例 3-3

(2)求 E 点下的附加应力

过 E 点将矩形荷载面积分为两个相等的矩形 $EADI$ 和 $EBCI$。可求其中任一个矩形荷载面角点 E 下的附加应力，然后双倍叠加即为所求。$EADI$ 角点 E 的附加应力系数 K_{cE} 可查表 3-1 确定。此时，$m=l/b=1/1=1$，$n=z/b=1/1=1$。则

$$K_{cE}=0.1752$$

E 点下的附加应力为：

$$\sigma_{zE}=2K_{cE}p=2\times0.1752\times100=35.04\text{kN/m}^2$$

(3)O 点下的附加应力

过 O 点可将原矩形分为 4 个相等的矩形 $OEAJ$、$OJDI$、$OICK$、$OKBE$。可求其中任一个矩形荷载面角点 E 下的附加应力，然后 4 倍叠加即为所求。考虑矩形 $OJDI$ 角点 O 下的附加应力，此时 $m=l/b=1/0.5=2$，$n=z/b=1/0.5=2$，查表 3-1 得

$$K_{cO}=0.1202$$

则 O 点下的附加应力：

$$\sigma_{zO}=4K_{cO}p=4\times0.1202\times100=48.08\text{kN/m}^2$$

(4)F 点下的附加应力

过 F 点作矩形 $FGAJ$、$FJDH$、$FGBK$、$FKCH$。设 K_{c1} 为矩形 $FGAJ$ 和 $FJDH$ 的角点附加应力系数，K_{c2} 为矩形 $FGBK$ 和 $FKCH$ 的角点附加应力系数。

对于矩形 $FGAJ$ 和 $FJDH$，$m=l/b=2.5/0.5=5$，$n=z/b=1/0.5=2$。查表 3-1 得：

$$K_{c1}=0.1363$$

对于矩形 $FGBK$、$FKCH$，$m=l/b=0.5/0.5=1$，$n=z/b=1/0.5=2$。查表 3-1 得

$$K_{c2}=0.0840$$

则 F 点下的附加应力：

$$\sigma_{zF}=2(K_{c1}-K_{c2})=2\times(0.1363-0.0840)\times100=10.46\text{kN/m}^2$$

(5)G 点下的应力

过 G 点作矩形 $GADH$ 和 $GBCH$，求出这两个矩形对角点 G 的应力系数 K_{cG1} 和 K_{cG2}

对于矩形 $GADH$，$m=l/b=2.5/1=2.5$，$n=z/b=1/1=1$，查表 3-1 得

$$K_{cG1}=0.2024$$

对于矩形 $DBCH$，$m=l/b=1/0.5=2$，$n=z/b=1/0.5=2$，查表 3-1 得

$$K_{cG2}=0.1202$$

则 G 点下的附加应力：

$$\sigma_{zG}=(K_{cG1}-K_{cG2})p=(0.2024-0.1202)\times 100=8.22(\mathrm{kN/m^2})$$

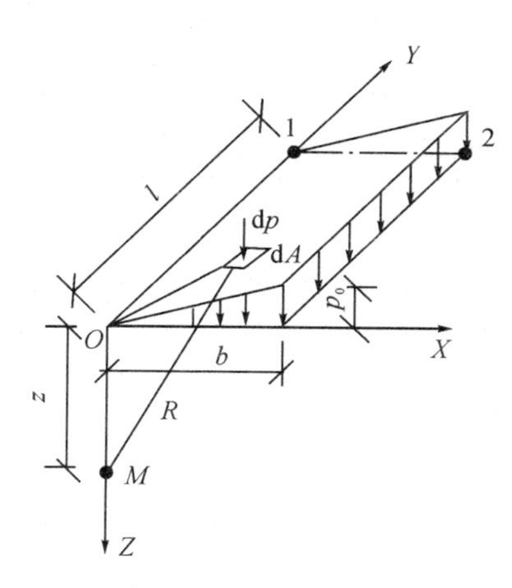

图 3-13　三角形分布矩形荷载面角点下竖向附加应力

3.5.2.2　矩形基底受竖直三角形荷载作用的土中应力

矩形基底受竖直三角形分布荷载作用时，如图 3-13 所示，b 为沿荷载变化（呈三角形分布）方向矩形基底的长度，l 为矩形基底另一边的长度，l 方向荷载分布规律不变。把荷载强度为零的角点 O 作为坐标原点，同样可利用公式 $\sigma_z=\frac{3p}{2\pi}\cdot\frac{z^3}{R^5}$ 沿着整个面积积分来求得。若矩形基底上三角形荷载的最大强度为 p，则荷载面内某点 (x,y) 处所取的微分面积 $dA=\mathrm{d}x\mathrm{d}y$ 上的作用力 $\mathrm{d}p=\frac{p}{b}\mathrm{d}x\mathrm{d}y$ 可作为集中力看待，于是角点 O 以下任意深度 M 点，由于该集中力所引起的竖向附加应力为：

$$\mathrm{d}\sigma_z=\frac{3}{2\pi b}\cdot\frac{pxz^3}{(x^2+y^2+z^2)^{5/2}}\mathrm{d}x\mathrm{d}y \tag{3-21}$$

沿整个荷载面积积分，即可得到矩形基底受竖直三角形分布荷载作用时荷载零值边角点下 $M(0,0,z)$ 点的附加应力为：

$$\sigma_z=\int_0^l\int_0^b\frac{3}{2\pi b}\cdot\frac{pxz^3}{(x^2+y^2+z^2)^{5/2}}\mathrm{d}x\mathrm{d}y=\frac{mn}{2\pi}\left[\frac{1}{\sqrt{m^2+n^2}}-\frac{n^2}{(1+n^2)\sqrt{1+m^2+n^2}}\right]p \tag{3-22}$$

式中：$m=\frac{l}{b}$，$n=\frac{z}{b}$，令

$$K_{t1}=\frac{mn}{2\pi}\left[\frac{1}{\sqrt{m^2+n^2}}-\frac{n^2}{(1+n^2)\sqrt{1+m^2+n^2}}\right] \tag{3-23}$$

K_{t1}——矩形基底竖直三角形分布荷载作用时荷载为零的边角点下的竖向附加应力系数，可由表 3-2 查得，则

$$\sigma_z=K_{t1}\cdot p_0 \tag{3-24}$$

若以荷载最大值边的角点 2 为坐标原点建立坐标系，同样可得到矩形面积上竖向三角形荷载作用角点 2 下任意深度 z 处土的竖向附加应力为

$$\sigma_z = K_{t2} \cdot p_0 \tag{3-25}$$

式中：K_{t2}——荷载最大值边的角点下土的竖向附加应力系数，$K_{t2}=K_c-K_{t1}$。

对于基底范围以内(或以外)任意点下的竖向附加应力，仍然可以利用“角点法”和叠加原理进行计算。

表 3-2　矩形面积上受竖直三角形荷载作用下荷载为零边角点下附加应力系数 K_{t1}

$n=z/b$	$m=l/b$										
	0.2	0.4	0.6	1.0	1.4	2.0	3.0	4.0	6.0	8.0	10.0
0.0	0.0000	0.0000	0.0000	0.0000	0.0000	0.0000	0.0000	0.0000	0.0000	0.0000	0.0000
0.2	0.0223	0.0280	0.0296	0.0304	0.0305	0.0306	0.0306	0.0306	0b.0306	0.0306	0.0306
0.4	0.0269	0.0420	0.0487	0.0531	0.0543	0.0547	0.0548	0.0549	0.0549	0.0549	0.0549
0.6	0.0259	0.0448	0.0560	0.0654	0.0684	0.0696	0.0701	0.0702	0.0702	0.0702	0.0702
0.8	0.0232	0.0421	0.0553	0.0688	0.0739	0.0764	0.0773	0.0776	0.0776	0.0776	0.0776
1.0	0.0201	0.0375	0.0508	0.0666	0.0735	0.0774	0.0790	0.0794	0.0795	0.0796	0.0796
1.2	0.0171	0.0324	0.0450	0.0615	0.0698	0.0749	0.0774	0.0779	0.0782	0.0783	0.0783
1.4	0.0145	0.0278	0.0392	0.0554	0.0644	0.0707	0.0739	0.0748	0.0752	0.0752	0.0753
1.6	0.0123	0.0238	0.0339	0.0492	0.0586	0.0656	0.0697	0.0708	0.0714	0.0715	0.0715
1.8	0.0105	0.0204	0.0294	0.0435	0.0528	0.0604	0.0652	0.0666	0.0673	0.0675	0.0675
2.0	0.0090	0.0176	0.0255	0.0384	0.0474	0.0553	0.0607	0.0624	0.0634	0.0636	0.0636
2.5	0.0063	0.0125	0.0183	0.0284	0.0362	0.0440	0.0504	0.0529	0.0543	0.0547	0.0548
3.0	0.0046	0.0092	0.0135	0.0214	0.0280	0.0352	0.0419	0.0449	0.0469	0.0474	0.0476
5.0	0.0018	0.0036	0.0054	0.0088	0.0120	0.0161	0.0214	0.0248	0.0253	0.0296	0.0301
7.0	0.0009	0.0019	0.0028	0.0047	0.0064	0.0089	0.0124	0.0152	0.0186	0.0204	0.0212
10.0	0.0005	0.0009	0.0014	0.0023	0.0033	0.0046	0.0066	0.0084	0.0111	0.0123	0.0139

3.5.2.3　矩形基底受水平均布荷载作用的土中应力分布

矩形基底作用有水平均布荷载 p_h，如图 3-14。此时可根据西罗提(Cerruti)提出的地表有水平集中力时土中竖向附加应力的计算公式，对整个矩形面积积分。此时水平荷载起始边角点 1 下任一深度 z 处的竖向附加应力为

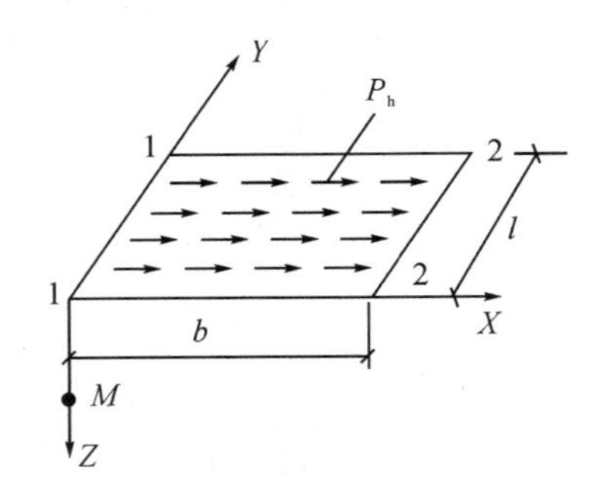

图 3-14　矩形水平均布荷载角点下土中附加应力

$$\sigma_z = -K_h p_h \tag{3-26}$$

水平荷载终止边角点 2 下任一深度 z 处

$$\sigma_z = +K_h p_h \tag{3-27}$$

$$K_h = \frac{1}{2\pi}\left[\frac{m}{\sqrt{m^2+n^2}} - \frac{mn^2}{(1+n^2)\sqrt{1+m^2+n^2}}\right] \tag{3-28}$$

式中：K_h——矩形水平均布荷载角点下土中附加应力系数；

m——矩形荷载面的长边与短边之比 $m=l/b$；

n——计算点在角点下的深度与荷载面短边之比 $n=z/b$；

b——沿水平荷载作用方向矩形基底边长；

l——矩形基底另一边长。

水平均布荷载作用的矩形范围内和以外任意点下的附加应力，可利用角点法原理计算。

3.5.2.4 圆形基底受竖直均布荷载作用下的土中附加应力

许多建筑物、构筑物的基础底面形状是圆形的，如烟囱基础、水塔基础等。如图 3-15，圆形基底(半径为 R)上作用有竖直均布荷载 p，为对称轴通过圆形基底中心的轴对称弹性问题，土中任意点 $M(r,z)$ 的附加应力，可采用极坐标，应用式(3-30)，在圆面积内积分求得。

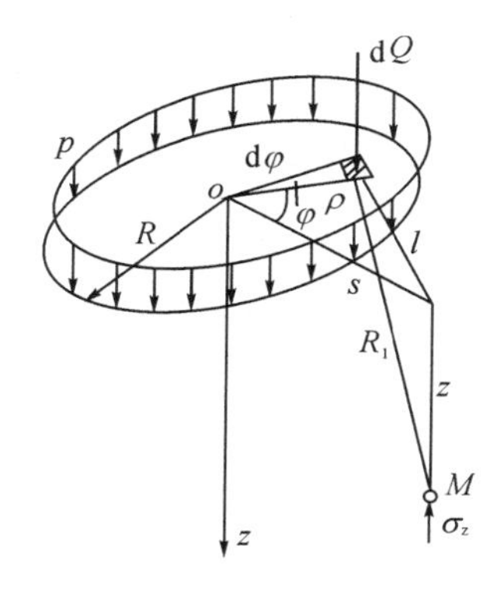

图 3-15 圆形面积均布荷载作用下土中应力计算

计算时，将极坐标原点放在荷载面的圆心 O 处，在圆面积内任取一微分面积 $dA=\rho d\varphi d\rho$，其上作用的荷载作为集中力 $dQ=p dA=p\rho d\varphi d\rho$

dQ 作用点与 M 点的距离 $R_1=\sqrt{l^2+z^2}=(\rho^2+r^2-2\rho r\cos\varphi+z^2)^{1/2}$，则圆形面积均布荷载作用时，在地面下任意点 M 引起的竖向应力为：

$$\sigma_z = \frac{3pz^3}{2\pi}\int_0^{2\pi}\int_0^R \frac{\rho d\rho d\varphi}{(\rho^2+r^2-2\rho r\cos\varphi+z^2)^{5/2}} \tag{3-29}$$

解式(3-30)可得

$$\sigma_z = K_{rz} p \tag{3-30}$$

式中：r——所求地基中某点距离圆形荷载中心的水平距离；

K_{rz}——圆形均布荷载下的附加应力系数，

$K_{rz} = \frac{3z^3}{2\pi}\int_0^{2\pi}\int_0^R \frac{\rho d\rho d\varphi}{(\rho^2+r^2-2\rho r\cos\varphi+z^2)^{5/2}}$，此积分后的表达式较复杂，可查阅有关资

料。另外,K_{rz} 可查表 3-3 确定。

表 3-3 圆形均布荷载下地基中任意点的附加应力系数(K_{rz})表

$n=z/R$	$m=r/R$					
	0.0	0.4	0.8	1.2	1.6	2.0
0.0	1.000	1.000	1.000	0.000	0.000	0.000
0.2	0.993	0.987	0.890	0.077	0.005	0.001
0.4	0.949	0.922	0.712	0.181	0.026	0.006
0.6	0.864	0.813	0.591	0.224	0.056	0.016
0.8	0.756	0.699	0.504	0.237	0.083	0.029
1.2	0.646	0.593	0.434	0.235	0.102	0.042
1.4	0.461	0.425	0.329	0.212	0.118	0.062
1.8	0.332	0.311	0.254	0.182	0.118	0.072
2.2	0.246	0.233	0.198	0.153	0.109	0.074
2.6	0.187	0.179	0.158	0.129	0.098	0.071
3.0	0.146	0.141	0.127	0.108	0.087	0.067
3.8	0.096	0.093	0.087	0.078	0.067	0.055
4.6	0.067	0.066	0.063	0.058	0.052	0.045
5.0	0.057	0.056	0.054	0.050	0.046	0.041
6.0	0.040	0.040	0.039	0.037	0.034	0.031

作为特殊情况,圆形基底中心下($r=0$)的附加应力,可按式(3-31)确定

$$\sigma_z=\frac{3pz^3}{2\pi}\int_0^{2\pi}\int_0^R\frac{\rho\,\mathrm{d}\rho\,\mathrm{d}\varphi}{(\rho^2+z^2)^{5/2}}=\left[1-\frac{1}{\left[1+\left(\frac{R}{z}\right)^2\right]^{3/2}}\right]p \tag{3-31}$$

令

$$K_r=1-\frac{1}{\left[1+\left(\frac{R}{z}\right)^2\right]^{3/2}} \tag{3-32}$$

则

$$\sigma_z=K_r p \tag{3-33}$$

式中:K_r——为圆形面积圆心点下的竖直应力分布系数,按公式(3-33)计算确定。

3.5.2.5 竖直均布条形荷载作用的土中应力分布

1)竖直均布线荷载的情况

线荷载可视为条形荷载宽度趋于一点时的情况,是条形荷载的特例。当地基表面作用有无限长分布的均布线荷载 p 时,如图 3-16,土中某点的竖向附加应力可用布西奈斯克公式沿全长积分确定,为:

$$\sigma_z=\int_{-\infty}^{+\infty}\frac{3p}{2\pi}\frac{z^3}{(x^2+y^2+z^2)^{5/2}}\mathrm{d}y=\frac{2pz^3}{\pi(x^2+z^2)^2} \tag{3-34}$$

同理,可求得

$$\sigma_x=\frac{2x^2zp}{\pi(x^2+z^2)^2} \tag{3-35}$$

$$\tau_{xz}=\frac{2xz^2p}{\pi(x^2+z^2)^2} \tag{3-36}$$

以上的竖向均布线荷载下的土中附加应力解答由弗拉曼(Flamant)最先提出,称为弗

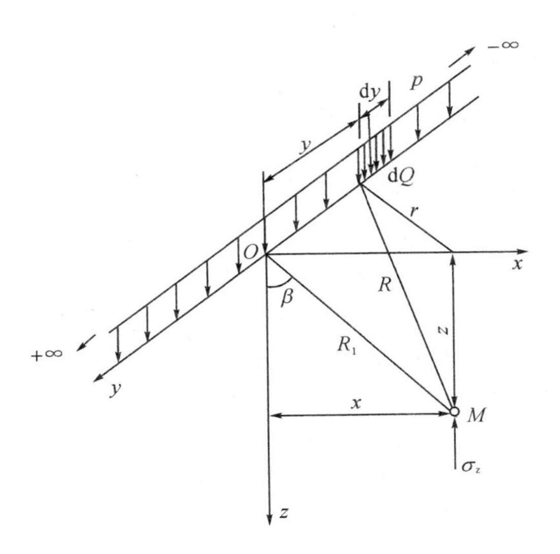

图 3-16 无限长分布的均布线荷载时的土中应力

拉曼解。

2)竖直均布条形荷载的情况

如图 3-25 所示,当基底上作用着强度为 p_0 的竖向均布荷载时,首先求出微分宽度 $d\xi$ 上作用着的线均布荷载 $d\,\overline{p_0}=p_0 d\xi$ 在任意点 M 所引起的竖向附加应力

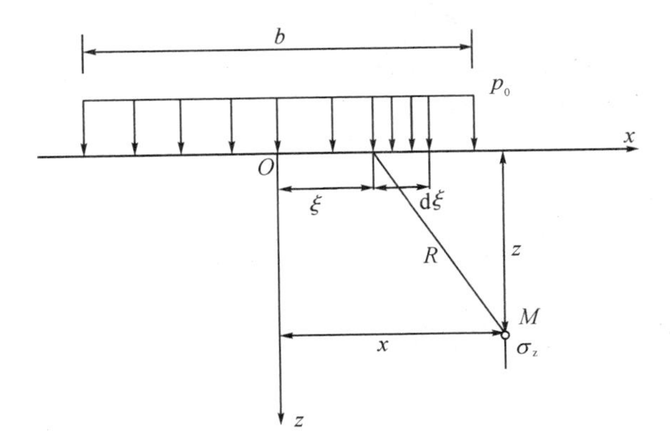

图 3-17 均布条形荷载作用下的土中应力计算

$$d\sigma_z=\frac{2p_0}{\pi}\cdot\frac{z^3 d\xi}{[(x-\xi)^2+z^2]^2} \tag{3-37}$$

再将上式沿宽度 b 积分,即可得到条形基底受均布荷载作用时 M 点的竖向附加应力为:

$$\begin{aligned}\sigma_z&=\int_0^b\frac{2p_0}{\pi}\cdot\frac{z^3 d\xi}{[(x-\xi)^2+z^2]^2}\\&=\frac{p_0}{\pi}\left[\arctan\left(\frac{m}{n}\right)-\arctan\left(\frac{m-1}{n}\right)+\frac{mn}{n^2+m^2}-\frac{n(m-1)}{n^2+(m-1)^2}\right]\end{aligned}$$

令 $$K_{sz}=\frac{1}{\pi}\left[\arctan\left(\frac{m}{n}\right)-\arctan\left(\frac{m-1}{n}\right)+\frac{mn}{n^2+m^2}-\frac{n(m-1)}{n^2+(m-1)^2}\right] \quad (3\text{-}38)$$

K_{sz}——条形基底受竖直均布荷载作用时的竖向附加应力分布系数。

式中：$m=\frac{x}{b}$，$n=\frac{z}{b}$，b 为基底的宽度。K_{sz} 可查应力分布系数表得到。

则 $$\sigma_z=K_{sz}p_0 \quad (3\text{-}39)$$

同理可求得条形均布荷载作用下地基内 M 点的水平向附加应力 σ_x 和剪应力 τ_{xz}。

需要指出，以上附加应力系数和附加应力的计算通常采用传统的查表法和插值法，该方法是一种近似计算方法，且手工查表、计算工作量大，容易出现计算错误。目前，随着计算机技术的发展，出现了各种使用简便、计算准确、快速的计算软件，如 Excel。因此，推荐附加应力系数和附加应力的计算以及附加应力分布图的绘制，优先采用公式法，直接利用 Excel 或其他计算软件来进行计算，可提高计算和绘图的准确性和计算效率。

思考题

3-1 土中应力的含义是什么？

3-2 土中应力计算的目是什么？计算采用的基本假设是什么？

3-3 什么叫自重应力？什么叫附加应力？

3-4 影响基底压力的因素有哪些？

3-5 目前根据什么假设计算地基中的附加应力？这些假设是否合理？为什么？

3-6 地下水位升降对土中应力有何影响？为什么？工程实践中有哪些问题应注意考虑这些影响？

3-7 有效应力和孔隙水应力的含义是什么？

3-8 地基附加应力的分布有何特点？

3-9 求基底附加应力的意义是什么？

3-10 基底压力与基底附加压力哪个大？为什么？

习 题

3-1 某地基为粉土，层厚 4.80m。地下水位埋深 1.10m，地下水位以上粉土呈毛细管饱和状态。粉土的饱和重度 $\gamma_{sat}=20.1kN/m^3$。计算粉土层底面处土的自重应力。

（参考答案 59.48kPa）

3-2 在均匀土质的地基中开挖基坑，地基土重度 $\gamma=18.0kN/m^3$，基坑开挖深度 2m，则基坑底面以下 3m 处的自重应力应为多少？

（参考答案：54kPa）

3-3 某建筑场地为成层土，第一层杂填土厚 1.5m，$\gamma=17kN/m^3$，第二层粉质黏土厚 4m，$\gamma=19kN/m^3$，ds=2.73，w=31%，地下水位在地面下 2m 深处，第三层淤泥质黏土厚

$8m$，$\gamma=18kN/m^3$，ds=2.74，w=41%，计算第三层底的竖向自重应力。

（参考答案：132.14kPa）

3-4 已知矩形基础埋于单一的均质土中，土的重度 $\gamma=19kN/m^2$，基础底面位于地面以下 1.5m，基底尺寸 b=4m，l=10m，在基础底面中心的作用有集中荷载 N=1580kN 和弯矩 M=200$kN\cdot m$（偏心方向在短边上），求：基底附加压力的最大值与最小值，画出基底附加压力分布图。

（参考答案 9.00kPa、3.50kPa）

3-5 地表上作用有一矩形均布荷载 $p_0=250kPa$，作用面积为 2.0m×6.0m 的矩形。分别求角点下深度为 1m、2m、5m 处的附加应力值以及中心点下深度为 1m、2m、5m 处的竖向附加应力值。画出过角点和中心点的垂直面上的竖向附加应力分布图。

（参考答案：角点下竖向附加应力：59.93，50.85，26.58；中心点下：203.4，131.4，43.5）

3-6 某条形基础宽度为 6.0m，承受偏心距 e=0.25m 的集中荷载 P=2400kN/m 的作用。计算基础外相距 3.0m 的 A 点下深度 9.0m 处的附加应力。

（参考答案 88.84kPa）

第4章　土的压缩性及沉降计算

4.1　概　　述

地基土在荷载作用下会产生附加应力和变形，这种变形一般包括体积变形和形状变形，本章主要讨论体积变形。对土这种材料来说，体积变形通常表现为体积缩小，我们把土在压力作用下体积缩小的特性称为**土的压缩性**。土的压缩通常包括三个方面：①土颗粒本身被压缩，②土体孔隙中的水及封闭气体被压缩；③土中水和气体从孔隙中被排出，土体孔隙体积缩小。研究表明：在一般的工程压力（$100kPa \sim 600kPa$）作用下，土颗粒、水和土中很少量的封闭气体的压缩量与土的总压缩量相比极其微小，完全可忽略不计。因此，土的压缩可看作是土中孔隙体积缩小的结果，即土中孔隙水和孔隙气被排出，土颗粒发生移动，重新排列，相互挤紧，从而使得土体孔隙体积缩小。

对于只有两相的饱和土来说，土的压缩则主要是由于土中孔隙水排出的结果。孔隙水向外排出的速率与土的渗透性有关。如透水性大的砂土，孔隙水排出速率快，其压缩过程在加荷后短时间内即可完成；而对于透水性低的饱和黏性土，孔隙中的水只能以很慢的速度排出，因此其压缩稳定所需的时间要比砂土长得多。这就说明黏性土的压缩与时间是有关的。饱和土由于含水量减少、孔隙水排出，压缩变形量随时间而增长的过程称为**固结**。由于粗颗粒土的压缩稳定时间很短，土的固结一般只针对黏性土和粉土而言。

在附加应力作用下，地基土由于压缩而引起的竖直方向的位移称为**沉降**。一般来说，荷载作用下引起的土体沉降包括以下3个方面：(1)**初始沉降**（又称**瞬时沉降**或**弹性沉降**）：土体加载后在不排水（恒定体积）条件下发生的瞬时弹性沉降。这是由地基发生侧向位移（剪切变形）而引起的；(2)**主固结沉降**（又称**固结沉降**）：饱和黏性土由于孔隙水的排出、土体发生固结而引起的沉降。通常这部分沉降是地基变形的主要部分；(3)**次固结沉降**：主固结沉降完成以后，在恒定的应力下，土颗粒的位置发生重新调整而导致土骨架发生蠕变变形而引起的沉降。次固结沉降在高塑性软黏土和有机土中特别显著。本章着重讨论主固结沉降（以下均简称为固结沉降）。

进行地基沉降计算时，必须取得土的压缩性指标，而土的压缩性指标可通过室内压缩试验或原位试验来测定。无论采用哪种试验方法，都应力求试验条件与土的天然状态及其在外部荷载作用下的实际应力条件相一致。地基沉降计算与控制是地基基础设计的重要方面，很多工程问题是由地基沉降引起的。比如，意大利的比萨斜塔由于地基不均匀沉降而发生了倾斜（建于1173年，截止2008年，塔身向南倾斜约3.99°，如图4-1所示）；而建于软黏土地基上的上海展览中心发生了严重下沉（建于1954年，到1979年主体建筑累计平均沉降达 1.6m，如图 4-2 所示)。

图 4-1　意大利比萨斜塔

图 4-2　上海展览中心

4.2　土的压缩性指标

4.2.1　侧限压缩试验和压缩曲线

在一般工程中，采用室内压缩试验测定土的压缩性指标时，常不允许土样产生侧向变形。虽然侧限压缩试验的条件未能与地基土的实际工程情况完全符合，但因其操作简单，具有实用价值而成为目前研究土体压缩性最常用的室内试验方法。

侧限压缩试验的主要装置为压缩仪，也称固结仪，如图 4-3 所示。如前所述，土的压缩主要是由于土中孔隙体积缩小引起的，因此，土的压缩变形可用孔隙比 e 的变化来表示。压缩试验的目的就是要测定土样在天然状态下或人工饱和后，在各级压力作用下压缩(竖向变形)稳定后的孔隙比的变化。

试验时用金属环刀小心切取保持天然结构的原状土样，并置于刚性护环内，在土样上下各放置一块透水石以保证土样在受荷后孔隙水可以上下自由排出。由于金属环刀与刚性护环的限制，使得土样在竖向压力作用下只能发生竖向压缩，而无侧向位移。土样装好后，通过上透水石顶部的加压盖板对其逐级加荷。在每级荷载作用下压至变形稳定，用百分表测出土样的压缩量，然后再加下一级荷载(一般按压力 p＝50kPa、100kPa、200kPa、300kPa、400kPa 五级加载)，根据每级荷载 p_i 的稳定压缩量算出相应压力下的孔隙比 e_i。

根据试验过程中土样的压缩变形以及土的三相物理性质指标，可以导出稳定孔隙比 e_i 与压缩量 ΔH_i 之间的关系。如图 4-4 所示，设土样的初始高度为 H_0，在荷载 p_i 作用下土样高度为 H_i，则其相应的稳定压缩量 $\Delta H_i = H_0 - H_i$。设土样的初始体积为 V_0，初始孔隙比为 e_0，与每级荷载下稳定孔隙比 e_i 对应的体积为 V_i；假定土样的横截面积为 A，由于土样在压缩过程中不会发生侧向变形，故横截面积 A 保持不变，于是可得

$$V_0 = AH_0 \tag{4-1a}$$

$$V_i = AH_i = A(H_0 - \Delta H_i) \tag{4-1b}$$

与土样孔隙体积变化相比，可假定压缩过程中土颗粒体积 V_s 保持不变，根据土的孔隙

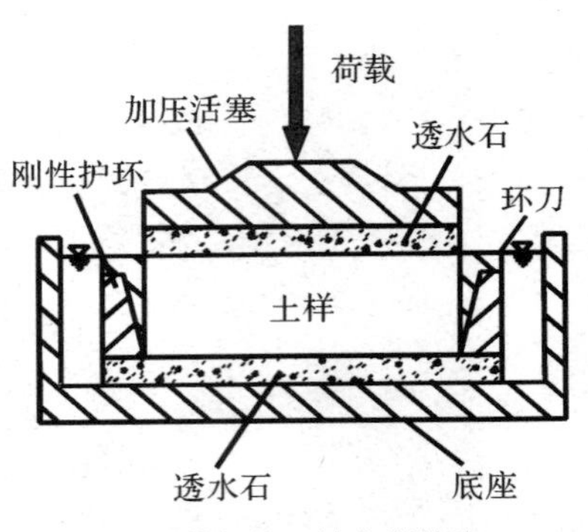

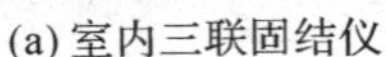
(a) 室内三联固结仪　　(b) 固结仪的压缩容器构造

图 4-3　侧限压缩试验固结仪

比定义可得

$$V_0 = V_{v0} + V_s = e_0 V_s + V_s = (1 + e_0) V_s \tag{4-2a}$$

$$V_i = V_{vi} + V_s = e_i V_s + V_s = (1 + e_i) V_s \tag{4-2b}$$

根据式(4-1a)、(4-1b)、(4-2a)及(4-2b)可得

$$\frac{1 + e_i}{1 + e_0} = \frac{H_0 - \Delta H_i}{H_0} \tag{4-3}$$

于是，可求出土样压缩稳定后的孔隙比 e_i 的表达式为

$$e_i = e_0 - \frac{\Delta H_i}{H_0}(1 + e_0) \tag{4-4}$$

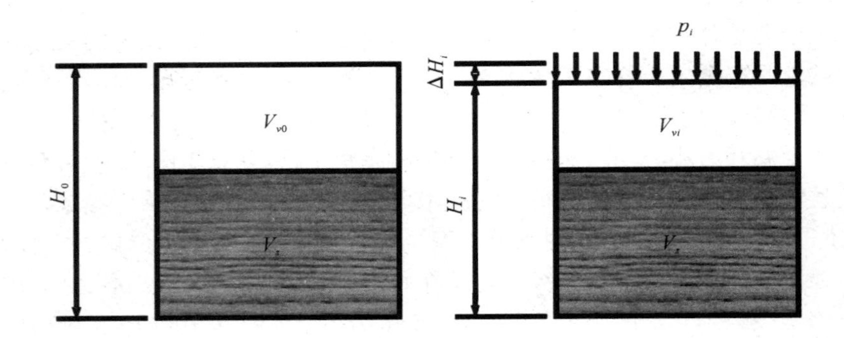

图 4-4　压缩试验中的土样体积变化

式中：$e_0 = \frac{G_s \rho_w (1 + w_0)}{\rho_0} - 1$，其中 G_s、w_0、ρ_0、ρ_w 分别为土粒比重、土样初始含水量、土样初始密度和水的密度。

这样，只要测定土样在各级压力 p_i 作用下的稳定压缩量 ΔH_i 后，即可根据式(4-4)算出相应的孔隙比 e_i，从而绘制土的压缩曲线。压缩曲线有两种绘制方式，一种是按普通直角坐标绘制的 e-p 曲线，如图 4-5(a)所示；另一种是按半对数直角坐标（即横坐标采用 p 的常用对数值）绘制的 e-$\lg p$ 曲线，如图 4-5(b)所示。

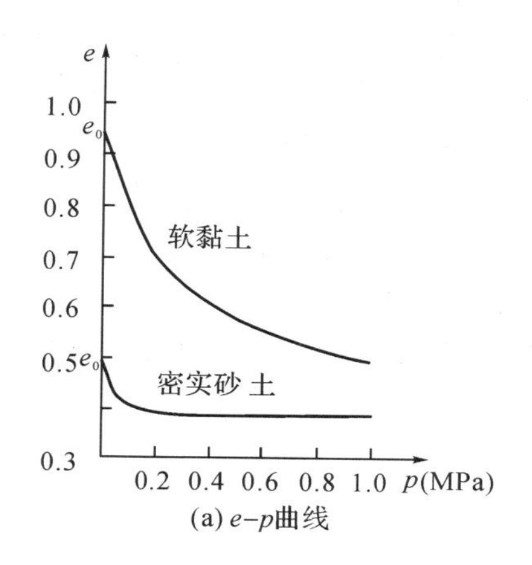

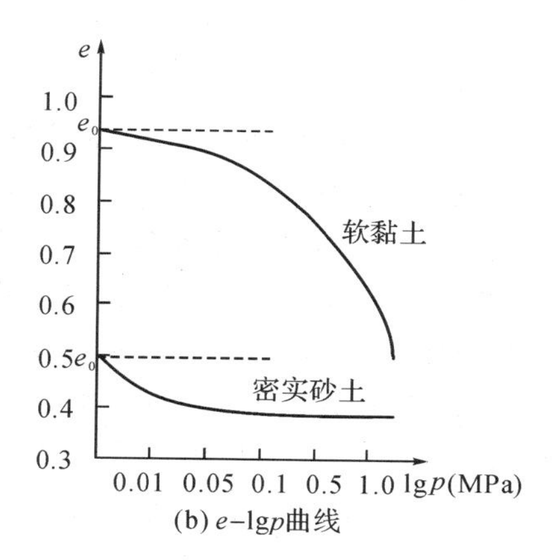

图 4-5　土的压缩曲线

4.2.2　土的压缩系数和压缩指数

不同类型的土，压缩性不同，其 e-p 曲线的形态也是有差别的。曲线越陡，说明在相同的压力段内，孔隙比减小得愈显著，因而土的压缩性愈高；反之若曲线愈平缓，则土的压缩性愈低。土在侧限条件下孔隙比减少量与竖向压应力增量的比值称为**压缩系数**。

压缩曲线上任意一点的切线斜率就代表土在对应压力 p 时的压缩性大小，即：

$$a=-\frac{\mathrm{d}e}{\mathrm{d}p} \tag{4-5}$$

式中：a——土的压缩系数，单位为 kPa^{-1} 或 MPa^{-1}，负号表示表示孔隙比 e 随着压力 p 的增加而逐渐减小。

由于 e-p 曲线上的每一点的切线斜率都不相同，在实际工程中应用很不方便，因此，一般选取土中某点由原来的初始压力 p_1 增加到外荷载作用后的土中总压力 p_2 这一荷载段的割线斜率来表征其压缩性。地基计算中，荷载段取土的自重应力至土的自重应力与附加应力之和的范围。如图 4-6 所示。

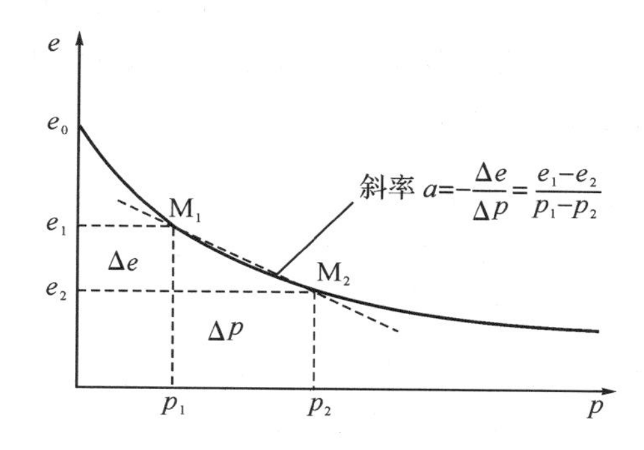

图 4-6　土的压缩系数示意图

设压力由 p_1 增加到 p_2，相应的孔隙比由 e_1 减小到 e_2，当压力变化范围不大时，这一段压力范围的压缩性可用图中割线 M_1M_2 的斜率表示，即

$$a=-\frac{\Delta e}{\Delta p}=\frac{e_1-e_2}{p_2-p_1} \tag{4-6}$$

式中：p_1——土中某点的"初始压力"，地基计算中是指地基某深度处土中（竖向）自重应力，kPa 或 MPa；

p_2——土中某点的"总压力"，地基计算中是指地基某深度处土中（竖向）自重应力与（竖向）附加应力之和，kPa 或 MPa；

e_1——相应于 p_1 作用下压缩稳定后的孔隙比；

e_2——相应于 p_2 作用下压缩稳定后的孔隙比。

从 e-p 曲线上可见，即使是同一种土，其压缩系数也不是一个常数，而是随着压力范围而变化的。为了方便比较，工程上常采用 $p_1=100\text{kPa}$，$p_2=200\text{kPa}$ 时所对应的压缩系数值 a_{1-2} 来评价土压缩性的大小（中国建筑科学研究院，2002）：

当 $a_{1-2}<0.1\text{MPa}^{-1}$ 时，为低压缩性土；

当 $0.1\leqslant a_{1-2}<0.5\text{MPa}^{-1}$ 时，为中压缩性土；

当 $a_{1-2}\geqslant 0.5\text{MPa}^{-1}$，为高压缩性土。

土的压缩试验结果也可用 e-$\lg p$ 曲线表示，如图 4-7 所示。

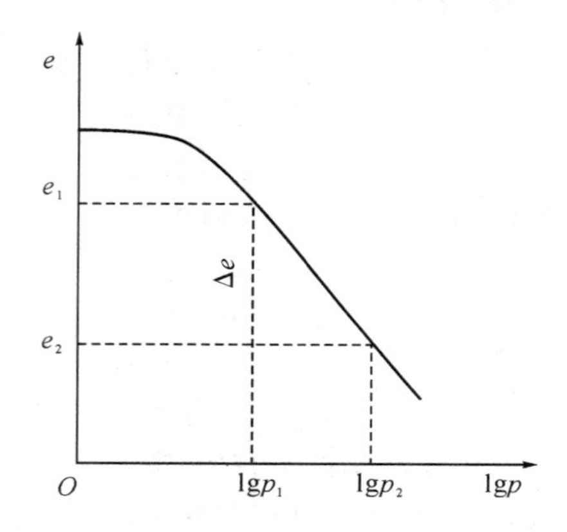

图 4-7　土的压缩指数示意图

从 e-$\lg p$ 曲线可以看出，在压力较大部分，e-$\lg p$ 曲线接近直线。很显然，该直线越陡，在相同压力范围内的孔隙比的差值就越大，土的压缩性就越高，因此可用直线段的斜率——压缩指数 C_c 来表征土压缩性的高低，即

$$C_c=\frac{e_1-e_2}{\lg p_2-\lg p_1}=\frac{e_1-e_2}{\lg \dfrac{p_2}{p_1}} \tag{4-7}$$

式中：C_c——土的压缩指数，无量纲；其他符号意义同式(4-6)。

同压缩系数 a 一样，压缩指数 C_c 越大，表明土的压缩性越高。根据 Kulhawy and Mayne (1990)，也可用 C_c 来评价土压缩性的大小：

当 $C_c<0.2$ 时，为低压缩性土；

当 $0.2\leqslant C_c\leqslant 0.4$ 时，为中压缩性土；

当 $C_c>0.4$，为高压缩性土。

对于低灵敏度到中等灵敏度的黏土，Terzaghi and Peck(1967)建议采用以下经验公式确定 C_c：

$$C_c=0.009(\omega_L-10)(\omega_L\text{ 为去掉\%后的液限数值}) \tag{4-8}$$

此外，尚有众多经验公式来确定 C_c，读者可参考 Kulhawy and Mayne (1990)、Bowles (1997)、Das(2006)等著作。

4.2.3 土的压缩模量和体积压缩系数

根据 e-p 曲线，还可以求得另一个重要的压缩性指标——**压缩模量**，其定义为土体在侧限条件下竖向附加应力增量 Δp 与相应的应变增量 $\Delta\varepsilon$ 的比值，用 E_s 表示。

$$E_s=\frac{\Delta p}{\Delta\varepsilon} \tag{4-9a}$$

式中：E_s——土的压缩模量，MPa。

在 e-p 曲线中，土样孔隙比减小 $\Delta e=e_1-e_2$，压力增量 $\Delta p=p_2-p_1$，相应的土样压缩量 $\Delta H=H_1-H_2$（如图 4-8 所示），所以应变增量为

$$\Delta\varepsilon=\frac{\Delta H}{H_1} \tag{4-9b}$$

所以

$$E_s=\frac{\Delta p}{\Delta\varepsilon}=\frac{\Delta p}{\Delta H/H_1} \tag{4-9c}$$

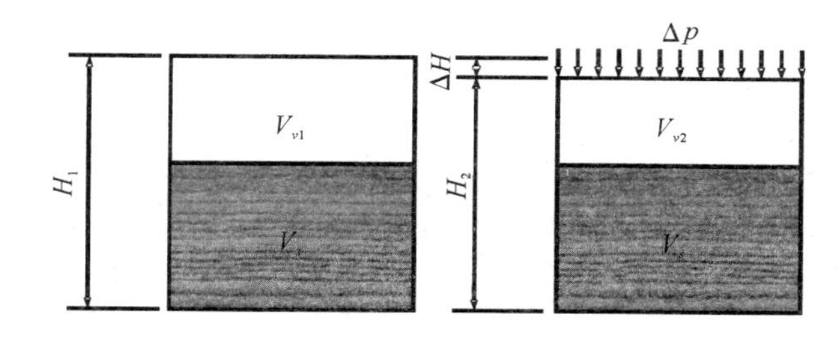

图 4-8　侧限条件下施加压力增量前后土样高度的变化

在侧限条件下，根据压力增量施加前后土粒体积 V_s 与土样横截面积 A 保持不变的两个条件，可以得出

$$A=\frac{V_s+e_1V_s}{H_1}=\frac{V_s+e_2V_s}{H_2}=\frac{V_s+e_2V_s}{H_1-\Delta H} \tag{4-10}$$

进行化简得

$$\Delta H=\frac{e_1-e_2}{1+e_1}H_1 \tag{4-11}$$

将式(4-11)代入(4-9c)得

$$E_s=\frac{\Delta p}{\Delta\varepsilon}=\frac{\Delta p}{\Delta H/H_1}=\frac{1+e_1}{e_1-e_2}(p_2-p_1)=\frac{1+e_1}{a} \tag{4-12}$$

上式既是压缩模量 E_s 的表达式，又是压缩模量 E_s 与压缩系数 a 的关系式。从式中可以看出，E_s 与 a 成反比，E_s 越大，a 越小，说明土的压缩性就越低。因此，压缩模量 E_s 也可以判断土压缩性的高低。在 $p_1=100\text{kPa}$，$p_2=200\text{kPa}$ 压力段范围内，与 a_{1-2} 对应的压缩模量用 E_{s1-2} 表示。

土的压缩模量 E_s 的倒数称为**体积压缩系数** m_v，它的定义是土体在无侧向变形条件下体积应变增量与竖向附加应力增量之比，即

$$m_v=\frac{\Delta\varepsilon}{\Delta p}=\frac{1}{E_s}=\frac{a}{1+e_1} \tag{4-13}$$

同压缩系数和压缩指数一样，体积压缩系数 m_v 也可表征土的压缩性大小，m_v 越大，土的压缩性越高。

4.2.4 回弹曲线和再压缩曲线

在室内压缩试验过程中，如加载至某一值 p_b[相应于图 4-9(a)中的 b 点]后逐级进行卸压，即可观察到土样的回弹。若能测得各级荷载作用下土样回弹稳定后的孔隙比，则可绘制相应的孔隙比与压力之间的关系曲线，该曲线被称之为回弹曲线，如图 4-9(a)bc 段所示。由于土体不是完全弹性体，故卸压完毕后，回弹曲线与原来的压缩曲线并不重合，说明土样在压力 p_b 作用下发生的总压缩变形(与初始孔隙比 e_0 和 p_b 对应的孔隙比 e_b 的差值 e_0-e_b 相当的压缩量)是由可恢复的弹性变形(与孔隙比差值 e_c-e_b 相当的压缩量)和不可恢复的残余变形或塑性变形(与孔隙比差值 e_0-e_c 相当的压缩量)两部分组成，并以残余变形为主，如图 4-9(a)所示。如卸压后又重新逐级加载至 p_f，则可测得土样在各级荷载作用下再压缩稳定后的孔隙比，从而绘制再压缩曲线，如图 4-9(a)中 cdf 所示；其中 df 段与土样没有经过卸压和再压过程而直接逐级加载至 p_f 的压缩曲线 abf 是基本重合的。同样，在半对数坐标上绘制的土的回弹曲线和再压缩曲线也可看到类似现象，如图 4-9(b)所示。

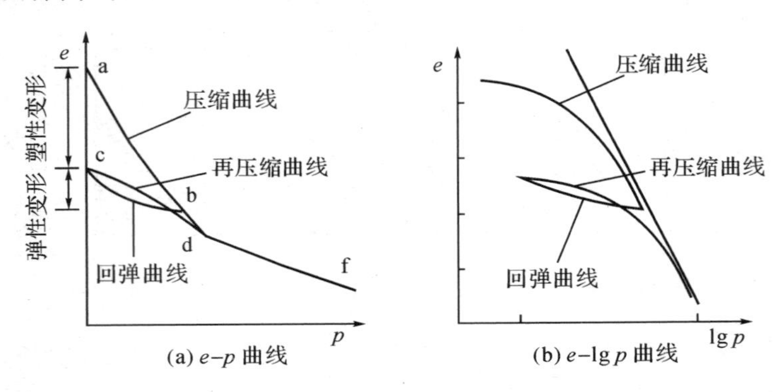

图 4-9 土的回弹曲线和再压缩曲线

图 4-9(b)中回弹曲线和再压缩曲线构成了一个面积不大的回滞环，在实际应用中，可把回弹曲线和再压缩曲线看作直线，且两直线的斜率近似相等。我们可把该直线的斜率称为回弹指数或膨胀指数(对于回弹情况)，如果考虑再压缩情况又称为再压缩指数，均用 C_s 表示。从图 4-9(b)中可以看出，C_s 远小于 C_c，说明在回弹或再压缩阶段内，土的压缩性大大降低，同时也说明了土的应力历史对其压缩性有较大的影响。大多数情况下，$C_s\approx(1/5\sim1/10)C_c$(Das，2006)。

【例题 4-1】 某黏性土土样，重度 $\gamma=18\text{kN/m}^3$，土粒比重 $G_s=2.70$，含水量 $w=50\%$。在压缩试验过程中，对应于压力 $p_1=100\text{kPa}$ 和 $p_2=200\text{kPa}$ 的试样高度分别为 1.90cm 和 1.83cm。环刀高度(土样初始高度)为 2cm。试求：(1)荷载 $p=100\text{kPa}$ 和 200kPa 时试样的孔隙比；(2)压缩系数 a_{1-2}、压缩模量 E_{s1-2}，并评价土的压缩性大小。

【解】 (1)土样的初始孔隙比为

$$e_0=\frac{G_s(1+w)\gamma_w}{\gamma}-1=\frac{2.70\times(1+0.5)\times9.8}{18}-1=1.205$$

在土样压缩过程中，可以认为环刀不发生变形，因此土样的横截面积 A 不发生变化。同时，土颗粒的体积 V_s 在压缩过程中也不发生变化，设压力 $p_1=100kPa$、$p_2=200kPa$ 时土样的高度分别为 H_1、H_2，对应的孔隙比分别为 e_1、e_2，对应的体积分别为 V_1、V_2；土样的初始高度用 H_0 表示，初始体积用 V_0 表示。于是有

$$\frac{V_1}{V_0}=\frac{AH_1}{AH_0}=\frac{H_1}{H_0}$$

再根据孔隙比的定义可得

$$\frac{V_1}{V_0}=\frac{V_{v1}+V_s}{V_{v0}+V_s}=\frac{e_1V_s+V_s}{e_0V_s+V_s}=\frac{e_1+1}{e_0+1}=\frac{H_1}{H_0}$$

因此

$$e_1=\frac{H_1}{H_0}(e_0+1)-1=\frac{1.90}{2}\times(1.205+1)-1\approx1.095$$

同理可得

$$e_2=\frac{H_2}{H_0}(e_0+1)-1=\frac{1.83}{2}\times(1.205+1)-1\approx1.018$$

(2)根据压缩系数 a_{1-2} 和压缩模量 E_{s1-2} 的定义可得

$$a_{1-2}=\frac{e_1-e_2}{p_2-p_1}=\frac{1.095-1.018}{0.2-0.1}=0.77\text{MPa}^{-1}$$

$$E_{s1-2}=\frac{1+e_1}{a_{1-2}}=\frac{1+1.095}{0.77}\approx2.72\text{MPa}$$

因为

$$a_{1-2}=0.77\text{MPa}^{-1}>0.5\text{MPa}^{-1}$$

所以该土为高压缩性土。

4.2.5 载荷试验及变形模量

判断土的压缩性大小，除了可用上述室内侧限压缩试验测定的压缩系数、压缩指数或压缩模量外，还可以通过现场载荷试验确定的变形模量来表示。**变形模量**是指土体在无侧限条件下的应力与相应的应变的比值。由于变形模量是在现场原位测试所得，所以它能比较真实地反映天然土的压缩性。

现场载荷试验的原理是通过在试验土上逐级施加荷载，观测记录土体在每级荷载下的稳定沉降量，绘制相应的沉降—时间关系曲线(即 s-t 曲线)以及土的荷载—沉降关系曲线(即 p-s 曲线)，以此测定土的力学性质包括测定土的变形模量、地基承载力特征值(参见第八章)等。我国建筑地基基础设计规范(GB50007—2002)中的载荷试验方法包括浅层平板载荷试验和深层平板载荷试验，本章仅介绍浅层平板载荷试验(中国建筑科学研究院，2002)。

载荷试验装置包括加荷稳压装置、提供反力装置及沉降观测装置三部分，如图 4-10 所示。地基土浅层平板载荷试验可适用于确定浅部地基土层的承压板下应力主要影响范围内的承载力。试验进行前，先在现场挖掘的试坑内，试验基坑宽度不应小于承压板宽度或直径的三倍。应保持试验土层的原状结构和天然湿度。宜在拟试压表面用粗砂或中砂层找平，

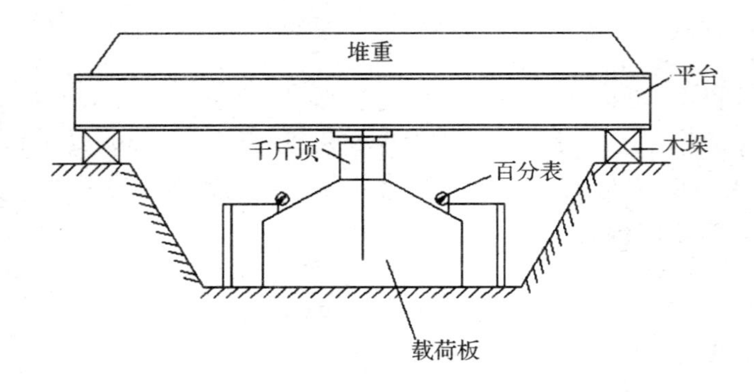

图 4-10　现场荷载试验装置示意图

其厚度不超过 20mm。然后再试坑内放置一圆形或方形的承压板。承压板面积不应小于 $0.25m^2$，对于软土不应小于 $0.5m^2$（常见载荷板尺寸：0.5m×0.5m，0.71m×0.71m，1.0m×1.0m）。加压装置通过承压板对土层进行加载，加载的标准是：第一级荷载（包括设备的重量）宜接近开挖试坑时所卸除的土重〔其相应的沉降量不计），其后每级的荷载增量，对较松软的土可采用 10kPa～25kPa，对较硬实的土则采用 50kPa，试验的加荷分级不应少于 8 级，最大加载量不应小于设计要求的两倍。每级加载后，按间隔 10min，10min，10min，15min，15min，以后为每隔 30min 测读一次沉降量，当在连续两小时内，每小时的沉降量小于 0.1mm 时，则认为已趋稳定，可加下一级荷载。当出现下列情况之一时，即可终止加载：

1）承压板周围的土明显地侧向挤出；

2）沉降 s 急骤增大，荷载—沉降（p-s）曲线出现陡降段；

3）在某一级荷载作用下，24 小时内沉降速率不能达到稳定；

4）沉降量与承压板宽度或直径之比 $s/b \geq 0.06b$（b 为承压板的宽度或直径）。

当满足前三种情况之一时，其对应的前一级荷载定为极限荷载 p_u。

将上述试验得到的各级荷载与相应的稳定沉降量按一定比例绘制成荷载 p 与沉降 s 的关系曲线，即 p-s 曲线，如图 4-11 所示。从图 4-11 可以看出，p-s 曲线的起始段接近于直线，与直线段终点 a 对应的荷载称为地基土的**比例界限荷载**或**临塑荷载** p_{cr}。

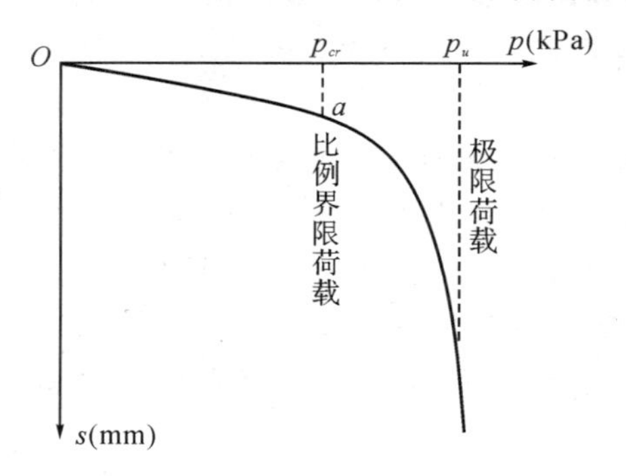

图 4-11　现场载荷试验 p-s 曲线

地基承载力特征值的确定应符合下列规定：

1）当 p-s 曲线上有比例界限时，取该比例界限所对应的荷载值；

2）当极限荷载小于对应比例界限的荷载值的 2 倍时，取极限荷载值的一半；

3）当不能按上述二款要求确定时，当压板面积为 $0.25m^2 \sim 0.50m^2$，可取 $s/b=0.01\sim0.015$ 所对应的荷载，但其值不应大于最大加载量的一半。

同一土层参加统计的试验点不应少于三点，当试验实测值的极差不超过其平均值的 30％时，取此平均值作为该土层的地基承载力特征值 f_{ak}。

当荷载小于比例界限荷载 p_{cr} 时，地基的变形处于直线变形阶段，因此可利用弹性力学公式(4-14)来反求地基土的变形模量 E_0：

$$E_0=\omega(1-\mu^2)\frac{pb}{s} \tag{4-14}$$

式中：E_0——土的变形模量，MPa；

ω——沉降影响系数，刚性方形承压板 $\omega=0.88$；刚性圆形承压板 $\omega=0.79$；

μ——土的泊松比；

p——直线段内的荷载，一般取地基的比例界限荷载 p_{cr}，kPa；

b——承压板的边长或直径，m；

s——与所取的比例界限荷载 p_{cr} 相对应的沉降量，mm；当 p-s 曲线不出现起始直线段时，对低压缩性土，可取 $s=(0.010-0.015)b$，对中、高压缩性土可取 $s=0.02b$，并将所对应的荷载 p 代入上式。

由于载荷试验是在现场测试，避免了钻孔、运输及室内试样制备过程中对土样的扰动，故能较好地反映天然土的压缩性，但因承压板的尺寸与实际的原型基础尺寸相比甚小，且浅层平板载荷试验只能反映板下(2～3)倍板宽(直径)深度范围内的土的变形特性，加上试验设备笨重，操作繁琐，时间较长，费用较大。因此，国内外对现场快速测定变形模量的方法如旁压试验、触探试验等比较重视。此外，为了弥补载荷试验影响深度有限的不足，人们已研究出一些深层上测定地基承载力和压缩性指标的方法，如深层平板载荷试验【参见建筑地基基础设计规范(GB50007—2002)附录 D】和螺旋板载荷试验。

4.2.6 压缩模量与变形模量的关系

综上所述，土的变形模量 E_0 是在现场无侧限条件下测试获得的土体应力与相应应变的比值，而压缩模量 E_s 是通过完全侧限条件下的室内压缩试验换算求得的土体应力与相应应变的比值。两者在理论上是可以互相换算的。

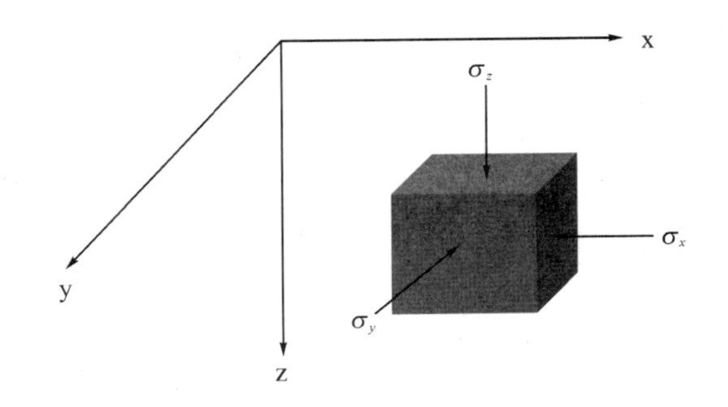

图 4-12 微单元土体受力分析

现从侧限压缩试验土样中取一微单元体进行分析，如图 4-12 所示。试样在 z 轴方向的压力作用下，竖向正应力为 σ_z、相应的水平向正应力为 σ_x、σ_y，由于试样的受力条件属于轴对称问题，故有

$$\sigma_x=\sigma_y=K_0\sigma_z \tag{4-15}$$

式中，K_0 称为土的侧压力系数或静止土压力系数，其定义为侧限条件下土中水平向应力 σ_x(或 σ_y)与竖向应力 σ_z 之比，K_0 值一般小于 1，但如果地面是经过剥蚀后遗留下来的，或者所

考虑的土层曾受过其他的超固结作用，则 K_0 值可能大于 1。K_0 可通过侧限条件下的试验测定，无试验条件时，可采用表 4-1 的经验值。

再分析微单元体在三向受力情况下土体的应变，根据广义虎克定律可得：

$$\varepsilon_x=\frac{\sigma_x}{E_0}-\frac{\mu}{E_0}(\sigma_y+\sigma_z) \tag{4-16}$$

$$\varepsilon_y=\frac{\sigma_y}{E_0}-\frac{\mu}{E_0}(\sigma_z+\sigma_x) \tag{4-17}$$

$$\varepsilon_z=\frac{\sigma_z}{E_0}-\frac{\mu}{E_0}(\sigma_x+\sigma_y) \tag{4-18}$$

由于土样是在侧限条件下进行试验的，故 $\varepsilon_x=\varepsilon_y=0$，由式(4-16)、(4-17)得：

$$\sigma_x=\sigma_y=\frac{\mu}{1-\mu}\sigma_z \tag{4-19}$$

将式(4-19)代入式(4-18)得：

$$\varepsilon_z=\frac{\sigma_z}{E_0}-\frac{\mu}{E_0}\frac{2\mu}{1-\mu}\sigma_z=\left(1-\frac{2\mu^2}{1-\mu}\right)\frac{\sigma_z}{E_0} \tag{4-20}$$

又根据压缩模量的定义 $E_s=\sigma_z/\varepsilon_z$，结合上式得：

$$E_0=\left(1-\frac{2\mu^2}{1-\mu}\right)E_s \tag{4-21}$$

令

$$\beta=1-\frac{2\mu^2}{1-\mu} \tag{4-22}$$

则

$$E_0=\beta E_s \tag{4-23}$$

值得注意的是，上式只是变形模量 E_0 与压缩模量 E_s 之间的理论关系。事实上，由于试验过程中一些无法考虑到的因素影响，如室内压缩试验过程中土样容易受到扰动(尤其是低压缩性土)、载荷试验和压缩试验的加载速率、压缩稳定的标准各异等等，使得上式不能准确地反映 E_0 和 E_s 之间的实际关系，根据统计数据，E_0 值可能是 βE_s 值的几倍。一般来说，土愈坚硬则倍数愈大，而软土的 E_0 值与 βE_s 值比较接近。表 4-2 给出了常见岩土体变形模量的范围值(Bowles，1997)。

表 4-1 K_0、μ、β 的经验值

土的种类和状态		K_0	μ	β
碎石土		0.18～0.33	0.15～0.25	0.95～0.83
砂土		0.33～0.43	0.25～0.30	0.83～0.74
粉土		0.43	0.30	0.74
粉质黏土	坚硬状态	0.33	0.25	0.83
	可塑状态	0.43	0.30	0.74
	软塑及流塑状态	0.53	0.35	0.62
黏土	坚硬状态	0.33	0.25	0.83
	可塑状态	0.53	0.35	0.62
	软塑及流塑状态	0.72	0.42	0.39

表 4-2　常见岩土的变形模量 E_0 的范围值(Bowles,1997)＊

名称		变形模量(MPa)	名称		变形模量(MPa)
黏土	很软的	2～15	黄土		15～60
	软的	5～25	砂土	粉质的	5～20
	中等坚硬的	15～50		松散的	10～25
	坚硬的	50～100		密实的	50～81
	砂质的	25～250	砂砾石	松散的	50～150
砂碛土	松散的	10～150		密实的	100～200
	密实的	150～720	页岩		150～5000
	很密实的	500～1440	粉土		2～20
混凝土		22000～ 38000	钢筋		195000～210000
砌体		1440～ 22000	木材		7000～12000

＊注:①其现场值取决于应力历史、含水量、密度、沉积年代;
②混凝土、砌体、钢筋和木材的数值为其弹性模量的范围值。

另外,比较式(4-15)、(4-19)可得 K_0 与 μ 之间的关系式:

$$K_0=\frac{\mu}{1-\mu} \tag{4-24a}$$

或

$$\mu=\frac{K_0}{1+K_0} \tag{4-24b}$$

4.3　沉降计算

建筑物修建前,地基中就存在由土体自重引起的应力,一般情况下,地基土在其自重应力作用下已经压缩稳定。但是,当建筑物通过基础将荷载传给地基之后,土层原有的应力状态发生变化,地基内部产生附加应力,这种附加应力会导致地基土体发生变形,进而引起基础沉降。沉降的大小取决于两方面:一是建筑物的荷载及其分布情况;另一个是地基土压缩性的大小。地基土体在附加应力作用下,通常沉降随时间发生变化,如图 4-13 所示。本节介绍地基(基础)最终沉降量的计算方法,某一时刻的沉降计算方法将在本章第 5 节介绍。

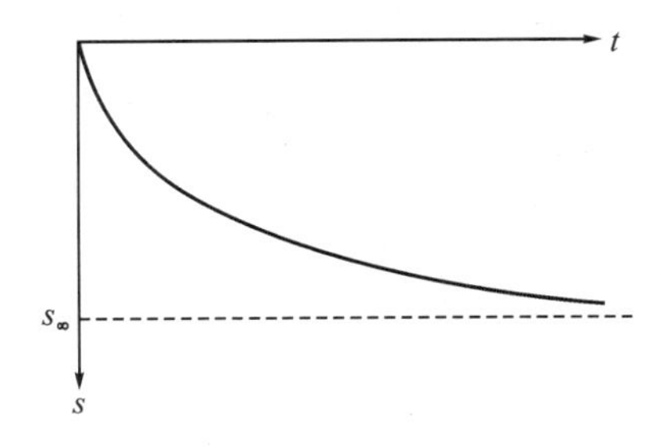

图 4-13　地基沉降随时间的变化规律

地基基础沉降,特别是建筑物各个基础之间由于荷载差异和地基不均匀等原因而引起的差异沉降,如果超过了一定的限度,会在上部结构中产生额外的应力和变形,进而导致建筑物的开裂、倾斜甚至破坏。因此,为了保证建筑物的安全和正常使用,在进行地基基础设计时，必须按规定计算基础可能发生的沉降和差异沉降，并设法将其控制在建筑物的容许范围内。

由于天然地基往往由成层土构成，并且具有层理构造，即使是同一层土其变形性质也随深度而变。因此，地基土是非均质、各向异性的。通常计算地基沉降的方法为：先把地基土体看成是均质、各向同性的线性变形体，从而可以直接采用弹性力学理论来计算地基中的附加应力，然后利用某些简化假设来解决成层土地基的沉降计算问题。分层总和法是计算地基最终沉降量最常用的方法。

4.3.1 分层总和法计算地基最终沉降量

分层总和法计算地基的最终沉降量是以侧限条件下的压缩量计算公式为基础，由于在实际工程中，大多数地基的可压缩土层较厚而且都是成层的，同时土体中的自重应力和附加应力沿土层深度不断发生变化，所以计算时必须先确定地基沉降计算深度，然后在此深度范围内划分若干分层，在各分层内可分别取自重应力和附加应力的平均值作为其相应的代表值，分别计算各分层的压缩量，求其总和。所谓地基沉降计算深度是指自基础底面向下需要计算压缩变形所达到的深度，亦称地基压缩层深度。该深度以下土层的压缩变形值很小，可以忽略不计。分层总和法的基本假设是：

① 在所划分的各土层厚度范围内，土层均质且压力均匀分布；

② 土的压缩完全是由于孔隙体积减小的结果，土粒本身的压缩忽略不计；

③ 土体仅产生竖向压缩，而无侧向变形。

为了弥补分层总和法采用侧限条件下的压缩性指标计算得出的地基最终沉降量偏小的缺点，通常取基底中心点下的附加应力 σ_z 进行计算，而土的压缩性指标是通过 e-p 曲线确定。

如图 4-14 所示的薄压缩层地基，其可压缩土层的厚度为 H，下卧层为不可压缩层，埋藏较浅，土层顶面作用大面积均布荷载 p，假设土层在压缩的过程中的侧向变形可以忽略不计，因此可认为它与压缩仪中土样的受力和侧限条件很相近。故地基的最终沉降量 s 可直接利用式(4-11)以 s 代替式中的 ΔH，以 H 代替 H_1，得：

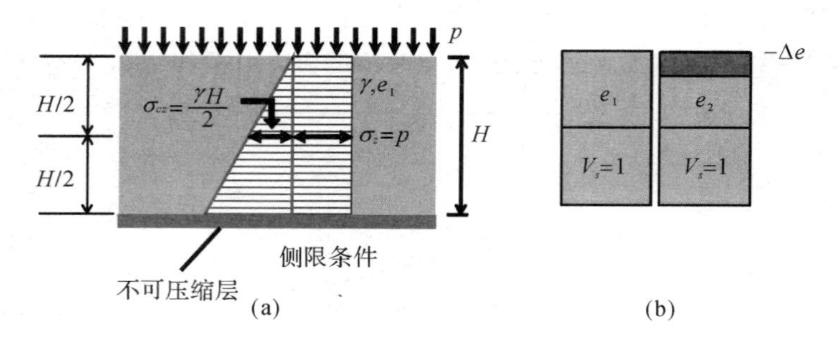

图 4-14 薄压缩层地基的沉降计算

$$s=\frac{e_1-e_2}{1+e_1}H=\frac{-\Delta e}{1+e_1}H=\frac{a\cdot\Delta p}{1+e_1}H=\frac{\Delta p}{E_s}H=m_v\Delta pH \tag{4-25}$$

式中：H——薄压缩土层的厚度；

Δp——薄压缩土层的平均附加应力，$\Delta p=p_2-p_1=p$；

e_1——根据薄压缩土层顶、底面处自重应力平均值 σ_{cz}，即初始压应力 $p_1=\sigma_{cz}=\gamma H/2$，从土的 $e-p$ 曲线上查得的相应孔隙比；

e_2——根据薄压缩土层顶、底面处自重应力平均值 σ_c 与附加应力平均值 σ_z 之和，即总压应力 $p_2=\sigma_{cz}+\sigma_z=\gamma H/2+p$，从土的 $e-p$ 曲线上查得的相应孔隙比。

根据式(4-25)可推导出成层地基最终沉降量 s 的分层总和法计算公式：

$$s=\sum_{i=1}^{n}\Delta s_i=\sum_{i=1}^{n}\frac{e_{1i}-e_{2i}}{1+e_{1i}}H_i=\sum_{i=1}^{n}\frac{a_i(p_{2i}-p_{1i})}{1+e_{1i}}H_i=\sum_{i=1}^{n}\frac{\Delta p_i}{E_{si}}H_i=\sum_{i=1}^{n}m_{vi}\Delta p_i H_i \tag{4-26a}$$

式中：Δs_i——第 i 分层土的压缩量，mm；

n——分层数；

H_i——第 i 分层土的厚度，mm；

e_{1i}——根据第 i 层土的自重应力平均值 $\bar{\sigma}_{czi}=[\sigma_{czi}+\sigma_{cz(i-1)}]/2$（即 p_{1i}）从 $e-p$ 曲线上得到的相应的孔隙比；

e_{2i}——根据第 i 层土的自重应力平均值 $\bar{\sigma}_{czi}=[\sigma_{czi}+\sigma_{cz(i-1)}]/2$ 与附加应力平均值 $\bar{\sigma}_{zi}=[\sigma_{zi}+\sigma_{z(i-1)}]/2$ 之和（即 $p_{2i}=p_{1i}+\Delta p_i$）从 $e-p$ 曲线上得到的相应的孔隙比；

a_i, E_{si}, m_{vi}——第 i 分层土的压缩系数、压缩模量和体积压缩系数。

由于 $\Delta p_i=\bar{\sigma}_{zi}=[\sigma_{zi}+\sigma_{z(i-1)}]/2$，故公式(4-26a)可改写为：

$$s=\sum_{i=1}^{n}\Delta s_i=\sum_{i=1}^{n}\frac{e_{1i}-e_{2i}}{1+e_{1i}}H_i=\sum_{i=1}^{n}\frac{a_i}{1+e_{1i}}\bar{\sigma}_{zi}H_i=\sum_{i=1}^{n}\frac{\bar{\sigma}_{zi}}{E_{si}}H_i=\sum_{i=1}^{n}m_{vi}\bar{\sigma}_{zi}H_i \tag{4-26b}$$

分层总和法计算地基沉降的具体步骤如下（如图 4-15）：

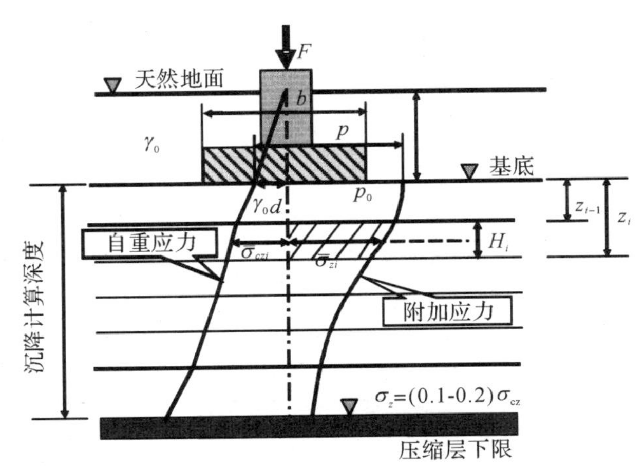

图 4-15 分层总和法计算地基最终沉降量

1）按基础荷载、基底形状和尺寸以及土的有关指标求出基底附加应力 p_0 的大小和分布；

2）将地基土分层。在分层时天然土层的交界面和地下水位面应为分层面，同时在同一类土层中分层的厚度不宜过大。一般取分层厚 $H_i\leqslant 0.4b$ 或 $H_i=1\text{m}\sim 2\text{m}$（$b$ 为基础短边宽度）；

3)从天然地面起计算各分层界面处土的自重应力；

4)计算基底中心下各分层界面处竖向附加应力；

5)确定地基沉降计算深度。地基沉降计算深度的下限一般取地基附加应力等于自重应力的 20%处，即 $\sigma_z=0.2\sigma_{cz}$ 处；如在该深度以下有高压缩性土，则应继续向下计算至 $\sigma_z=0.1\sigma_{cz}$ 处，计算精度为±5kPa；

6)分别计算各分层的顶、底面处自重应力平均值和附加应力平均值，并根据各土层的 e-p 曲线确定相应的孔隙比 e_{1i} 和 e_{2i}；

7)计算累加各分层土的压缩量，求出地基总沉降。

【例题 4-2】 如图例 4-2 所示的墙下单独基础，基础底面尺寸为 3.0m×2.0m，传至地面的轴心荷载为 300kN，基础埋置深度为 1.2m，地下水位在基底下 0.6m 处，地面以下，黏土层厚 2.4m；粉质黏土层厚 4.0m；以下为密实粗砂。地基土层室内压缩试验成果如表例 4-2-1 所示，用分层总和法求基础中点的沉降量。

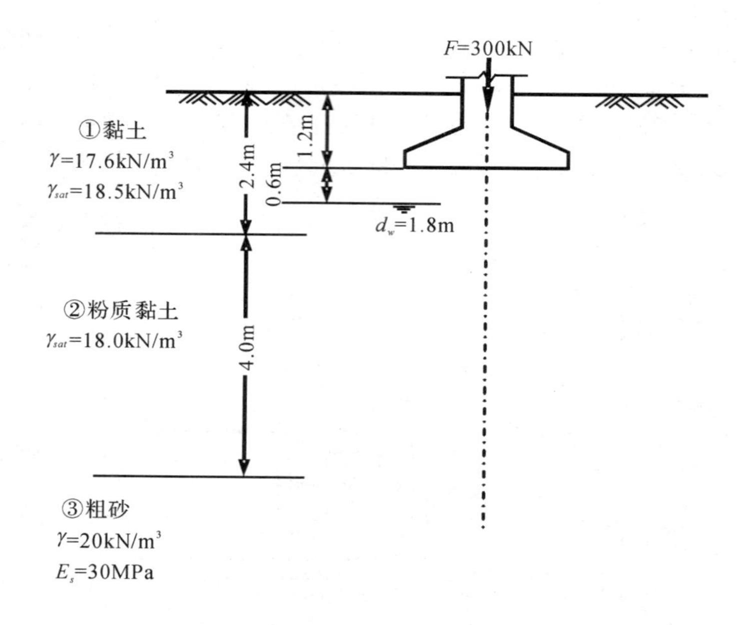

图例 4-2

表例 4-2-1　例题 4-2 地基土层的 e-p 数据

土名 \ e	p/kPa				
	0	50	100	200	300
①黏土	0.651	0.625	0.608	0.587	0.570
②粉质黏土	0.978	0.889	0.855	0.809	0.773

【解】 1)地基分层

拟采用如下分层方法：基础下黏土层分层两层，每层厚 0.6m；粉质黏土层分层四层，每层厚 1.0m。

2)计算地基土的自重应力

z 自基底标高算起:

$z=0\text{m}, \sigma_{cz0}=17.6\times1.2=21.12\text{kPa}$

$z=0.6\text{m}, \sigma_{cz1}=21.12+17.6\times0.6=31.68\text{kPa}$

$z=1.2\text{m}, \sigma_{cz2}=31.68+(18.5-9.8)\times0.6=36.9\text{kPa}$

$z=2.2\text{m}, \sigma_{cz3}=36.90+(18.0-9.8)\times1.0=45.1\text{kPa}$

$z=3.2\text{m}, \sigma_{cz4}=45.1+(18.0-9.8)\times1.0=53.3\text{kPa}$

$z=4.2\text{m}, \sigma_{cz5}=53.3+(18.0-9.8)\times1.0=61.5\text{kPa}$

$z=5.2\text{m}, \sigma_{cz6}=61.5+(18.0-9.8)\times1.0=69.7\text{kPa}$

3)基底压力计算

$$p=\frac{F+G}{A}=\frac{300+20\times3.0\times2.0\times1.2}{3.0\times2.0}=74\text{kPa}$$

4)基底附加压力计算

$$p_0=p-\gamma_0 d=74-17.6\times1.2=52.88\text{kPa}$$

5)基础中点下地基中竖向附加应力计算

用角点法,查表时,$l=1.5\text{m}, b=1.0\text{m}, l/b=1.5$,则 $\sigma_{zi}=4K_c p_0$,附加应力和自重应力分层计算结果如表例 4-2-2 所示。

表例 4-2-2　例题 4-2 附加应力和自重应力计算结果

z_1(m)	z_i/b	K_a	σ_{cxi}(kPa)	σ_{zi}(kPa)	σ_{zi}/σ_{czi}(%)	z_n(m)
0.0	0.0	0.2500	52.88	21.12		
0.6	0.6	0.2308	48.82	31.68		
1.2	1.2	0.1732	36.64	36.9		
2.2	2.2	0.0951	20.11	45.1		
3.2	3.2	0.0553	11.70	53.3	21.95	
4.2	4.2	0.0352	7.45	61.5	12.11	
5.2	5.2	0.0244	5.16	69.7	7.40	按 5.2m 计

6)确定沉降计算深度 z_n

当计算深度 $z=5.2\text{m}$ 时,$\sigma_z/\sigma_{cz}=0.074<0.1$,故上述分层方法是可行的,取 $z_n=5.2\text{m}$。

(1)计算基础中点最终沉降量

利用表 4-3 的压缩资料中的 e-p 数据及各分层的自重应力平均值及自重应力平均值与附加应力平均值之和确定各分层的和 e_{1i} 和 e_{2i},然后按下式计算基础中点最终沉降量

$$s=\sum_{i=1}^{n}\frac{e_{1i}-e_{2i}}{1+e_{1i}}H_i$$

计算结果如表例 4-2-3 所示。

表例 4-2-3 例题 4-2 基础中点最终沉降量分层总和法计算结果

z (m)	σ_{czi} (kPa)	σ_{zi} (kPa)	H_i (m)	$\bar{\sigma}_{czi}$ (kPa)	$\bar{\sigma}_{zi}$ (kPa)	$\bar{\sigma}_{czi}+\bar{\sigma}_{zi}$ (kPa)	e_{1i}	e_{2i}	Δs_i (mm)	$s=\sum \Delta s_i$ (mm)
0.0	21.12	52.88								
			0.6	26.4	50.85	77.25	0.637	0.616	7.73	7.73
0.6	31.68	48.82								
			0.6	34.29	42.73	77.02	0.633	0.616	6.25	13.98
1.2	36.9	36.64								
			1.0	41	28.38	69.38	0.905	0.876	15.22	29.2
2.2	45.1	20.11								
			1.0	49.2	15.91	65.11	0.890	0.879	5.82	35.02
3.2	53.3	11.70								
			1.0	57.4	9.58	66.98	0.884	0.877	3.72	38.74
4.2	61.5	7.45								
			1.0	65.6	6.31	71.91	0.878	0.874	2.13	40.87
5.2	69.7	5.16								

故按照分层总和法计算的基础中点最终沉降量约为 41mm。

【例题 4-3】 一已知柱下单独方形基础，基础底面尺寸为 2.5m×2.5m，埋深 d=2m，地下水位深 5m，作用于基础上(设计地面标高处)的轴向荷载 F=1250kN，有关地基勘察资料与基础剖面详见图例 4-3-1，试用分层总和法计算基础中点最终沉降量。

【解】 1)地基分层

将基础下的土层分层 7 层，每层厚 1.0m。

2)计算地基土的自重应力

z 自基底标高算起：

$z=0\text{m}, \sigma_{cz0}=19.5\times2=39\text{kPa}$

$z=1\text{m}, \sigma_{cz1}=39+19.5\times1=58.5\text{kPa}$

$z=2\text{m}, \sigma_{cz2}=58.5+20\times1=78.5\text{kPa}$

$z=3\text{m}, \sigma_{cz3}=78.5+20\times1=98.5\text{kPa}$

$z=4\text{m}, \sigma_{cz4}=98.5+(20-9.8)\times1=108.7\text{kPa}$

$z=5\text{m}, \sigma_{cz5}=108.7+(20-9.8)\times1=118.9\text{kPa}$

$z=6\text{m}, \sigma_{cz6}=118.9+(18.5-9.8)\times1=127.6\text{kPa}$

$z=7\text{m}, \sigma_{cz7}=127.6+(18.5-9.8)\times1=136.3\text{kPa}$

3)基底压力计算

$$p=\frac{F+G}{A}=\frac{1250+20\times2.5\times2.5\times2}{2.5\times2.5}=240\text{kPa}$$

4)基底附加压力计算

$$p_0=p-\gamma_0 d=240-19.5\times2.0=201\text{kPa}$$

5)基础中点下地基中竖向附加压力计算

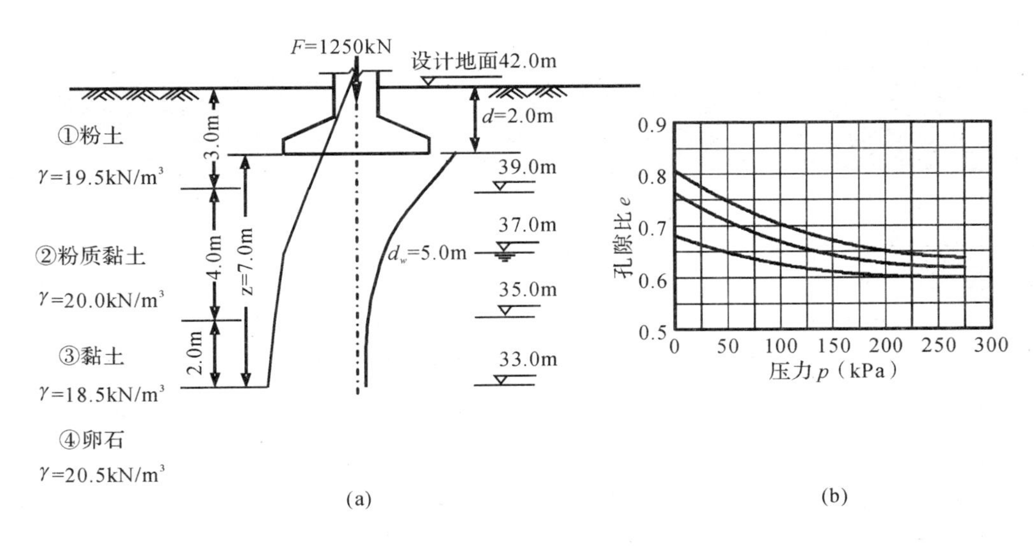

图例 4-3-1

用角点法，查表时，$l=1.25\text{m}$，$b=1.25\text{m}$，$l/b=1.0$，则 $\sigma_{zi}=4K_c p_0$，附加应力和自重应力分层计算结果如表例 4-3-1 所示。

表例 4-3-1 例题 4-3 附加应力和自重应力计算结果

z_1(m)	z_i/b	K_{ci}	σ_{czi}(kPa)	σ_{zi}(kPa)	σ_{zi}/σ_{czi}(%)	z_n(m)
0.0	0.0	0.2500	201.00	39.0		
1.0	0.8	0.1999	160.70	58.5		
2.0	1.6	0.1123	90.29	78.5		
3.0	2.4	0.0642	51.62	98.5		
4.0	3.2	0.0401	32.24	108.7	29.70	
5.0	4.0	0.0270	21.71	118.9	18.26	
6.0	4.8	0.0193	15.52	127.6	12.16	
7.0	5.6	0.0148	11.90	136.3	8.73	按 7m 计

6)确定沉降计算深度 z_n

考虑第③层土压缩性比第②层大，故应考虑计算第③层土的沉降量，当计算深度 $z=7\text{m}$ 时，$\sigma_z/\sigma_{cz}=0.0873<0.1$，故上述分层方法是可行的，取 $z_n=7\text{m}$。

7)计算基础中点最终沉降量

利用勘察资料中的 $e—p$ 曲线，求

$$a_i=\frac{e_{1i}-e_{2i}}{p_{2i}-p_{1i}}\text{及}\ E_{si}=\frac{1+e_{1i}}{a_i}$$

最后按下式计算基础中点最终沉降量

$$s=\sum_{i=1}^{n}\frac{e_{1i}-e_{2i}}{1+e_{1i}}H_i=\sum_{i=1}^{n}\frac{\bar{\sigma}_{zi}}{E_{si}}H_i$$

计算结果如表例 4-3-2 所示。

表例 4-3-2　例题 4-3 基础中点最终沉降量分层总和法计算结果

z (m)	σ_{czi} (kPa)	σ_{zi} (kPa)	H_i (m)	$\bar{\sigma}_{czi}$ (kPa)	$\bar{\sigma}_{zi}$ (kPa)	$\bar{\sigma}_{czi}+\bar{\sigma}_{zi}$ (kPa)	e_{1i}	e_{2i}	a_i (MPa^{-1})	E_{si} (MPa)	Δs_i (mm)	$s=\sum\Delta s_i$ (mm)
0.0	39.0	201.00										
			1.0	48.75	180.85	229.60	0.650	0.600	0.276	5.978	30.3	30.3
1.0	58.5	160.70										
			1.0	68.5	125.50	194.00	0.700	0.630	0.558	3.046	41.2	71.5
2.0	78.5	90.29										
			1.0	88.5	70.96	159.46	0.675	0.640	0.493	3.398	20.9	92.4
3.0	98.5	51.62										
			1.0	103.6	41.93	145.53	0.670	0.645	0.596	2.802	14.9	107.3
4.0	108.7	32.24										
			1.0	113.8	26.98	140.78	0.665	0.650	0.556	2.944	9.0	116.3
5.0	118.9	21.71										
			1.0	123.3	18.62	141.92	0.690	0.680	0.537	3.147	5.9	122.2
6.0	127.6	15.52										
			1.0	132.0	13.71	145.71	0.680	0.670	0.729	2.304	5.9	128.1
7.0	136.3	11.90										

故按照分层总和法计算的基础中点最终沉降量约为 128mm。

4.3.2　规范法计算地基最终沉降量

为了进一步完善分层总和法，现行国家标准《建筑地基基础设计规范 GB50007—2002》(中国建筑科学研究院，2002)推荐了另一种计算地基最终沉降(变形)量的方法——规范法。它实质上是简化、修正的分层总和法。规范法计算过程中同样采用了侧限条件下的压缩性指标，但引入了地基平均附加应力系数$\bar{\alpha}$，并对地基变形计算深度 z_n 提出了新标准，还引进了地基沉降计算经验系数 ψ_s，使得计算成果接近于实测值。

与分层总和法的思路相近，将地基土分成 n 个土层，在每一层内假设压缩模量为定值，根据侧限条件下压缩模量的定义，则地基的沉降可表示为

$$s'=\int_0^z\frac{\sigma_z}{E_s}\mathrm{d}z=\sum_{i=1}^n\frac{1}{E_{si}}\int_{z_{i-1}}^{z_i}\sigma_z\mathrm{d}z=\sum_{i=1}^n\frac{1}{E_{si}}\left(\int_0^{z_i}\sigma_z\mathrm{d}z-\int_0^{z_{i-1}}\sigma_z\mathrm{d}z\right)=\sum_{i=1}^n\Delta s'_i \tag{4-27}$$

定义附加应力面积为

$$A=\int_0^z\sigma_z\mathrm{d}z=p_0\int_0^z K\mathrm{d}z \tag{4-28}$$

上式中 K 为基底下任意深度 z 处的地基竖向附加应力系数。

引入平均附加应力系数

$$\bar{\alpha}=\frac{\int_0^z K\mathrm{d}z}{z}=\frac{A}{p_0 z} \tag{4-29}$$

因此附加应力面积可表示为

$$A=p_0 z\bar{\alpha} \tag{4-30}$$

于是根据图 4-16 可得

$$\Delta s'_i = \frac{1}{E_{si}}\left(\int_0^{z_i}\sigma_z \mathrm{d}z - \int_0^{z_{i-1}}\sigma_z \mathrm{d}z\right) = \frac{A_i - A_{i-1}}{E_{si}} = \frac{p_0}{E_{si}}(z_i\bar{\alpha}_i - z_{i-1}\bar{\alpha}_{i-1}) \tag{4-31}$$

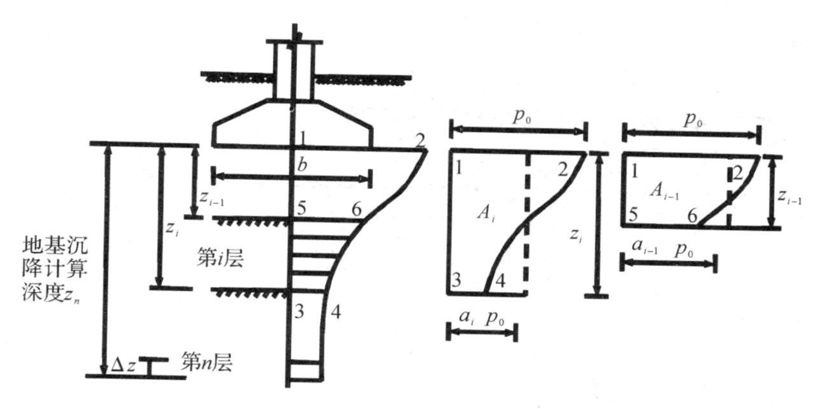

图 4-16 附加应力面积示意图

因此式(4-27)可表示为

$$s' = \sum_{i=1}^{n}\frac{p_0}{E_{si}}(z_i\bar{\alpha}_i - z_{i-1}\bar{\alpha}_{i-1}) \tag{4-32}$$

考虑到理论计算中各种假设与实际条件的差异，规范法规定对式(4-32)计算得到的地基沉降量乘以一个沉降计算经验系数 ψ_s，即规范法计算地基最终沉降量的公式为

$$s = \psi_s s' = \psi_s\sum_{i=1}^{n}\frac{p_0}{E_{si}}(z_i\bar{\alpha}_i - z_{i-1}\bar{\alpha}_{i-1}) \tag{4-33}$$

式中：s——地基最终变形(沉降)量(mm)；

s'——按分层总和法计算出的地基变形量(mm)；

ψ_s——沉降计算经验系数，根据地区沉降观测资料及经验确定，无地区经验时可采用表 4-3 的数值；

n——地基变形计算深度范围内所划分的土层数(图 4-17)；

p_0——对应于荷载效应准永久组合时的基础底面处的附加应力(kPa)；

E_{si}——基础底面下第 i 层土的压缩模量(MPa)，应取土的自重应力至土的自重应力与附加应力之和的压力段计算；

z_i、z_{i-1}——基础底面至第 i 层土、第 $i-1$ 层土底面的距离(m)；

$\bar{\alpha}_i$、$\bar{\alpha}_{i-1}$——基础底面计算点至第 i 层土、第 i－1 层土底面范围内的平均附加应力系数，可按表 4-4 采用。

表 4-3 沉降计算经验系数 ψ_s

$\bar{E}_s$(MPa) / 基底附加应力	2.5	4.0	7.0	15.0	20.0
$p_0 \geqslant f_{ak}$	1.4	1.3	1.0	0.4	0.2
$p_0 \leqslant 0.75 f_{ak}$	1.1	1.0	0.7	0.4	0.2

注：① f_{ak} 为地基承载力特征值；

② $\bar{E}_s$ 为地基变形计算深度范围内压缩模量的当量值，应按下式计算：

$$\bar{E}_s = \frac{\sum A_i}{\sum \frac{A_i}{E_{si}}} \tag{4-34}$$

式中：A_i——第 i 层土附加应力系数沿土层厚度的积分值【注意与式(4-31)中 A_i 的区别】。

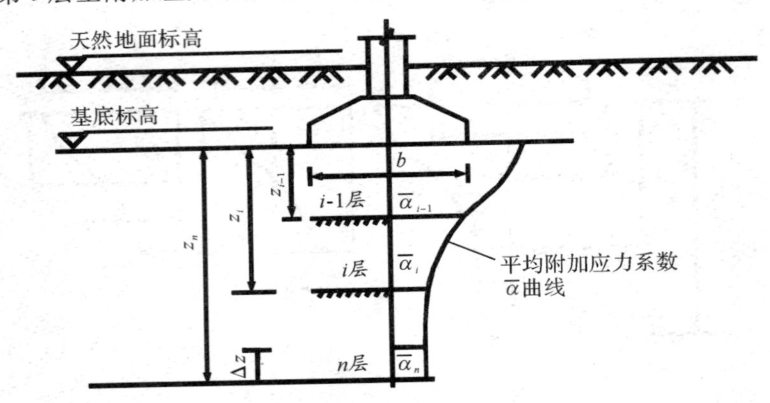

图 4-17 基础沉降计算的分层示意图

表 4-4 矩形面积上均布荷载作用下角点的平均附加应力系数 $\bar{\alpha}$

z/b	l/b												
	1.0	1.2	1.4	1.6	1.8	2.0	2.4	2.8	3.2	3.6	4.0	5.0	10.0
0.0	0.2500	0.2500	0.2500	0.2500	0.2500	0.2500	0.2500	0.2500	0.2500	0.2500	0.2500	0.2500	0.2500
0.2	0.2496	0.2497	0.2497	0.2498	0.2498	0.2498	0.2498	0.2498	0.2498	0.2498	0.2498	0.2498	0.2498
0.4	0.2474	0.2479	0.2481	0.2483	0.2483	0.2484	0.2485	0.2485	0.2485	0.2485	0.2485	0.2485	0.2485
0.6	0.2423	0.2437	0.2444	0.2448	0.2451	0.2452	0.2454	0.2455	0.2455	0.2455	0.2455	0.2455	0.2456
0.8	0.2346	0.2372	0.2387	0.2395	0.2400	0.2403	0.2407	0.2408	0.2409	0.2409	0.2410	0.2410	0.2410
1.0	0.2252	0.2291	0.2313	0.2326	0.2335	0.2340	0.2346	0.2349	0.2351	0.2352	0.2352	0.2353	0.2353
1.2	0.2149	0.2199	0.2229	0.2248	0.2260	0.2268	0.2278	0.2282	0.2285	0.2286	0.2287	0.2288	0.2289
1.4	0.2043	0.2102	0.2140	0.2164	0.2180	0.2191	0.2204	0.2211	0.2215	0.2217	0.2218	0.2220	0.2221
1.6	0.1939	0.2006	0.2049	0.2079	0.2099	0.2113	0.2130	0.2138	0.2143	0.2146	0.2148	0.2150	0.2152
1.8	0.1840	0.1912	0.1960	0.1994	0.2018	0.2034	0.2055	0.2066	0.2073	0.2077	0.2079	0.2082	0.2084
2.0	0.1746	0.1822	0.1875	0.1912	0.1938	0.1958	0.1982	0.1996	0.2004	0.2009	0.2012	0.2015	0.2018
2.2	0.1659	0.1737	0.1793	0.1833	0.1862	0.1883	0.1911	0.1927	0.1937	0.1943	0.1947	0.1952	0.1955
2.4	0.1578	0.1657	0.1715	0.1757	0.1789	0.1812	0.1843	0.1862	0.1873	0.1880	0.1885	0.1890	0.1895
2.6	0.1503	0.1583	0.1642	0.1686	0.1719	0.1745	0.1779	0.1799	0.1812	0.1820	0.1825	0.1832	0.1838
2.8	0.1433	0.1514	0.1574	0.1619	0.1654	0.1680	0.1717	0.1739	0.1753	0.1763	0.1769	0.1777	0.1784
3.0	0.1369	0.1449	0.1510	0.1556	0.1592	0.1619	0.1658	0.1682	0.1698	0.1708	0.1715	0.1725	0.1733
3.2	0.1310	0.1390	0.1450	0.1497	0.1533	0.1562	0.1602	0.1628	0.1645	0.1657	0.1664	0.1675	0.1685
3.4	0.1256	0.1334	0.1394	0.1441	0.1478	0.1508	0.1550	0.1577	0.1595	0.1607	0.1616	0.1628	0.1639
3.6	0.1205	0.1282	0.1342	0.1389	0.1427	0.1456	0.1500	0.1528	0.1548	0.1561	0.1570	0.1583	0.1595
3.8	0.1158	0.1234	0.1293	0.1340	0.1378	0.1408	0.1452	0.1482	0.1502	0.1516	0.1526	0.1541	0.1554
4.0	0.1114	0.1189	0.1248	0.1294	0.1332	0.1362	0.1408	0.1438	0.1459	0.1474	0.1485	0.1500	0.1516
4.2	0.1073	0.1147	0.1205	0.1251	0.1289	0.1319	0.1365	0.1396	0.1418	0.1434	0.1445	0.1462	0.1479
4.4	0.1035	0.1107	0.1164	0.1210	0.1248	0.1279	0.1325	0.1357	0.1379	0.1396	0.1407	0.1425	0.1444

续表

z/b	l/b												
	1.0	1.2	1.4	1.6	1.8	2.0	2.4	2.8	3.2	3.6	4.0	5.0	10.0
4.6	0.1000	0.1070	0.1127	0.1172	0.1209	0.1240	0.1287	0.1319	0.1342	0.1359	0.1371	0.1390	0.1410
4.8	0.0967	0.1036	0.1091	0.1136	0.1173	0.1204	0.1250	0.1283	0.1307	0.1324	0.1337	0.1357	0.1379
5.0	0.0935	0.1003	0.1057	0.1102	0.1139	0.1169	0.1216	0.1249	0.1273	0.1291	0.1304	0.1325	0.1348
5.2	0.0906	0.0972	0.1026	0.1070	0.1106	0.1136	0.1183	0.1217	0.1241	0.1259	0.1273	0.1295	0.1320
5.4	0.0878	0.0943	0.0996	0.1039	0.1075	0.1105	0.1152	0.1186	0.1211	0.1229	0.1243	0.1265	0.1292
5.6	0.0852	0.0916	0.0968	0.1010	0.1046	0.1076	0.1122	0.1156	0.1181	0.1200	0.1215	0.1238	0.1266
5.8	0.0828	0.0890	0.0941	0.0983	0.1018	0.1047	0.1094	0.1128	0.1153	0.1172	0.1187	0.1211	0.1240
6.0	0.0805	0.0866	0.0916	0.0957	0.0991	0.1021	0.1067	0.1101	0.1126	0.1146	0.1161	0.1185	0.1216
6.2	0.0783	0.0842	0.0891	0.0932	0.0966	0.0995	0.1041	0.1075	0.1101	0.1120	0.1136	0.1161	0.1193
6.4	0.0762	0.0820	0.0869	0.0909	0.0942	0.0971	0.1016	0.1050	0.1076	0.1096	0.1111	0.1137	0.1171
6.6	0.0742	0.0799	0.0847	0.0886	0.0919	0.0948	0.0993	0.1027	0.1053	0.1073	0.1088	0.1114	0.1149
6.8	0.0723	0.0779	0.0826	0.0865	0.0898	0.0926	0.0970	0.1004	0.1030	0.1050	0.1066	0.1092	0.1129
7.0	0.0705	0.0761	0.0806	0.0844	0.0877	0.0904	0.0949	0.0982	0.1008	0.1028	0.1044	0.1071	0.1109
7.2	0.0688	0.0742	0.0787	0.0825	0.0857	0.0884	0.0928	0.0962	0.0987	0.1008	0.1023	0.1051	0.1090
7.4	0.0672	0.0725	0.0769	0.0806	0.0838	0.0865	0.0908	0.0942	0.0967	0.0988	0.1004	0.1031	0.1071
7.6	0.0656	0.0709	0.0752	0.0789	0.0820	0.0846	0.0889	0.0922	0.0948	0.0968	0.0984	0.1012	0.1054
7.8	0.0642	0.0693	0.0736	0.0771	0.0802	0.0828	0.0871	0.0904	0.0929	0.0950	0.0966	0.0994	0.1036
8.0	0.0627	0.0678	0.0720	0.0755	0.0785	0.0811	0.0853	0.0886	0.0912	0.0932	0.0948	0.0976	0.1020
8.2	0.0614	0.0663	0.0705	0.0739	0.0769	0.0795	0.0837	0.0869	0.0894	0.0914	0.0931	0.0959	0.1004
8.4	0.0601	0.0649	0.0690	0.0724	0.0754	0.0779	0.0820	0.0852	0.0878	0.0893	0.0914	0.0943	0.0938
8.6	0.0588	0.0636	0.0676	0.0710	0.0739	0.0764	0.0805	0.0836	0.0862	0.0882	0.0898	0.0927	0.0973
8.8	0.0576	0.0623	0.0663	0.0696	0.0724	0.0749	0.0790	0.0821	0.0846	0.0866	0.0882	0.0912	0.0959
9.2	0.0554	0.0599	0.0637	0.0670	0.0697	0.0721	0.0761	0.0792	0.0817	0.0837	0.0853	0.0882	0.0931
9.6	0.0533	0.0577	0.0614	0.0645	0.0672	0.0696	0.0734	0.0765	0.0789	0.0809	0.0825	0.0855	0.0905
10.0	0.0514	0.0556	0.0592	0.0622	0.0649	0.0672	0.0710	0.0739	0.0763	0.0783	0.0799	0.0829	0.0880
10.4	0.0496	0.0537	0.0572	0.0601	0.0627	0.0649	0.0686	0.0716	0.0739	0.0759	0.0775	0.0804	0.0857
10.8	0.0479	0.0519	0.0553	0.0581	0.0606	0.0628	0.0664	0.0693	0.0717	0.0736	0.0751	0.0781	0.0834
11.2	0.0463	0.0502	0.0535	0.0563	0.0587	0.0609	0.0644	0.0672	0.0695	0.0714	0.0730	0.0759	0.0813
11.6	0.0448	0.0486	0.0518	0.0545	0.0569	0.0590	0.0625	0.0652	0.0675	0.0694	0.0709	0.0738	0.0793
12.0	0.0435	0.0471	0.0502	0.0529	0.0552	0.0573	0.0606	0.0634	0.0656	0.0674	0.0690	0.0719	0.0774
12.8	0.0409	0.0444	0.0474	0.0499	0.0521	0.0541	0.0573	0.0599	0.0621	0.0639	0.0654	0.0682	0.0739
13.6	0.0387	0.0420	0.0448	0.0472	0.0493	0.0512	0.0543	0.0568	0.0589	0.0607	0.0621	0.0649	0.0707
14.4	0.0367	0.0398	0.0425	0.0448	0.0468	0.0486	0.0516	0.0540	0.0561	0.0577	0.0592	0.0619	0.0677
15.5	0.0349	0.0379	0.0404	0.0426	0.0446	0.0463	0.0492	0.0515	0.0535	0.0551	0.0565	0.0592	0.0650
16.0	0.0332	0.0361	0.0385	0.0407	0.0425	0.0442	0.0469	0.0492	0.0511	0.0527	0.0540	0.0567	0.0625
18.0	0.0297	0.0323	0.0345	0.0364	0.0381	0.0396	0.0422	0.0442	0.0460	0.0475	0.0487	0.0512	0.0570
20.0	0.0269	0.0292	0.0312	0.0330	0.0345	0.0359	0.0383	0.0402	0.0418	0.0432	0.0444	0.0468	0.0524

规范法规定了地基变形计算深度(又称地基压缩层深度)z_n 的新标准(见图 4-17):由深度 z_n 处向上取计算厚度 Δz(Δz 根据基础宽度 b 的大小按表 4-4 确定),在此厚度范围内的计算变形量 $\Delta s'_n$ 应满足下列条件(包括考虑相邻荷载的影响):

$$\Delta s'_n \leqslant 0.025\sum_{i=1}^{n}\Delta s'_i \tag{4-32}$$

式中：$\Delta s'_i$——在计算深度范围内，第 i 层土的计算变形值；

$\Delta s'_n$——在由计算深度向上取厚度为 Δz 的土层计算变形值，Δz 见图 4-17 并按表 4-5确定具体计算时，先假设一个地基变形计算深度进行验算，如不满足再改变其值，直至满足为止。如确定的计算深度下仍有较软土层，应继续计算，直至软弱土层中所取规定厚度 Δz 的计算变形量满足上式要求为止。

表 4-5　计算厚度 Δz 值

b(m)	$\leqslant 2$	$2<b\leqslant 4$	$4<b\leqslant 8$	$b>8$
Δz(m)	0.3	0.6	0.8	1.0

当无相邻荷载影响，基础宽度在 1m～30m 范围内时，基础中点的地基变形计算深度也可按下列简化公式计算：

$$z_n = b(2.5 - 0.4\ln b) \tag{4-33}$$

式中：b——基础宽度(m)。

在计算深度范围内存在基岩时，z_n 可取至基岩表面；当存在较厚的坚硬黏性土层，其孔隙比小于 0.5、压缩模量大于 50MPa，或存在较厚的密实砂卵石层，其压缩模量大于 80MPa 时，z_n 可取至该层土表面。

计算地基变形时，应考虑相邻荷载的影响，其值可按应力叠加原理，采用角点法计算。

【例题 4-4】 若地基持力层(基础所在土层)承载力特征值 $f_{ak}=200$kPa，其余条件同例题 4-3，试用规范法计算基础中点最终沉降量。

【解】 将方形基础沿中心点分成 4 个面积相等的正方形，则基础中点为小正方形的角点。查表时，$l=1.25$m，$b=1.25$m，$l/b=1.0$。

因为将方形基础沿中心点分成 4 个面积相等的小正方形后，基础中点成为每个小矩形的角点。若查表时采用角点的平均附加应力系数，则基础中点的最终沉降量可表示为

$$s = \psi_s \sum_{i=1}^{n} \frac{4p_0}{E_{si}}(z_i \bar{\alpha}_i - z_{i-1}\bar{\alpha}_{i-1})$$

按照规范建议的地基沉降深度计算简化公式得：

$z_n = b(2.5-0.4\ln b) = 2.5(2.5-0.4\ln 2.5) \approx 5.3$m，下面土层仍较软弱，故应继续计算，取 $z_n=7.6$m。

规范法计算基础中点最终沉降量的计算过程如表 4-11。

当 $z_n=7.6$m 时，因为基础宽度 $b=2.5$m，故 $\Delta z=0.6$m，

$$0.025\sum_{i=1}^{n}\Delta s'_i = 0.025 \times 127.4 \approx 3.2\text{mm}$$

$$\Delta s'_n = 0.2\text{mm} < 0.025\sum_{i=1}^{n}\Delta s'_i = 3.2\text{mm}$$

故 $z_n=7.6$m 满足沉降计算深度要求。

表例 4-4 例题 4-4 基础中点最终沉降量规范法计算结果

z_i (m)	l/b	z_i/b	$\bar{\alpha}_i$	$\bar{\alpha}_i z_i$ (m)	$\bar{\alpha}_i z_i-\bar{\alpha}_{i-1}z_{i-1}$ (m)	E_{si} (MPa)	$\Delta s'_i$ (mm)	$s'=\sum\Delta s'_i$ (mm)
0.0	1.0	0.0	0.2500	0.0000				
1.0	1.0	0.8	0.2346	0.2346	0.2346	5.987	31.5	31.5
2.0	1.0	1.6	0.1938	0.3876	0.1530	3.046	40.4	71.9
3.0	1.0	2.4	0.1578	0.4734	0.0858	3.398	20.3	92.2
4.0	1.0	3.2	0.1310	0.5240	0.0506	2.802	14.5	106.7
5.0	1.0	4.0	0.1114	0.5570	0.0330	2.994	8.9	115.6
6.0	1.0	4.8	0.0967	0.5802	0.0232	3.147	5.9	121.5
7.0	1.0	5.6	0.0852	0.5964	0.0162	2.304	5.7	127.2
7.6	1.0	6.08	0.0798	0.6065	0.0101	35	0.2	127.4

$$\bar{E}_s=\frac{\sum\limits_{i=1}^{n}A_i}{\sum\limits_{i=1}^{n}\frac{A_i}{E_{si}}}=\frac{4\sum\limits_{i=1}^{n}p_0(\bar{\alpha}_i z_i-\bar{\alpha}_{i-1}z_{i-1})}{4\sum\limits_{i=1}^{n}\frac{p_0(\bar{\alpha}_i z_i-\bar{\alpha}_{i-1}z_{i-1})}{E_{si}}}=\frac{4p_0\bar{\alpha}_n z_n}{s'}$$

$$=\frac{4\times201\times0.0798\times7.6}{127.4}\approx3.83(\text{MPa})$$

又根据规范法可得

因为地基承载力特征值 $f_{ak}=200\text{kPa}$，基底附加压力 $p_0=201\text{kPa}$，故 $p_0>f_{ak}$，查得沉降计算经验系数 $\psi_s=1.311$，于是

$$s=\psi_s s'=1.311\times127.4\approx167(\text{mm})。$$

故按照规范法计算的基础中点最终沉降量约为 167mm。

【例题 4-5】 如图例 4-5 所示的基础底面尺寸为 4.8m×3.2m，埋置深度为 1.5m，传至地面的中心荷载为 1800kN，地基的土层分层及各层土的压缩模量如图中所示，地基持力层承载力特征值 $f_{ak}=110\text{kPa}$。试用规范法计算基础中点最终沉降量。

【解】 1）基底压力计算

$$p=\frac{F+G}{A}=\frac{1800+20\times4.8\times3.2\times1.5}{4.8\times3.2}\approx147(\text{kPa})$$

2）基底附加压力计算

$$p_0=p-\gamma_0 d=147-18\times1.5=120(\text{kPa})$$

3)基础中点最终沉降量计算

将基础沿中心点分成 4 个面积相等的矩形，则基础中点为小矩形的角点。查表时，$l=2.4\text{m}$，$b=1.6\text{m}$，$l/b=1.5$。

因为将矩形基础沿中心点分成 4 个面积相等的小矩形后，基础中点成为每个小矩形的角点。若查表时采用角点的平均附加应力系数，则基础中点的最终沉降量可表示为

$$s = \Psi_s \sum_{i=1}^{n} \frac{4p_0}{E_{si}}(z_I\bar{\alpha}_i - x_{i-1}\bar{\alpha}_{i-1})$$

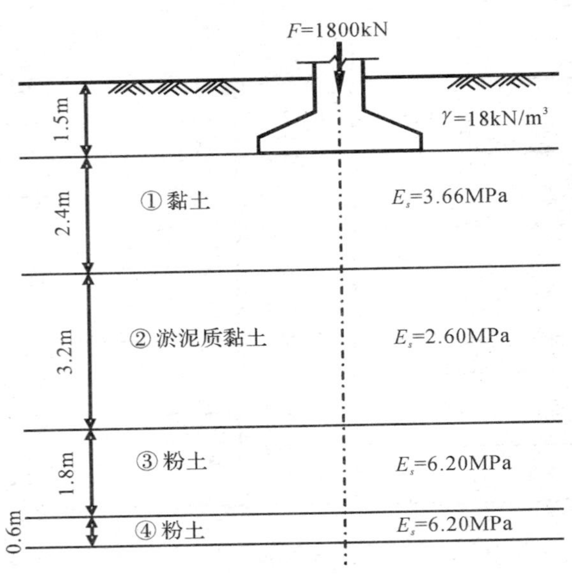

图例 4-5　例题 4-5 图

基础下共分四层，地基变形计算深度 $z_n=8\text{m}$。按照规范法计算基础中点最终沉降量的结果如表例 4-5 所示。

表例 4-5　例题 4-5 基础中点最终沉降量规范法计算结果

<table>
<tr><th>z_i
(m)</th><th>l/b</th><th>z_i/b</th><th>$\bar{\alpha}_i$</th><th>$\bar{\alpha}_i z_i$
(m)</th><th>$\bar{\alpha}_i z_i-\bar{\alpha}_{i-1}z_{i-1}$
(m)</th><th>E_{si}
(MPa)</th><th>$\Delta s_i'$
(mm)</th><th>$s'=\sum\Delta s_i'$
(mm)</th></tr>
<tr><td>0.0</td><td>1.5</td><td>0.0</td><td>0.2500</td><td>0.0000</td><td></td><td></td><td></td><td></td></tr>
<tr><td></td><td></td><td></td><td></td><td></td><td>0.5059</td><td>3.66</td><td>66.3</td><td>66.3</td></tr>
<tr><td>2.4</td><td>1.5</td><td>1.5</td><td>0.2108</td><td>0.5059</td><td></td><td></td><td></td><td></td></tr>
<tr><td></td><td></td><td></td><td></td><td></td><td>0.2736</td><td>2.60</td><td>50.5</td><td>116.8</td></tr>
<tr><td>5.6</td><td>1.5</td><td>3.5</td><td>0.1392</td><td>0.7795</td><td></td><td></td><td></td><td></td></tr>
<tr><td></td><td></td><td></td><td></td><td></td><td>0.0678</td><td>6.20</td><td>5.3</td><td>122.1</td></tr>
<tr><td>7.4</td><td>1.5</td><td>4.625</td><td>0.1145</td><td>0.8473</td><td></td><td></td><td></td><td></td></tr>
<tr><td></td><td></td><td></td><td></td><td></td><td>0.0167</td><td>6.20</td><td>1.3</td><td>123.4</td></tr>
<tr><td>8.0</td><td>1.5</td><td>5.0</td><td>0.1080</td><td>0.8640</td><td></td><td></td><td></td><td></td></tr>
</table>

因为基础宽度 $b=3.2\text{m}$，按照《建筑地基基础设计规范》可得 $\Delta z=0.6\text{m}$，即图例 4-5 最

后一层划分为 0.6m 是合理的。

$$0.025\sum_{i=1}^{n}\Delta s'_i = 0.025 \times 123.4 \approx 3.1(\text{mm})$$

$$\Delta s'_n = 1.3\text{mm} < 0.025\sum_{i=1}^{n}\Delta s'_i = 3.1(\text{mm})$$

故 $z_n=8.0\text{m}$ 满足沉降计算深度要求。

又根据规范法可得

$$\bar{E}_s = \frac{\sum_{i=1}^{n} A_i}{\sum_{i=1}^{n} \frac{A_i}{E_{si}}} = \frac{4\sum_{i=1}^{n} p_0(\bar{\alpha}_i z_i - \bar{\alpha}_{i-1} z_{i-1})}{4\sum_{i=1}^{n} \frac{p_0(\bar{\alpha}_i z_i - \bar{\alpha}_{i-1} z_{i-1})}{E_{si}}} = \frac{4p_0\bar{\alpha}_n z_n}{s'}$$

$$= \frac{4 \times 120 \times 0.1080 \times 7.6}{123.4} \approx 3.36(\text{MPa})$$

因为地基承载力特征值 $f_{ak}=110\text{kPa}$，基底附加压力 $p_0=120\text{kPa}$，故 $p_0>f_{ak}$，查得沉降计算经验系数 $\psi_s=1.343$，于是

$$s=\psi_s s'=1.343\times123.4\approx166(\text{mm})。$$

故按照规范法计算的基础中点最终沉降量约为 166mm。

4.3.3 对沉降计算方法的讨论

综上所述，规范推荐的计算公式实际上和分层总和法的基本一致，这两种方法都采用了单向压缩条件下的压缩性指标，且为弥补不考虑侧向变形而引起沉降计算结果偏小的缺点，均采用了基础中心点下的附加应力来进行变形计算。所不同的是，规范法的计算公式在分层总和法的基础上作了一些修正，如分层总和法在地基沉降计算深度范围内划分土层时往往使同一土层分成若干层，并采用不同的压缩模量分别计算各分层处的自重应力平均值和附加应力平均值，计算工作量较大，而规范法可直接按天然土层的交界面划分，使计算较为简便；另外规范法公式中还引入了平均附加应力系数、规定了更合理的沉降计算深度、提出了沉降计算经验系数，使得计算结果更符合实际。

4.4 应力历史对土变形的影响

4.4.1 前期固结压力与土层天然固结状态判断

应力历史是指土体在形成的地质年代中曾经受到过的应力状态。为了考虑应力历史对黏性土压缩性的影响，就必须知道土层受到过的前期固结压力。

前期固结压力是指天然土层在历史上曾经承受过的最大固结压力，用 p_c 表示。目前确定前期固结压力最常用的方法是卡萨格兰德(Casagrande，1936)所建议的经验作图法，作图步骤如下(参见图 4-18)：

1) 从 $e-\lg p$ 曲线拐弯处找出曲率半径最小的一点 O，过点作水平线 O1 和切线 O2；

2) 作∠1O2 的平分线 O3，与 $e-\lg p$ 曲线中直线段的延长线相交于 A 点；

3) A 点所对应的有效应力即是前期固结压力 p_c。

采用这种简易的经验作图法确定前期固结压力的可靠性很大程度上取决于 O 点位置的确定。而 O 点通常是通过人为判断决定的，具有一定的误差。另外土样受扰动和作图比例不对也会对 O 点的选定有影响。

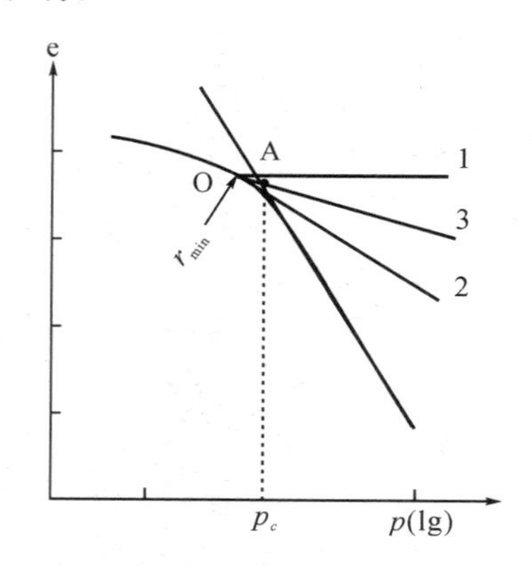

图 4-18　确定前期固结压力的卡萨格兰德法

工程中通常将地基中土体的前期固结压力 p_c 与现有上覆土层压力 p_1 之比定义为**超固结比** OCR，即 $OCR=p_c/p_1$。根据 OCR 的大小，天然土层按其所处的固结状态可分为正常固结土、超固结土和欠固结土。

如图 4-19 所示，A 类覆盖土层是经过漫长的地质年代后，逐渐沉积到现在地面的，地表以下的土层在上覆土层自重应力作用下已经达到固结稳定状态，此后地表和土中有效自重应力没有发生变化，其前期固结压力 p_c 等于现有覆盖土自重应力 $p_1=\gamma h$（γ 为均质土的天然重度，h 为现在地面下的计算点深度），即 $OCR=1$，所以 A 类土是正常固结土；B 类覆盖土层在土的自重作用下也已达到了固结稳定状态，图中虚线表示当时沉积层的地表，后来由于地表剥蚀等原因而形成现在的地表，因此现有覆盖土自重应力 $p_1=\gamma h$ 小于土层历史上受到的前期固结压力 $p_c=\gamma h_c$（h_c 为剥蚀前地面下的计算点深度），即 $OCR>1$，所以 B 类土是超固结土；C 类土层可能是新近堆填的黏性土或人工填土，其在自重应力作用下的固结尚未完成，导致现有覆盖土自重应力 $p_1=\gamma h$ 大于前期固结压力 p_c（$p_c=\gamma h_c$，h_c 为固结结束后地面下的计算点深度），即 $OCR<1$，土层还将继续下沉，因而 C 类土是欠固结土。此外，当地下水位发生前所未有的下降时也会使土处于欠固结状态。

从之前的分析可知，回弹指数或再压缩指数 C_s 比压缩指数 C_c 小得多，说明在回弹或再压缩阶段内，土的压缩性大大降低，同时也说明了土的应力历史对其压缩性有较大的影响，参见图 4-9。因此，在进行地基沉降计算时必须考虑应力历史的影响，以下将介绍考虑历史影响的地基沉降计算方法。

4.4.2　考虑前期固结压力的地基沉降量计算

一般情况下，e-p 或 e-lg$p$ 曲线都是由室内侧限压缩试验得到的，但由于试样在钻探、运输、制备以及试验过程中不可避免地要受到扰动，室内的压缩曲线已经不能完全代表现场原位土体的压缩性，因此，必须对室内侧限压缩试验得到的压缩曲线进行修正，以得到符合现场原始土体的孔隙比与有效应力的关系曲线，即现场原始压缩曲线，这样计算出的沉降才会更接近实测值。而且现场压缩曲线可以很直观地反映出前期固结压力 p_c，从而清晰地反映

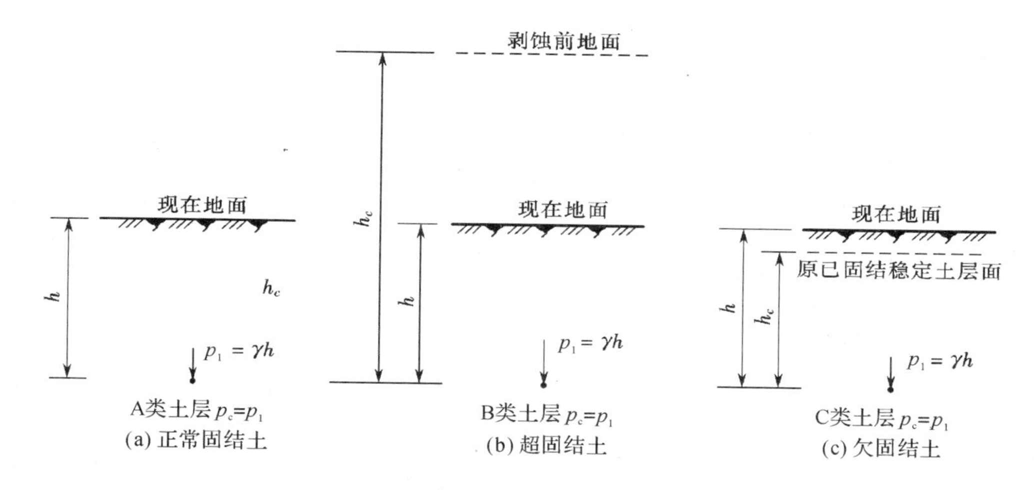

图 4-19　沉积土层按前期固结压力分类

地基的应力历史对沉降的影响。室内压缩曲线中只有 e-lg$p$ 曲线可以推出现场原始压缩曲线。

在计算地基的最终沉降量时，必须先根据土层的前期固结压力和现有有效应力判断土层所经受的应力历史，是属于正常固结、欠固结、还是超固结，然后依据室内压缩 e-lg$p$ 曲线的特征推求反映土体真实压缩特性的现场原始压缩曲线，再根据现场原始压缩曲线确定膨胀指数（回弹指数或再压缩指数）C_s 或压缩指数 C_c 进行沉降计算。

1）正常固结土（$p_c=p_1$）沉降计算方法

正常固结土的现场原始压缩曲线，可根据施默特曼的方法（Schmertmann，1955），将室内压缩曲线加以修正后求得。图 4-20 是正常固结土的室内压缩 e-lg$p$ 曲线，假设试样在取样的过程中体积不发生变化，那么实验室测定的试样初始孔隙比 e_0 也就是取土深度处土体天然孔隙比。根据卡萨格兰德（Casagrande，1936）所建议的经验作图法可以确定前期固结压力 p_c，对于正常固结土，其前期固结压力 p_c 等于现场的自重应力 p_1，因此由 p_c 和 e_0 可以在 e-lg$p$ 坐标上定出反映原状土应力与孔隙比状态的 B 点。

另外根据大量试验发现，试样受到不同程度扰动时所得出的压缩曲线直线段与现场原始压缩曲线交于孔隙比 $e=0.42e_0$ 这一点，因此可从该点作一水平线与室内压缩 e-lg$p$ 曲线交于 C 点，然后作 BC 直线，该线段即为现场原始压缩曲线。

如要计算正常固结土的沉降，只要在所采用的分层总和法中，将土的压缩系数改成由现场原始压缩 e-lg$p$ 曲线的斜率确定的压缩指数 $C_c[=-\Delta e/\lg(p_2/p_1)]$，代入下式即可：

$$s=\sum_{i=1}^{n}\Delta s_i=\sum_{i=1}^{n}\frac{H_i}{1+e_{0i}}C_{ci}\lg\left(\frac{p_{1i}+\Delta p_i}{p_{1i}}\right) \tag{4-34}$$

式中：H_i——第 i 层土的厚度；

p_{1i}——第 i 层土自重应力平均值；

Δp_i——第 i 层土附加应力增量平均值；

C_{ci}——从现场原始压缩曲线上确定的第 i 层土的压缩指数；

e_{0i}——第 i 层土的初始孔隙比。

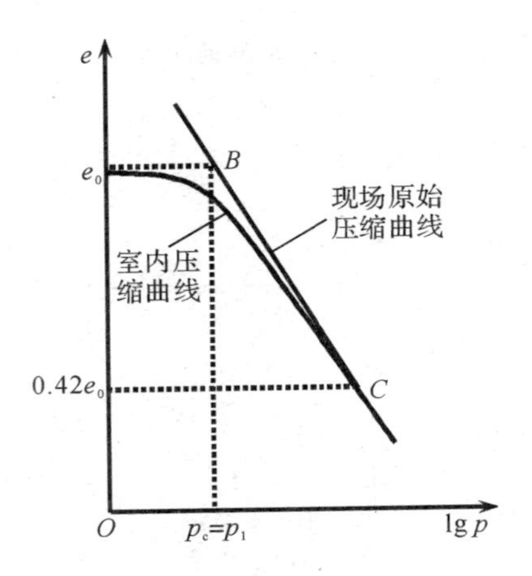

图 4-20　正常固结土的现场原始压缩曲线

2)超固结土($p_c>p_1$)沉降计算方法

超固结土现场原始压缩曲线的求法如图 4-21 所示。已知土样现场天然孔隙比 e_0 和现场自重应力 p_1，根据 e_0 和 p_1 可确定 A 点，过 A 点作 BC 的平行线交前期固结压力位置线于 D 点，超固结土的沉降计算应根据各分层的附加应力增量大小分下列两种情况(参见图 4-22)：

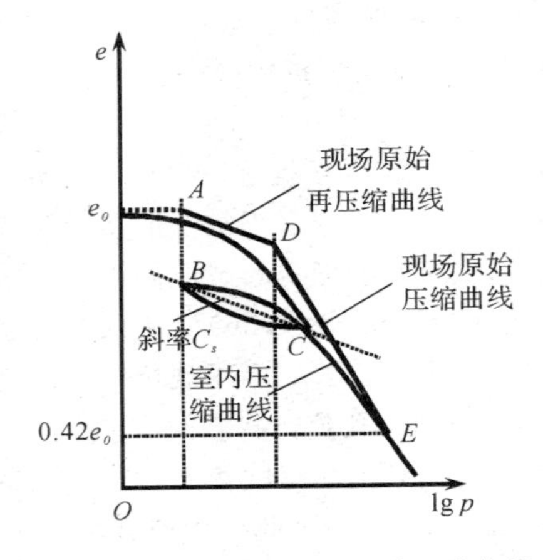

图 4-21　超固结土的现场原始压缩曲线

(1)如果第 i 分层土的附加应力增量平均值 $\Delta p_i>(p_{ci}-p_{1i})$，分层土的孔隙比将先沿着现场原始再压缩曲线 AD 段减小 $\Delta e'_i$，再沿着现场原始压缩曲线 DE 段减小 $\Delta e''_i$，则土层在 Δp_i 的作用下孔隙比的总变化量为：

$$\Delta e_i=\Delta e'_i+\Delta e'' \tag{4-35a}$$

其中

$$\Delta e'_i=C_{si}\lg\frac{p_{ci}}{p_{1i}} \tag{4-36}$$

$$\Delta e''_i=C_{ci}\lg\frac{p_{1i}+\Delta p_i}{p_{ci}} \tag{4-37}$$

则式(4-35a)又可表示为：

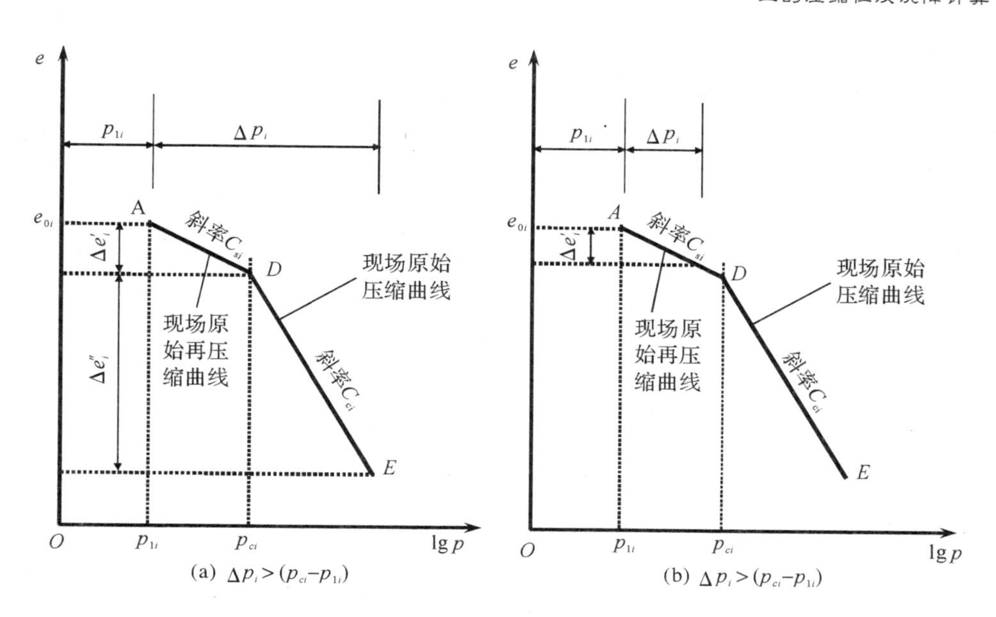

图 4-22　超固结土沉降计算

$$\Delta e_i = C_{si} \lg \frac{p_{ci}}{p_{1i}} + C_{ci} \lg \frac{p_{1i} + \Delta p_i}{p_{ci}} \tag{4-35b}$$

将式(4-35b)代入到式(4-26)，即可得出 $\Delta p_i > (p_{ci} - p_{1i})$ 的各分层土的总沉降量为：

$$s_l = \sum_{i=1}^{l} \frac{H_i}{1 + e_{0i}} \left[C_{si} \lg \frac{p_{ci}}{p_{1i}} + C_{ci} \lg \frac{p_{1i} + \Delta p_i}{p_{ci}} \right] \tag{4-38}$$

式中：C_{si}——第 i 层土的膨胀指数；

p_{ci}——第 i 层土的前期固结压力；

l——压缩土层中附加应力增量平均值 $\Delta p_i > (p_{ci} - p_{1i})$ 范围内土体的分层数。

其他符号意义同式(4-34)。

(2)如果第 i 分层土的附加应力增量平均值 $\Delta p_i \leqslant (p_{ci} - p_{1i})$，分层土的孔隙比将只沿着现场原始再压缩曲线 AD 段减小 Δe_i，则土层在 Δp_i 的作用下孔隙比的总变化量为：

$$\Delta e_i = C_{si} \lg \frac{p_{1i} + \Delta p_i}{p_{1i}} \tag{4-39}$$

因此，$\Delta p_i \leqslant (p_{ci} - p_{1i})$ 的各分层土的总沉降量为：

$$s_m = \sum_{i=1}^{m} \frac{H_i}{1 + e_{0i}} C_{si} \lg \frac{p_{1i} + \Delta p_i}{p_{1i}} \tag{4-40}$$

式中：m——压缩土层中附加应力增量平均值 $\Delta p_i \leqslant (p_{ci} - p_{1i})$ 范围内土体的分层数。

于是，超固结土层的总沉降量为

$$s = s_l + s_m \tag{4-41}$$

3)欠固结土($p_c < p_1$)沉降计算方法

由于欠固结土在自重作用下的变形尚未稳定，所以其沉降不仅包括地基附加应力所引起的沉降，还应包括原有土在自重应力作用下尚未固结的那部分沉降。欠固结土的现场原始压缩曲线可近似按正常固结土一样的方法求得，如图 4-23 所示。

则欠固结土的总固结沉降量计算公式如下：

$$s=\sum_{i=1}^{n}\frac{H_i}{1+e_{0i}}\left[C_{ci}\lg\frac{p_{1i}+\Delta p_i}{p_{ci}}\right] \tag{4-42}$$

式中：p_{ci}——第 i 层土现有的固结应力，小于土的自重应力 p_{1i}。

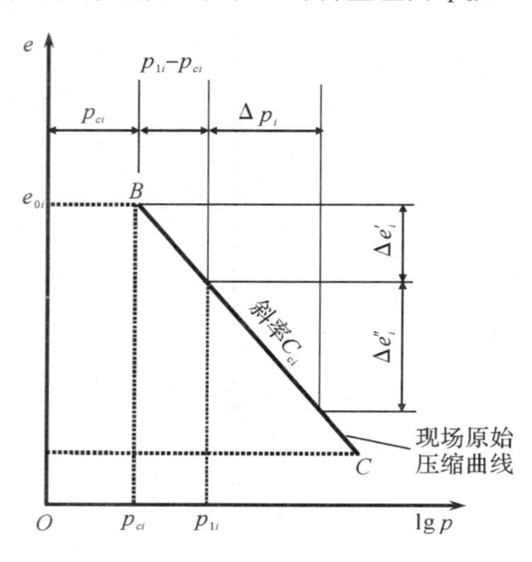

图 4-23 欠固结土沉降计算

4.5 沉降与时间的关系

如前所述，土的压缩是土中孔隙体积缩小的结果，对于饱和土来说，则主要是土中孔隙水排出的结果。排水速率跟土的渗透性息息相关，无黏性土透水性大，孔隙水排出速率快，其固结变形在加荷后短时间内即可完成；而饱和黏性土与粉土透水性低，排水速度慢，固结稳定所需的时间就比较长，因此，在工程实践中需考虑黏性土和粉土的变形与时间的关系。

4.5.1 孔隙水与土骨架的压力分担作用

土是由相互接触的固体颗粒构成的骨架结构，土颗粒间的孔隙充填着水或气，对于饱和土来说，则土颗粒间的孔隙完全被水充填。也就是说，饱和土是由固体颗粒构成的土骨架和孔隙间的水组成的两相体。当土体受到外力作用的时候，在某一截面上会产生法向**总应力**（用 σ 表示）。总应力由两部分构成：一部分应力是存在于土颗粒上和水中的各个方向上数值相等的**孔隙水压力**（简称为孔压），又称为中性应力，用 u 表示，土体中各点的孔隙水压力大小等于该点测压管水柱高度 h 与水的重度 γ_w 的乘积，即 $u=r_wh$，其方向垂直于作用面；另一部分应力则由土颗粒承担。我们把总应力与孔隙水压力之差称为**有效应力**，用σ'表示，即 $\sigma'=\sigma-u$。由于总应力 σ 和孔隙水压力 u 均可以通过测量或计算得到（总应力 σ 可根据外力和土体的自重计算而得），于是可求得相应的有效应力σ'，这是一个导出量。有效应力表示总应力中超过孔隙水压力的部分，只影响土颗粒上的应力大小。

土在加卸载时的变形量主要取决于土体孔隙的变形能力。饱和土体在通常荷载的作用下，如果孔隙水从土骨架中排出，则土体的体积将减小而发生压缩变形，而土颗粒和水的压缩性很小，其相应的体积变形可以忽略不计。在各向数值相等的孔隙水压力作用下，土颗粒和水只会发生体积变形而不发生剪切变形，且由于土颗粒和水本身的压缩性很小，其相应的体积变形可以忽略不计，同时，土颗粒也不会发生滚动和滑移。因此，孔隙水压力对于土体的变形没有影响。这就好比即使把细弹簧放入水下 100m 处（孔隙水压力约为 1000kPa），也不会使弹簧产生大的压缩变形（松冈元，2001）。

Terzaghi（1943）通过一个很简单的例子，说明了土体中有效应力和孔隙水压力的区别，如图 4-24 所示。在该图中所示容器的底部有一层很薄的无黏性土，假设试验刚开始时自由水位正好位于土层上表面，然后使水位上升至比初始水位高 h_w 的标高处，由于土层很薄，故可以忽略土的自重应力。于是，水平截面 ab 处的法向应力大约从 0 增加至 $\sigma=\gamma_w h_w$。实际上，土层中任何水平截面上压应力均大约从 0 增加至 σ，但是土层却不会发生明显的压缩；另一方面，如果我们在该土层上表面通过放置铅粒（Lead Shot）材料，从而施加与 $\gamma_w h_w$ 等值的均布外荷载，则土层会发生明显的压缩。通过对该试验装置进行改进，太沙基也发现：容器中的水位高度对土的抗剪强度也无影响，然而等值的固体（如铅粒）材料荷载却会导致土的抗剪强度明显增加。于是就可得出结论：饱和土体中的压应力由两部分构成，一部分为对土的变形和抗剪强度不会产生明显影响的孔隙水压力（中性应力）；另一部分等于总应力与孔隙水压力之差，该部分应力对土体的变形和抗剪强度会产生明显影响。

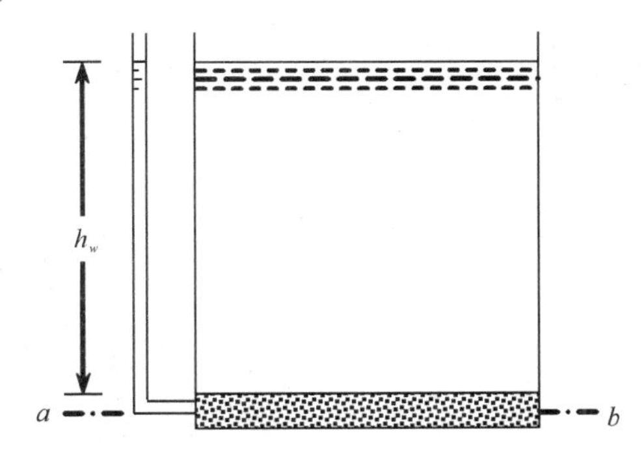

图 4-24　区分有效应力和孔隙水压力的仪器

因此可以说，只有当有效应力发生变化时，才能导致土体发生变形，即土体的变形量只取决于有效应力的大小。

4.5.2　有效应力原理

有效应力原理是现代土力学中极为重要的理论。早在 1923 年，太沙基已经在其论文中应用了有效应力原理公式（Terzaghi，1923）；但是，直到 1936 年，太沙基才对有效应力原理作了清晰的阐述（Terzaghi，1936）；后来，Bishop 和 Eldin（1950）、Bishop（1959）、Skempton（1961）、Mitchell（1976）及 Simons 和 Menzies（2000）又对这一原理进行了更加全面的论述。

以下将首先分析饱和土体中土骨架与孔隙水对总应力的分担和传递情况，在此基础上引出有效应力原理。本章仅从土体变形的角度考察有效应力原理的适用性。

如图 4-25 所示，首先取一个土单元体，其横截面面积为 A，在该面上作用的总应力为 σ，然后在饱和土体内取一个穿过土颗粒接触面和孔隙的曲线状截面 $X-X$ 进行分析。我们可以将 $X-X$ 面可近似为一水平面 a－a，任一颗粒间的接触面积近似取为实际接触面积在 a－a 面上的投影，用 A_{si} 表示（$i=1,2,3,\cdots,n$，n 为接触面总数），所有颗粒间的总接触面积为 $A_s=\sum_{i=1}^{n}A_{si}$，假设在 a－a 面上孔隙水占的面积为 A_w，则 $A_w+A_s=A$。假定在实际接触面上作用的法向力为 P_i，其在竖向的投影用 P_{vi} 表示，P_{vi} 即为作用在 A_{si} 面上的法向力。

根据静力平衡条件可得

$$\sigma A = \sum_{i=1}^{n} P_{vi} + uA_w = \sum_{i=1}^{n} P_{vi} + uA - uA_s \tag{4-42}$$

将上式两边同除以面积 A 后得

$$\sigma = \frac{\sum_{i=1}^{n} P_{vi}}{A} + u - \frac{A_s}{A}u = \sigma_i + u - au \tag{4-43}$$

式中：σ_i——单位土体横截面面积上的平均粒间法向力；

a——土颗粒间的总接触面积 A_s 与土单元体横截面面积 A 之比。

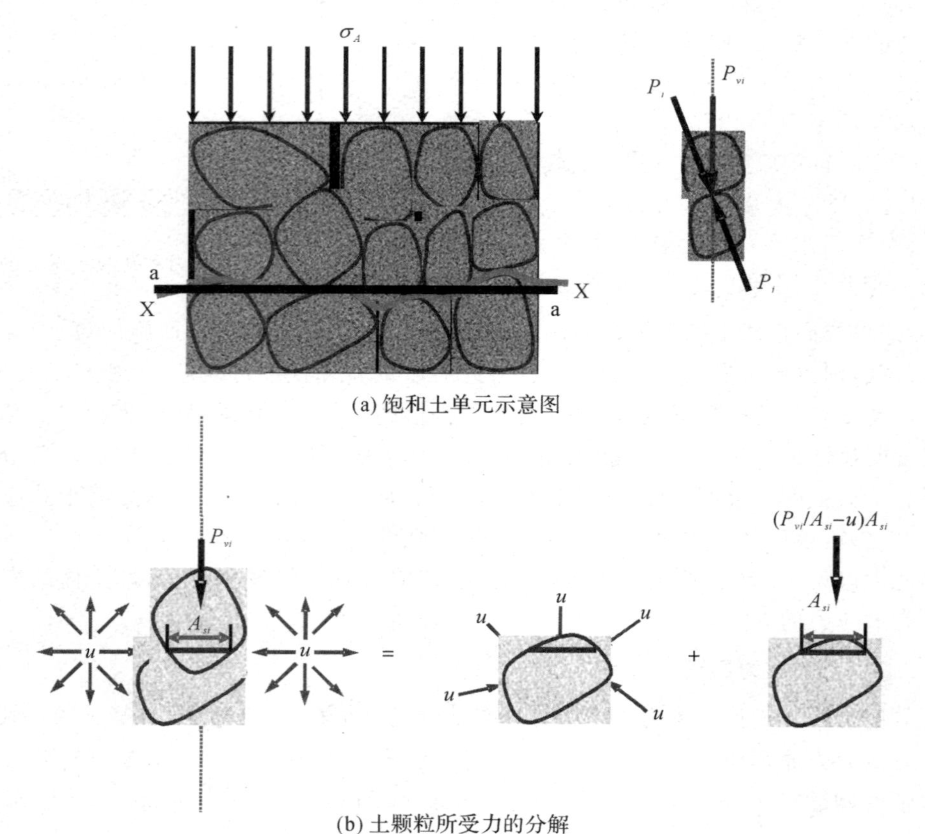

(a) 饱和土单元示意图

(b) 土颗粒所受力的分解

图 4-25　有效应力示意图

尽管对于大多数土来说，相对于横截面积 A 来说，A_s 很小，通常 $a=1\%\sim3\%$（Craig，2004），但一般并不等于 0。由此可见，有效应力 $\sigma'=\sigma-u$ 并不等于单位土体横截面面积上的平均粒间法向力 σ_i，二者之间的关系还取决于土颗粒之间的接触面积。

现在我们考虑任意两个土颗粒接触处的变形，如图 4-25(b)所示。一方面土颗粒受到孔隙面积上受到孔隙水压力 u 的作用，另一方面在颗粒接触面积 A_{si} 上作用有法向力 P_{vi}，我们可以将土颗粒的受力进行图示分解。各向等值的孔隙水压力仅使土颗粒发生少量弹性体积变形，而不会发生形状变化，因而土骨架整体也发生相应的少量体积变形。然而，在通常的工程压力范围（100kPa～600kPa）内，土骨架整体的压缩性要远大于各个土颗粒在等值孔隙水压力作用下的压缩性，因此，只有超过孔隙水压力的那部分粒间应力（超应力）才能引起体积应变或剪切应变，从而导致土体发生变形。控制土体发生变形的超应力等于$(P_{vi}/A_{si}-u)$，相应的作用面积为A_{si}，则可得超粒间力为$(P_{vi}/A_{si}-u)A_{si}$。若将各个土颗粒的所受的超粒间力叠加后除以横截面积A定义为**有效应力**σ'，则有

$$\sigma'=\frac{\sum_{i=1}^{n}(P_{vi}/A_{si}-u)A_{si}}{A}=\frac{\sum_{i=1}^{n}P_{vi}}{A}-au=\sigma_i-au \tag{4-44}$$

由式(4-43)和(4-44)可得

$$\sigma=\sigma'+u \tag{4-45a}$$

或

$$\sigma'=\sigma-u \tag{4-45b}$$

即总应力等于有效应力与孔隙水压力之和；有效应力为总应力中控制土体发生变形的那部分应力，而与颗粒接触面积无关。公式(4-45a)、(4-45b)即为有效应力原理的公式，这一原理在土力学中占有非常重要的地位。

为了更好地理解有效应力σ'的本质，进一步阐明其与单位土体横截面面积上的平均粒间法向力$\sigma_i[=\sigma-(1-a)u]$和粒间法向应力（单位土颗粒面积上的粒间法向力）$\sigma_g(=\sigma_i/a)$的差别，Simons 和 Menzies(2000)以黏土和铅粒为例进行了说明（见表 4-6）。

表 4-6　黏土和铅粒的 σ_i、σ_g 和 σ'

多孔介质	总应力 σ/kPa	孔隙水压力 u/kPa	粒间接触面积比 a	单位土体横截面面积上的平均粒间法向力 σ_i/kPa	粒间法向应力 σ_g/kPa	有效应力 $\sigma'=\sigma-u$/kPa
黏土	100	50	0.01	50.5	5050	50
铅粒	100	50	0.3	65	216.7	50

由表 4-6 可见，黏土和铅粒这两种多孔介质的总应力均为 100kPa，孔隙水压力均为 50kPa，尽管二者的粒间接触面积比a、单位土体横截面面积上的平均粒间法向力σ_i和粒间法向应力σ_g有明显的差别，但是有效应力却是相同的。

Laughton(1955)通过一系列可自由控制总应力和孔隙水压力（最大应力可达 100MPa 左右）组合的铅粒固结试验及零孔压的对比压缩试验发现：控制铅粒集合体变形的有效应力与铅粒间的接触面积无关，有效应力等于总应力与孔隙水压力之差(Bishop，1959)。

由有效应力原理可知：当总应力σ保持不变时，有效应力σ'和孔隙水应力u两者之间可相互转化，即孔隙水应力增加，则有效应力减小，反之亦然。

4.5.3　饱和土的一维固结理论

饱和土在附加应力作用下，孔隙水随时间逐渐排出，土颗粒重新排列，相互挤紧，孔隙体积随之缩小的过程称为渗透（渗流）固结。若在渗流固结过程中土的压缩及土中孔隙水渗流只沿一个方向（通常指竖直方向）发生，这样的固结称为一维固结或单向固结。在实际工程中，土的一维固结并不存在（除了在室内侧限固结试验中），但对于大面积均布荷载作用下的固结可近似地看作一维固结问题。

4.5.3.1　一维固结的物理模型

饱和土的渗透固结过程可用图 4-26 的弹簧——活塞模型来模拟。在一刚性的充满水

的容器中装着一个带有弹簧的活塞，活塞上有很多细小的排水孔，弹簧的下端与容器底部相连。其中弹簧代表土骨架，容器内的水相当于土体孔隙中的自由水，而活塞上的小孔用来模拟土的渗透性，刚性容器象征侧限条件，整个模型代表饱和土体的一个土单元。所模拟的渗流固结过程包括以下四个阶段：

1）活塞上尚未施加荷载时，容器中完全充满水，测压管水位与容器中的水位齐平；

2）当均布荷载σ施加在活塞顶面的瞬间，即加荷历时$t=0$时，容器中的水来不及向外排出，加上水可被认为是不可压缩的，因而弹簧没有变形，故弹簧的有效应力（对应于土骨架的有效应力）为0，然而，刚性容器水平截面上的法向总应力为σ，因此，施加荷载的瞬间，刚性容器单位水平截面面积上的荷载σ全部由超静孔隙水压力（简称为超静孔压或超孔压）承担，即超孔压$u=\sigma$。对于饱和土体来说，孔压系数$B=1$，$A=(\Delta u-\Delta\sigma_3)/(\Delta\sigma_1-\Delta\sigma_3)=(u-0)/(\sigma-0)=1$。此时，测压管水位上升（超过容器中的水位）$h_0=u/\gamma_w=\sigma/\gamma_w$，此水头称为超静水头。

3）经过时间t，容器中的水在压力作用下不断从活塞的细小孔向外排出，容器中水的超孔压u下降，测压管水位下降，超静水头$h<h_0$。此时，活塞下降，弹簧的有效应力σ'增加，迫使弹簧受压。

4）随着活塞继续下降，超孔压不断减小，弹簧有效应力相应增加，最后当时间t趋于无穷大时，超孔压全部消散，即$u=0$，容器中的水停止排出，超静水头$h=0$，测压管水位与容器中的水位又保持齐平状态；此时，弹簧的有效应力σ'增加至σ，即$\sigma'=\sigma$。土体渗透固结过程结束。

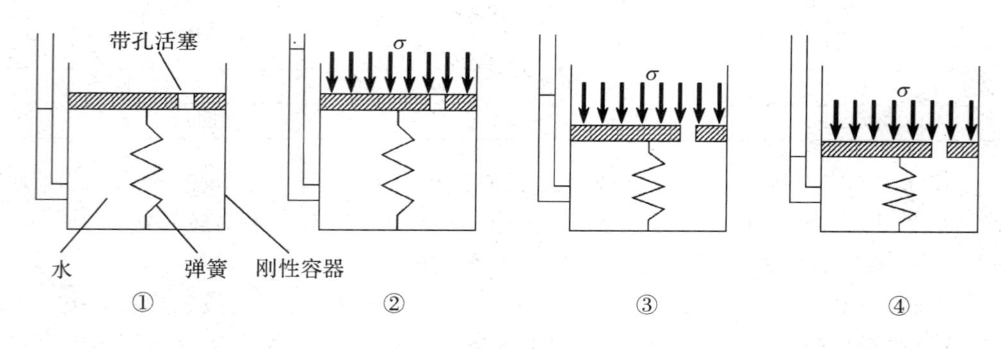

图 4-26　饱和土体一维固结的弹簧——活塞模型

从以上利用弹簧——活塞模型模拟土的固结过程可以看出：饱和土的渗透固结过程就是土体中各点的孔隙水应力不断消散和有效应力相应增加的过程，在这个过程中，任一时刻任一位置上的应力都满足有效应力原理，即$\sigma'=\sigma-u$。

需要强调的是，超静孔隙水压力或超静水头均是由外荷载引起的，是指超过静止水位以上的那部分孔隙水压力或水头高度。这两个量在固结过程中随时间不断发生变化，固结结束时均等于零。任意时刻的总孔隙水压力（水头）应等于静止孔隙水压力（水头）与超静孔隙水压力（水头）之和。

4.5.3.2　太沙基一维固结理论

在工程设计中，常可以通过太沙基一维固结理论来解决沉降与时间的关系问题，如预估建筑物竣工后一段时间可能发生的沉降量或建筑物基础达到某一沉降量所需要的时间。该理论由太沙基于 1923 年首先提出(Terzaghi,1923)。

1)基本假设

该理论的基本假设如下:

(1)土层是均质的且完全饱和;

(2)土颗粒和水都是不可压缩的,土的压缩主要是土中孔隙水排出、土颗粒重新排列、土中孔隙体积缩小的结果;

(3)外荷载为瞬时施加的无限均布荷载,且在固结过程中保持不变;

(4)土层仅在竖向发生渗流;

(5)在整个渗透固结过程中,土的渗透系数 k 和压缩系数 a 都是常量;

(6)土中水的渗流符合达西定律。

2)固结微分方程式的建立与求解

如图 4-27 所示,厚度为 H 的饱和黏性土层,其顶面是透水的,底面不透水(即单面排水),假设该土层在其自重作用下已固结稳定,任意位置 z 处的有效应力为σ'_0,其对应的孔隙水压力为静止孔隙水压力,用 u_s 表示。由于透水面作用瞬时一次施加的连续均布荷载 p,此均布荷载 p 在地基内部引起的附加应力 σ_z 沿深度均匀分布,即总应力增量 $\Delta\sigma=\sigma_z=p$,若加载后产生的超静孔隙水压力用 u 表示,即根据有效应力原理,其相应的有效应力增量为 $\Delta\sigma'=\Delta\sigma-u$。因此,位置 z 处当前的孔隙水压力为 $u_w=u_s+u$,有效应力为 $\sigma'=\sigma'_0+\Delta\sigma'$。

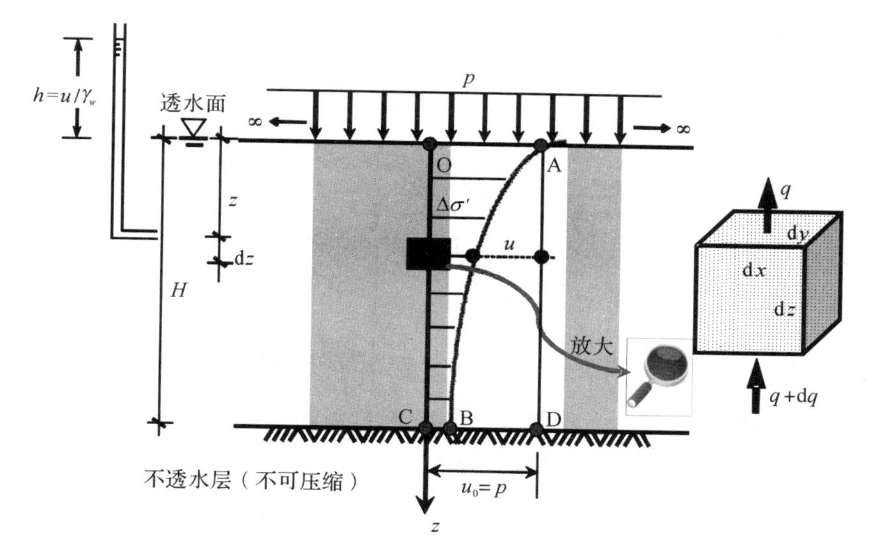

图 4-27　饱和土一维渗流固结分析示意图

在均布荷载 p 作用下,土层发生固结。固结刚刚开始时,即荷载作用时间 $t=0$ 时,黏性土的孔隙比仍然等于初始孔隙比 e_0,故土层中的有效应力仍为σ'_0,即有效应力增量 $\Delta\sigma'=0$。而土层水平截面上的总应力增量为 $\Delta\sigma=p$。因此,$t=0$ 时,均布超载 p 均由超静孔隙水压力承担,即此时任意位置 z 处的超静孔隙水压力 $u=\Delta\sigma=p$;随着时间的流逝,超静孔隙水压力不断消散,有效应力增量不断增大,土层逐渐发生固结;固结结束时,整个超载仅通过颗粒之间发生传递,超静孔隙水压力 $u=0$,有效应力增量 $\Delta\sigma'=\Delta\sigma=p$,即此时孔隙水压力为 u_w

$=u_s$，有效应力为 $\sigma'=\sigma'_0+p$。

在饱和土层顶面以下任一深度 z 处取一微单元体 $dx\times dy\times dz$，土体初始孔隙比为 e_0，则微单元体中的土颗粒体积 $V_s=\frac{1}{1+e_0}dxdydz$。设在渗透固结过程中的某一时刻 t，从单元体顶面流出的水量为 q，从单元底面的流入的水量为 $q+dq$。根据达西定律可得，在 dt 时间内，流出和流入单元体的水量分别为

$$qdt=kiAdt=k\frac{\partial h}{\partial z}dxdydt \tag{4-62a}$$

$$(q+dq)dt=\left(q+\frac{\partial q}{\partial z}dz\right)dt=k\left(\frac{\partial h}{\partial z}+\frac{\partial^2 h}{\partial z^2}dz\right)dxdydt \tag{4-62b}$$

式中：k——土的竖向渗透系数；

i——水力梯度；

h——透水面下 z 深度处在 t 时刻的超静水头高度；

A——微单元体的过水面积，$A=dxdy$。

于是，在 dt 时间内，微单元体孔隙水体积减少量为

$$-dV_w=qdt-(q+dq)dt=-k\frac{\partial^2 h}{\partial z^2}dxdydzdt \tag{4-63}$$

此时土体孔隙比为 e，孔隙体积为 $V_v=eV_s=\frac{e}{1+e_0}dxdydz$，则在 dt 时间内，微单元体孔隙体积的变化(减少)量为

$$-dV_v=-\frac{\partial V_v}{\partial t}dt=-\frac{\partial}{\partial t}\left(\frac{e}{1+e_0}dxdydz\right)dt \tag{4-64}$$

根据假设，土体中土颗粒、水是不可压缩的，故在 dt 时间内，微单元体孔隙体积的变化量应等于微单元体孔隙水体积的减少量，即 $-dV_v=-dV_w$。又根据土颗粒不可压缩的假设可知，微单元体中的土颗粒体积 $V_s=\frac{1}{1+e_0}dxdydz$ 与时间 t 无关。结合式(4-63)与(4-64)可得

$$-\frac{\partial}{\partial t}\left(\frac{e}{1+e_0}dxdydz\right)dt=-\frac{1}{1+e_0}\frac{\partial e}{\partial t}dxdydzdt=-k\frac{\partial^2 h}{\partial z^2}dxdydzdt \tag{4-65}$$

又根据超静孔隙水压力 u 与超静水头 h 的关系可知 $u=\gamma_w h$（γ_w 为水的重度），将其代入式(4-65)同时两边同除以 $dxdydzdt$ 可得

$$\frac{\partial e}{\partial t}=\frac{k(1+e_0)}{\gamma_w}\frac{\partial^2 u}{\partial z^2} \tag{4-66}$$

根据压缩系数 a 的定义和有效应力原理可得

$$de=-ad(\Delta\sigma')=-ad(\Delta\sigma-u)=-ad(p-u)=adu \tag{4-67}$$

故

$$\frac{\partial e}{\partial t}=a\frac{\partial u}{\partial t} \tag{4-68}$$

将式(4-68)代入(4-66)得

$$\frac{\partial u}{\partial t}=\frac{k(1+e_0)}{\gamma_w a}\frac{\partial^2 u}{\partial z^2} \tag{4-69}$$

令 $c_v=\dfrac{k(1+e_0)}{\gamma_w a}$，其中 c_v 称为土的**竖向渗透固结系数**，常用单位为 m^2/s 或 m^2/年等。根据压缩系数、压缩模量和体积压缩系数的相互关系也可将 c_v 表示为 $c_v=\dfrac{kE_s}{\gamma_w}$ 或 $c_v=\dfrac{k}{\gamma_w m_v}$。

将竖向渗透固结系数 c_v 代入式(4-69)后得

$$\frac{\partial u}{\partial t}=c_v\frac{\partial^2 u}{\partial z^2} \tag{4-70}$$

上式饱和土的一维固结微分方程，即建立了超静孔隙水压力随时间 t 和空间位置 z 变化的偏微分方程。对于该方程，可以根据不同的初始条件和边界条件求得其特解。对应于图 4-30 所示的初始条件和边界条件(可压缩土层顶、底面的排水条件)为

(1)当 $t=0$ 和 $0\leqslant z\leqslant H$ 时，$u=\sigma_z=p$；

(2)当 $0<t<\infty$ 和 $z=0$(透水面)时，$u=0$；

(3)当 $0<t<\infty$ 和 $z=H$(不透水面)时，$\dfrac{\partial u}{\partial z}=0$(不透水面处没有渗流产生)；

(4)当 $t=\infty$ 和 $0\leqslant z\leqslant H$ 时，$u=0$。

根据上述这些条件，采用分离变量法解得式(4-70)的特解，即某一时刻 t 深度 z 处的超静孔隙水压力的表达式为：

$$u(z,t)=\frac{4}{\pi}p\sum_{m=1}^{\infty}\frac{1}{m}\sin\frac{m\pi z}{2H}\exp\left(-\frac{m^2\pi^2}{4}T_v\right) \tag{4-71a}$$

式中：m——正整奇数(1,3,5,…)；

exp——指数函数；

T_v——时间因数(无量纲)，$T_v=\dfrac{c_v t}{H^2}$，其中，c_v 为竖向渗透固结系数，t 为时间；

H——压缩土层最远的排水距离，当土层单面(上面或下面)排水时，H 取土层厚度；当土层双面排水时，水由土层中心向上和向下两个方向同时排出，此时 H 应取土层厚度的一半。

方程(4-71a)也可表示为

$$u(z,t)=p\sum_{n=0}^{\infty}\frac{2}{M}\sin\frac{Mz}{H}\exp(-M^2T_v) \tag{4-71b}$$

式中：$M=\pi(2n+1)/2,n=0,1,2,\cdots$

图 4-28 分别给出了单面排水和双面排水条件下超静孔隙水压力 u 分布与时间因数 T_v 的关系曲线。

4.5.4 固结度的概念和计算

理论上可根据式(4-71(a))或(4-71(b))所示的孔隙水压力 u 随深度 z 和时间 t 变化的函数解，求出有效应力的大小和分布，进而利用侧限条件下的压缩量计算公式算出任意时刻 t 的地基沉降量 s_t，但是这样求法比较繁琐，因此在工程实践中为简化计算引入了固结度的概念。

固结度指的是在某一附加应力作用下，经某一时间 t 后，土体发生固结的程度或超静孔

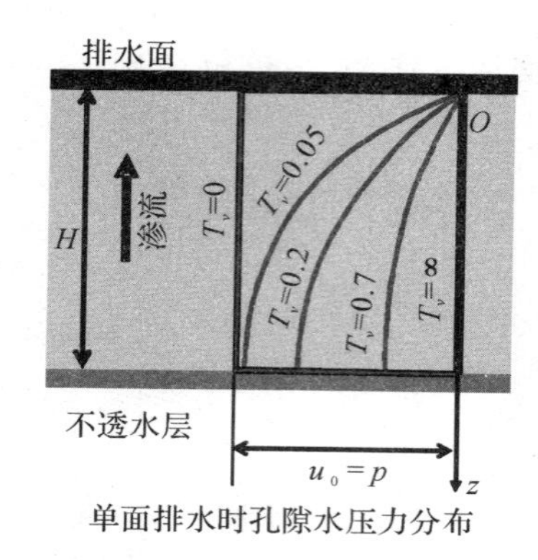

单面排水时孔隙水压力分布

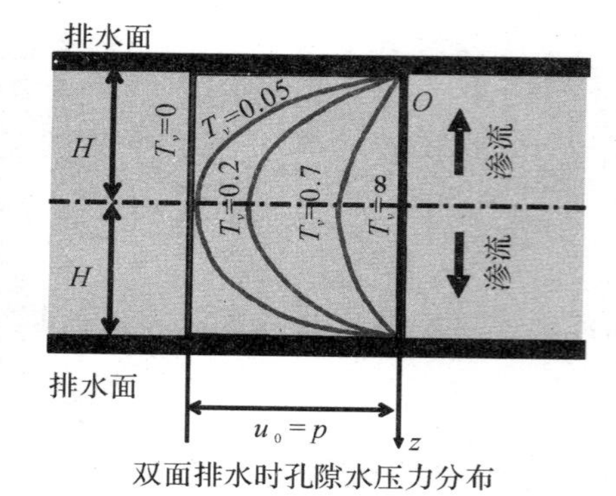

双面排水时孔隙水压力分布

图 4-28　不同排水条件下超静孔隙水压力分布与时间因数的关系

隙水压力消散的程度。土层发生固结时，某一深度 z 处的土层经时间 t 后，有效应力增量与总应力增量的比值，也即超静孔隙水压力的消散部分与起始超静孔隙水压力的比值，称为该点土的固结度，可表示为

$$U_z=\frac{\Delta\sigma'}{\Delta\sigma}=\frac{\Delta\sigma-u}{\Delta\sigma}=\frac{u_0-u}{u_0}=1-\frac{u}{\Delta\sigma}=1-\frac{u}{p} \tag{4-72}$$

式中：U_z——土层某一深度 z 处的固结度，常用百分数表示；

$\Delta\sigma$——在外荷载作用下该点的总应力增量，大小等于附加应力 p，kPa；

$\Delta\sigma'$——t 时刻该点的有效应力增量，kPa；

u——t 时刻该点的超静孔隙水压力，u_0 为 $t=0$ 时的超静孔隙水压力，$u_0=\Delta\sigma=p$，kPa。

土层中某一点的固结度并不适合解决工程中的实际问题，为此，引入某一土层的平均固结度的概念是非常有意义的。**平均固结度** $\overline{U}_z$ 的定义为：土层发生固结时，整个土层超静孔隙水压力的消散部分与全部起始超静孔隙水压力的比值（百分比）；或者也可定义为：整个土层骨架已经承担起来的有效应力增量与全部附加应力的比值（百分比）。结合图 4-27，平均固结度 $\overline{U}_z$ 用公式可表示为

$$\overline{U}_z=\frac{\text{面积 OABC}}{\text{面积 OADC}} \tag{4-73}$$

亦即

$$\overline{U}_z=\frac{\int_0^H u_0\mathrm{d}z-\int_0^H u\mathrm{d}z}{\int_0^H u_0\mathrm{d}z}=\frac{\int_0^H\Delta\sigma'\mathrm{d}z}{\int_0^H\Delta\sigma\mathrm{d}z}=\frac{\int_0^H(\Delta\sigma-u)\mathrm{d}z}{\int_0^H\Delta\sigma\mathrm{d}z}$$

$$=1-\frac{\int_0^H u\mathrm{d}z}{\int_0^H\Delta\sigma\mathrm{d}z}=1-\frac{\int_0^H u\mathrm{d}z}{pH} \tag{4-74}$$

根据太沙基一维固结方程的解答，即式(4-71a)或(4-71b)可得对应的平均固结度表达式为：

$$\overline{U}_z=1-\frac{8}{\pi^2}\sum_{m=1}^{\infty}\frac{1}{m^2}\exp\left(-\frac{m^2\pi^2}{4}T_v\right)\qquad(m=1,3,5,\cdots) \tag{4-75a}$$

或

$$\overline{U}_z = 1 - \sum_{n=0}^{\infty} \frac{2}{M^2}\exp(-M^2 T_v) \qquad [M = \pi(2n+1)/2, n = 0,1,2,\cdots] \tag{4-75b}$$

由于上述公式收敛很快，当平均固结度$\overline{U}_z \geqslant 30\%$时，采用第一项已经足够，因此式(4-75a)或(4-75b)可近似写成

$$\overline{U}_z = 1 - \frac{8}{\pi^2}\exp\left(-\frac{\pi^2}{4}T_v\right) \tag{4-76}$$

当平均固结度$\overline{U}_z < 30\%$时，平均固结度可采用下式近似计算

$$\overline{U}_z = \frac{2}{\sqrt{\pi}}\sqrt{T_v} \approx 1.128\sqrt{T_v} \tag{4-77}$$

通常，计算土层竖向平均固结度$\overline{U}_z$时，可采用式(4-76)进行计算，如果计算结果小于30%，再利用式(4-77)近似计算。

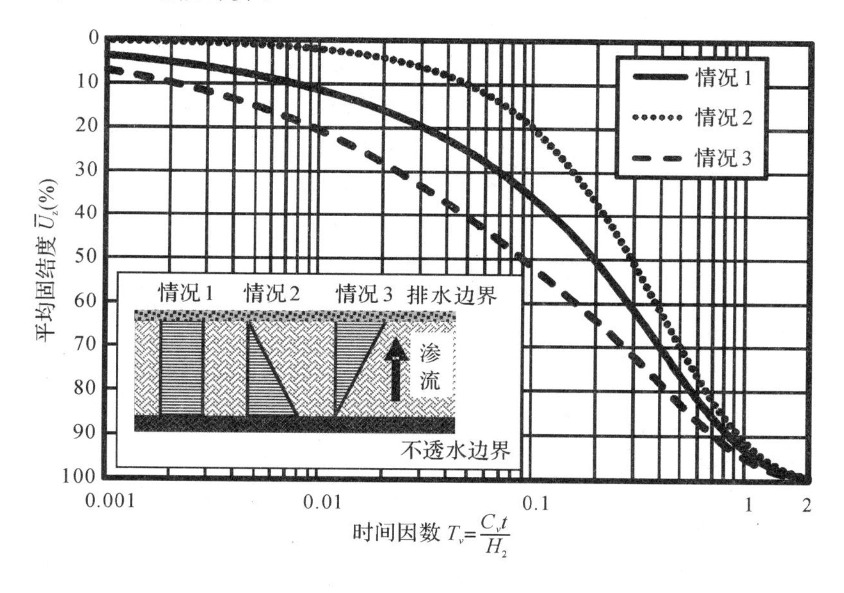

图 4-29　平均固结度$\overline{U}_z$与时间因数T_v的关系曲线

式(4-75a)或(4-75b)给出的$\overline{U}_z$与T_v之间的关系可用图 4-29 中的曲线①(情况 1)表示。

对于附加应力σ_z或起始超静孔隙水压力u_0沿土层深度线性变化的情况(如图 4-30 所示)，一般地可假设排水面的附加应力为p_a，不排水面的附加应力为p_b，因此起始超静孔隙水压力u_0沿深度的变化可用如下公式表示

$$u_0 = p_a + \frac{p_b - p_a}{H}z \tag{4-78}$$

结合太沙基一维固结方程，以式(4-78)作为初始条件，其余条件不变，解一维固结偏微分方程(4-70)后，可得起始超静孔隙水压力u_0沿土层深度线性变化条件下，超静孔隙水压力的表达式为

$$u(z,t) = \frac{4}{\pi}\sum_{m=1}^{\infty}\frac{1}{m}\left[p_a + (-1)^{\frac{m-1}{2}}\frac{2(p_b - p_a)}{m\pi}\right]\sin\frac{m\pi z}{2H}\exp\left(-\frac{m^2\pi^2}{4}T_v\right) \tag{4-79}$$

经积分后可得其对应的固结度为

$$\overline{U}_z = 1 - \frac{16}{\pi^2}\sum_{m=1}^{\infty}\frac{1}{m^2(p_a+p_b)}\left[p_a + (-1)^{\frac{m-1}{2}}\frac{2(p_b-p_a)}{m\pi}\right]\exp\left(-\frac{m^2\pi^2}{4}T_v\right) \quad (4\text{-}80)$$

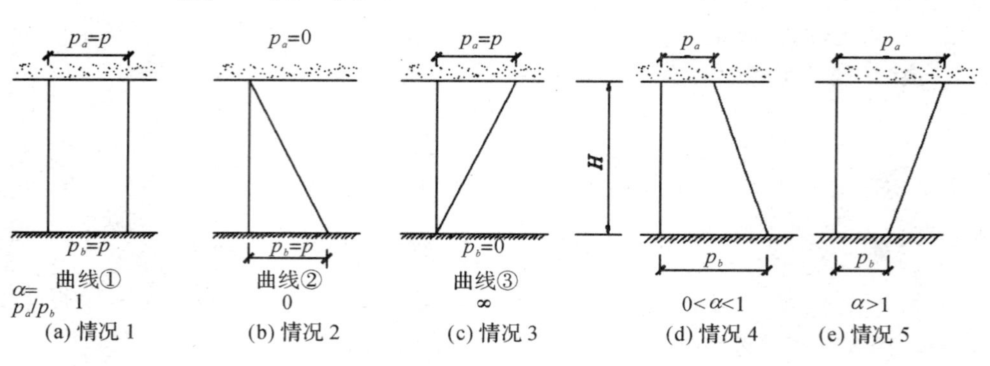

图 4-30　单面排水下附加应力沿土层深度线性变化分布图

利用式(4-80)可得情况 2($p_a=0, p_b=p$)和情况 3($p_a=p, p_b=0$)对应的固结度表达式分别为

情况 2：
$$\overline{U}_{z2} = 1 - \frac{32}{\pi^3}\sum_{m=1}^{\infty}\frac{(-1)^{\frac{m-1}{2}}}{m^3}\exp\left(-\frac{m^2\pi^2}{4}T_v\right) \quad (4\text{-}81)$$

情况 3：
$$\overline{U}_{z3} = 1 - \frac{32}{\pi^3}\sum_{m=1}^{\infty}\frac{1}{m^3}\left[\frac{\pi m}{2} - (-1)^{\frac{m-1}{2}}\right]\exp\left(-\frac{m^2\pi^2}{4}T_v\right) \quad (4\text{-}82)$$

以上两式中，$m=1,3,5,\cdots$

这两种情况下$\overline{U}_z$与T_v之间的关系如图 4-29 中的曲线②和曲线③所示。

对于图 4-30 的情况 4 和 5 的土层平均固结度计算，可直接采用公式(4-64)计算，也可采用叠加原理利用情况 1～3 的结果进行计算。因为平均固结度等于土层中有效应力增量分布图的面积与总应力(附加应力)分布图的面积之比，假设情况 1～5 的平均固结度分别用$\overline{U}_{z1}$～$\overline{U}_{z5}$表示，则对于情况 4，可以将附加应力分布图围成的梯形 ABCD 分成矩形 ABED 和三角形 BCE 两部分，如图 4-31(a)所示，则分别对应于情况 1 和情况 2，根据式(4-74)可得其对应的有效应力增量分布图的面积为

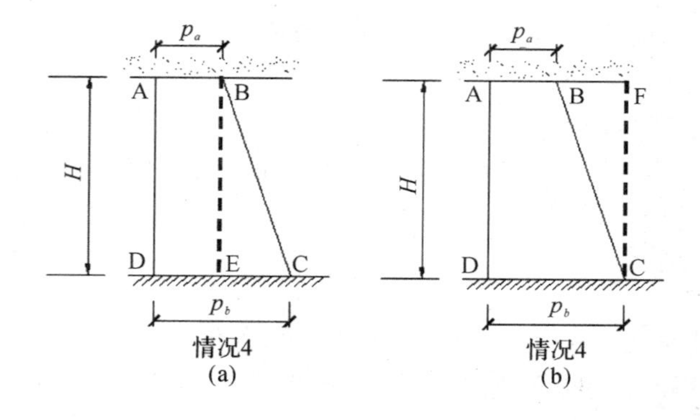

图 4-31　固结度的合成计算方法示意图

$$A' = A'_1 + A'_2 = \overline{U}_{z1} p_a H + \frac{1}{2}\overline{U}_{z2}(p_b - p_a)H \tag{4-83}$$

而土层中总应力分布图的面积为 $A=\frac{1}{2}(p_b+p_a)H$，按照上述固结度的定义可得情况 4 的平均固结度为

$$\overline{U}_{z4} = \frac{\overline{U}_{z1} p_a H + \frac{1}{2}\overline{U}_{z2}(p_b - p_a)H}{\frac{1}{2}(p_b + p_a)H} = \frac{2\alpha\overline{U}_{z1} + (1-\alpha)\overline{U}_{z2}}{1+\alpha} \tag{4-84}$$

式中，$\alpha = p_a/p_b$。

如果将附加应力分布图围成的梯形 ABCD 分成如图 4-31(b)所示的矩形 AFCD 和三角形 BFC 两部分，则分别对应于情况 1 和情况 3，按照上述计算方法可得

$$\overline{U}_{z4} = \frac{2\overline{U}_{z1} - (1-\alpha)\overline{U}_{z3}}{1+\alpha} \tag{4-85}$$

同理可得情况 5 的平均固结度为

$$\overline{U}_{z5} = \frac{2\alpha\overline{U}_{z1} - (\alpha-1)\overline{U}_{z2}}{1+\alpha} \tag{4-86}$$

或者

$$\overline{U}_{z5} = \frac{2\overline{U}_{z1} + (\alpha-1)\overline{U}_{z3}}{1+\alpha} \tag{4-87}$$

应当注意的是，在式(4-78)～(4-87)中，p_a 恒表示排水面的应力，p_b 恒表示不透水面的应力，而不是分别表示应力分布图上边和下边的应力。

对于实际工程来说，图 4-33 所示的附加应力(起始超静孔隙水压力)分布可分别对应于以下五种情况(陈仲颐等，1994)：(a)基础底面积很大而压缩土层较薄的情况；(b)相当于无限宽广的水力冲填土层，由于自重应力而产生固结的情况；(c)相当于基础底面积较小，在压缩土层底面的附加应力已接近于零的情况；(d)相当于地基在自重作用下尚未固结就在上面修建建筑物基础的情况；(e)与情况(c)相似，但相当于在压缩土层底面的附加应力还不接近于零的情况。

如果压缩土层上下两面均为排水面，如图 4-32 所示的各种情况，无论压力分布为哪一种情况，其平均固结度均和情况 1 一样，只不过在计算时间因数 T_v 时，以 $H/2$ 代替 H，就可按式(4-75a)、(4-75b)、(4-76)、(4-77)，亦即情况 1，计算土层的平均固结度。

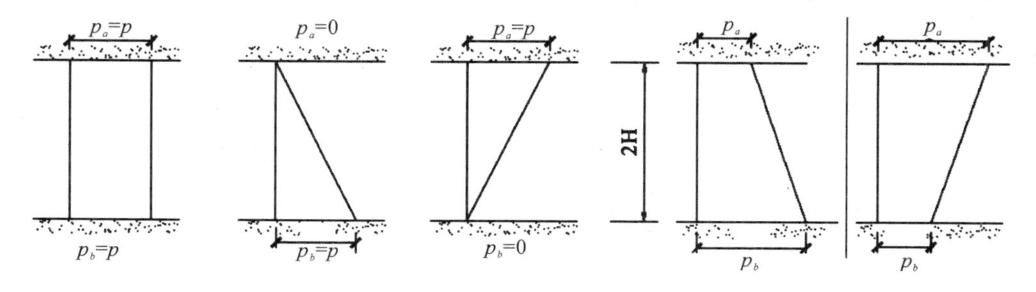

图 4-32　双面排水下附加应力沿土层深度线性变化分布图

4.5.5 沉降与时间关系的计算

根据平均固结度的定义可得

$$\overline{U}_z=\frac{\int_0^H \Delta\sigma'\mathrm{d}z}{\int_0^H \Delta\sigma\mathrm{d}z}=\frac{\frac{a}{1+e_0}\int_0^H \Delta\sigma'\mathrm{d}z}{\frac{a}{1+e_0}pH}=\frac{\int_0^H \frac{a\Delta\sigma'}{1+e_0}\mathrm{d}z}{\frac{a}{1+e_0}pH}=\frac{s_t}{s} \tag{4-88}$$

式中，s_t 为土层在时间 t 的沉降量，s 为土层的最终沉降量。

因此有

$$s_t=\overline{U}_z s \tag{4-89}$$

由式(4-88)可知，t 时刻土层的平均固结度等于土层在该时刻的沉降量 s_t 与最终沉降量 s 之比。如果知道土层的最终沉降量 s 和土层的平均固结度 $\overline{U}_z$，则可根据式(4-89)求得土层在时间 t 的沉降量 s_t。

根据土层中的附加应力、排水条件以及上述的几个公式可以解决两类有关沉降——时间的工程问题：

1)求某一时刻 t 的固结沉降量 s_t

由土层的渗透系数 k、压缩系数 a 和初始孔隙比 e_0(或压缩模量 E_s，体积压缩系数 m_v)、压缩层厚度 H 以及时间 t，计算出土层的最终沉降量 s，并根据公式 $c_v=\frac{k(1+e_0)}{\gamma_w a}$、$T_v=\frac{c_v t}{H^2}$ 求得 T_v，然后按式(4-76)，式(4-77)计算出或者利用图 4-32 曲线查出平均固结度$\overline{U}_z$，再按 $s_t=\overline{U}_z s$ 求出时间 t 时的固结沉降量 s_t。

2)求土层达到某一固结沉降量 s_t 时所需的时间 t

先计算土层的最终沉降量 s，然后按公式 $\overline{U}_z=\frac{s_t}{s}$ 求出土层的平均固结度。

由式(4-76)、(4-77)可得用平均固结度$\overline{U}_z$ 表示的时间因数 T_v。当计算的平均固结度 $\overline{U}_z\geqslant 30\%$时，可按式(4-90)计算相应的时间因数

$$T_v=-\frac{4}{\pi^2}\ln\frac{\pi^2(1-\overline{U}_z)}{8} \tag{4-90}$$

当 $\overline{U}_z<30\%$ 时，可按式(4-91)计算相应的时间因数

$$T_v=\frac{\pi}{4}\overline{U}_z^2 \tag{4-91}$$

当然，也可根据计算的平均固结度$\overline{U}_z$ 由图 4-32 中的曲线或表 4-7 查出相应的时间因数。

然后，就可按公式 $t=\frac{T_v H^2}{c_v}$ 求出土层达到某一固结沉降量 s_t 所需的时间。

表 4-7　平均固结度 $\overline{U}_z$ 与时间因数 T_v 的对照表

固结度 $\overline{U}_z$(%)	时间因数 T_v			固结度 $\overline{U}_z$(%)	时间因数 T_v			固结度 $\overline{U}_z$(%)	时间因数 T_v		
	T_{v1}（情况 1）	T_{v2}（情况 2）	T_{v3}（情况 3）		T_{v1}（情况 1）	T_{v2}（情况 2）	T_{v3}（情况 3）		T_{v1}（情况 1）	T_{v2}（情况 2）	T_{v3}（情况 3）
0	0	0	0	34	0.0908	0.181	0.0321	68	0.377	0.475	0.248
1	0.00008	0.00500	0.00002	35	0.0962	0.187	0.0345	69	0.390	0.487	0.261
2	0.00031	0.0100	0.00008	36	0.102	0.193	0.0370	70	0.403	0.501	0.274
3	0.00071	0.0150	0.00018	37	0.108	0.200	0.0396	71	0.417	0.514	0.288
4	0.00126	0.0200	0.00032	38	0.113	0.206	0.0424	72	0.431	0.529	0.302
5	0.00196	0.0250	0.00051	39	0.119	0.213	0.0454	73	0.446	0.543	0.316
6	0.00283	0.0300	0.00074	40	0.126	0.220	0.0485	74	0.461	0.559	0.332
7	0.00385	0.0350	0.00102	41	0.132	0.226	0.0518	75	0.477	0.575	0.348
8	0.00503	0.0400	0.00134	42	0.139	0.233	0.0552	76	0.493	0.591	0.364
9	0.00636	0.0450	0.00171	43	0.145	0.240	0.0589	77	0.511	0.608	0.381
10	0.00785	0.0500	0.00213	44	0.152	0.248	0.0627	78	0.529	0.626	0.399
11	0.00950	0.0550	0.00261	45	0.159	0.255	0.0668	79	0.547	0.645	0.418
12	0.0113	0.0601	0.00313	46	0.166	0.262	0.0711	80	0.567	0.665	0.438
13	0.0133	0.0650	0.00371	47	0.174	0.270	0.0757	81	0.588	0.686	0.459
14	0.0154	0.0702	0.00434	48	0.181	0.278	0.0805	82	0.610	0.708	0.481
15	0.0177	0.0753	0.00503	49	0.189	0.286	0.0855	83	0.633	0.731	0.504
16	0.0201	0.0804	0.00578	50	0.197	0.294	0.0909	84	0.658	0.756	0.528
17	0.0227	0.0855	0.00659	51	0.205	0.302	0.0965	85	0.684	0.782	0.554
18	0.0255	0.0907	0.00746	52	0.213	0.310	0.102	86	0.712	0.810	0.582
19	0.0284	0.0959	0.00840	53	0.221	0.319	0.109	87	0.742	0.840	0.612
20	0.0314	0.101	0.00940	54	0.230	0.327	0.115	88	0.774	0.872	0.645
21	0.0346	0.106	0.0105	55	0.239	0.336	0.122	89	0.809	0.907	0.680
22	0.0380	0.112	0.0116	56	0.248	0.346	0.130	90	0.848	0.946	0.719
23	0.0416	0.117	0.0128	57	0.257	0.355	0.137	91	0.891	0.989	0.761
24	0.0452	0.123	0.0141	58	0.267	0.364	0.146	92	0.939	1.036	0.809
25	0.0491	0.128	0.0155	59	0.276	0.374	0.154	93	0.993	1.091	0.863
26	0.0531	0.134	0.0170	60	0.286	0.384	0.163	94	1.055	1.153	0.926
27	0.0573	0.139	0.0185	61	0.297	0.394	0.172	95	1.129	1.227	1.000
28	0.0616	0.145	0.0201	62	0.307	0.405	0.182	96	1.219	1.317	1.090
29	0.0661	0.151	0.0219	63	0.318	0.416	0.192	97	1.336	1.434	1.207
30	0.0707	0.157	0.0237	64	0.329	0.427	0.202	98	1.500	1.598	1.371
31	0.0755	0.163	0.0256	65	0.340	0.438	0.213	99	1.781	1.879	1.652
32	0.0804	0.169	0.0277	66	0.352	0.450	0.225	100	∞	∞	∞
33	0.0855	0.175	0.0298	67	0.364	0.462	0.236				

【例题 4-6】 两个厚度不同而性质相同(如固结系数 $c_{v1}=c_{v2}$)的土层，如果排水条件和应力分布条件也相同，求它们达到同一固结度所需的时间(t_1 和 t_2)之比。

【解】 因两土层的排水条件和应力分布条件都相同，则它们要达到相同的固结度，其时间因数也应相等，即

$$T_v=\frac{c_{v1}t_1}{H_1^2}=\frac{c_{v2}t_2}{H_2^2}$$

因为 $c_{v1}=c_{v2}$，所以可得达到同一固结度所需的时间之比为

$$\frac{t_1}{t_2}=\frac{H_1^2}{H_2^2}$$

即达到同一固结度所需时间与土层厚度之平方成正比。

【例题 4-7】 已知:某黏土层厚度 $H=10\text{m}$,其上作用大面积荷载 $p=120\text{kPa}$,土的初始孔隙比 $e_0=1.0$,压缩系数 $a=0.3\text{MPa}^{-1}$,渗透系数 $k=1.8\text{cm}/$年。求单面及双面排水条件下:(1)加荷一年的沉降量?(2)沉降达 140mm 所需时间?

【解】 根据已知条件可得黏土层的最终沉降量为

$$s=\frac{a}{1+e_0}pH=\frac{0.3\times10^{-3}}{1+1.0}\times120\times10=0.18\text{m}=180\text{mm}$$

土层的竖向固结系数为

$$c_v=\frac{k(1+e_0)}{a\gamma_w}=\frac{1.8\times10^{-2}\times(1+1.0)}{0.3\times10^{-3}\times9.8}\approx12.24\text{m}^2/\text{年}$$

(1)求加荷一年的沉降量

单面排水时,加荷一年土层的平均固结度为

$$\overline{U}_{z1}=1-\frac{8}{\pi^2}e^{-\frac{\pi^2}{4}T_{v1}}=1-\frac{8}{\pi^2}e^{-\frac{\pi^2}{4}\frac{c_vt}{H^2}}=1-\frac{8}{\pi^2}e^{-\frac{\pi^2}{4}\left(\frac{12.44\times1}{10^2}\right)}\approx0.404$$

故单面排水时加荷一年的沉降量为

$$s_{t1}=\overline{U}_{z1}\cdot s=0.404\times180\approx73\text{mm}$$

双面排水时,加荷一年土层的平均固结度为

$$\overline{U}_{z2}=1-\frac{8}{\pi^2}e^{-\frac{\pi^2}{4}T_{v2}}=1-\frac{8}{\pi^2}e^{-\frac{\pi^2}{4}\frac{c_vt}{(H/2)^2}}=1-\frac{8}{\pi^2}e^{-\frac{\pi^2}{4}\left(\frac{4\times12.44\times1}{10^2}\right)}\approx0.763$$

故双面排水时加荷一年的沉降量为

$$s_{t2}=\overline{U}_{z2}\cdot s=0.763\times180\approx137\text{mm}$$

(2)求沉降达 140mm 所需时间

沉降达 140mm 时土层的平均固结度为

$$\overline{U}_z=\frac{s_t}{s}=\frac{140}{180}\approx0.778$$

故时间因数为

$$T_v=-\frac{4}{\pi^2}\ln\frac{\pi^2(1-\overline{U}_z)}{8}=-\frac{4}{\pi^2}\ln\frac{\pi^2(1-0.778)}{8}\approx0.525$$

于是,单面排水情况下,沉降达 140mm 所需的时间为

$$t_1=\frac{T_vH^2}{c_v}=\frac{0.525\times10^2}{12.44}\approx4.22\text{ 年}$$

双面排水情况下,沉降达 140mm 所需的时间为

$$t_1=\frac{T_vH^2}{c_v}=\frac{0.525\times(10/2)^2}{12.44}\approx1.06\text{ 年。}$$

【例题 4-8】 某一饱和黏土层厚度为 $H=8\text{m}$,双面排水,地面上作用大面积均布荷载 $p=100\text{kPa}$,已知黏土层的平均竖向固结系数 $c_v=1.5\times10^5\text{cm}^2/$年,压缩模量 $E_s=7.2\text{MPa}$。试求:(1)黏土层的最终沉降量?(2)荷载加上一年后,地基沉降量是多少?(3)达到最终沉降量之半所需的时间?

【解】 由于是大面积荷载,所以黏土层中的附加应力沿深度均匀分布,$\sigma_z=p=200\text{kPa}$。

(1)求黏土层的最终沉降量

$$s=\frac{\sigma_z}{E_s}h=\frac{p}{E_s}h=\frac{100}{7200}\times 8000\approx 111\text{mm}$$

(2)求 $t=1$ 年时的地基沉降量

在双面排水条件下,H 取 $8/2=4\text{m}$。因此,竖向固结时间因数为

$$T_v=\frac{c_v t}{H^2}=\frac{1.5\times 10^5\times 1}{400^2}\approx 0.938$$

故土层平均固结度为

$$\overline{U}_z=1-\frac{8}{\pi^2}\exp\left(-\frac{\pi^2}{4}T_v\right)=1-\frac{8}{\pi^2}\exp\left(-\frac{\pi^2}{4}\times 0.938\right)\approx 0.92$$

因此可得荷载加上一年后,地基的沉降量为

$$s_t=\overline{U}_z s=0.92\times 111=102\text{mm}$$

(3)求达到最终沉降量之半所需的时间

达到最终沉降量之半时,土层的平均固结度$\overline{U}_z=0.5$,其相应的时间因数为

$$T_v=-\frac{4}{\pi^2}\ln\frac{\pi^2(1-\overline{U}_z)}{8}=-\frac{4}{\pi^2}\ln\frac{\pi^2(1-0.5)}{8}\approx 0.196$$

因此可得,达到最终沉降量之半所需的时间为

$$t=\frac{T_v H^2}{c_v}=\frac{0.196\times(800/2)^2}{1.5\times 10^5}\approx 0.21\text{ 年。}$$

4.5.6 地基的允许变形与减小沉降危害的措施

一般来说,地基在附加应力作用下会产生变形。如地基变形过大,超出保证建筑物正常使用和安全的最大变形量,即地基的允许变形,则会引起建筑物的开裂、倾斜,特别是软弱地基或软硬不均匀的不良地基上的建筑物,如果处理不当,极易造成工程事故。我国《建筑地基基础设计规范》GB50007—2002 规定:建筑物的地基变形计算值,不应大于地基变形允许值。建筑物的类型不同,其对地基变形的适应性也不相同,因此,验算地基变形时对不同的建筑物应采用不同的地基变形特征来进行比较和控制。地基的允许变形按其变形特征分为以下四种:

(1)沉降量:一般指基础各点的绝对沉降值,对独立基础来说,一般以基础中心沉降值表示,以 mm 为单位;

(2)沉降差:不同基础或同一基础各点间的相对沉降量,以 mm 为单位;

(3)倾斜:单独或整体基础倾斜前后端点的沉降差与其距离的比值,以小数表示;

(4)局部倾斜:指砌体承重结构沿纵墙 6～10m 内基础两点的沉降差与其距离的比值,以小数表示。

为保证建筑物的安全和正常使用,我国《建筑地基基础设计规范》GB50007—2002 规定了建筑物的允许变形值,见表 4-8。

表 4-8　建筑物的地基变形允许值(建筑地基基础设计规范 GB50007—2002)

变形特征	地基土类别	
	中、低压缩性土	高压缩性土
砌体承重结构基础的局部倾斜	0.002	0.003
工业与民用建筑相邻柱基的沉降差 (1)框架结构 (2)砌体墙填充的边排柱 (3)当基础不均匀沉降时不产生附加应力的结构	 $0.002l$ $0.0007l$ $0.005l$	 $0.003l$ $0.001l$ $0.005l$
单层排架结构(柱距为 6m)柱基的沉降量(mm)	(120)	200
桥式吊车轨面的倾斜 (按不调整轨道考虑) 纵向 横向	 0.004 0.003	
多层和高层建筑的整体倾斜　$H_g \leq 24$ $24 < H_g \leq 60$ $60 < H_g \leq 100$ $H_g > 100$	0.004 0.003 0.0025 0.002	
体型简单的高层建筑基础的平均沉降量(mm)	200	
高耸结构基础的倾斜　$H_g \leq 20$ $20 < H_g \leq 50$ $50 < H_g \leq 100$ $100 < H_g \leq 150$ $150 < H_g \leq 200$ $200 < H_g \leq 250$	0.008 0.006 0.005 0.004 0.003 0.002	
高耸结构基础的沉降量(mm)　$H_g \leq 100$ $100 < H_g \leq 200$ $200 < H_g \leq 250$	400 300 200	

注:①本表数值为建筑物地基实际最终变形允许值;
②有括号者仅适用于中压缩性土;
③l 为相邻柱基的中心距离(mm);H_g 为自室外地面起算的建筑物高度(m);
④倾斜指基础倾斜方向两端点的沉降差与其距离的比值;
⑤局部倾斜指砌体承重结构沿纵向 6~10m 内基础两点的沉降差与其距离的比值。

如前所述,沉降(不均匀沉降)过大容易引起建筑物的开裂甚至破坏,因此,采取适当的措施减小地基的不均匀沉降,是工程设计中必须认真考虑的问题。通常有以下几种措施:

1)建筑措施

(1) 在满足使用和其他要求的前提下,建筑物的体型应力求简单,尽量避免复杂的平面布置,并避免同一建筑物各组成部分的高度以及作用荷载相差过多。

(2) 控制长高比(2.5~3.0)及合理布置墙体。

(3) 设置沉降缝。沉降缝可设置在以下部位:a. 复杂建筑物平面转折部位;b. 长高比过大的砌体承重结构或钢筋混凝土框架结构的适当部位;c. 地基土的压缩性有显著变化处;d. 建筑物的高度或荷载有很大差异处;e. 建筑物结构或基础类型不同处;f. 分期建造房屋的交界处。沉降缝应有足够的宽度,以防止缝两侧的结构相向倾斜而互相挤压。二~三层的房屋沉降缝宽度可选用 50~80mm;四~五层的房屋沉降缝宽度可选用 80~120mm;五层以上的房屋其沉降缝宽度不应小于 120mm。

(4) 相邻建筑物基础间满足净距要求,可按表 4-9 选用。

表 4-9 相邻建筑物基础间的净距(m,建筑地基基础设计规范 GB50007—2002)

影响建筑的预估平均沉降量 s (mm) \ 被影响建筑的长高比	$2.0 \le \frac{L}{H_f} < 3.0$	$3.0 \le \frac{L}{H_f} < 5.0$
70~150	2~3	3~6
150~250	3~6	6~9
250~400	6~9	9~12
>400	9~12	≥12

注:①表中 L 为建筑物长度或沉降缝分隔的单元长度(m);H_f 为自基础底面标高算起的建筑物高度(m);

②当被影响建筑的长高比为 $1.5 \le H_f < 2.0$ 时,其间距可适当减小。

(5) 调整建筑设计标高。a. 根据预估的沉降量,适当提高室内地坪和地下设施的标高。建筑物各部分(或设备之间)有联系时,可将沉降较大者的标高适当提高;b. 建筑物与设备之间,应留有足够的净空。当建筑物有管道穿过时,应预留孔洞,或采用柔性管道接头等。

2)结构措施

(1) 减轻建筑物的自重。a. 采用轻质材料,如各种空心砌块、多孔砖以及其他轻质材料以减少墙重;b. 选用轻型结构,如预应力钢筋混凝土结构、轻钢结构及各种轻型空间结构等;c. 减少基础和回填的重量,可选用自重轻、回填少的基础形式,设置架空地板代替室内回填土。

(2) 妥善处理局部软弱土层,如暗浜、墓穴、填土等。

(3) 减少或调整基底附加应力。a. 可设置地下室或半地下室,利用挖出的土重去抵消(补偿)一部分甚至全部的建筑物重量,以达到减小沉降的目的。如果在建筑物的某一高重部分设计地下室(或半地下室)便可减少与较轻部分的沉降差。b. 改变基础底面尺寸,调整基底附加压力。对荷载较大建筑物可采用较大的基础底面积,减小基底附加压力,可以减少沉降量。对沉降不均匀或地基土压缩性不均的建筑物可采用不同的基底附加压力来调整不均匀沉降。

(4) 调整基础形式、大小和埋置深度,加强基础的刚度和整体性,如采用十字交叉基础、筏形基础、箱形基础等;必要时采用桩基础或深基础。对于建筑体型复杂、荷载差异较大的框架结构,可采用箱基、桩基、筏基等加强基础整体刚度,减少不均匀沉降。

(5) 设计圈梁。对于砌体承重结构,不均匀沉降的损害突出表现为墙体的开裂。因此实践中常在墙内设置圈梁来增强其承受挠曲变形的能力。这是防止出现开裂及阻止裂缝开展的一项有效措施。圈梁的布置,在多层房屋的基础和顶层处宜各设置一道圈梁,其他各层可隔层设置,必要时可层层设置。单层工业厂房、仓库,可结合基础梁、联系梁、过梁等酌情设置。圈梁应设置在外墙、内纵墙和主要内横墙上,并宜在平面内连成封闭系统。

(6) 采用非敏感性结构。排架、三铰拱等铰接结构,支座发生相对位移时不会引起很大的附加应力,故可以避免不均匀沉降的危害。不过,这类结构形式通常只适用于单层的工业厂房、仓库和某些公共建筑。

3)施工措施

(1) 防止施工开挖、降水不当恶化地基土的工程性质。

(2) 合理安排施工顺序,注意施工方法,对高差较大、重量差异较多的建筑物相邻部位采用不同的施工进度,先施工荷重较大的部分,后施工荷重较轻的部分。

(3) 控制大面积地面堆载的高度、分布和堆载速率。

(4) 在淤泥及淤泥质土的地基上开挖基坑时,要注意尽可能不扰动土的原状结构。通常可在坑底保留 200mm 左右厚的原土层,待施工垫层时才临时铲除。如发现坑底软土已被扰动,可挖去扰动部分,用砂、碎石(砖)等回填处理。

思考题

4-1 什么是土的压缩系数?对同一种土压缩系数是否为常数,为什么?

4-2 试说明压缩模量和变形模量的物理力学意义以及相互之间的关系?

4-3 土的压缩系数和压缩模量与土的压缩性大小有何关系?

4-4 计算地基最终沉降量的分层总和法与规范法有何区别?

4-5 何谓有效应力?从土体变形的角度阐述区分有效应力和孔隙水压力的必要性。

4-6 何谓超静孔隙水压力?它与静止孔隙水压力有何区别,现场实测的孔隙水压力值与静止孔隙水压力和超静孔隙水压力有何关系?

4-7 何谓超固结比?根据超固结比如何划分土层的应力状态?

4-8 什么是固结度?试述平均固结度的意义。

4-9 什么是土层的固结沉降量?固结沉降量与最终沉降量有什么区别?

4-10 减小地基不均匀沉降的措施有哪些?

习　　题

4-1 有一个黏性土试样,初始孔隙比 $e_0=1.25$,在压缩试验过程中,土样高度压缩了 1.2mm,环刀高度为 20mm,那么压缩后土样的孔隙比为多少?

4-2 一饱和黏性试样在压缩仪中进行压缩试验,该土样原始高度为 20mm,面积为 30cm^2,土样与环刀总重为 1.72N,环刀重 0.55N。当荷载由 $p_1=100\text{kPa}$ 增加至 $p_2=$

200kPa 时，土样的高度由 19.40mm 减少至 18.85mm。试验结束后烘干土样，称得干土重为 0.90N。该土样的土粒密度 $\rho_s=2.71g/cm^3$。试求：(1)与 p_1 及 p_2 对应的孔隙比 e_1 及 e_2；(2)a_{1-2} 及 E_{s1-2}，并判断该土的压缩性。

4-3 一条形基础，底宽 1.5m，埋深 1m，地面中心作用有线荷载 $F_k=450kN/m$，基础两边及基底下 $h_1=3m$ 均为压密的粗砂层，$\gamma_1=20kN/m^3$，可不计压缩。其下为 $h_2=3m$ 厚的淤泥质土，$\gamma_{2\,sat}=18kN/m^3$，地下水位与淤泥质土层面相平，淤泥质土层下又是紧密的砂砾层，不再考虑其压缩。现已测得淤泥质土的压缩试验结果为 $p_1=90kPa$，$e_1=1.00$；$p_2=190kPa$，$e_2=0.70$(中间可按直线内插)。地基承载力特征值 $f_{ak}=300kPa$。试分别用分层总和法和规范法求该基础中心线下的最终沉降量(计算条形基础下的附加应力时，附加应力系数和平均附加应力系数可采用矩形基础长宽比等于 10 时的相应数值)。

4-4 某建筑基础底面尺寸为 2.0m×2.0m，基础埋深 d=1.5m，作用在基础顶面的上部中心荷载为 $F_k=500kN$，地基表层为素填土，$\gamma_1=17.5kN/m^3$，厚度 $h_1=1.5m$；第二层土为黏土，$\gamma_2=18.2kN/m^3$，$E_{s2}=3MPa$，厚度 $h_2=4.0m$；第三层为碎石，$E_{s3}=22MPa$，厚度 $h_3=5m$。不考虑地下水位的影响。试用规范法计算基础中点的最终沉降量。

4-5 如图习题 4-5 所示的矩形基础的底面尺寸为 4.0m×2.5m，传至地面的轴心荷载为 920kN，基础埋置深度为 1.0m，地下水位位于基底标高处，地基承载力特征值 $f_{ak}=130kPa$。地基土的勘察资料见表习题 4-5，室内压缩试验结果如表 4-19 所示。试分别用分层总和法和规范法求基础中点的沉降量。

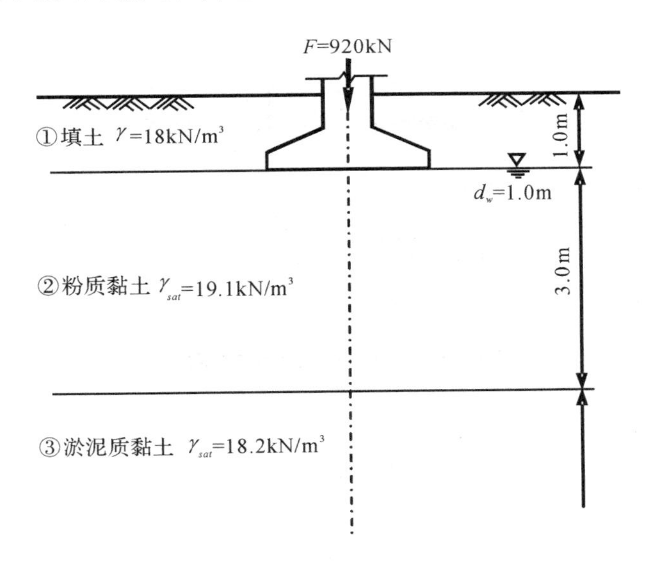

图习题 4-5

表习题 4-5 地基土层的 e—p 数据

土层 \ e	p/kPa				
	0	50	100	200	300
②粉质黏土	0.942	0.889	0.855	0.807	0.773
③淤泥质黏土	1.045	0.925	0.891	0.848	0.823

4-6　厚度为10m的饱和黏土层，单面排水，已知黏土层的初始孔隙比$e_0=0.8$，压缩系数$a=0.25\text{MPa}^{-1}$，竖向渗透系数$k=6.3\times10^{-8}\text{cm/s}$，地表瞬时施加一无限分布荷载$p=180\text{kPa}$。试求：(1)加荷半年后地基的沉降量；(2)黏土层达到最终沉降量的一半时所需的时间。

4-7　假定厚度为8m的饱和黏土层，双面排水，地面上作用着大面积竖直均布荷载$p=200\text{kPa}$。该土室内压缩试验结果见表4-20，固结系数$c_v=5.0\times10^{-7}\text{m}^2/\text{s}$，试：(1)绘制该土的压缩曲线，计算压缩系数$a_{1-2}$、$a_{2-3}$和压缩模量$E_{s1-2}$、$E_{s2-3}$，判断该土的压缩性；(2)压缩性指标采用$E_{s1-2}$，估算地基的最终沉降量；(3)计算荷载加上一年后地基的固结沉降；(4)若排水条件改为单面排水，同时黏土层厚度假定为4m，其他指标不变，那么达到90%固结度的时间又是多少？

表习题4-7　压缩试验成果一览表

p_i/kPa	0.0	100	200	300	400
e_i	1.000	0.950	0.930	0.920	0.912

4-8　在如图4-37所示厚度为10m的饱和黏土层表面瞬时大面积均匀堆载$p=150\text{kPa}$，若干年后，用测压管分别测得土层中A、B、C、D、E五点的孔隙水压力为51.6kPa、94.2kPa、133.8kPa、170.4kPa、198.0kPa，已知土层的压缩模量$E_s=5.5\text{MPa}$，渗透系数$k=5.14\times10^{-8}\text{cm/s}$。(1)试估算此时黏土层的固结度，并计算此黏土层已固结了几年；(2)再经过5年，则该黏土层的固结度将达到多少，黏土层5年间产生了多大的压缩量？

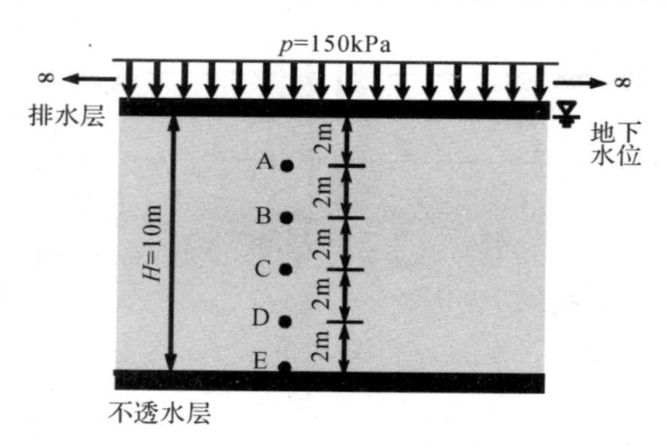

图习题4-8

第 5 章　土的抗剪强度

5.1　概　　述

当土体内某一滑动面上的剪应力超过了其极限抵抗能力，一部分土体相对于另一部分土体会产生滑动位移，这时我们称土体发生了破坏。也就是说我们所说的土体破坏通常指的是剪切破坏。土体任意面上抵抗滑动的极限抵抗能力，即土体抵抗剪切破坏的极限剪应力，我们称为土体的**抗剪强度**，又称为**土的剪阻力**。土体之所以具有抗剪强度，是因为土颗粒之间存在摩擦和滑移阻力，以及一定的胶结作用和粒间结合力。抗剪强度是土的主要力学性质之一，在工程上常见的土坡稳定分析、土体承载力计算以及挡土结构上的土压力计算等，都涉及土的抗剪强度。工程实践中与土的抗剪强度有关的三类工程问题有：

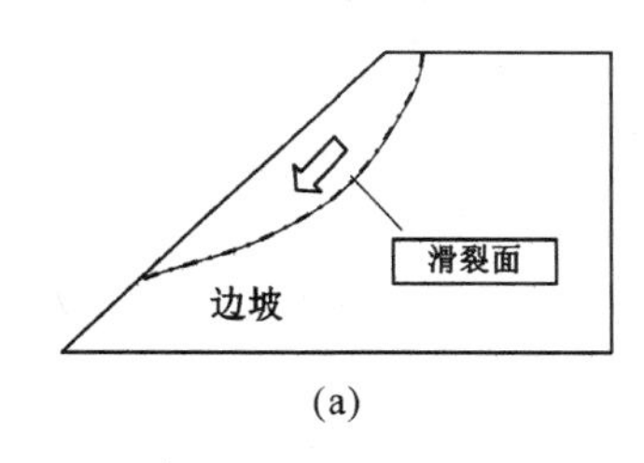

(a)

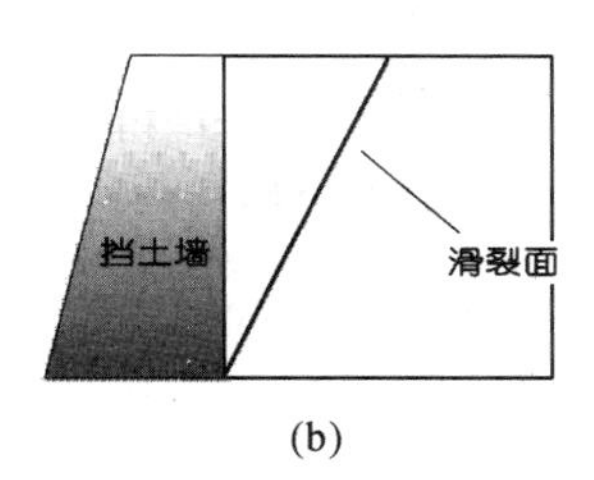

(b)

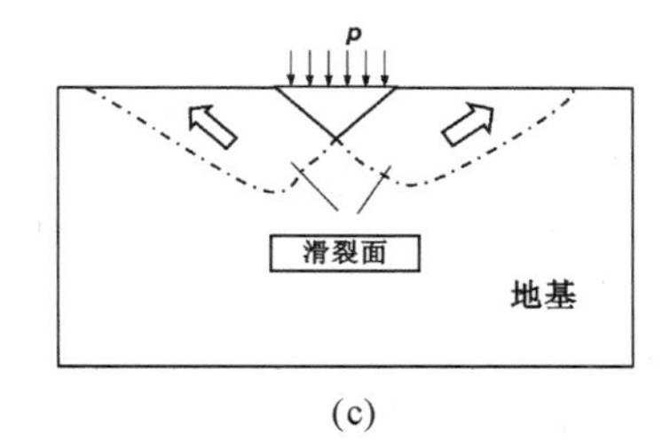

(c)

图 5-1　与抗剪强度有关的工程实例

(1)土坡稳定(图 5-1(a))；如土坝、路堤等填方边坡以及天然土坡等的稳定性问题。

(2)挡土墙土压力(图 5-1(b))；如挡土墙、地下结构等的周围土体，它的强度破坏将造成对墙体过大的侧向土压力，以至可能导致这些工程构筑物发生滑动、倾覆等破坏事故。

(3)地基承载力(图 5-1(c))。基础下的地基土体产生整体滑动或因局部剪切破坏而导致过大的地基变形，将会造成上部结构的破坏或影响其正常使用功能。

5.2　土的强度理论

5.2.1　土中一点的应力状态

在材料力学里我们已经学过，通过土中一点微单元体(图 5-2(a))的平面应力状态分析可知，由图 5-2(b)中隔离体的静力平衡得到过土中一点任意平面 mn 上的正应力和剪应力可表示为：

$$\left.\begin{aligned}\sigma&=\frac{1}{2}(\sigma_1+\sigma_3)+\frac{1}{2}(\sigma_1-\sigma_3)\cos2\alpha\\ \tau&=\frac{1}{2}(\sigma_1-\sigma_3)\sin2\alpha\end{aligned}\right\}\tag{5-1}$$

式中，σ 为正应力，τ 为剪应力，σ_1、σ_3 分别为大小主应力。

如果我们在直角坐标系中以 σ 为横坐标轴，以 τ 为纵坐标轴，按一定的比例尺，在 σ 轴上截取 $OB=\sigma_3$，$OC=\sigma_1$，$OO_1=\frac{1}{2}(\sigma_1+\sigma_3)$，以 O_1 为圆心，以 $\frac{1}{2}(\sigma_1-\sigma_3)$ 为半径，绘制出一个应力圆。并从 O_1C 开始逆时针旋转 2α 角，在圆周上得到点 A。可以看出，A 点的横坐标为：

$$\begin{aligned}\overline{OB}+\overline{BO_1}+\overline{O_1A}\cos2\alpha&=\sigma_3+\frac{1}{2}(\sigma_1-\sigma_3)+\frac{1}{2}(\sigma_1-\sigma_3)\cos2\alpha\\&=\frac{1}{2}(\sigma_1+\sigma_3)+\frac{1}{2}(\sigma_1-\sigma_3)\cos2\alpha=\sigma\end{aligned}\tag{5-2}$$

而 A 点的纵坐标为：

$$\overline{O_1A}\sin2\alpha=\frac{1}{2}(\sigma_1-\sigma_3)\sin2\alpha=\tau\tag{5-3}$$

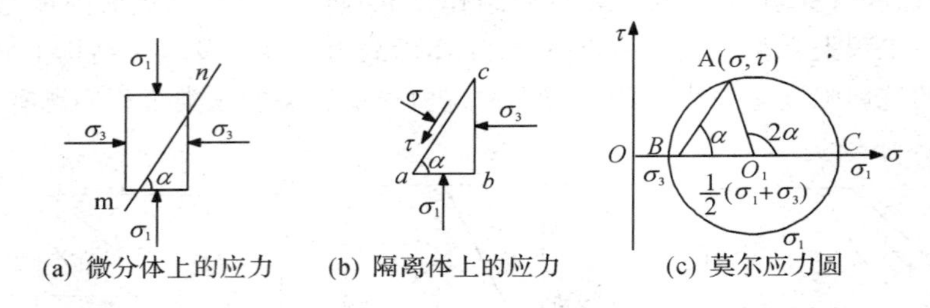

图 5-2　土中任一点的应力

对比(5-1)式和(5-2)、(5-3)式，可以看出 A 点的横坐标就是斜面 mn 上的正应力 σ，而其纵坐标则是斜面 mn 上的剪应力 τ。也就是说以上 σ、τ 与 σ_1、σ_3 之间的关系也可以用应力圆的图解法来表示，即(图 5-2(c))，上述用图解法求应力所采用的应力圆通常称为莫尔应力圆，圆周上的任一点与过平面状态土体中一点某一方向的平面相对应，因此可以用莫尔应力圆来研究土中任一点的应力状态。

5.2.2　莫尔—库伦破坏理论

前已说明，土的强度特指抗剪强度，土体的破坏为剪切破坏。关于材料强度破坏理论有多种，如广义特莱斯卡(Tresca)理论、广义密色斯(VonMises)理论等，不同的理论适用于不同的材料。通常认为，摩尔—库伦理论最适合土体的情况。

如图 5-3 为直接剪切仪示意图，是测定土的抗剪强度的方法之一——直接剪切试验，简称为直剪试验。该仪器的主要部分由固定的上盒和活动的下盒组成，将土样放置于刚性金属盒内上下透水石之间。进行直剪试验时，先由加荷板施加法向压力 p，土样产生相应的压缩 Δs，然后再在下盒施加水平向力，使其产生水平向位移 Δl，从而使土样沿着上盒和下盒之间预定的横截面承受剪切作用，直至土样破坏。假设这时土样所承受的水平向推力为 T，土样的水平横断面面积为 A，那么，作用在土样上的法向应力则为 $\sigma=P/A$，而土的抗剪强度

就可以表示为 $\tau_f = T/A$。

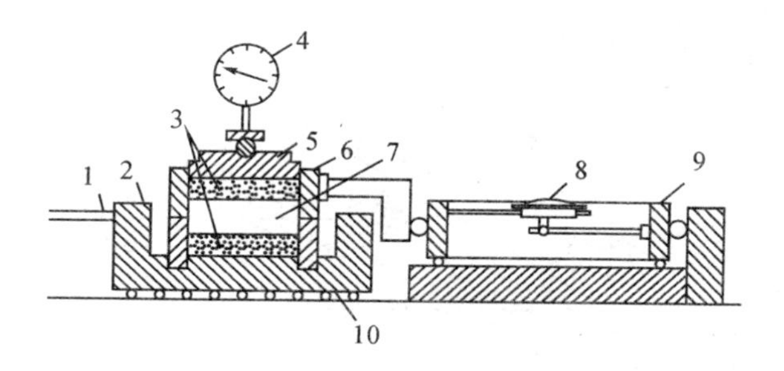

1—轮轴；2—底座；3—透水石；4—垂直变形量表；5—活塞；
6—上盒；7—土样；8—水平位移量表；9—量力环；10—下盒

图 5-3 直接剪切仪示意图

为了绘制出土的抗剪强度 τ_f 与法向应力 σ 的关系曲线，一般需要采用至少 4 个相同的土样进行直剪试验。方法是，分别对这些土样施加不同的法向应力，并使之产生剪切破坏，可以得到 4 组不同的 τ_f 和 σ 的数值。然后，以 τ_f 作为纵坐标轴，以 σ 作为横坐标轴，就可绘制出土的抗剪强度 τ_f 和法向应力 σ 的关系曲线，如图 5-4(b)所示。

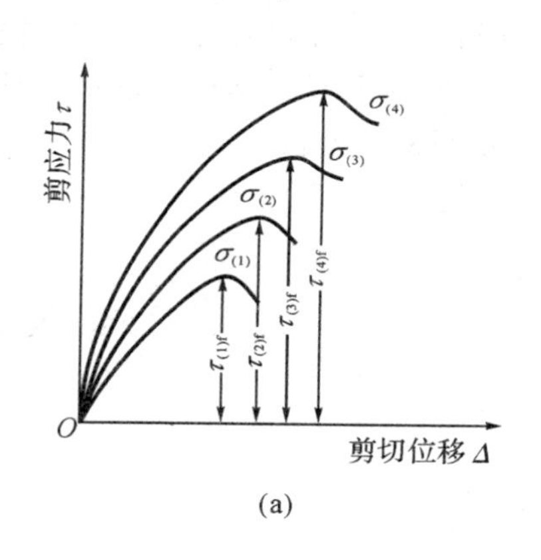

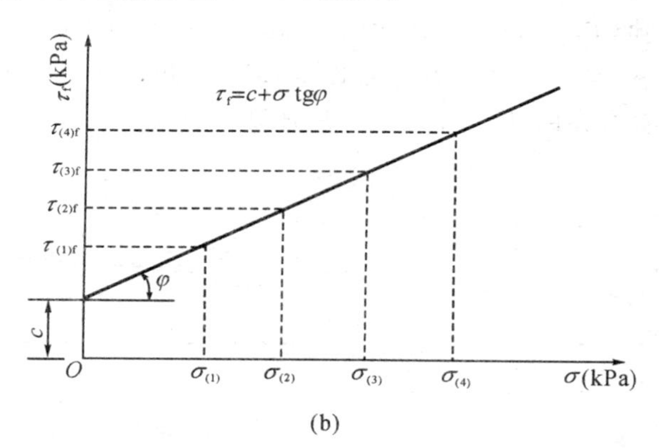

图 5-4 直剪试验曲线

根据直剪试验的试验结果可以知道，对于砂土而言，τ_f 与 σ 的关系曲线是通过原点的，而且，它是与横坐标轴呈 φ 角的一条直线。该直线方程为：

$$\tau_f = \sigma \tan\varphi \tag{5-4}$$

式中：τ_f——砂土的抗剪强度(kPa)；

σ——砂土试样所受的法向应力(kPa)；

φ——砂土的内摩擦角(°)。

式(5-4)表示了土的抗剪强度 τ_f 与法向应力 σ 的关系，它是由法国科学家库伦(C. A. Coulomb)于 1776 年首先提出来的。后来他又通过试验提出适合黏性土的抗剪强度表达式：

$$\tau_f = c + \sigma \tan\varphi \tag{5-5}$$

式中：c——黏性土或粉土的黏聚力(kPa)；

式(5-4)与式(5-5)统称为库仑定律(如图 5-5 所示)。

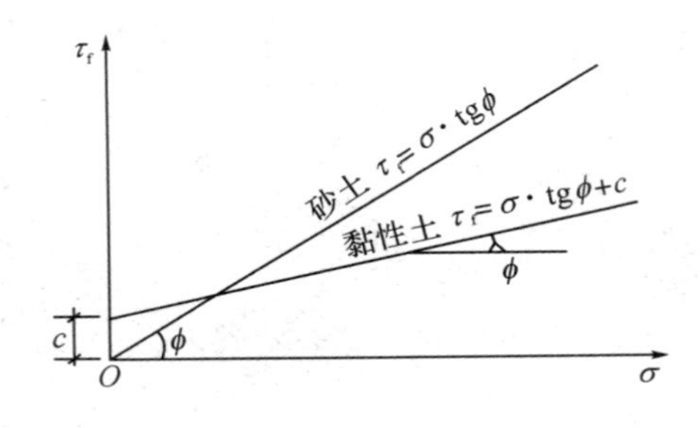

图 5-5　库仑定律

1910 年莫尔(Mohr)继库仑的早期研究工作，提出土体的破坏是剪切破坏的理论，认为在破裂面上，法向应力 σ 与抗剪强度 τ_f 之间存在着函数关系，即：

$$\tau_f=f(\sigma)$$

这个函数所定义的曲线为一条微弯的曲线，称为莫尔破坏包线或抗剪强度包线(图 5-6)。如果代表土单元体中某一个面上 σ 和 τ 的点落在破坏包线以下，如 A 点，表明该面上的剪应力 τ 小于土的抗剪强度 τ_f，土体不会沿该面发生剪切破坏。B 点正好落在破坏包线上，表明 B 点所代表的截面上剪应力等于抗剪强度，土单元体处于临界破坏状态或极限平衡状态。C 点落在破坏包线以上，表明土单元体已经破坏。实际上 C 点所代表的应力状态是不会存在的，因为剪应力 τ 增加到抗剪强度 τ_f 时，不可能再继续增长。

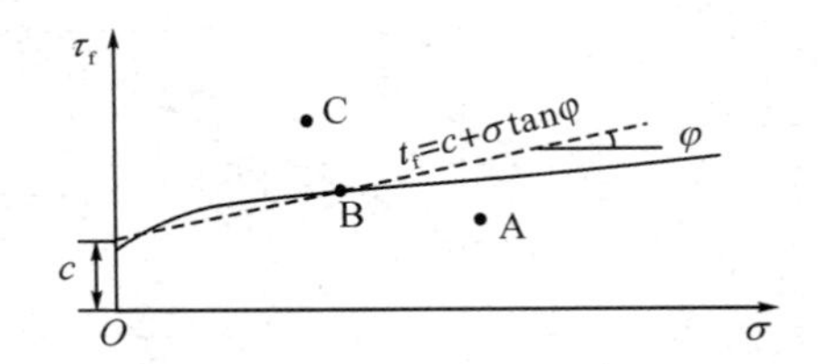

图 5-6　莫尔-库伦破坏包线

实验证明，一般土在应力水平不很高的情况下，莫尔破坏包线近似于一条直线，可以用库仑抗剪强度公式(5-4)和公式(5-5)来表示。这种以库仑公式作为抗剪强度公式，根据剪应力是否达到抗剪强度作为破坏标准的理论就称为莫尔-库仑(Mohr-Coulomb)破坏理论。此理论在世界各国得到广泛应用。

5.2.3　土的极限平衡条件

5.2.3.1　土的极限平衡状态

根据莫尔应力圆与抗剪强度曲线的关系可以判断土中某点是否处于极限平衡状态。将土的抗剪强度曲线与表示某点应力状态的莫尔应力圆绘于同一直角坐标系上(图 5-7)，进行比较，它们之间的关系将有以下三种情况：

1. 整个莫尔圆位于抗剪强度包线的下方(圆Ⅰ)，说明该点在任何平面上的剪应力都小于土所能发挥的抗剪强度($\tau<\tau_f$)，因此不会发生剪切破坏；

2. 抗剪强度包线是莫尔圆的一条割线(圆Ⅲ)，实际上这种情况是不存在的，因为该点任

何方向上剪应力都不可能超过土的抗剪强度(不存在 $\tau>\tau_f$ 的情况);

3. 莫尔圆与抗剪强度包线相切(圆Ⅱ),切点为 A,说明在 A 点所代表的平面上,剪应力正好等于抗剪强度($\tau=\tau_f$),该点就处于极限平衡状态。圆Ⅱ称为极限应力圆。

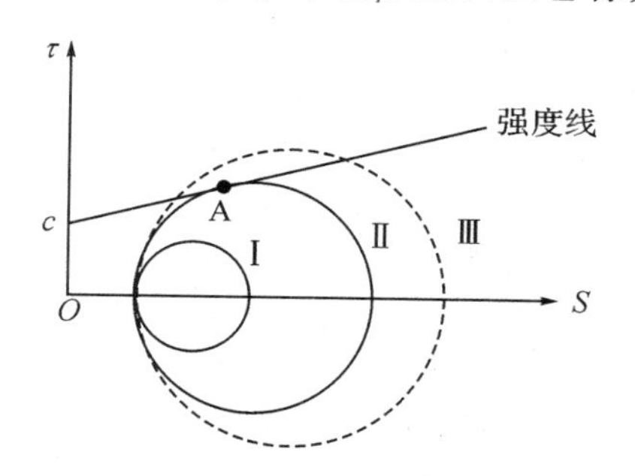

图 5-7　莫尔应力圆与抗剪强度线的关系

5.2.3.2　土的极限平衡条件

根据莫尔应力圆与抗剪强度曲线的几何关系,可建立极限平衡条件方程式。图 5-8(a)所示土体中微元体的受力情况,ac 为破裂面,它与大主应力作用面呈 θ_f 角。该点处于极限平衡状态,其莫尔应力圆如图 5-8(b)所示。根据直角三角形的边角关系得:

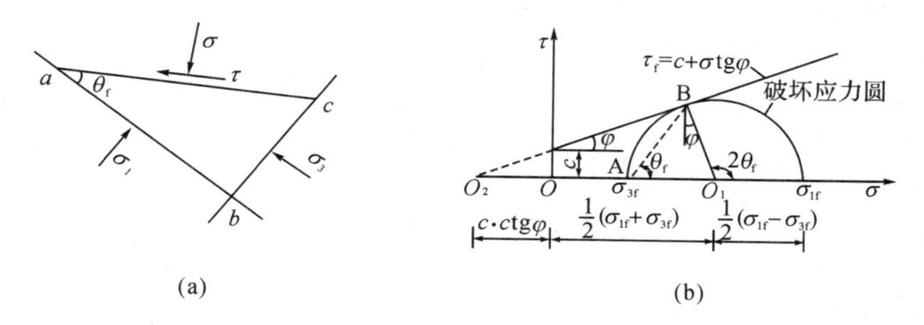

图 5-8　土体中一点达极限平衡状态时的莫尔圆

$$\sin\varphi=(\sigma_1-\sigma_3)/(\sigma_1+\sigma_3+2c\cdot\cot\varphi)$$

化简得:

$$\sigma_1=\sigma_3\frac{1+\sin\varphi}{1-\sin\varphi}+2c\sqrt{\frac{1+\sin\varphi}{1-\sin\varphi}}$$

$$\sigma_3=\sigma_1\frac{1-\sin\varphi}{1+\sin\varphi}-2c\sqrt{\frac{1-\sin\varphi}{1+\sin\varphi}}$$

最后可得黏性土的极限平衡条件:

$$\sigma_1=\sigma_3\tan^2(45^\circ+\frac{\varphi}{2})+2c\cdot\tan(45^\circ+\frac{\varphi}{2}) \tag{5-6}$$

$$\sigma_3=\sigma_1\tan^2(45^\circ-\frac{\varphi}{2})-2c\cdot\tan(45^\circ-\frac{\varphi}{2}) \tag{5-7}$$

对于无黏性土,由于 $c=0$,则其极限平衡条件为:

$$\sigma_1=\sigma_3\tan^2(45^\circ+\frac{\varphi}{2}) \tag{5-8}$$

$$\sigma_3 = \sigma_1 \tan^2(45° - \frac{\varphi}{2}) \tag{5-9}$$

由上图(b)中三角形 ARO 的外角与内角的关系可得破裂角：

$$2\theta_f = 90° + \varphi$$

$$\theta_f = 45° + \frac{\varphi}{2} \tag{5-10}$$

说明破坏面与大主应力 σ_1 的作用面的夹角为 $\alpha = 45° + \frac{\varphi}{2}$。

5.2.3.3 土的极限平衡条件的应用

利用式(5-6)至式(5-10)，已知土单元体实际上所受的应力和土的抗剪强度指标 c、φ，可以很容易地判断该土单元体是否产生剪切破坏。例如，利用公式(5-8)，将土单元体所受的实际应力 σ_{3m} 和土的内摩擦角 φ 代入公式的右侧，求出土处在极限平衡状态时的大主应力

$$\sigma_1 = \sigma_{3m} \tan^3(45° + \frac{\varphi}{2})$$

如果计算得到 $\sigma_1 > \sigma_{1m}$，表示土体达到极限平衡状态要求的最大主应力大于实际的最大主应力，则土体处于弹性平衡状态；反之，如果 $\sigma_1 < \sigma_{1m}$，表示土体已经发生剪切破坏。同理，也可以用 σ_{1m} 和 φ 求出 σ_3，再比较 σ_3 和 σ_{3m} 的大小，来判断土体是否发生了剪切破坏。

【例题 5-1】 设砂土地基中一点的最大主应力 $\sigma_1 = 400$kPa，最小主应力 $\sigma_3 = 200$kPa，砂土的内摩擦角 $\varphi = 25°$，黏聚力 c=0，试判断该点是否破坏。

【解】 为加深对本章节内容的理解，以下用多种方法解题。

(1)按某一平面上的剪应力 τ 和抗剪强度 τ_f 的对比判断：

根据式(5-10)可知，破坏时土单元中可能出现的破裂面与最大主应力 σ_1 作用面的夹角 $\alpha_f = 45° + \frac{\varphi}{2}$。因此，作用在与 σ_1 作用面成 $45° + \frac{\varphi}{2}$ 平面上的法向应力 σ 和剪应力 τ，可按式(5-1)计算；抗剪强度 τ_f 可按式(5-4)计算：

$$\sigma = \frac{1}{2}(\sigma_1 + \sigma_3) + \frac{1}{2}(\sigma_1 - \sigma_3)\cos 2(45° + \frac{\varphi}{2})$$

$$= \frac{1}{2}(400 + 200) + \frac{1}{2}(400 - 200)\cos 2(45° + \frac{25°}{2}) = 257.7(\text{kPa})$$

$$\tau = \frac{1}{2}(\sigma_1 - \sigma_3)\sin 2(45° + \frac{\varphi}{2})$$

$$= \frac{1}{2}(400 - 200)\sin 2(45° + \frac{25°}{2}) = 90.6(\text{kPa})$$

$$\tau_f = \sigma\tan\varphi = 257.7 \times \tan 25° = 120.2(\text{kPa}) > \tau = 90.6(\text{kPa})$$

故可判断该点未发生剪切破坏。

(2)按式(5-8)判断：

$$\sigma_{1f} = \sigma_{3m}\tan^2(45° + \frac{\varphi}{2}) = 200 \cdot \tan^2(45° + \frac{25°}{2}) = 492.8(\text{kPa})$$

由于 $\sigma_{1f} = 492.8(\text{kPa}) > \sigma_{1m} = 400(\text{kPa})$，

故该点未发生剪切破坏。

(3)按式(5-9)判断：

$$\sigma_{3f}=\sigma_{1m}\tan^2(45°-\frac{\varphi}{2})=400\cdot\tan^2(45°-\frac{25°}{2})=162.8(\text{kPa})$$

由于 $\sigma_{3f}=162.8(\text{kPa})<\sigma_{3m}=200(\text{kPa})$，

故该点未发生剪切破坏。

另外，还可以用图解法，比较莫尔应力圆与抗剪切强度包线的相对位置关系来判断，可以得出同样的结论。

5.3 抗剪强度试验方法

5.3.1 三轴试验

5.3.1.1 试验仪器和试验方法

三轴压缩试验使用的仪器为三轴剪力仪(也称三轴压缩仪)，其核心部分是三轴压力室，它的构造见图 5-9。此外，还配备有：(*a*)轴压系统，即三轴剪切仪的主机台，用以对式样施加轴向附加压力，并可控制轴向应变的速率：(*b*)侧压系统，通过液体(通常是水)对土样施加周围压力；(*c*)孔隙水压力测读系统，用以测量土孔隙水压力及其在试验过程中的变化。

试验用的土样为正圆柱形，常用的高度与直径之比为 2－2.5。土样用薄橡皮膜包裹，以免压力室的水进入。试样上、下两端可根据试样要求放置透水石或不透水板。试验中试样的排水情况由排水阀 4 控制(图 5-9)。试样底部与孔隙水压力量测系统相接，必要时借以测定试验过程中试样的孔隙水压力变化。

试验时，先打开阀门 3，向压力室压入液体，使土样在三个轴向受到相同的周围压力 σ_3，此时土样中不受剪力。然后再由轴向系统通过活塞对土样施加竖向压力 $\Delta\sigma_1$，此时试样中将产生剪应力。在周围压力 σ_3 不变情况下，不断增大 $\Delta\sigma_1$，直到土样剪坏。其破坏面发生在与大主应力作用成面 $\sigma_1=45°+\varphi/2$ 的夹角处。这时作用于土样的轴向应力 $\sigma_1=\sigma_3+\Delta\sigma_1$，为最大主应力，周围压力 σ_3 为最小主应力。

5.3.1.2 三轴压缩试验的试验结果

设剪切破坏时由传力杆加在试件上的竖向压应力增量为 $\Delta\sigma_1$，则试件上的大主应力为 $\sigma_1=\sigma_3+\Delta\sigma_1$，而小主应力为 σ_3，以($\sigma_1-\sigma_3$)为直径可画出一个极限应力圆，如图 5-10(c)中圆Ⅰ，用同一种土样的若干个试件(三个及三个以上)按上述方法分别进行试验，每个试件施加不同的周围压力 σ_3，可分别得出剪切破坏时的大主应力 σ_1，将这些结果绘成一组极限应力圆，如图 5-10(c)中的圆Ⅰ、Ⅱ和Ⅲ。由于这些试件都剪切至破坏，根据莫尔-库仑理论，作一组极限应力圆的公共切线，为土的抗剪强度包线，通常近似取为一条直线，该直线与横坐标的夹角为土的内摩擦角 φ，直线与纵坐标的截距为土的黏聚力 C。

如果量测试验过程中的孔隙水压力，可以打开孔隙水压力阀，在试件上施加压力以后，由于土中孔隙水压力增加迫使零位指示器的水银面下降。为量测孔隙水压力，可用调压筒调整零位指示器的水银面始终保持原来的位置，这样，孔隙水压力表中的读数就是孔隙水压力值。如要量测试验过程中的排水量，可打开排水阀门，让试件中的水排入量水管中，根据量水管中水位的变化可算出在试验过程中的排水量。

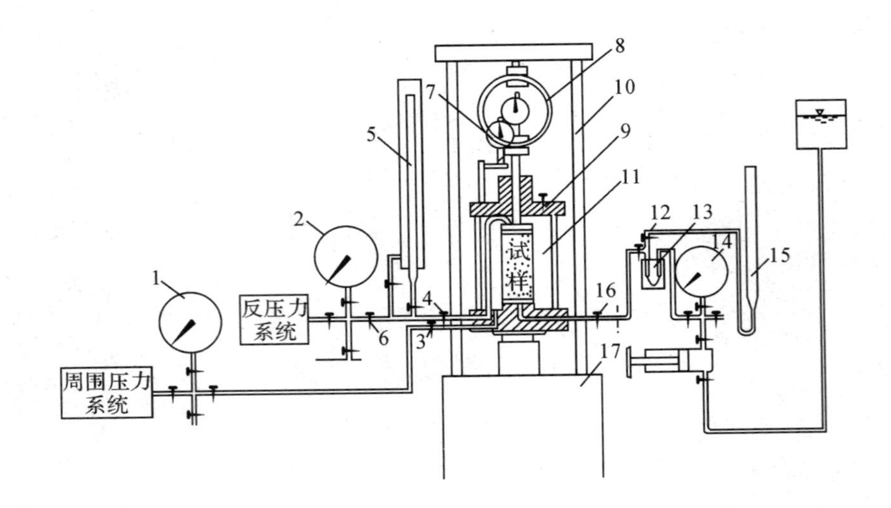

1—周围压力表 2—反压力表 3—周围压力阀 4—排水阀 5—体变管 6—反压力阀
7—垂直变形百分表 8—量力环 9—排气孔 10—轴向加压设备 11—压力室 12—量管阀
13—零位指示器 14—孔隙压力表 15—量管 16—孔隙压力阀 17—离合器

图 5-9 三轴压缩仪

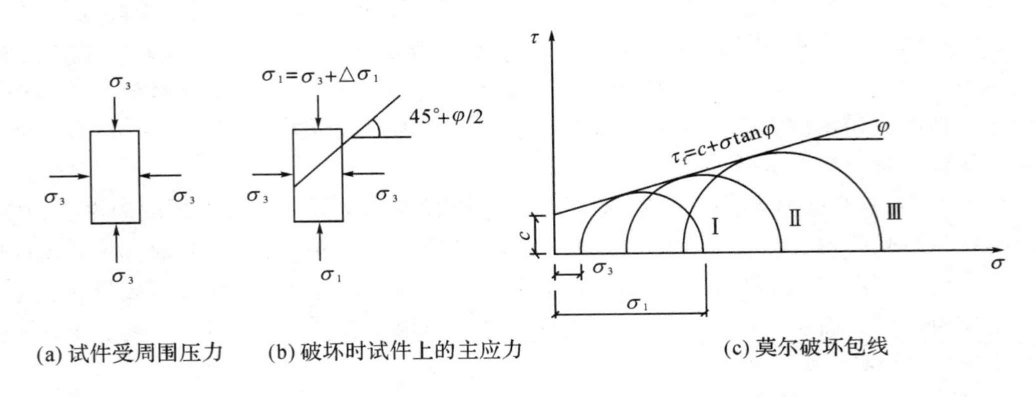

(a) 试件受周围压力　(b) 破坏时试件上的主应力　(c) 莫尔破坏包线

图 5-10 三轴压缩试验原理

若在试验过程中，通过孔隙水测读系统分别测得每一个土样剪切破坏时的孔隙水压力的大小就可以得出土样剪切破坏时有效应力 $\sigma'_1=\sigma_1-\sigma_u$，$\sigma'_3=\sigma_3-\sigma_u$，绘制出相应的有效极限应力圆，根据有效极限应力圆，即可求得有效强度指标 $\sigma_1{}'c'$。

5.3.1.3 三轴试验的三种方法

根据土样固结排水条件的不同，相应于直剪试验三轴试验也可分为下列三种基本方法：

(1)不固结不排水剪(UU)：

先向土样施加周围压力 σ_3，随后即施加轴向应力 $\Delta\sigma_1$ 直至剪坏。在施加 $\Delta\sigma_1$ 过程中，自始至终关闭排水阀门不允许土中水排出，即在施加周围压力和剪切力时均不允许土样发生排水固结。

这样从开始加压直到试样剪坏全过程中土中含水量保持不变。这种试验方法所对应的实际工程条件相当于饱和软黏土中快速加荷时的应力状况

(2)固结不排水剪(CU)试验:

试验时先对土样施加周围压力 σ_3,并打开排水阀门 B,使土样在 σ_3 作用下充分排水固结。然后施加轴向应力 $\Delta\sigma_1$,此时,关上排水阀门 B,使土样在不能向外排水条件下受剪直至破坏为止。

三轴"CU"试验是经常要做的工程试验,它适用的实际工程条件常常是一般正常固结土层在工程竣工时或以后受到大量、快速的活荷载或新增加的荷载的作用时所对应的受力情况。

(3)固结排水剪(CD)试验:

在施加周围压力 σ_3 和轴向压力 $\Delta\sigma_1$ 的全过程中,土样始终是排水状态,土中孔隙水压力始终处于消散为零的状态,使土样剪切破坏。

这三种不同的三轴试验方法所得强度、包线性状及其相应的强度指标不相同,其大致形态与关系如图 5-11 所示。

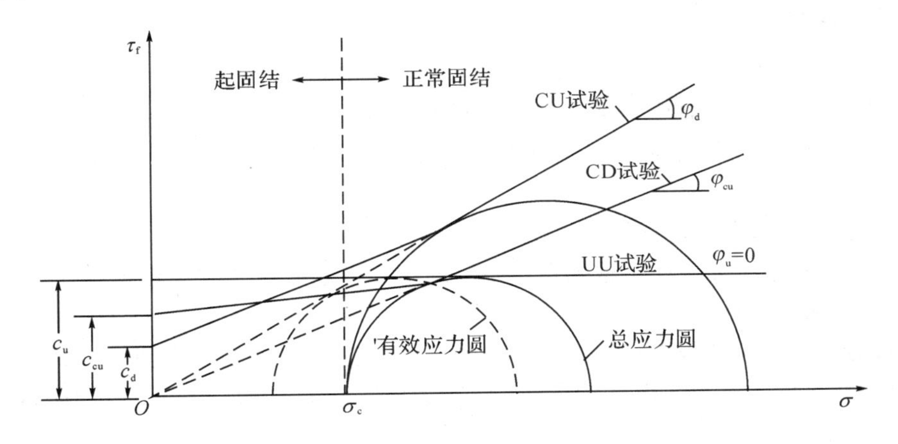

图 5-11 三种试验方法结果比较

5.3.1.4 抗剪强度指标的选择

三轴试验和直剪试验的三种试验方法在工程实践中如何选用是个比较复杂的问题,黏性土的强度性状是很复杂的,它不仅随剪切条件不同而异,而且还受许多因素(例如土的各向异性、应力历史、蠕变等)的影响。此外对于同一种土,强度指标与试验方法以及试验条件都有关,实际工程问题的情况又是千变万化的,用实验室的试验条件去模拟现场条件毕竟还会有差别。因此,对于某个具体工程问题,应根据工程情况、加荷速度快慢、土层厚薄、排水情况、荷载大小等综合确定。

首先要根据工程问题的性质确定分析方法,进而决定采用总应力或有效应力强度指标,然后选择测试方法。一般认为,由三轴固结不排水试验确定的有效应力强度和宜用于分析地基的长期稳定性(例如土坡的长期稳定性分析,估计挡土结构物的长期土压力、位于软土地基上结构物的地基长期稳定分析等);而对于饱和软黏土的短期稳定问题,则宜采用不固结不排水试验的强度指标,即以总应力法进行分析。一般工程问题多采用总应力分析法,其指标和测试方法的选择大致如下:

若建筑物施工速度较快,而地基土的透水性和排水条件不良时,为使施工期土体稳定可采用三轴仪不固结不排水试验或直剪仪快剪试验的结果;如果地基荷载增长速率较慢,地基土的透水性不太小(如低塑性的黏土)以及排水条件又较佳时(如黏土层中夹砂层),则可以采用固结排水或慢剪试验;如果介于以上两种情况之间,如击实填土地基或路基以及挡土墙及船闸等结构物的地基,可用固结不排水或固结快剪试验结果。由于实际加荷情况和土的性质是复杂的,而且在建筑物的施工和使用过程中都要经历不同的固结状态,因此,在确定强度指标时还应结合工程经验。

5.3.1.5 三轴压缩试验的优缺点

优点:

1)严格控制排水条件,可以量测孔隙水压力变化。

2)应力状态明确,破裂面是最弱处。

3)结果比较可靠,还可以测定土的其他力学性质。

缺点:试件中主应力 $\sigma_2=\sigma_3$,实际土体受力状态未必属于这类轴对称情况,且费用较高。

5.3.2 直剪试验

1)直剪试验基本原理与方法已知前述,在直接剪切试验中,不能量测孔隙水压力,也不能控制排水,所以只能用总应力法来表示土的抗剪强度。但是为了考虑固结程度和排水条件对抗剪强度的影响,根据加荷速率的快慢将直剪试验划分为块剪、固结快剪和慢剪三种试验类型。

(1)快剪。竖向压力施加后立即施加水平剪力进行剪切,使土样在 3~5 分钟内剪坏。由于剪切速度快,可认为土样在这样短暂时间内没有排水固结或者说模拟了“不排水”剪切情况。得到的强度指标用 c_q、φ_q 表示;

(2)固结快剪。竖向压力施加后,给以充分时间使土样排水固结。固结终了后施加水平剪力,快速地(约在 3~5min 内)把土样剪坏,即剪切时模拟不排水条件。得到的指标用 c_{cq}、φ_{cq} 表示;

(3)慢剪。竖向压力施加后,让土样充分排水固结,固结后以慢速施加水平剪力,使土样在受剪过程中一直有充分时间排水固结,直到土被剪破,得到的指标用 c_s、φ_s 表示。

由上述三种试验方法可知,即使在同一垂直压力作用下,由于试验时的排水条件不同,作用在受剪面积上的有效应力也不同,所以测得的抗剪强度指标也不同。在一般情况下,$\varphi_s>\varphi_{cq}>\varphi_q$。

上述三种试验方法对黏性土是有意义的,但效果要视土的渗透性大小而定。对于非黏性土,由于土的渗透性很大,即使快剪也会产生排水固结,所以常采用一种剪切速率进行“排水剪”试验。

2)直剪试验优缺点

直剪试验的优点是仪器构造简单,操作方便,它的主要缺点是:

(1)剪切面限定在上下盒之间的平面,而不是沿土样最薄弱面剪切破坏。

(2)剪切面上剪应力分布不均匀,土样剪切破坏先从边缘开始,在边缘发生应力集中现象。

(3)剪切过程中,土样剪切面逐渐缩小,而计算抗剪强度时却按土样的原截面积计算的。

(4)不能控制排水条件;

(5)剪切面上的应力分布不均匀。

因此，为了克服直剪试验存在的问题，后来发展了三轴压缩试验方法，三轴压缩仪是目前测定土抗剪强度较为完善的仪器。

5.3.3 无侧限抗压强度试验

无侧限抗压强度试验如同在三轴仪中进行 $\sigma_3=0$ 的不排水剪切试验一样，试验时，将圆柱形试样放在如图 5-12(a)所示的无侧限抗压试验仪中，在不加任何侧向压力的情况下施加垂直压力，直到使试件剪切破坏为止，剪切破坏时试样所能承受的最大轴向压力 q_u 称为无侧限抗压强度。

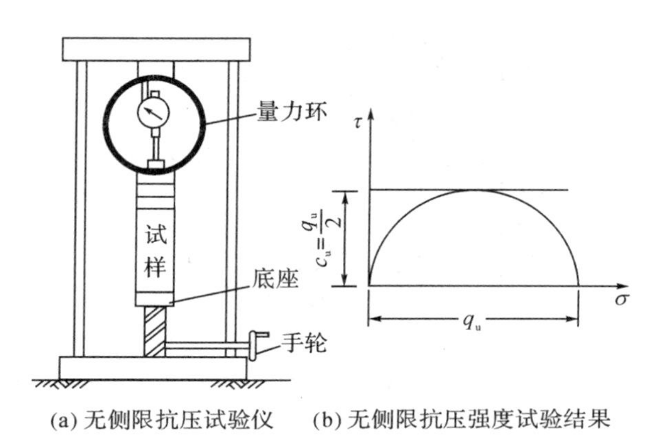

(a) 无侧限抗压试验仪　(b) 无侧限抗压强度试验结果

图 5-12　无侧限抗压强度试验

根据试验结果，只能作一个极限应力圆($\sigma_1=q_u$ $\sigma_3=0$)。因此对于一般黏性土就难以作出破坏包线。而对于饱和黏性土，根据在三轴不固结不排水试验的结果，其破坏包线近似于一条水平线，$\varphi_u=0$。这样，如仅为了测定饱和黏性土的不排水抗剪强度，就可以利用构造比较简单的无侧限抗压试验仪代替三轴仪。此时，取 $\varphi_u=0$，则由无侧限抗压强度试验所得的极限应力圆的水平切线就是破坏包线，由图 5-12(b)得

$$\tau_f=c_u=q_u/2$$

式中：c_u—土的不排水抗剪强度，kPa；

q_u—无侧限抗压强度，kPa。

无侧限抗压强度试验的缺点是试样的中间部分完全不受约束，因此，当试样接近破坏时，往往被压成鼓形，这时试样中的应力显然不是均匀的(三轴仪中的试样也有此问题)。

5.3.4 十字板剪切试验

1)十字板剪切仪是一种使用方便的原位测试仪器，通常用以测定饱和黏性土的原位不排水强度，特别适用于均匀饱和软黏土。由于这种土常因在取样操作和试件成型过程中使得土体结构不可避免地受到扰动而破坏，通常室内试验测得的强度值明显地低于原位土的强度。

十字板仪由板头、加力装置和量测装置三部分组成，板头是两片正交的金属板，厚2mm，刃口成60°，常用尺寸为 D(宽)×H(高)=50mm×100mm。试验通常在钻孔内进行，先将钻孔钻至要求测试的深度以上 75cm 左右。清理孔底后，将十字板头压入土中至测试的深度。然后通过安放在地面的施加扭力装置，旋转钻杆以扭动十字板头。这时十字板周

围的土体内会形成一个圆柱形剪切面。剪切面上的剪应力随扭矩的增加而增加，直到最大扭矩时土体沿圆柱面破坏，剪应力达到土体的抗剪强度。

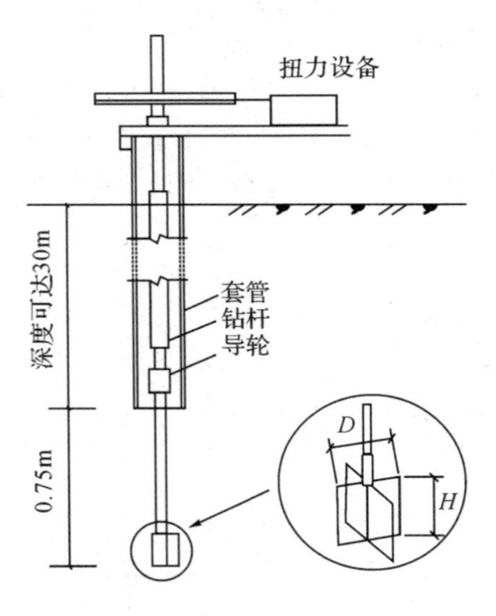

图 5-13　十字板剪力仪

根据土体剪切破坏时所施加的扭矩与土的抗剪强度所产生的抵抗力矩相等，建立关系式，求出土的抗剪强度。

$$\tau_f=\frac{2M}{\pi D^2\left(H+\frac{D}{3}\right)}$$

式中：D—十字板的宽度；

H—十字板的高度；

M—土体剪切破坏时的最大扭矩。$M=\pi DH\cdot\frac{D}{2}\tau_f+2\ \frac{\pi D^2}{4}\cdot\frac{D}{3}\tau_H$（剪切破坏时圆柱体上下面土的抗剪强度）。

2）十字板剪切法的优缺点

十字板剪切试验由于是直接在原位进行试验，不必取土样，故土体所受的扰动较小，被认为是比较能反映土体原位强度的测试方法，但如果在软土层中夹有薄层粉砂，则十字板试验结果就可能会偏大。

5.3.5　总应力法及有效应力法

5.3.5.1　法向应力与有效应力关系

实验研究指出，土的抗剪强度不仅与土的性质有关，还与试验时的排水条件、剪切速率、应力状态和应力历史等许多因素有关，其中最重要的是试验时的排水条件，根据 K. 太沙基(Terzaghi)的有效应力概念，土体内的剪应力只能由土的骨架承担，因此，土的抗剪强度 τ_f 应表示为剪切破坏面上的法向有效应力 σ' 的函数，库仑公式应修改为

$$\tau_f=\sigma'\tan\varphi'$$

$$\tau_f=c'+\sigma'\tan\varphi' \tag{5-11}$$

其中，

$$\sigma=\sigma'+u \quad 或 \quad \sigma'=\sigma-u$$

式中：σ'——剪切破坏面上的法向有效应力，kPa；

c'——有效黏聚力，kPa；

φ'——有效内摩擦角，度；

u——孔隙水压力，kPa。

因此，土的抗剪强度有两种表达方法，一种是以总应力 σ 表示剪切破坏面上的法向应力，抗剪强度表达式即为库仑公式，称为抗剪强度总应力法，相应的 c、φ 称为总应力强度指标（参数）；另一种则以有效应力 σ' 表示剪切破坏面上的法向应力，其表达式为式(5-11)，称为抗剪强度有效应力法，c' 和 φ' 称为有效应力强度指标（参数）。虽然试验研究表明，土的抗剪强度取决于土粒间的有效应力，然而，由库仑公式建立的概念在应用上比较方便，在工程上仍一直沿用至今。

5.3.5.2 总应力法与有效应力法的优缺点

(1)总应力法

优点：操作简单，运用方便。（一般用直剪仪测定）。

缺点：不能反映地基土在实际固结情况下的抗剪强度。

(2)有效应力法

优点：理论上比较严格，能较好地反映抗剪强度的实质，能检验土体处于不同固结情况下的稳定性。

缺点：孔隙水压力的正确测定比较困难。

5.3.5.3 有效抗剪强度指标的确定

设对一组饱和黏性土试样作固结不排水试验，取至少 3 个试样分别施加不同的侧压力 σ_3，然后施加竖向压力，使试件受剪破坏，记录剪破时竖向压力 $\Delta\sigma_1$ 和剪破时的孔隙水压力 u_f，则试件上的有效大主应力为：

$$\sigma'_1=\sigma_3+\Delta\sigma_1-u_f$$

试件上的有效小主应力为：

$$\sigma'_3=\sigma_3-u_f$$

以($\sigma'_1-\sigma'_3$)为直径画一个极限应力圆，3 个试样可得到三个不同的极限圆。作这三个极限应力圆的公共切线，即为土的抗剪强度包线，通常可近似取一直线，从直线上得出土的有效内摩擦角 φ'，土的有效黏聚力 c'。

5.4 土的强度特性

5.4.1 土的峰值强度及残余强度

土体在受剪切作用时的剪应力～剪应变关系可分为两种类型：一种是曲线平缓单调上升，最后趋近于一定值，松砂和正常固结黏土即为这一类型；另一种剪应力～剪应变曲线有明显的中间峰值，在超越峰值后，剪应变不断增大，但抗剪强度却下降，最后也趋近于一定值，密砂和超固结黏土即为这一类型。如图 5-14。

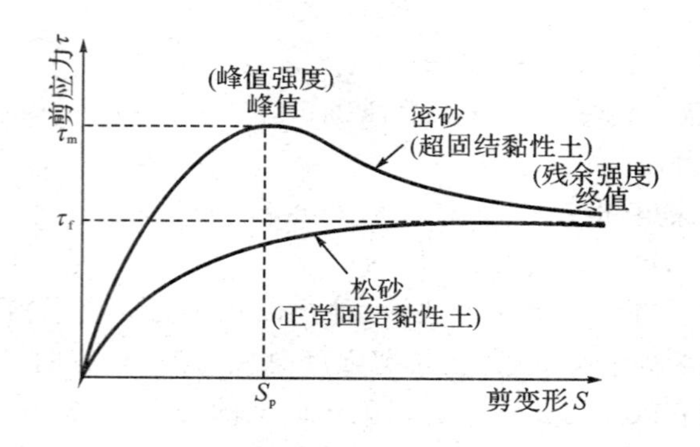

图 5-14 剪应力-剪变形关系曲线

超过峰值后，剪应力随剪切位移的增大而降低，称应变软化特征。当剪切位移较大时，其强度最终也逐渐降低至某一稳定值，此时稳定的最小抗剪强度，称为土的残余抗剪强度；而峰值剪应变对应的强度则称为峰值强度。

残余抗剪强度以下式表达：

$$\tau_{fr}=c_r+\sigma\tan\varphi_r \tag{5-12}$$

式中：τ_{fr}——土的残余抗剪强度(kPa)；

c_r——残余内聚力(一般 $c_r\approx0$)kPa；

φ_r——残余内摩擦角(°)；

σ——垂直应压力(kPa)。

如图 5-15 所示，残余强度包线在纵坐标上的截距 $c_r\approx0$，残余内摩擦角 φ_r 略小于其峰值内摩擦角 φ，残余强度的降低主要表现为黏聚力的下降。

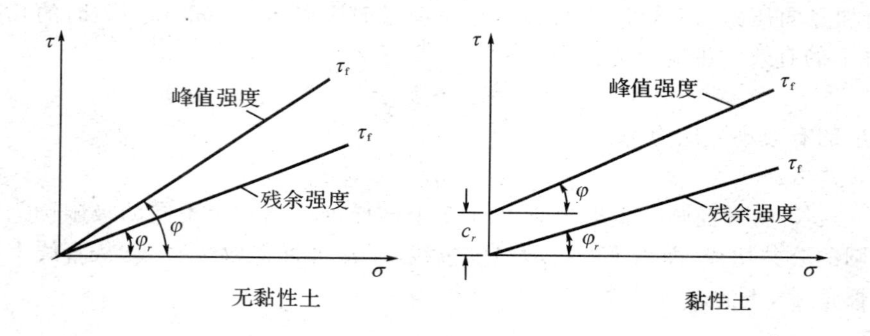

图 5-15 峰值强度和残余强度曲线

残余强度有其应用的实际意义。天然滑坡的滑动面或断层面，土体由于多次滑动而经历相当大的变形。在分析其稳定性时，应该采用其残余强度。在某些裂隙黏土中，经常发生渐进性的破坏，即部分土体因应力集中先达到应力的峰值强度，而后，其应力减小，从而引起四周土体应力的增加，它们也相继达到应力峰值强度，这样的破坏区将逐步扩展。在这种情况下，破坏的土体变形很大，应该采用残余强度进行分析。

5.4.2 砂土的强度特性

5.4.2.1 砂土的内摩擦角

砂和粉土等常被称为无黏性土，无黏性土黏聚力 $c=0$。由于其透水性强，在现场的受剪过程大多相当于固结排水剪情况，由固结排水剪试验求得的强度包络线一般为通过坐标原点的直线，可表达为 $\tau_f=\sigma\cdot\tan\varphi_d$，式中 φ_d 为有效内摩擦角，对砂性土通常在 28°～42°之间。

砂土的渗透系数大，土体中超孔隙水压力常等于零，有效应力强度指标与总应力强度指标是相同的。砂土的内摩擦角通常采用直剪试验或三轴试验获得。

砂土的抗剪强度将受到其密度、颗粒形状、表面粗糙度和级配等因素的影响。对于一定的砂土来说，影响抗剪强度的主要因素是其初始孔隙比（或初始干密度）。初始孔隙比愈小（即土愈紧密），则抗剪强度愈高，反之，初始孔隙比愈大（即土愈疏松），则抗剪强度愈低。此外，同一种砂土在相同的初始孔隙比下饱和时的内摩擦角比干燥时稍小，说明砂土浸水后强度降低。几种砂土在不同密度时的内摩擦角典型值见表 5-1。

表 5-1　几种砂土在不同密度时的内摩擦角

土的类型	剩余强度或松砂峰值强度	峰值强度	
		中密	密实
粉砂（非塑性）	26°～30°	28°～32°	30°～34°
均匀细砂、中砂	26°～30°	30°～34°	32°～36°
级配良好的砂	30°～34°	34°～40°	38°～46°
砾 砂	32°～36°	36°～42°	40°～48°

5.4.2.2 砂土的残余强度

如前所述，同一种砂土在相同的周围压力作用下，由于其初始孔隙比不同，在剪切过程中将出现不同的应力——应变特征。松砂的应力——应变曲线没有一个明显的峰值，剪应力随着剪应变的增加而增大，最后趋于某一恒定值；密实的砂的应力～应变曲线有个明显的峰值，过此峰值以后剪应力便随剪应变的增加而降低，最后趋于松砂相同的恒定值，如图 5-14 所示。这一恒定的强度通常称为残余强度或最终强度，以 τ_f 表示。密实砂的这种强度减小被认为是剪位移克服了土粒之间的咬合作用之后，砂土结构崩解变松的结果。

从图 5-14 中还可以看到：密实砂和中等密实砂中剪应力起初随着轴向应变增大而增大，直到峰值 τ_m，然后则随着轴向应变增大而减少，并以残余强度 τ_f 为渐近值。

对密实砂和中等密实砂可由峰值 τ_m 确定峰值强度，由 τ_f 确定残余强度，并确定相应的强度指标内摩擦角 φ 和残余内摩擦角 φ_r 值，如图 5-15 中所示。松砂的内摩擦角可由极限值确定。松砂的内摩擦角大致与干砂的天然休止角相等，密实砂的内摩擦角比天然休止角大 5°～10°

5.4.2.3 砂土的液化

液化是指物质转化为液体的行为或过程。前已介绍砂土在剪切时一般都能在短时间内排水固结。因而，砂土的抗剪强度相当于固结排水剪或慢剪试验的结果，但是对于饱和疏松的粉细砂，当受到突发的动力荷载时，例如地震荷载作用，往往会因为时间短而来不及向外排水，另一方面也由于动剪应力的作用而使其体积有缩小的趋势，因此就产生了很大的孔隙

水压力。按有效应力原理，无黏性土的抗剪强度应表达为

$$\tau_f=\sigma'\tan\varphi'=(\sigma-u)\tan\varphi' \tag{5-13}$$

由上式可知，当动荷载引起的超静孔隙水应力 u 达到 σ 时，则有效应力 $\sigma'=0$，其抗剪强度 $\tau_f=0$，这时，砂土地基将丧失其承载力，从而引起强度破坏。

5.4.2.4 砂土的应力～轴向应变～体变关系

砂土的初始孔隙比不同，在受剪过程中将显示出非常不同的性状。松砂受剪时，颗粒滚落到平衡位置，排列得更紧密些，所以它的体积缩小，把这种因剪切而体积缩小的现象称为剪缩性。如图 5-16(a)。

紧砂受剪时，颗粒必须升高以离开它们原来的位置而彼此才能相互滑过，从而导致体积膨胀，把这种因剪切而体积膨胀的现象称为剪胀性。如图 5-16(a)。

然而，紧砂的这种剪胀趋势随着周围压力的增大、土粒的破碎而逐渐消失。在高围压下，不论砂土的松紧如何，受剪都将剪缩。

砂土在某一初始孔隙比下受剪，它剪破时的体积将等于初始体积，这一初始孔隙比称为临界孔隙比。当初始孔隙比大于临界孔隙比时，砂土将会剪缩；反之则剪胀。砂土的临界孔隙比将随周围压力的增加而减小。

饱和砂土在低围压下受剪时，进行不排水剪试验，则密砂为了抵消受剪时的剪胀趋势，将通过土样内部的应力调整，即产生负孔隙水压力，以保持试样在受剪阶段体积不变。所以，在相同初始周围压力下，由固结不排水剪试验测得的强度要比固结排水剪试验的高。反之松砂为了抵消受剪时的体积缩小趋势，将产生正孔隙水压力，以保持试样在受剪阶段体积不变。所以，在相同初始周围压力下，由固结不排水剪试验测得的强度要比固结排水剪试验的低。

5.4.3 黏性土的强度特性

5.4.3.1 应力历史的影响

黏性土的抗剪强度远比无黏性土复杂，天然沉积的黏土就更复杂。想对原状土的强度特性有正确的了解，也就非常困难。饱和黏土试样的抗剪强度除受固结程度和排水条件影响外，在一定程度上还受它的应力历史的影响。在三轴试验中，如果试样现有固结压力 σ_c 等于或大于该试样在历史上曾受到过的最大固结压力则试样是正常固结的；如果试样现有固结压力 σ_c 小于该试样在历史上曾受到过的最大固结压力，则该试样是属于超固结的。正常固结和超固结试样在受剪时将具有不同的强度特性。对于同一种土，超固结土的强度大于正常固结土的强度。

5.4.3.2 黏性土的残余强度

超固结黏土在剪切试验中有与密实砂相似的应力——应变特征，当强度随着剪位移达到峰值后，如果剪切继续进行，随着剪位移继续增大，强度显著降低，最后稳定在某一数值不变，该不变的值即被称为黏土的残余强度。正常固结黏土亦有此现象，只是降低的幅度较超固结黏土要小些。图 5-17(a)为不同应力历史的同一种黏土在相同竖向压力下在直剪仪中的慢剪试验结果。图 5-17(b)为不同竖向压力 σ 下的峰值强度线和残余强度线。由图可见：

(1)黏土的残余强度与它的应力历史无关；

(2)在大剪位移下超固结黏土的强度降低幅度比正常固结黏土的大；

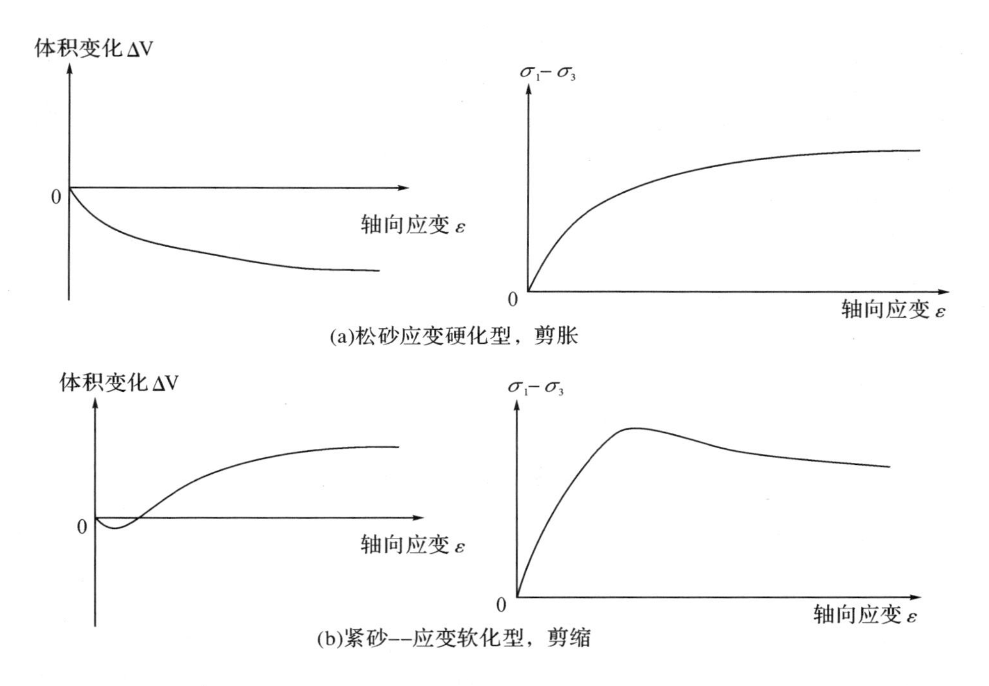

图 5-16　砂土剪切时的应变-轴变-体变关系

(3)残余强度线为通过坐标原点的直线，即

$$\tau_r = \sigma \cdot \tan\varphi_r \tag{5-14}$$

式中：τ_r——黏土的残余强度；

σ——剪破面上的法向应力；

φ_r——残余内摩擦角。

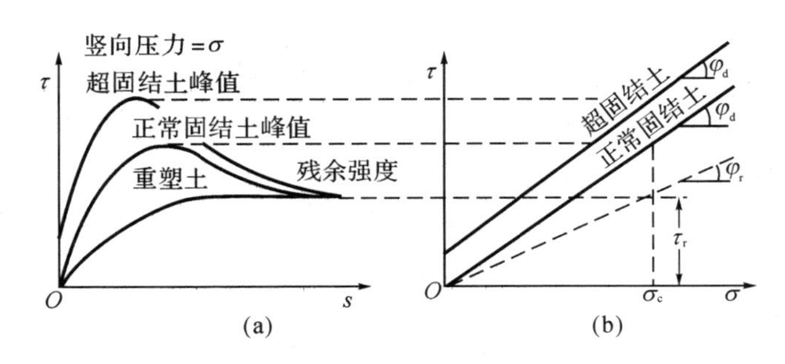

图 5-17　黏性土的残余强度

必须指出，在大位移下黏土强度降低的机理与密实砂不同。密实砂是由于土粒间咬合作用被克服，结构崩解变松的结果，而黏土被认为是由于在受剪过程中土的结构性损伤、土粒的排列变化及粒间引力减小；吸着水层中水分子的定向排列和阳离子的分布因受剪而遭到破坏。

5.4.3.3　黏土的结构强度

1)触变性。土的强度同土的结构有着密切的关系。当土的原有结构遭受破坏或扰动时，不仅改变了土粒的排列情况，同时也使土粒间的联结受到不同程度的破坏，其强度会降低，压缩性也增大。黏土的强度(或其他性质)随着其结构的改变而发生变化的特性称为土的结构性。因此，对具有明显结构性的黏土，要注意避免扰动或破坏其结构。

某些在含水率不变的条件下使其原有结构受彻底扰动的黏土，称为重塑土。黏土对结构扰动的敏感程度可用灵敏度表示。灵敏度定义为原状试样的无侧限抗压强度与相同含水率下重塑试样的无侧限抗压强度之比

$$s_t = \frac{q_u}{q'_u} \tag{5-15}$$

式中：S_t——黏土的灵敏度；

q_u——原状试样的无侧限抗压强度；

q'_u——重塑试样的无侧限抗压强度。

黏土可根据灵敏度按表 5-2 进行分类。

表 5-2　黏土按灵敏度分类

S_t	黏土分类	S_t	黏土分类
1	不 灵 敏	4～8	灵 敏
1～2	低 灵 敏	8～16	很灵敏
2～4	中等灵敏	＞16	流 动

对于灵敏度高的黏土，经重塑后停止扰动，静置一段时间后其强度又会部分恢复。在含水率不变的条件下黏土因重塑而软化(强度降低)，软化后又随静置时间的延长而硬化(强度增长)的这种性质称为黏土的触变性。土的触变性是由于土粒、水分子和化学离子体系随时间而逐渐趋于新的平衡状态的缘故。例如在黏性土中打桩时，桩侧土的结构受到破坏而强度降低，但在停止打桩以后，土的强度逐渐恢复，桩的承载力逐渐增加，这就是受土的触变性影响的结果。

由于细粒土压缩性大、承载力低、灵敏度高和强触变性，不宜作为天然地基。

2)蠕变

黏性土的蠕变是指在剪切过程中，在恒定剪应力作用下应变随时间而增长的现象。

当主应力差很小时，轴向应变几乎在瞬间发生，之后，蠕变缓慢发展，轴向应变～时间关系曲线最后呈水平线，土不会发生蠕变破坏(如图 5-18(a))。当主应力差较大时，蠕变速率会相应增大。当主应力差达到某一值后，轴向应变不断发展，应变速率增大，最终可导致蠕变破坏。

蠕变破坏的过程包括以下几个阶段(如图 5-18(b))：

(1)弹性应变阶段：图中 OA 段，对土而言，此阶段的应变值很小；

(2)初始蠕变阶段：图中 AB 段，在这一阶段，蠕变速率由大变小，如果这时卸除主应力差，则先恢复瞬时弹性应变，继而恢复初期蠕变；

(3)稳定蠕变阶段：图中 BC 段，这一阶段的蠕变速率为常数，这时若卸除主应力差，土也将存在永久变形；

(4)加速蠕变阶段：在这一阶段，蠕变速率迅速增长，最后达到破坏。

5.4.4　土的抗剪强度指标与主要影响因素

5.4.4.1　土的抗剪强度指标

土的抗剪强度指标 c 和 φ 是通过试验得出的。它们的大小反映了土的抗剪强度的高

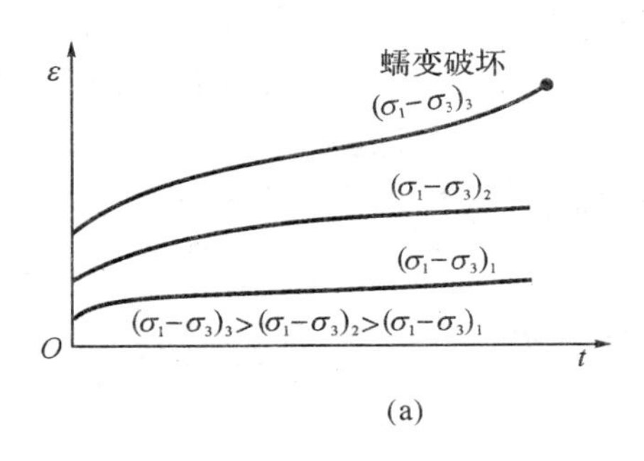

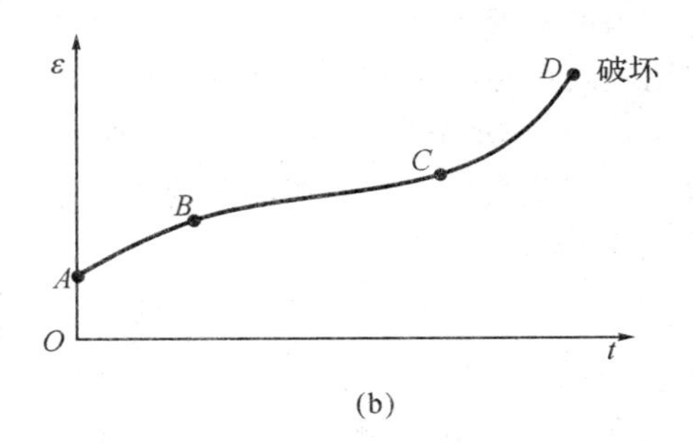

图 5-18　土的蠕变曲线

低。c 为黏聚力，$\tan\varphi=f$ 为土的内摩擦系数，$\sigma\tan\varphi$ 则为土的内摩擦力。黏聚力 c 是由于黏土颗粒之间的胶结作用、结合水膜以及分子引力作用等形成的。内摩擦力通常由两部分组成：一部分为剪切面上颗粒与颗粒接触面所产生的摩擦力；另一部分则是由颗粒之间的相互嵌入和连锁作用产生的咬合力。按照库仑定律，对于某一种土，c 和 φ 都是当做常数来使用的，但严格来说，c 和 φ 均随试验方法和土样的试验条件等的不同而有所不同，所以即使是同一种土，c 和 φ 也不一定是常数。

5.4.4.2　影响土的抗剪强度的因素

影响土的抗剪强度的因素很多，主要的有以下几个方面。

1)土粒的矿物成分、形状、颗粒大小与颗粒级配。土的颗粒越粗，形状越不规则，表面越粗糙，内摩擦力越大，抗剪强度也越高。黏土矿物成分不同，其黏聚力也不同。

2)土的密度

土的初始密度越大，土的密实度就越大，土粒间接触较紧，土粒表面摩擦力和咬合力也越大，剪切试验时需要克服这些力的剪力也越大。所以黏性土的密度越大，黏聚力 c 值也越大。

3)含水量

土中含水量的多少，对土抗剪强度的影响也十分明显。土中含水量大时，会降低土粒表面上的摩擦力，使土的内摩擦角 φ 值减小；黏性土含水量增高时，会使结合水膜加厚，因而也就降低了黏聚力。

4)土体结构的扰动情况

黏性土的天然结构如果被破坏，颗粒之间的排列顺序将会发生变化，土体的内势能会有降低的趋势，使得颗粒之间的摩擦力和黏聚力都会降低，抗剪强度就会明显下降，即原状土的抗剪强度高于同密度和含水量的重塑土。所以施工时要尽量保持黏性土的天然结构不被破坏。

5)孔隙水压力的影响

根据有效应力原理，作用于试样剪切面上的总应力等于有效应力与孔隙水压力之和。其中孔隙水压力由于作用在土中自由水上，不会产生土粒之间的内摩擦力，只有作用在土的颗粒骨架上的有效应力，才能产生土的内摩擦强度。因此，土的抗剪强度应该只与有效应力有关。但在剪切试验中，试样内的有效应力(或孔隙水压力)将随剪切前试样的固结程度和剪切中的排水条件而异。因此，对于同一种土，即使剪切面上的总应力相同，也会因土中孔隙水排出的情况不同，而使得有效应力的数值不同，抗剪强度也就不同。因此在工程设计中所取用的强度指标试验方法必须与现场的施工加荷情况相符合。三轴试验中的不固结不排水剪、固结不排水剪和固结排水剪三种基本试验类型，以及直剪试验中的快剪、固结快剪和慢剪三种试验方法即是模拟不同的排水条件，以便和施工中的实际加荷情况相符合。

5.5 孔隙压力系数

根据有效应力原理，土中总应力为已知的情况下，求取有效应力的问题在于孔隙压力。一种较为简便的方法是利用孔隙压力系数(以下简称为孔压系数)对孔压进行计算。所谓孔压系数是指土体在不排水、不排气的条件下，由外荷载引起的孔隙压力(以下简称孔压)增量与总应力增量的比值，用以表征孔压对总应力变化的反映。孔压系数的概念是由 Skempton (1954)首先提出的，根据三轴试验结果，他提出了在复杂应力状态下的孔隙压力表达式为：

$$\Delta u = \Delta u_A + \Delta u_B = B\Delta\sigma_3 + BA(\Delta\sigma_1 - \Delta\sigma_3) = B[\Delta\sigma_3 + A(\Delta\sigma_1 - \Delta\sigma_3)]$$

式中：A、B 分别为不同应力条件下的孔隙压力系数。

5.5.1 等向应力 $\Delta\sigma_3$ 作用下的孔隙压力 Δu_3 和孔隙压力系数 B

如图 5-19，设一土单元在各向相等有效应力 σ'_c 作用下固结，初始孔隙水压力 $u_0=0$，受到各向相等的压力 $\Delta\sigma_3$ 的作用，孔隙压力的增长为 Δu_3。

根据广义虎克定律，推导出：

$$\Delta u_3 = \frac{1}{1+\frac{nC_v}{C_s}} \cdot \Delta\sigma_3 = B\Delta\sigma_3$$

$$B = \frac{1}{1+\frac{nC_v}{C_s}} \tag{5-16}$$

B 为各向应力相等条件下的孔隙压力系数。

式中：n——土的孔隙率；

C_v——孔隙的体积压缩系数；

C_s——土的体积压缩系数。

对于完全饱和土，土体孔隙中完全充满水，孔隙的压缩就是水的压缩，即 $C_v=C_w$，C_w 为水的体积压缩系数，由于水的体积压缩系数为 $4.8\times10^{-4}\,MPa^{-1}$，而土的压缩系数 C_s 在 $10^{-2}\,MPa^{-1}$ 量级(Skempton，1961)，水的压缩性远小于土骨架的压缩性，即 $C_w \ll C_s$，所以 $C_v/C_s=C_w/C_s\approx0$，因而对应的孔压系数 $B\approx1$。

对于干土，土体孔隙中全部为气体，孔隙的压缩就是气体的压缩，即 $C_v=C_a$，C_a 为气体的体积压缩系数，由于气体的压缩性远大于土骨架的压缩性，即 $C_w \gg C_s$ 所以 $C_v/C_s=C_a/C_s \to \infty$，因而对应的孔压系数 $B\approx0$。

对于部分饱和土(饱和度 $0<Sr<100\%$)，孔压系数 B 介于 0 到 1 之间，即 $0<B<1$。

表 5-3 为完全饱和土孔压系数 B 的理论值(Das，2006)。Skemtpton(1954)通过对饱和土的压缩试验发现：孔压系数 B 介于 0.996～1.000 之间。

表 5-3　完全饱和土孔压系数 B 的理论值

土类	理论值
正常固结软黏土	0.9998
轻度超固结软黏土和粉土	0.9988
超固结硬黏土和砂土	0.9877
高围压条件下极密实砂土和坚硬黏土	0.9130

5.5.2　偏应力作用下的孔隙压力 Δu_1 和孔隙压力系数 A

如图 5-19，设一土单元在各向相等的有效应力 σ'_c 作用下固结，初始孔隙水压力 $u_0=0$，如果受到各向相等压力 $\Delta\sigma_3$ 作用，孔隙压力的增长为 Δu_3。如果在试样上再施加轴向压力增量（$\Delta\sigma_1-\Delta\sigma_3$），产生的孔隙压力增量为 Δu_1，在 $\Delta\sigma_1$ 和 $\Delta\sigma_3$ 共同作用下的孔隙压力为 Δu。

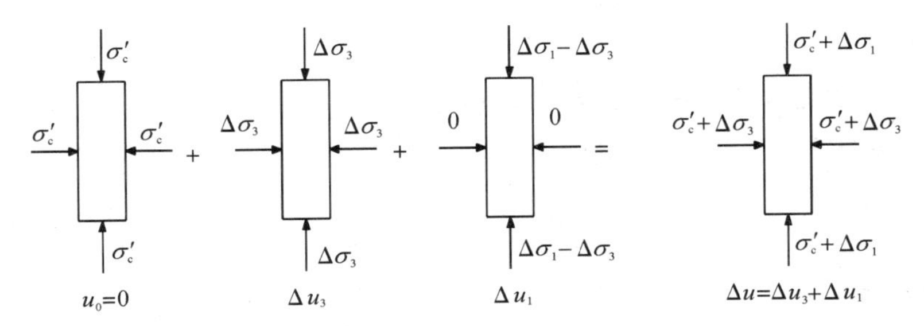

图 5-19

根据广义虎克定律，推导出：

$$\Delta u_1=B\cdot\frac{1}{3}(\Delta\sigma_1-\Delta\sigma_3)$$

在 $\Delta\sigma_1$ 和 $\Delta\sigma_3$ 共同作用下的孔隙压力：

$$\Delta u=\Delta u_3-\Delta u_1=B\left[\Delta\sigma_3+\frac{1}{3}(\Delta\sigma_1-\Delta\sigma_3)\right] \tag{5-17}$$

以上是基于理想弹性体的广义虎克定律推出的，由于土不是理想弹性体，式中系数 1/3 不再适用，将式中 1/3 用系数 A 代替，则可写为：

$$\Delta u=B[\Delta\sigma_3+A(\Delta\sigma_1-\Delta\sigma_3)] \tag{5-18}$$

A—偏应力增量下的孔隙压力系数。

对于符合弹性理论的材料，$A=1/3$，则孔压增量只取决于平均主应力；而对于 $A\neq1/3$ 的土体来说，剪应力对于孔压增量的大小也会有明显影响。实际上，弹性体的一个重要特点是剪应力只引起物体发生形状改变，而不引起体积变化；而土则不一样，在剪应力作用下，土体的体积要发生收缩或膨胀，我们把土体的这种特性称为土的剪胀性。如果 $A<1/3$，则土体属于剪胀土，如超固结黏性土和密砂等；如果 $A>1/3$，则属于剪缩土，如松砂和正常固结黏性土等。

对于土体来说，孔压系数 A 并不是常数，A 值的大小受很多因素的影响，它随偏应力（$\Delta\sigma_1-\Delta\sigma_3$）增加呈非线性变化，高压缩性土的 A 值比较大。超固结黏土在偏应力作用下将发生体积膨胀，产生负的孔隙压力，故 A 是负值。就是同一种土，A 也不是常数，它还受土的类型、应变大小、初始应力状态和应力历史等因素影响。结合前人的试验研究结果

(Skemtpon,1954;Skemtpon and Bjerrum,1957;Bishop and Henkel,1962),各类土的孔隙压力系数 A 值可参考表 5-4,如要精确计算土的孔隙压力,应根据实际的应力和应变条件,进行三轴压缩试验,直接测定 A 值。

表 5-4　孔压系数 A 的参考值

土类	A(用于计算土类破坏)	土类	A(用于计算沉降)
高灵敏黏土	0.75～1.5	高灵敏软黏土	>1
正常固结黏土	0.47～1.3	正常固结黏土	0.5～1
轻度超固结黏土	0～0.5	超固结黏土	0.25～0.5
压实黏土与碎石混合土	−0.25～0.25	严重超固结砂质黏土	0～0.25
严重超固结黏土	−0.6～0		
松砂	0.08		
密砂	−0.32		

5.5.3　不同试验条件下孔隙压力增量 Δu

对于饱和土 $B=1$,三种三轴试验的孔隙压力增量如下:

不固结不排水试验:

$$\Delta u=\Delta\sigma_3+A(\Delta\sigma_1-\Delta\sigma_3)$$

固结不排水试验:

$$\Delta u=A(\Delta\sigma_1-\Delta\sigma_3)$$

固结排水试验:

$$\Delta u=0$$

【例题 5-2】　某一饱和黏性土试样在三轴仪中进行固结不排水试验,施加周围压力 $\sigma_3=200\text{kPa}$,试件破坏时的主应力差 $\sigma_1-\sigma_3=280\text{kPa}$,测得孔隙水压力 $u_f=180\text{kPa}$,整理试验结果得有效内摩擦角 $\varphi'=24°$,有效黏聚力 $c'=80\text{kPa}$,试求破坏面上的法向应力和剪应力以及试件中的最大剪应力。

【解】　破坏面与大主应力作用面的夹角为 $\alpha_f=45°+\varphi'/2=57°$

$$\sigma_1=280+200=480\text{kPa}\qquad \sigma_3=200\text{kPa}$$

由式(5-3)计算破坏面上的法向应力 σ 和剪应力 τ:

$$\sigma=(1/2)(\sigma_1+\sigma_3)+(1/2)(\sigma_1-\sigma_3)\cos2\alpha=283\text{kPa}$$

$$\tau=(1/2)(\sigma_1-\sigma_3)\sin2\alpha=127\text{kPa}$$

最大剪应力发生在 $\alpha=45°$ 的平面上,由式(5-3)的后一式得:

$$\tau_{\max}=(\sigma_1-\sigma_3)/2=(480-200)/2=140\text{kPa}$$

【例题 5-3】　试说明为什么例题 5-2 中试样的破坏面发生在 $\alpha=57°$ 的平面而不发生在最大剪应力的作用面?

【解】　在破坏面上的有效正应力 σ' 和抗剪强度 τ_f 计算如下:

$$\sigma'=\sigma-u=283-180=103\text{kPa}$$

$$\tau_f=c'+\sigma'\tan\varphi=80+103\tan24°=127\text{kPa}$$

可见,在 $\alpha=57°$ 的平面上土的抗剪强度等于该面上的剪应力,即 $\tau_f=\tau=127\text{kPa}$,故在该面上发生剪切破坏。

在最大剪应力的作用面($\alpha=45°$)上:

$$\sigma=(1/2)(480+200)+(1/2)(480-200)\cos90^\circ=340\text{kPa}$$

$$\sigma'=\sigma-u=340-180=160kPa$$

$$\tau_f=c'+\sigma'\tan\varphi'=80+160\tan24^\circ=151\text{kPa}$$

由例题 5-2 算得在 $\alpha=45^\circ$ 的平面上最大剪应力 $\tau_{\max}=140\text{kPa}$，可见，在该面上虽然剪应力比较大，但抗剪强度 τ_f 大于剪应力 $\tau_{\max}$，故在剪应力最大的作用平面上不发生剪切破坏。

思考题

5-1　各类建筑工程设计中，为了建筑物的安全可靠，要求建筑地基必须同时满足哪些技术条件？

5-2　何谓抗剪强度？何谓极限平衡条件？

5-3　解释土的内摩擦角和黏聚力的含义？

5-4　土的破坏准则是怎么样表达的？

5-5　何谓摩尔应力圆？如何绘制摩尔应力圆？

5-6　试比较直剪试验与三轴试验的土样应力状态有什么不同？直剪试验和三轴试验的优缺点是什么？

5-7　如何判断土所处的状态？

5-8　试述正常固结和超固结黏土在剪切时的应力-应变和强度的特性并解释其原因？

5-9　影响砂土抗剪强度的因素有哪些？

5-10　简述室内确定土抗剪强度指标的基本方法及这些方法的特点。

5-11　黏性土的强度有哪几部分组成？

习　　题

5-1　已知某土样黏聚力 $c=8\text{kPa}$、内摩擦角为 32°。若将此土样置于三轴仪器当中进行三轴剪切试验，当小主应力为 40kPa 时，大主应力为多少才使土样达到平衡状态？

5-2　假设黏性土地基内某点的大主应力为 480kPa，小主应力为 200kPa，土的内摩擦角 φ 为 18°，黏聚力 $c=35\text{kPa}$。试判断该点所处的状态。

5-3　用一种非常密实的砂土试样进行常规的排水压缩三轴试验，围压分别为 100kPa，4000kPa，试问用这两个试验的摩尔圆的破坏包线确定强度参数有什么不同？

5-4　条开基础下地基土体中一点的应力为：$\sigma_z=250\text{kPa}$，$\sigma_x=100\text{kPa}$，$\tau=40\text{kPa}$。已知地基为砂土，土的内摩擦角 $\varphi=30^\circ$。问该点是否发生剪剪切破坏？若 σ_z 和 σ_x 不变，τ 值增大为 60kPa，该点是否安全？

5-5　某饱和正常固结黏土试样，在周围压力 $\sigma_3=100\text{kPa}$ 下固结稳定。已经测得其不排水剪切强度 $c_u=48\text{kPa}$，剪裂面与大主应力作用面的实测夹角为 $\alpha_f=54^\circ$。求内摩擦 φ_{cu}。

5-6　一系列饱和黏土的慢剪试验结果表明土的 $c'=10\text{kPa}$，$\tan\varphi'=0.5$，另做一个慢剪试验，垂直固结应力 $\sigma_v=100\text{kPa}$，破坏时的剪应力 $\tau_f=60\text{kPa}$，问其孔隙水压力 u_f 是多少？

5-7 已知某土样黏聚力 $c=8\text{kPa}$、内摩擦角为 $\varphi=32^\circ$。若将些土样置于直剪仪中作直剪试验，当竖向应力为 100kPa 时，要使土样达到极限平衡状态，需加多少水平剪应力?

5-8 已知某学校大楼地基土的抗剪强度指标黏聚力 $c=100\text{kPa}$，内摩擦角 $\varphi=30^\circ$，作用在此地基中某平面上的总应力为 $\sigma_0=170\text{kPa}$，倾斜角 $\theta=37^\circ$。试问该处会不会发生剪切破坏?

第6章　土压力

6.1　概　　述

在土建、水利、交通及港口工程中，为了防止土体坍塌或滑坡，常用各种类型的挡土结构物进行支挡，通常称挡土墙。图 6.1(a)为重力式挡土墙结构各部分的示意图。挡土墙按结构型式可分为重力式(图 6-1(a))、扶壁式(图 6-1(d))、锚定板挡土墙(图 6-1(e))、加筋挡土墙(图 6-1(f))等。可用块石、条石、砖、混凝土与钢筋混凝土等材料建筑。

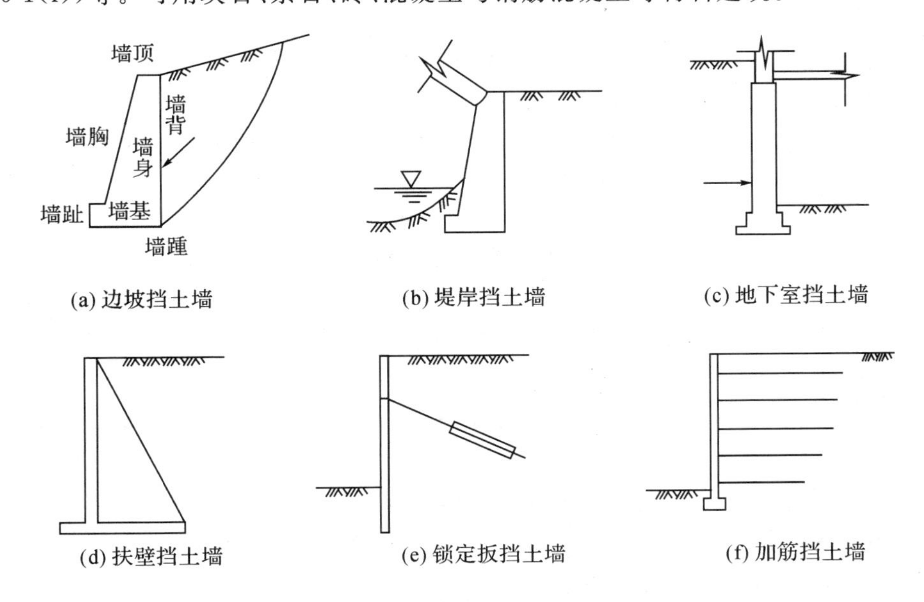

图 6.1　挡土结构(墙)类型

土压力(earth pressure)通常是指挡土墙后的填土因自重或外荷载作用对墙背产生的侧向压力。由于土压力是挡土墙的主要外荷载，因此，设计挡土墙时首先要确定土压力的性质、大小、方向和作用点。在计算土压力时，一般假定为平面应变问题，对该问题的严格处理，需要建立应力应变本构关系、平衡方程以及相应的边界条件，这样会引起土压力计算复杂，而难以工程应用，因此，本章所采用的土压力计算方法只考虑土体的破坏条件，而不考虑位移条件，主要内容为三种土压力(静止土压力、主动土压力、被动土压力)的概念及其计算方法。

6.2 挡土墙侧的土压力

6.2.1 土压力种类

根据墙身位移的情况，作用在墙背上的土压力可分为以下三种：

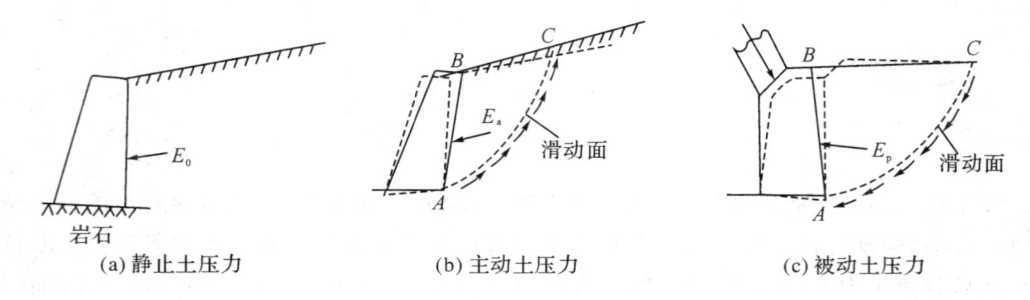

(a) 静止土压力　(b) 主动土压力　(c) 被动土压力

图 6-2 挡土墙上的三种土压力

1）静止土压力：当挡土墙在墙后填土的推力作用下，不发生任何方向的移动或转动时，墙后土体没有破坏，而处于弹性平衡状态，作用于墙背的水平压力称为静止土压力，通常用 E_p 表示，如图 6-2(a)所示。例如，地下室外墙在楼面和内隔墙的支撑作用下几乎无位移发生，作用在外墙面上的土压力即为静止土压力。

2）主动土压力：当挡土墙在填土压力作用下，向着背离土体方向发生移动或转动时，墙后土体由于侧面所受限制的放松而有下滑的趋势，土体内潜在滑动面上的剪应力增加，使作用在墙背上的土压力逐渐减小。当挡土墙的移动或转动达到一定数值时，墙后土体达到主动极限平衡状态，此时作用在墙背上的土压力，称为主动土压力，通常用 E_a 表示，如图 6-2(b)所示。

3）被动土压力：当挡土墙在较大的外力作用下，向着土体的方向移动或转动时，墙后土体由于受到挤压，有向上滑动的趋势，土体内潜在滑动面上的剪应力反向增加，使作用在墙背上的土压力逐渐增大。当挡土墙的移动或转动达到一定数值时，墙后土体达到被动极限平衡状态，此时作用在墙背上的土压力，称为被动土压力，通常用 E_p 表示，如图 6-2(c)所示。

6.2.2 土压力与挡土墙位移关系

通过挡土墙模型试验可以测出这三种土压力与挡土墙移动方向的关系，如图 6-3 所示。在一个长方形的模型槽中部插上一块刚性挡板，在板的一侧安装压力盒，板的另一侧临空，试验结果表明，在相同条件下，主动土压力小于静止土压力，而静止土压力又小于被动土压力，即：$E_a < E_0 < E_p$。试验结果同时表明，当墙体向前位移时，对于墙后填土为密砂时，位移值 $\Delta a = 0.5\% H$（H 为墙高）；对于墙后填土为密实黏性土时，位移值 $\Delta a = 1\% \sim 2\% H$，即可产生主动土压力。而当墙体在外力作用下向后位移时，对于墙后填土为密砂时，位移值 $\Delta p \approx 5\% H$；对于墙后填土为密实黏性土时，位移值 $\Delta p \approx 10\% H$，才会产生被动土压力。而被动土压力充分发挥所需要的如此大位移在实际工程中往往是工程结构所不容许的，因此，通常只能利用被动土压力的一部分。

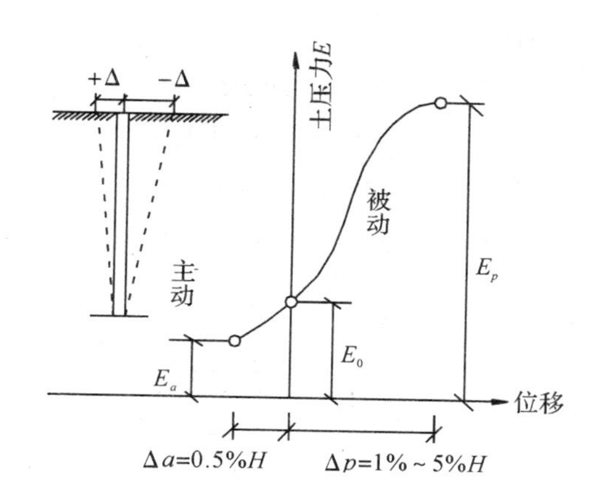

图 6-3　土压力与挡土墙位移关系

6.2.3　土压力的影响因素

1)挡土墙的位移。挡土墙的位移(或转动)方向和位移量的大小是影响土压力大小的最主要因素。墙体位移的方向不同,土压力的性质就不同;墙体方向和位移量大小决定着所产生的土压力的大小。其他条件完全相同,仅仅挡土墙的移动方向相反,土压力的数值相差可达 20 倍左右。

2)挡土墙类型。挡土墙的剖面形状,不论墙背为竖直还是倾斜、光滑还是粗糙,都关系到采用何种土压力计算理论公式和计算结果。如果挡土墙的材料采用素混凝土或钢筋混凝土,可认为墙背表面光滑,不计摩擦力;若是砌石挡土墙,则必须计入摩擦力,因而土压力的大小和方向都不相同。

3)填土的性质。挡土墙后填土的性质,包括填土密实程度(重度)、干湿程度(含水率)、土的强度指标(内摩擦角和黏聚力)的大小,以及填土表面的形状(水平、上斜或下斜)等,都将会影响土压力的大小。

6.3　静止土压力计算

6.3.1　产生条件

静止土压力产生的条件是挡土墙静止不动,位移为零,转角为零。

在岩石地基上的重力式挡土墙,由于墙的自重大,地基坚硬,墙体不会产生位移和转动;地下室外墙在楼面和内隔墙的支撑作用下也几乎无位移和转动发生。此时,挡土墙或地下室外墙后的土体处于静止的弹性平衡状态,作用在挡土墙或地下室外墙面上的土压力即为静止土压力。

此外,拱座不允许产生位移,故按静止土压力计算;水闸、船闸边墙因为与闸底板连成整体,边墙位移可以忽略不计,也可按静止土压力计算。

6.3.2　静止土压力计算公式

图 6-4(a)为半无限土体中 z 深度处一点的应力状态,其水平面及竖直面都是主应力,

故作用该土单元上的竖直向主应力就是自重应力($\sigma_v=\gamma z$),水平向主应力就是水平向自重应力($\sigma_h=K_0\sigma_h=K_0\gamma z$)。若采用挡土墙替换左侧的土体,且该墙的墙背垂直光滑,墙静止不动,土体无侧向位移,如图 6-4(b)所示,这时墙后土体仍处于侧限应力状态,只是水平向自重应力由原来表示土体内部的应力,转变成土对墙的压力,即静压土压力强度,记为 p_0。

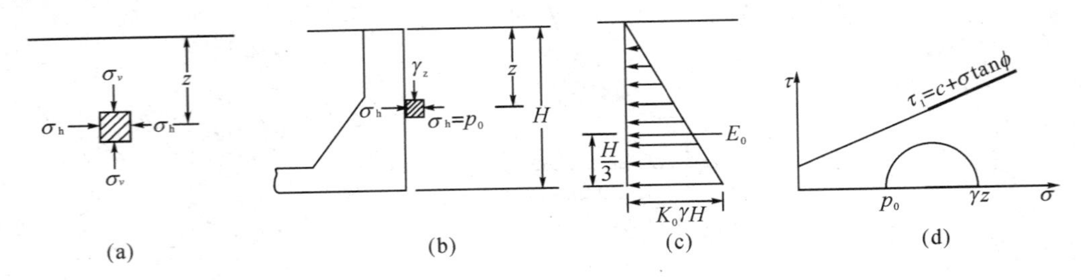

图 6-4　静止土压力计算

1) 静止土压力强度计算公式

$$p_0=K_0\gamma z \tag{6-1}$$

式中:p_0——静止土压力强度(kPa);

K_0——静止土压力系数(也称侧压力系数);

γ——填土的重度(kN/m^3);

z——计算点的深度(m)。

静止侧压力系数可以在三轴仪中测定,也可在专门的侧压力仪器中测定。在缺乏试验资料时可按下面经验公式估算:

(1)黏性土

$$K_0=0.95-\sin\varphi' \tag{6-2a}$$

(2)砂性土

$$K_0=1-\sin\varphi' \tag{6-2b}$$

式中:φ'——土的有效内摩擦角。

静压土压力系数也可根据经验进行取值,如砂土:$K_0=0.34\sim0.45$;黏性土:$K_0=0.5\sim0.7$。

2)静止土压力(合力)

由 $p_0=K_0\gamma z$ 可知,静止土压力强度沿墙高呈三角形分布,如图 6-4(c)所示。沿墙长度方向取单位长度(通常为 1 延米),只需计算静止土压力分布图的三角形面积,即:

$$E_0=\frac{1}{2}\gamma H^2 K_0 \tag{6-3}$$

式中:E_0——静止土压力,kN/m;

H——挡土墙高度,m。

静止土压力的作用点位于静止土压力强度三角形分布图形的形心,即距墙底面以上 $H/3$ 处。静止土压力的方向与土压力强度的方向一致,通常为水平方向。

【例题 6-1】 已知某建于基岩上的挡土墙,墙高 $H=5.0$m,墙后填土为中砂,重度 $\gamma=18kN/m^3$,内摩擦角 $\varphi=30°$。计算作用在此挡土墙上的静止土压力,并画出静止土压力沿墙背的分布及其合力的作用点位置。

【解】 因挡土墙建于基岩上,故按静止土压力公式计算:

1)静止土压力系数

$$K_0=1-\sin\varphi=1-\sin 30°=1-0.5=0.5$$

2)墙底静止土压力强度

$$P_0=K_0\gamma z=0.5\times18\times5.0=45\text{kPa}$$

3)静止土压力

$$E_0=\frac{1}{2}K_0\gamma H^2=0.5\times0.5\times18\times5.0^2=112.5\text{kN/m}$$

4)静止土压力作用点

$$h=H/3=5.0/3=1.67\text{m}$$

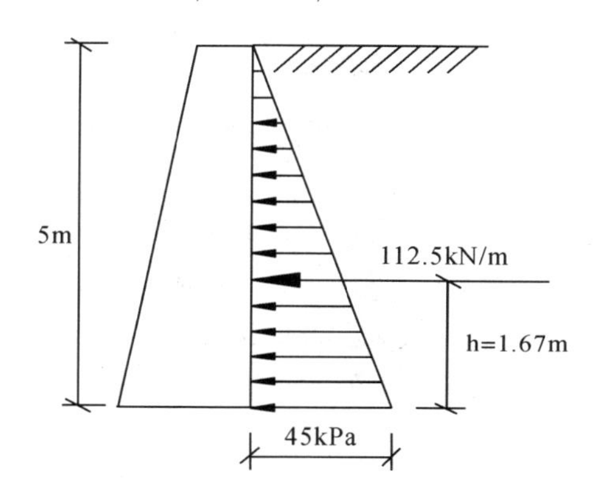

图例 6-1 土压力分布图

6.4 朗肯土压力理论

朗肯土压力理论是土压力计算中两个著名的古典土压力理论之一,由英国学者朗肯(W. J. M. Rankine)于 1857 年提出的,由于概念明确,方法简便,被广泛应用工程。

6.4.1 基本原理

朗肯土压力理论是建立在土的极限平衡理论基础上,它的基本假定是:①挡土墙墙面是竖直、光滑的;②挡土墙墙背面的填土是均质各向同性的无黏性土或黏性土,填土表面是水平的;③墙体在压力作用下将产生足够的位移和变形,使填土处于极限平衡状态;④填土滑动面为直线。根据这些假定,由于墙背是光滑的,墙背与填土间无摩擦力,因而无剪应力,即墙背为主应力面,故竖直方向的自重应力为主应力。由挡土墙的位移方向及墙后土体状态,主动土压力、静止土压力及被动土压力可进行相互转换。

1)静止土压力状态。

若挡土墙无位移,墙后土体处于弹性状态,则作用在墙背上的应力状态与弹性半空间土体应力状态相同。在距离填土面深度 z 处,$\sigma_v=\sigma_1=\gamma z$,$\sigma_h=\sigma_3=K_0\gamma z$(这时为静止土压力)。用 σ_1 和 σ_3 作成的摩尔应力圆与土的抗剪强度曲线不相切,如图 6-6(b)中圆①所示。

2)朗肯主动(土压力)状态。

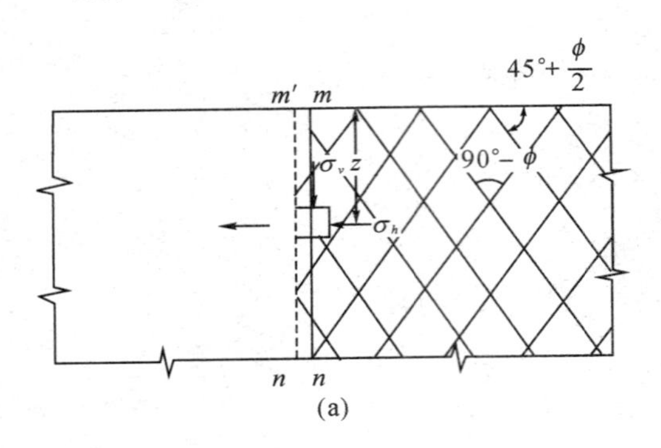

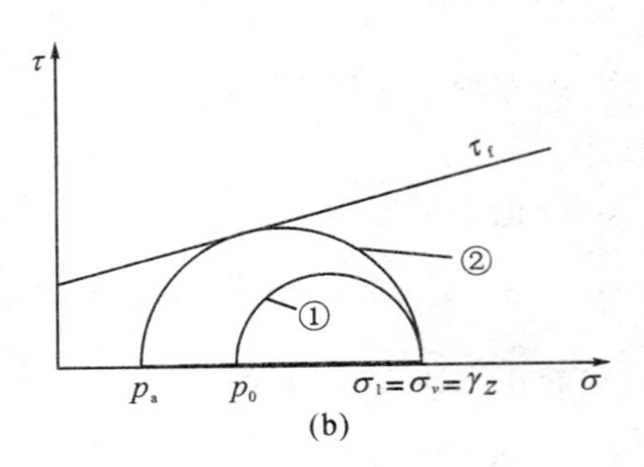

图 6-5　朗肯主动极限平衡状态

若挡土墙离开土体向左移动时(图 6-5(a)),墙后土体有远离土体方向的移动趋势。此时土体中的竖向应力 σ_v 不变,而水平向的应力 σ_h 减小,σ_v 和 σ_h 仍为大小主应力。随着挡土墙的位移增大,σ_h 逐渐减小到使土体达到极限平衡状态时,σ_h 达到最小值 p_a,此时应力摩尔圆与抗剪强度包线相切(图 6-5(b)中圆②)。土体形成一系列滑裂面,其面上各点都处于极限平衡状态,此种状态称为主动朗肯状态。此时墙面上的法向应力 σ_h 为最小主应力 p_a,称为朗肯主动土压力(因朗肯而得名)。滑裂面的方向与大主应力作用面(即水平面)成 $\alpha=45°+\varphi/2$。

3)朗肯被动(土压力)状态。

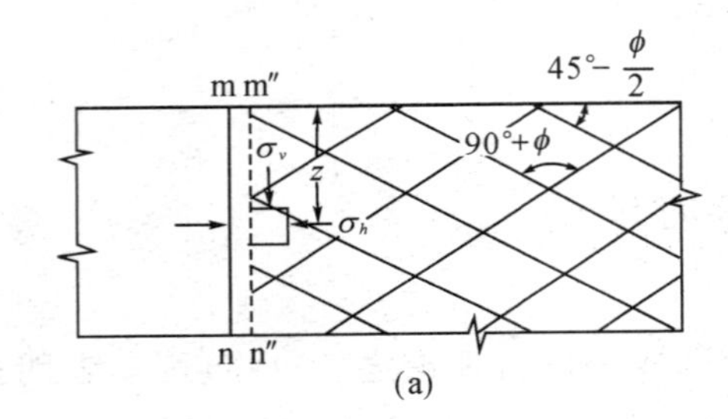

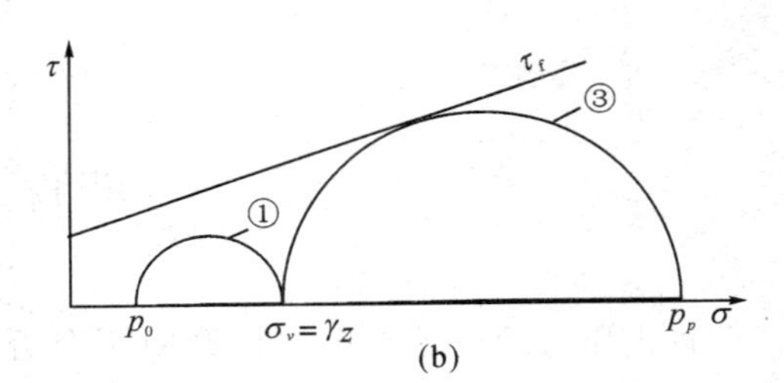

图 6-6　朗肯被动极限平衡状态

若挡土墙在外力作用下向填土方向挤压土体(图 6-6(a)),σ_v 仍保持不变,而 σ_h 随着挡土墙位移增加而逐步增大,σ_h 当超过 σ_v 时,变成了大主应力,而 σ_v 则成为小主应力。当挡土墙位移挤压土体使 σ_h 增大到土体达到极限平衡状态时,σ_h 达最大值 p_p,此时墙后某点单元体应力摩尔圆也与抗剪强度包线相切(图 6-6(b)中圆③)。土体形成一系列滑裂面,其面上各点都处于极限平衡状态,此种状态称为被动朗肯状态。此时墙面上的法向应力 σ_h 为最大主应力 p_p,称为朗肯被动土压力(因朗肯而得名)。滑裂面的方向与大主应力作用面(即水平面)成 $\alpha=45°-\varphi/2$。

6.4.2　极限平衡状态时挡土墙后大小主应力的关系式

根据朗肯土压力的强度理论,当墙后填土达到主动极限平衡状态时,墙背上土体的大、小主应力 σ_1 和 σ_3 应满足以下极限平衡关系式:

无黏性土：
$$\sigma_3=\sigma_1\tan^2\left(45°-\frac{\varphi}{2}\right) \tag{6-4a}$$

或
$$\sigma_1=\sigma_3\tan^2\left(45°+\frac{\varphi}{2}\right) \tag{6-4b}$$

黏性土：
$$\sigma_3=\sigma_1\tan^2\left(45°-\frac{\varphi}{2}\right)+2c\tan\left(45°-\frac{\varphi}{2}\right) \tag{6-5a}$$

或
$$\sigma_1=\sigma_3\tan^2\left(45°+\frac{\varphi}{2}\right)+2c\tan\left(45°+\frac{\varphi}{2}\right) \tag{6-5b}$$

6.4.3 朗肯主动土压力

从朗肯土压力理论的基本原理可知，当土推墙，墙后土体达到主动极限平衡状态时，竖直压力比水平压力大，此时，竖直应力为大主应力 σ_1，作用在墙背的水平土压力 p_a 则为小主应力 σ_3。

6.4.3.1 无黏性土

以 $\sigma_3=p_a$，$\sigma_1=\gamma z$ 代入式(6-4a)就可得到挡土墙后土体为砂性土的朗肯主动土压力计算公式：

$$p_a=\gamma z\tan^2(45°-\frac{\varphi}{2})=\gamma zK_a \tag{6-6}$$

式中：p_a——挡墙背的主动土压力强度，kPa；

K_a——主动土压力系数，$K_a=\tan^2(45°-\frac{\varphi}{2})$；

γ——挡墙后填土重度，kN/m^3；

Z——计算点至填土面的深度，m；

φ——土的内摩擦角，度。

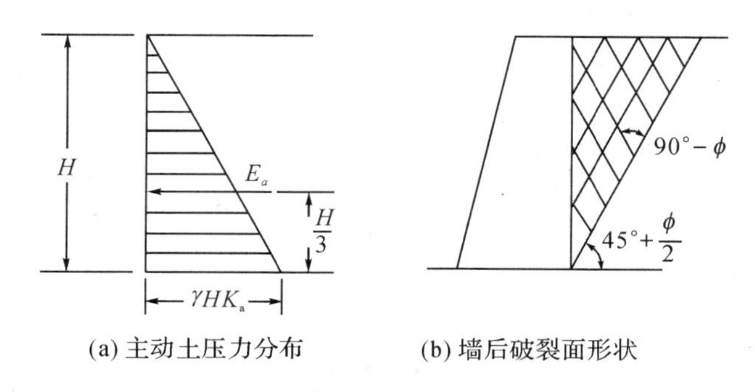

图 6-7 无黏性土主动土压力分布图

由式(6-6)可知，主动土压力强度 p_a 沿深度 Z 呈直线分布，如图 6-7(a)所示。由图可见，作用在墙背上的主动土压力的合力 E_a 为主动土压力强度 p_a 分布图形的面积，其作用点位于在分布图形的形心处。

对于砂性土，主动土压力合力 E_a 的计算公式如式(6-7)所示。主动土压力合力 E_a 的作用点距挡土墙底面 $\frac{1}{3}H$ 处，方向垂直于墙背。

$$E_a=\frac{1}{2}\gamma H^2K_a \tag{6-7}$$

6.4.3.2 黏性土

以 $\sigma_3=p_a$，$\sigma_1=\gamma z$ 代入式(6-5a)就可得到挡土墙后土体为黏性土的朗肯主动土压力计算公式：

$$p_a=\gamma z\tan^2(45°-\frac{\varphi}{2})-2c\tan(45°-\frac{\varphi}{2})=\gamma zK_a-2c\sqrt{K_a} \tag{6-8}$$

式中：p_a——挡墙背的主动土压力强度，kPa；

K_a——主动土压力系数，$K_a=\tan^2(45°-\frac{\varphi}{2})$；

γ——挡墙后填土重度，kN/m^3；

z——计算点至填土面的深度，m；

c——土的黏聚力，kPa；

φ——土的内摩擦角，度。

对于黏性土，当 $z=0$ 时，代入式(6-8)可知，$p_a=-2c\sqrt{K_a}$，由于填土与墙背之间不能承受拉应力，因此，在拉力区范围内将出现裂缝，在计算墙背上的主动土压力合力时，不应考虑拉力区的作用。

令 $p_a=0$，可代入式(6-8)可得墙背与填土的拉力区高度 z_0。

$$z_0=\frac{2c}{\gamma\sqrt{K_a}} \tag{6-9}$$

因此，黏性土主动土压力的合力为

$$E_a=\frac{1}{2}\gamma(H-z_0)^2K_a=\frac{1}{2}\gamma H^2K_a-2cH\sqrt{K_a}+\frac{2c^2}{\gamma} \tag{6-10}$$

式中：E_a——挡墙背的主动土压力合力，kN/m；

z_0——墙背与填土的拉力区高度，m。

黏性土主动土压力合力 E_a 的作用点距挡土墙底面 $\frac{1}{3}(H-z_0)$ 处，方向垂直于墙背。

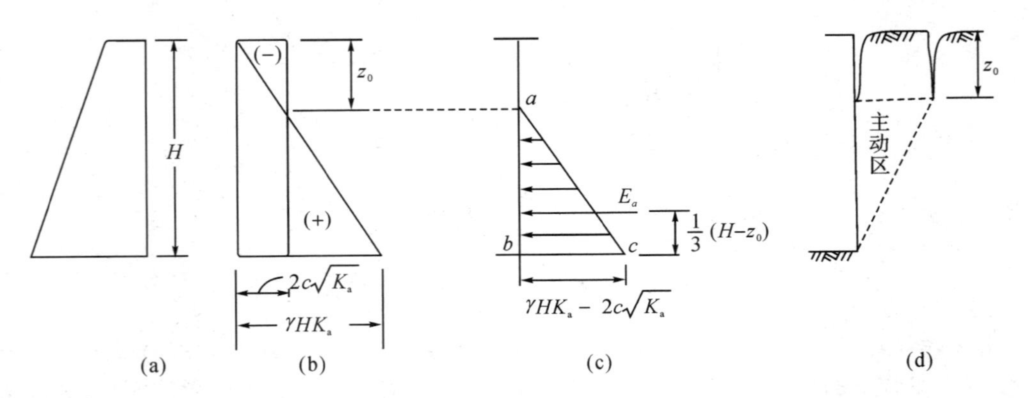

图 6-8 黏性土主动土压力分布图

6.4.4 朗肯被动土压力计算

从朗肯被动土压力理论的基本原理可知，当墙推土，使墙后土体达到被动极限平衡状态时，水平压力比竖直压力大，此时，竖直应力为小主应力 σ_3，作用在墙背的水平土压力 p_p 则

为大主应力 σ_1。

6.4.4.1 无黏性土

根据极限平衡条件式，以 $\sigma_1 = p_p$，$\sigma_3 = \gamma z$ 代入式(6-4b)就可得到挡土墙后土体为砂性土的朗肯被动土压力计算公式：

$$p_p = \gamma z \tan^2(45° + \frac{\varphi}{2}) = \gamma z K_p \tag{6-11}$$

式中：p_p——挡墙背的被动土压力强度，kPa；

K_p——被动土压力系数，$K_p = \tan^2(45° + \frac{\varphi}{2})$；

γ——挡墙后填土重度，kN/m^3；

z——计算点至填土面的深度，m；

φ——土的内摩擦角，度。

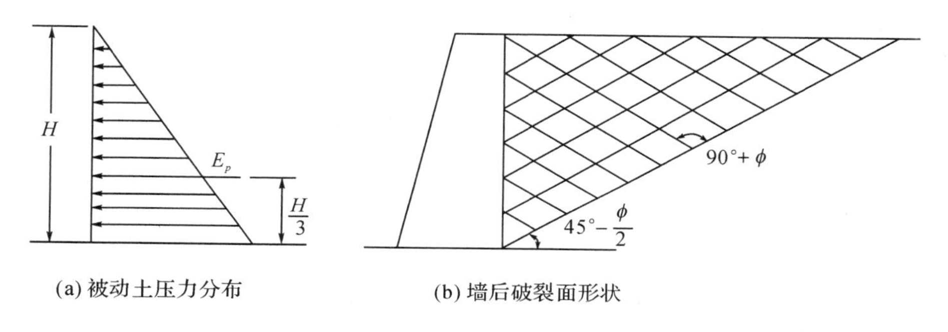

图 6-9 无黏性土被动土压力分布图

由式(6-11)可知，被动土压力强度 p_p 沿深度 Z 呈直线分布，如图 6-9 所示。由图可知，作用在墙背上的主动土压力的合力 E_p 为被动土压力强度 p_p 分布图形的面积，其作用点位置在分布图形的形心处。

对于砂性土，被动土压力合力 E_p 的计算公式如式(6-12)所示。被动土压力合力 E_p 的作用点距挡土墙底面 $\frac{1}{3}H$ 处，方向垂直于墙背。

$$E_p = \frac{1}{2}\gamma H^2 K_p \tag{6-12}$$

式中：E_p——挡墙背土体的被动土压力合力，kN/m。

6.4.4.2 黏性土

以 $\sigma_1 = p_p$，$\sigma_3 = \gamma z$ 代入式(6-5b)就可得到挡土墙后土体为黏性土的朗肯被动土压力计算公式：

$$p_p = \gamma z \tan^2(45° + \frac{\varphi}{2}) + 2c\tan(45° + \frac{\varphi}{2}) = \gamma z K_p + 2c\sqrt{K_p} \tag{6-13}$$

式中：p_p——挡墙背的被动土压力强度，kPa；

K_p——被动土压力系数，$K_p = \tan^2(45° + \frac{\varphi}{2})$；

γ——挡墙后填土重度，kN/m^3；

z——计算点至填土面的深度，m；

c——土的黏聚力，kPa；

φ——土的内摩擦角，度。

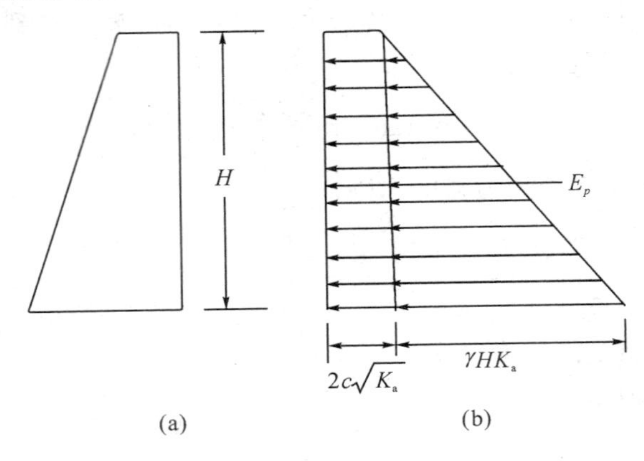

图 6-10　黏性土被动土压力分布图

由式(6-13)可知，黏性土的被动土压力由两部分组成，叠加后的土压力强度 p_p 沿墙高呈梯形分布，如图 6-10 所示。被动土压力的合力为

$$E_p = \frac{1}{2}\gamma H^2 K_a + 2cH\sqrt{K_a} \tag{6-14}$$

式中：E_p——挡墙背土体的被动土压力合力，kN/m。被动土压力的作用方向垂直墙背；作用点在梯形的形心处，距墙底的距离为：

$$\frac{H}{3}\frac{2\cdot 2c\sqrt{K_p}+(2c\sqrt{K_p}+\gamma HK_p)}{2c\sqrt{K_p}+(2c\sqrt{K_p}+\gamma HK_p)} = H\left[\frac{2c\sqrt{K_p}+\frac{1}{3}rHK_p}{4c\sqrt{K_p}+HHK_p)}\right]$$

【例题 6-2】 有一重力式挡土墙高 5m，墙背垂直光滑，墙后填土水平。填土的性质指标为：$c=0$，$\varphi=40°$，$\gamma=18\text{kN/m}^3$，试求出作用于墙上的静止、主动及被动土压力的大小和分布。

【解】(1)计算土压力系数

静止土压力系数　$K_0 = 1-\sin\varphi = 1-\sin 40° = 0.357$

主动土压力系数　$K_a = \tan^2\left(45°-\frac{\varphi}{2}\right) = \tan^2(45°-20°) = 0.217$

被动土压力系数　$K_p = \tan^2\left(45°+\frac{\varphi}{2}\right) = \tan^2(45°+20°) = 4.6$

(2)计算墙底处土压力强度

静止土压力强度　$P_0 = \gamma HK_0 = 18\times5\times0.357 = 32.13\text{kPa}$

主动土压力强度　$P_a = \gamma HK_a = 18\times5\times0.217 = 19.53\text{kPa}$

被动土压力强度　$P_p = \gamma HK_p = 18\times5\times4.6 = 414\text{kPa}$

(3)计算单位墙长度上的土压力

静止土压力　$E_0 = \frac{1}{2}\gamma H^2 K_0 = \frac{1}{2}\times18\times5^2\times0.357 = 80.33\text{kN/m}$

主动土压力　$E_a = \frac{1}{2}\gamma H^2 K_a = \frac{1}{2}\times18\times5^2\times0.217 = 48.8\text{kN/m}$

被动土压力　　　$E_p=\frac{1}{2}\gamma H^2K_p=\frac{1}{2}\times18\times5^2\times4.6=1035\text{kN/m}$

三者比较可以看出 $E_a<E_0<E_p$。

(4)土压力强度分布如下图所示。土压力作用点均在距墙底 $H/3=5/3=1.67\text{m}$ 处。

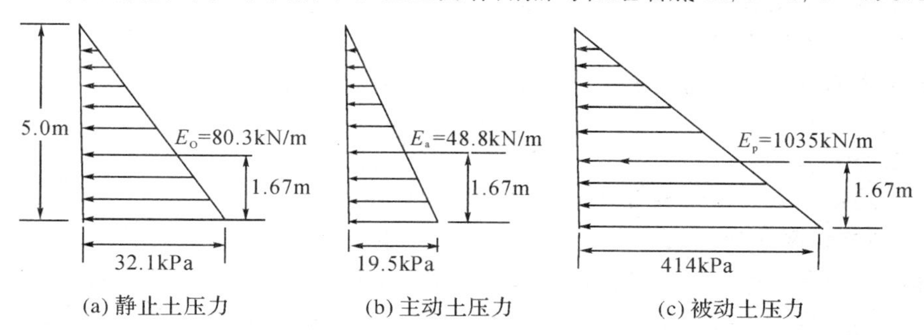

图例 6-2　土压力强度分布图

讨论:1. 由此例可知,挡土墙形式、尺寸和填土性质完全相同,但 $E_0=80.3\text{kN/m}$,$E_a=48.8\text{kN/m}$。因此,在挡土墙设计时,尽可能使填土产生主动土压力,以节省挡土墙的尺寸、材料、工程量与投资。

2. $E_a=48.8\text{kN/m}$,$E_p=1035\text{kN/m}$,$E_p>21E_a$。因产生被动土压力时挡土墙位移过大为工程所不许可,通常只利用被动土压力的一部分,其数值已很大。

6.4.5　常见情况的土压力计算

6.4.5.1　墙后填土表面有超载时的情况

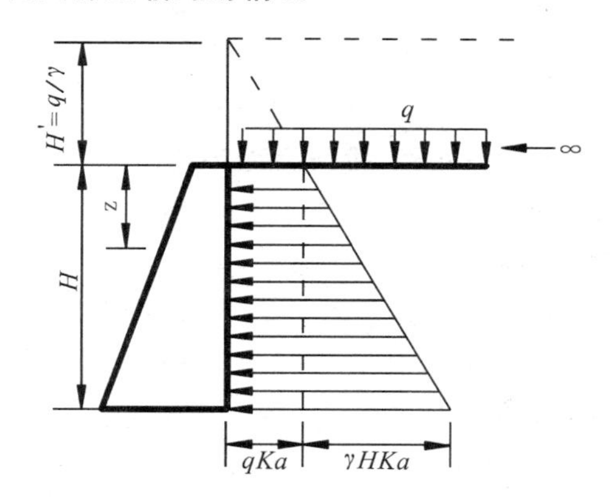

图 6-11　填土表面有超载时的情况

方法一:等效填土高度折算法

当填土表面连续均布荷载作用,将均布荷载强度 q(kPa)变换成等效填土高度 H'(m)即

$$H'=\frac{q}{\gamma} \tag{6-15}$$

式中:γ——墙后填土的重度,kN/m^3。

然后以填土厚度为$(H'+H)$按均质土计算土压力,图 6-11 为墙后填土为无黏性时,土压力分布图形。

其中：

墙顶土压力强度　$P_a=\gamma H'K_a=qK_a$

墙底土压力强度　$P_a=\gamma(H'+H)K_a=qK_a+\gamma HK_a$

土压力分布图形为梯形。

墙背作用的主动土压力为梯形的面积，即：

$$E_a=qK_aH+\frac{1}{2}\gamma H^2K_a$$

土压力的作用方向垂直墙背；作用点在梯形的形心处。

方法二：等效竖向应力法

若连续均布荷载 q 作用于挡土墙后填土表面，填土后的竖向应力在深度 z 处的增加了一个 q 值，因此，只需用$(q+\gamma z)$代替朗肯主动土压力及被动土压力中公式中的竖向应力(γz)就可得到填土面有超载情况下的主动及被动土压力公式。

砂性土

朗肯主动土压力强度：

$$p_a=(q+\gamma z)K_a$$

朗肯被动土压力强度：

$$p_p=(q+\gamma z)K_p$$

黏性土

朗肯主动土压力强度：

$$p_a=(q+\gamma z)K_a-2c\sqrt{K_a}$$

朗肯被动土压力强度：

$$p_p=(q+\gamma z)K_p+2c\sqrt{K_p}$$

根据上述朗肯土压力强度的分布图，进行力面积或者积分计算就可得到主动或者被动土压力，作用点是力分布图形的形心。

6.4.5.2　填土为成层土的情况

方法一：等量土重度法

如图 6-12 所示的挡土墙，墙后有几层不同种类的水平土层，再计算土压力时，第一层的土压力按均质土计算，土压力的分布为图中的 abc 部分，计算第二层土压力时，将第一层土按重度换算成与第二层土相同的当量土层，即其当量土层厚度为 $h'_1=h_1\gamma_1/\gamma_2$，，然后以$(h'_1+h_2)$为墙高，按均质土计算土压力，但只在第二层土层厚度范围内有效，即图中的 $bdef$ 部分，必须注意，由于各层土的性质不同，郎肯主动土压力系数 K_a 值也

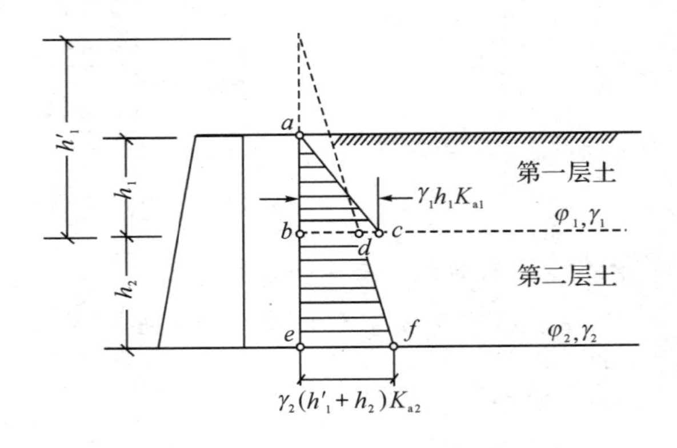

图 6-12　填土为成层土的土压力计算

不同。图中所示的土压力强度计算是以无黏性填土（$\varphi_1<\varphi_2$）为例。

方法二：等效竖向应力法

只需对所计算点的竖向应力（自重应力）进行计算，然后代替式（6-6）、式（6-8）、式（6-11）、式（6-13）中的（γz）就可得到所在点的朗肯土压力强度，然后对其分布强度进行力面积计算或者积分就可得到土压力合力。作用点是力分布图形的形心。

6.4.5.3 填土内有地下水的情况

当挡土墙后填土中有地下水位时，这时作用在挡土墙上的压力除了土压力外，还有水压力的作用。在计算挡土墙所受的总侧压力时，对地下水位以上部分的土压力计算同前，对地下水位以下部分的土压力和水压力的计算，在工程实践中，通常采用所谓的"水土合算"和"水土分算"方法。

1)"水土合算"法

对于地下水位以下的黏性土、粉土、淤泥及淤泥质土，通常采用"水土合算"法，土的重度采用饱和重度，土压力系数采用总应力抗剪强度指标计算。

2)"水土分算"法

对于地下水位以下的碎石土和砂土，一般采用"水土分算"法，如图 6-13 所示。分别计算作用在墙背上的土压力和水压力，然后进行叠加。在地下水位以下土的重度采用有效重度，土压力系数采用有效应力抗剪强度指标，并计算水压力。因此，总的土压力虽减小了，但由于增加了水压力，故作用在墙背上的总压力（包括土压力和水压力）却增加了。

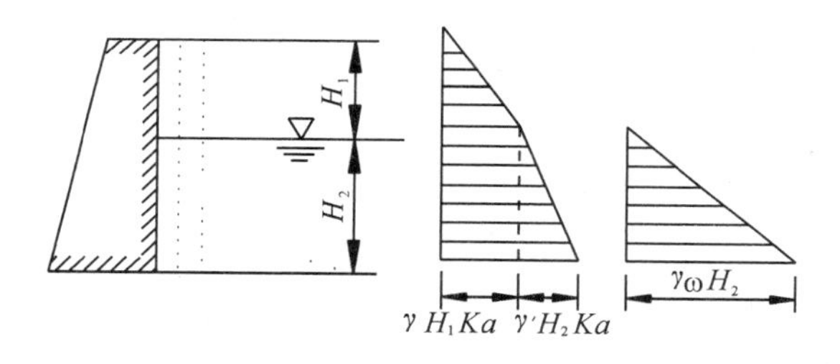

图 6-13　填土中有地下水时土压力计算

【例题 6-3】 已知某挡土墙墙背垂直光滑，填土面水平，高度为 6.0m。填土面上作用有均布荷载 $q=20\text{kPa}$，墙后填土分两层：上层填土厚 2m，$\gamma_1=17\text{kN/m}^3$，$\varphi_1=26°$，$c_1=10\text{kPa}$；下层填土厚 4m，$\gamma_2=18\text{kN/m}^3$，$\gamma_{2sat}=20\text{kN/m}^3$，$\varphi_2=30°$，$c_2=12\text{kPa}$；地下水位深度 $d_w=3\text{m}$。填土表面、土层分界面、地下水位处、墙底的位置分别用 A、B、C、D 表示，试采用水土分算法确定沿墙高主动土压力和水压力的大小和分布图，并求作用在墙背上的总土压力合力的大小和作用点位置。

【解】（1）先计算两层土的主动土压力系数：

$$K_{a1}=\tan^2\left(45°-\frac{\varphi}{2}\right)=\tan^2\left(45°-\frac{26°}{2}\right)=0.390$$

$$K_{a2}=\tan^2\left(45°-\frac{\varphi}{2}\right)=\tan^2\left(45°-\frac{30°}{2}\right)=0.333$$

（2）沿墙高计算各深度处的主动土压力强度：

A 点：

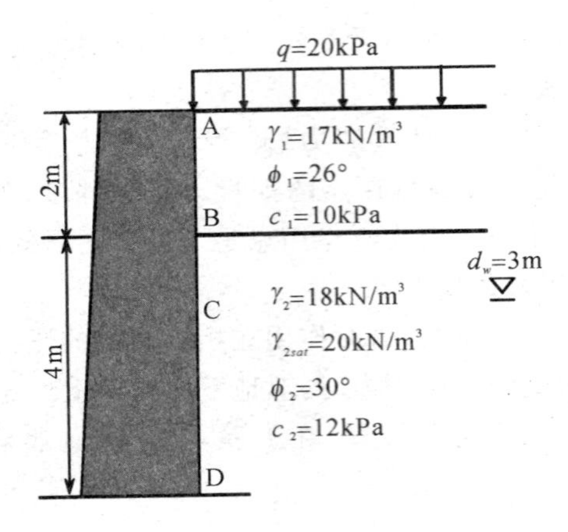

图例 6-3-1

$$p_{aA}=qK_{a1}-2c_1\sqrt{K_{a1}}=20\times0.390-2\times10\times\sqrt{0.390}\approx-4.7\text{kPa}$$

求主动土压力临界深度 z_0：

令 $p_{az_0}=(\gamma_1 z_0+q)K_{a1}-2c_1\sqrt{K_{a1}}=0$，则有

$$z_0=\frac{2c_1}{\gamma_1\sqrt{K_{a1}}}-\frac{q}{\gamma_1}=\frac{2\times10}{17\times\sqrt{0.390}}-\frac{20}{17}\approx0.71\text{m}$$

B 点（土层分界面以上）：

$$p_{aB上}=(\gamma_1 z_B+q)K_{a1}-2c_1\sqrt{K_{a1}}=(17\times2+20)\times0.390-2\times10\times\sqrt{0.390}\approx8.6\text{kPa}$$

B 点（土层分界面以下）：

$$p_{aB下}=(\gamma_1 z_B+q)K_{a2}-2c_2\sqrt{K_{a2}}=(17\times2+20)\times0.333-2\times12\times\sqrt{0.333}\approx4.1\text{kPa}$$

C 点：

$$\begin{aligned}p_{aC}&=[\gamma_1 z_B+\gamma_2(z_C-z_B)+q]K_{a2}-2c_2\sqrt{K_{a2}}\\&=(17\times2+18\times1+20)\times0.333-2\times12\times\sqrt{0.333}\approx10.1\text{kPa}\end{aligned}$$

D 点：

$$\begin{aligned}p_{aD}&=[\gamma_1 z_B+\gamma_2(z_C-z_B)+\gamma'_2(z_D-z_C)+q]K_{a2}-2c_2\sqrt{K_{a2}}\\&=[17\times2+18\times1+(20-9.8)\times3+20]\times0.333-2\times12\times\sqrt{0.333}\approx20.3\text{kPa}\end{aligned}$$

于是，总的主动土压力为：

$$E_a=\frac{1}{2}\times8.6\times(2-0.71)+\frac{1}{2}\times(4.1+10.1)\times1+\frac{1}{2}\times(10.1+20.3)\times3\approx58.2\text{kN/m}$$

(3)沿墙高计算水压力分布：

C 点：

$$p_{wC}=0$$

D 点：

$$p_{wD}=\gamma_w(z_D-z_C)=9.8\times3=28.4\text{kPa}$$

于是，总的水压力为：

$$E_w=\frac{1}{2}\times28.4\times3=42.6\text{kN/m}$$

(4)绘出主动土压力和水压力沿墙高的分布,如下图所示:

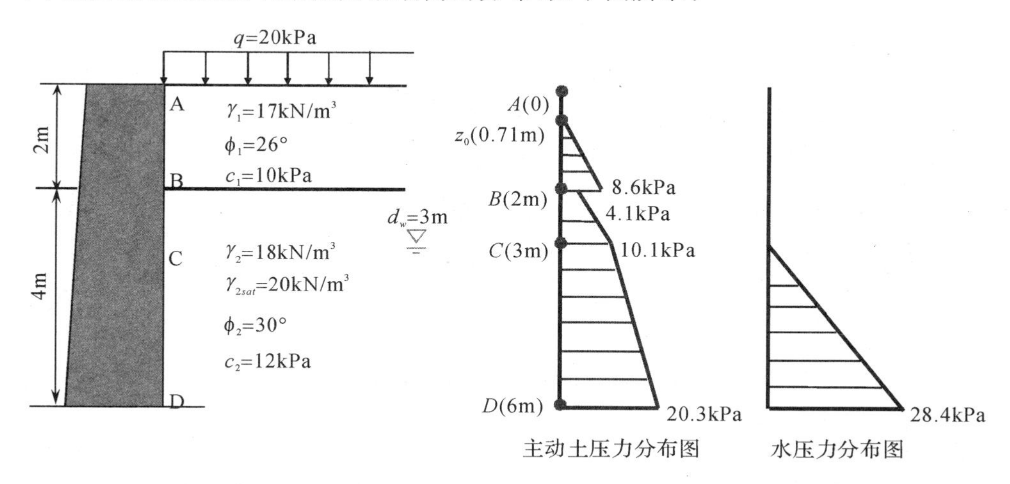

图例 6-3-2

(5)计算总土压力合力的大小及作用点位置

总压力合力的大小为:

$$E=E_a+E_w=58.2+42.6=100.8\text{kN/m}$$

总土压力合力的作用点离墙底的距离 H_t 为:

$$\begin{aligned}H_t=&\left[\frac{1}{2}\times 8.6\times(2-0.71)\times\left(4+\frac{2-0.71}{3}\right)\right.\\&+4.1\times1\times\left(3+\frac{1}{2}\right)+\frac{1}{2}\times(10.1-4.1)\times1\times\left(3+\frac{1}{3}\right)\\&\left.+10.1\times3\times\frac{3}{2}+\frac{1}{2}\times(20.3-10.1)\times3\times\frac{3}{3}+\frac{1}{2}\times28.4\times3\times\frac{3}{3}\right]\Big/100.8\\\approx&1.51\text{m}\end{aligned}$$

6.5 库伦土压力理论

6.5.1 基本原理

1776 年法国的库伦(C. A. Coulomb)根据墙后土楔处于极限平衡状态的力系平衡条件,提出了一种土压力分析方法,称为库伦土压力理论,它能适用于各种填土面和不同的墙背条件,且方法简便,如图 6-14 所示。

与朗肯土压力强度相比有如下区别:第一,在挡土墙及填土的边界条件上,库伦土压力理论的挡土墙形式,可以是墙背倾斜,如倾角 α;第二,挡土墙与填土之间存在摩擦力,摩擦角为 δ;第三,挡土墙后填土面有倾角 β;第四,朗肯土压力理论的研究对象是墙后土体中一点的应力状态,然后求出作用在墙背上的土压力强度,再进行力面积计算或者积分方可得到墙背后的土压力强度,库伦土压力理论是考虑了墙后某个滑动楔体的整体力平衡条件,可直接求出作用在墙背上的总土压力。

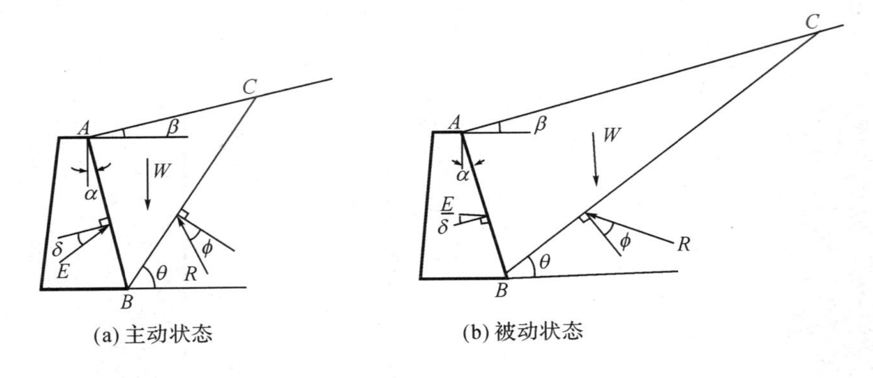

图 6-14　库伦土压力理论示意图

库伦土压力理论的基本假定是：

1)墙后楔体 ABC 整体处于极限平衡状态。在 AB 及 BC 滑动面上，抗剪强度均已充分发挥，即滑动面上的剪应力均已达到抗剪强度。

2)墙后楔体的滑裂面是平面。当墙向前或向后移，使墙后土体达到破坏时，填土将沿两个面(AB 及 BC 滑动面)同时下滑或上滑；这两个滑动面在滑动过程中被假定为平面。

3)挡土墙后的滑动土楔体假定为刚体，即不考虑滑动楔体内部的应力和变形条件。

6.5.2　无黏性土的主动土压力计算

如图 6-15(a)所示挡土墙，已知墙背 AB 倾斜，与竖直线的夹角为 α，填土表面 AC 是一平面，与水平面的夹角为 β，若墙背受土推向前移动，当墙后土体达到主动极限平衡状态时，整个土体沿着墙背 AB 和滑动面 BC 同时下滑，形成一个滑动的楔体△ABC。假设滑动面 BC 与水平面的夹角为 θ，不考虑楔体本身的压缩变形。

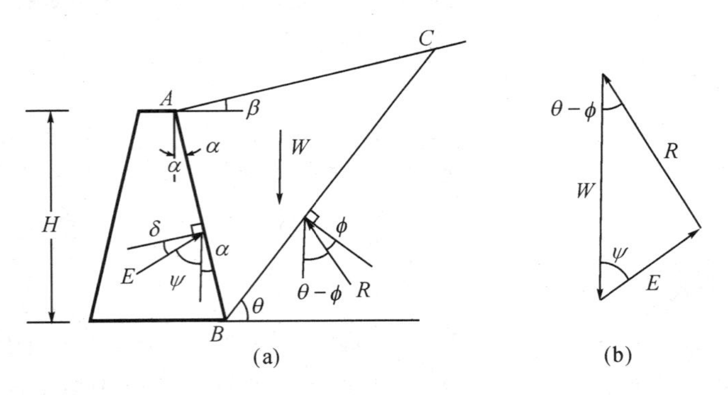

图 6-15　库伦主动土压力计算图

如图 6-15(a)所示，取土楔 ABC 为脱离体，作用于滑动土楔体上的力有：①是墙对土楔的反力 E，其作用方向与墙背面的法线成 δ 角(δ 角为墙与土之间的外摩擦角，称墙摩擦角)；②是滑动面 BC 上的反力 R，其方向与 BC 面的法线 φ 角(φ 为土的内摩擦角)；③是土楔 ABC 的重力 W。根据静力平衡条件 W、E、R 三力可构成力的平衡三角形，如图 6-15(b)所示。

利用正弦定理，得：

$$\frac{E}{\sin(\theta-\varphi)}=\frac{W}{\sin[180°-(\psi+\theta-\varphi)]} \tag{6-16}$$

所以

$$E=\frac{W\sin(\theta-\varphi)}{\sin(\psi+\theta-\varphi)} \tag{6-17}$$

其中

$$\psi=90°-(\delta+\varphi)$$

假定不同的 θ 角可画出不同的滑动面，就可得出不同的 E 值，但是，只有产生最大的 E 值的滑动面才是最危险的假设滑动面，与 E 大小相等、方向相反的力，即为作用于墙背的主动土压力，以 E_a 表示。

对于已确定的挡土墙和填土来说，φ、δ、α 和 β 均为已知，只有 θ 角是任意假定的，当 θ 发生变化，则 W 也随之变化，E 与 R 亦随之变化。E 是 θ 的函数，按 $\frac{\mathrm{d}E}{\mathrm{d}\theta}=0$ 的条件，用数解法可求出 E 最大值时的 θ 角，然后代入式(6-17)求得主动土压力为：

$$E_a=\frac{1}{2}\gamma H^2\frac{\cos^2(\varphi-\alpha)}{\cos^2\alpha\cos(\alpha+\delta)\left[1+\sqrt{\frac{\sin(\varphi+\alpha)\sin(\varphi-\beta)}{\cos(\delta+\alpha)\cos(\alpha-\beta)}}\right]^2} \tag{6-18}$$

或：

$$Ea=\frac{1}{2}\gamma H^2K_a \tag{6-19}$$

式中：γ、φ——填土的重度与内摩擦角；

α——墙背与铅直线的夹角。以铅直线为准，顺时针为负，称仰斜；反时针为正，称俯斜；

δ——墙背与填土之间的摩擦角，其值可由试验确定，无试验资料时，一般可取 $\frac{\varphi}{3}\sim\frac{2\varphi}{3}$。也可参考表 6-1 中的数值；

β——填土表面与水平面所成坡角，水平面以上为正，水平面以下为负；

K_a——主动土压力系数，无量纲，为 φ、α、β、δ 的函数。可用下式(6-20)计算，也可查相关表格得到。

$$K_a=\frac{\cos^2(\varphi-\alpha)}{\cos^2\alpha\cos(\alpha+\delta)\left[1+\sqrt{\frac{\sin(\varphi+\delta)\sin(\varphi-\beta)}{\cos(\delta+\alpha)\cos(\alpha-\beta)}}\right]^2} \tag{6-20}$$

表 6-1　土对挡土墙墙背的摩擦角 δ

挡土墙情况	摩擦角 δ
墙背平滑，排水不良	$(0-1/3)\phi$
墙背粗糙，排水良好	$(1/3-1/2)\phi$
墙背很粗糙，排水良好	$(1/2-2/3)\phi$
墙背与填土间不可能滑动	$(2/3-1)\phi$

由式(6-19)可知，E_a 的大小与墙高的平方成正比，所以土压力强度是按三角形分布的。E_a 的作用点距墙底为墙高的 $\frac{1}{3}$。按库伦理论得出的土压力 E_a 分布如图 6-16(b)所示。

土压力的方向与水平面成($\alpha+\delta$)角。深度 z 处的土压力强度为

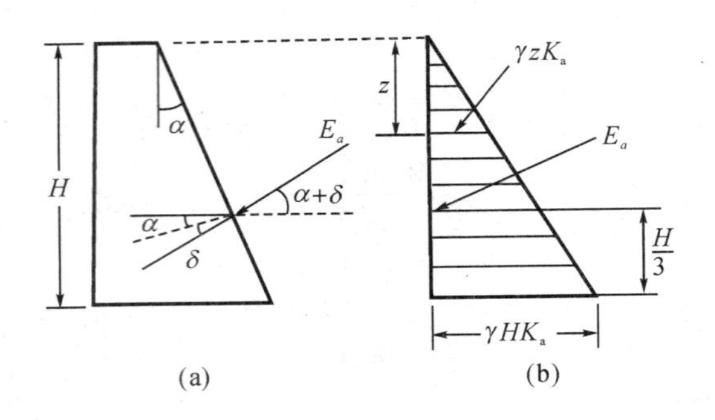

(a) (b)

图 6-16 库伦主动土压力强度分布图

$$P_a=\frac{\mathrm{d}E_a}{\mathrm{d}z}=\frac{\mathrm{d}}{\mathrm{d}z}\left(\frac{1}{2}\gamma z^2 K_a\right)=\gamma z K_a \tag{6-21}$$

注意，此式是 E_a 对铅直深度 z 微分得来，p_a 只能代表作用在墙背的铅直投影高度上的某一点的土压力强度大小，而不代表其作用方向。

当 $\alpha=0,\delta=0,\beta=0$ 时，由式(6-18)可得出 $E_a=\frac{1}{2}\gamma H^2\tan^2(45°-\frac{\varphi}{2})$，这个计算式与前述的朗肯主动土压力合力公式(6-7)完全相同，说明在一定的条件，库伦理论与朗肯土压力的计算结果是一致的。

6.5.3 无黏性土的被动土压力计算

当挡土墙在外力作用下向后推挤填土，最终使滑动楔体沿墙背 AB 和滑动面 AC 向上滑动时(图 6-17(a))，在滑动面 AC 将要破坏的瞬间，滑动楔体 ABC 处于被动极限平衡状态。取 ABC 为分离体，可见除自重 G 外，作用在楔体上的反力 E 和 R 的方向与求主动土压力时同样的方法，可求得被动土压力的一般表达式，如式(6-22)所示。但要注意到与求主动土压力不同的地方，就是相应于 E 为最小值时的滑动面才是真正的滑动面，因为楔体在这时所受的阻力最小，最容易被向上推出。

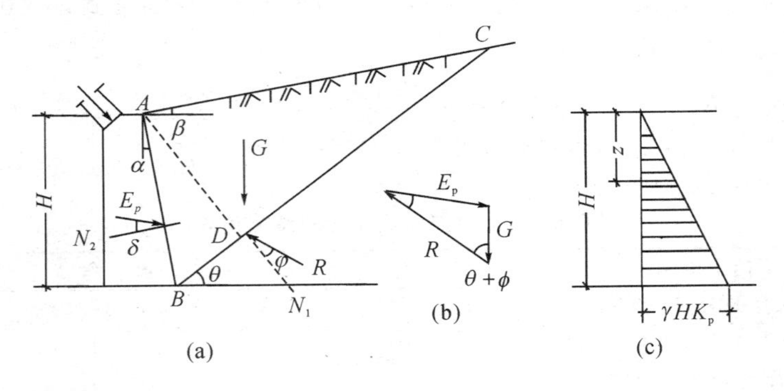

(a) (b) (c)

图 6-17 库伦被动土压力计算

被动土压力公式如下：

$$E_p=\frac{1}{2}\gamma H^2 K_p \tag{6-22}$$

式中：K_p——被动土压力系数，可用下式计算；

$$K_p=\frac{\cos^2(\varphi+\alpha)}{\cos^2\alpha\cos(\alpha-\delta)\left[1-\sqrt{\frac{\sin(\varphi+\delta)\sin(\varphi+\beta)}{\cos(\alpha-\delta)\cos(\alpha-\beta)}}\right]^2} \quad (6\text{-}23)$$

其他符号意义同前。

被动土压力 E_p 的作用点在距离墙底 $h/3$ 处。

若填土面水平，墙背铅直光滑。即 $\beta=0,\alpha=0,\varphi=0$ 时，公式(6-22)即变为

$$E_p=\frac{1}{2}\gamma H^2\tan^2(45°+\frac{\varphi}{2})$$

此式与填土为砂性土时的朗肯土压力公式(6-12)相同。由此可见，朗肯土压力理论是库伦土压力理论的一种特殊情况。

被动土压力强度可按下式计算：

$$p_P=\frac{\mathrm{d}E_p}{\mathrm{d}z}=\frac{\mathrm{d}}{\mathrm{d}z}(\frac{1}{2}\gamma z^2K_p)=\gamma zK_p$$

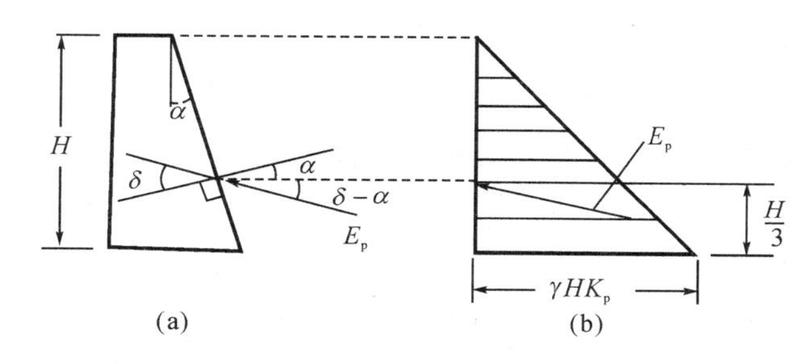

图 6-18　库伦被动土压力强度分布图

6.5.4　黏性土土压力的库伦理论

式(6-18)和式(6-22)都是按无黏性填土推导而得出的。若填土为黏性土，这时可以用三种不同的方法计算土压力：

1)根据抗剪强度相等原理

黏性土的抗剪强度　　$\tau_f=\sigma\tan\varphi+c$　　(a)

等值抗剪强度　　$\tau_f=\sigma\tan\varphi_D$　　(b)

式中：φ_D 为等值内摩擦角，度；将黏性土 c 折算在内。

由(a)式与(b)相等可得：

$$\sigma\tan\varphi_D=\sigma\tan\varphi+c$$

即

$$\tan\varphi_D=\tan\varphi+\frac{c}{\sigma}$$

所以

$$\varphi_D=\tan^{-1}(\tan\varphi+\frac{c}{\sigma}) \quad (6\text{-}24)$$

2)据土压力相等原理

为简化计算，不论任何墙形与填土情况，均采用 $\beta=0,\varepsilon=0,\delta=0$ 情况的土压力公式来折算等值内摩擦角 φ_D。

填土为黏性土的土压力

$$E_{a1}=\frac{1}{2}\gamma H^2\tan^2(45°-\frac{\varphi}{2})-2cH\tan(45°-\frac{\varphi}{2})+\frac{2c^2}{\gamma}$$

按等值内摩擦角的土压力

$$E_{a2}=\frac{1}{2}\gamma H^2\tan^2(45°-\frac{\varphi_D}{2})$$

由 $E_{a1}=E_{a2}$ 得：

$$\tan^2(45°-\frac{\varphi_D}{2})=\tan^2(45°-\frac{\varphi}{2})-\frac{4c}{\gamma H}\tan(45°-\frac{\varphi}{2})+\frac{2c^2}{\gamma^2H^2}$$

$$\tan(45°-\frac{\varphi_D}{2})=\tan(45°-\frac{\varphi}{2})-\frac{2c}{\gamma H} \tag{6-25}$$

3)不考虑土的黏聚力，仍按无黏性土来计算。这样计算的土压力值偏大，偏于安全。

实际工程中，因黏性土的压实性和透水性都较差，又常具有吸水膨胀性和冻胀性，会产生侧向膨胀压力，影响挡土墙的稳定性，所以，墙后填土应选用透水性较好的无黏性填料。一定要采用黏性土时，也宜适当混以砂石。

【例题 6-4】 挡土墙高 5m，墙背倾斜角 $\alpha=10°$(俯斜)，填土坡角 $\beta=30°$，填土为无黏性土，其重度 $\gamma=18\text{kN/m}^3$，$\varphi=30°$，填土与墙背的摩擦角 $\delta=\frac{2}{3}\varphi$，试按库伦理论求主动土压力及其作用点。

【解】 根据 $\delta=\frac{2}{3}\varphi=20°$，$\alpha=10°$，$\beta=30°$，$\varphi=30°$，由式(6-20)得主动土压力系数 $K_a=1.051$，由式(6-18)计算主动土压力：

$$E_a=\frac{1}{2}\gamma H^2K_a=\frac{1}{2}\times18\times5^2\times1.051=236.475\text{kN/m}$$

土压力作用点在距墙底 $\frac{H}{3}=\frac{5}{3}=1.67\text{m}$ 处。

6.5.5 朗肯土压力理论与库伦土压力理论的比较

朗肯土压力理论与库伦土压力理论是在各自的假设条件下，应用不同的分析方法得到的土压力计算公式。只有在最简单的情况下(墙背垂直光滑，填土表面水平，即 $\beta=0$，$\alpha=0$，$\delta=0$)，用这两种理论计算的结果才相等，否则二者的计算结果不同。因此，应根据实际情况合理选择使用。二种理论的主要区别如下：

1)分析原理的不同

朗肯土压力理论与库伦土压力理论计算出的土压力都是墙后土体处于极限平衡状态时的土压力，故均属于极限状态土压力理论。但是朗肯土压力理论从半无限土体中一点的极限平衡应力状态出发，直接求得墙背上各点的土压力强度分布，其公式简单，便于记忆；而库伦土压力理论是根据挡土墙墙背和滑裂面之间的土楔体整体处于极限平衡状态，用静力平衡条件，直接求得墙背上的总土压力。

2)墙背条件不同

朗肯土压力理论为了使墙后填土的应力状态符合半无限土体的应力状态，其假定墙背垂直光滑，因而使其应用范围受到了很大限制；而库伦土压力理论墙背可以是倾斜的，也可以是非光滑的，因而使其能适用于较为复杂的各种实际边界条件，应用更为广泛。

3)填土条件不同

朗肯土压力理论计算对于黏性土和无黏性土均适用，而库伦土压力理论不能直接应用于填土为黏性土的挡土墙。朗肯土压力理论假定填土表面水平，使其应用范围受到限制；而库伦土压力理论填土表面可以是水平的，也可以是倾斜的能适用于较为复杂的各种实际边界条件，应用更为广泛。

4)计算误差不同

两种土压力理论都是对实际问题做了一定程度的简化，其计算结果有一定误差。朗肯土压力理论忽略了实际墙背并非光滑而是存在摩擦力这一事实，使其计算所得的主动土压力系数 K_a 偏大，而被动土压力系数 K_p 偏小；而库伦土压力理论考虑了墙背与填土摩擦作用，边界条件正确，但却把土体中的滑动面假定为平面，与实际情况不符，计算的主动压力系数 K_a 稍偏小，被动土压力系数 K_p 偏高。

计算主动土压力时，对于无黏性土，朗肯土压力理论计算结果将偏大，但这种误差是偏于安全的，而库伦土压力理论计算结果比较符合实际；对于黏性土，可直接应用朗肯土压力理论计算主动土压力，而库伦土压力理论却无法直接应用。计算被动土压力时，两种理论计算结果误差均较大。当 δ 和 φ 较大时，工程上不采用库伦土压力理论计算被动土压力。

思考题

6-1　土压力有哪几种？如何区别？

6-2　影响土压力的因素有哪些？其中最主要的影响因素是什么？

6-3　比较朗肯土压力理论和库伦土压力理论的基本假定和使用条件。

6-4　挡土墙后积水对挡土墙有何危险？如何解决挡墙后的积分问题？

习　题

6-1　已知某挡土墙墙高为 $h=6.0\text{m}$，墙背竖直、光滑、墙后填土面水平，填土重度 $\gamma=20.0\text{kN/m}^3$，黏聚力 $c=10\text{kPa}$，内摩擦角 $\varphi=30°$。计算作用在此挡土墙上的静止土压力、主动土压力、被动土压力，并画出土压力分布图。

6-2　有一重力式挡土墙高 4.0m，$\alpha=10°$，$\beta=5°$，墙后填砂土，其性质指标为：$c=0$，$\varphi=30°$，$\gamma=18\text{kN/m}^3$。试分别求出当 $\delta=\varphi/2$ 和 $\delta=0$ 时，作用于墙背上的总主动土压力的大小、方向和作用点。

6-3　某挡土墙高 6m，墙背直立、光滑、墙后填土面水平，填土重度 $\gamma=18\text{kN/m}^3$，$\varphi=30°$，$c=0$，试确定：(1)墙后无地下水时的主动土压力；(2)当地下水位离墙底 2m 时，作用在挡土墙上的总土压力(包括水压力和土压力)，地下水位以下填土的饱和重度为 19kN/m^3。

6-4　高度为 6m 的挡土墙，墙背直立和光滑，墙后填土面水平，填土面上有均布荷载 $q=30\text{kPa}$，填土情况见习题 6-4 图，试计算墙背主动土压力及其分布图。

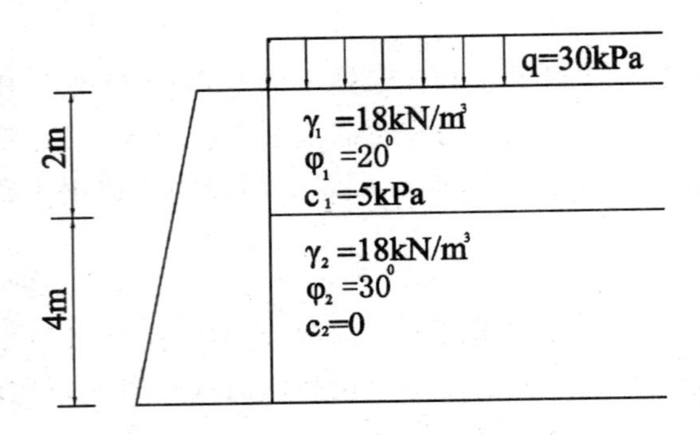

图习题 6-4

第 7 章　土坡稳定分析

7.1　概　　述

土坡就是具有倾斜坡面的土体。土坡按形成的原因可分为天然土坡和人工土坡，前者是在自然应力的作用下形成的土坡，如山坡、江河的坡岸等；人工土坡则是通过填方或挖方形成的土坡，如基坑、土坝、路堤等的边坡。简单土坡是指土坡上、下两个面是水平面且坡面为一平面的均质土坡。对于一简单土质边坡来说，其主要组成要素如图 7-1 所示。

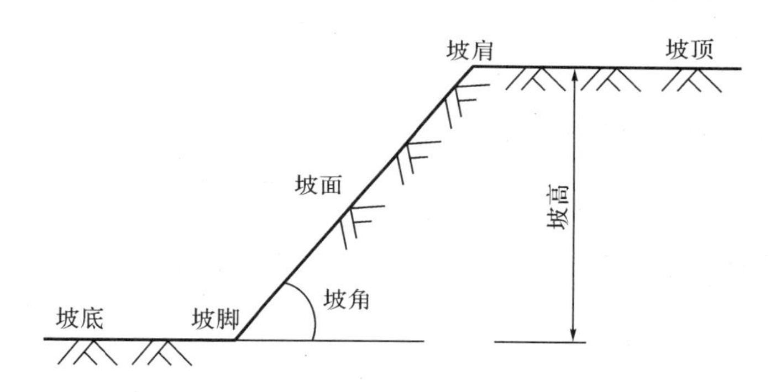

图 7-1　简单边坡组成要素

滑坡是指边坡中一部分岩土体对另一部分岩土体产生相对位移，以至丧失原有稳定性的现象。影响土坡稳定性的原因一般有：

(1)土坡作用力发生变化：如在坡顶堆放材料或建造建筑物使边坡荷载增加；或因打桩、车辆行驶、爆破、地震等引起的振动改变了原来的平衡状态；

(2)土抗剪强度的降低：如土体中含水量或孔隙水压力的增加；

(3)静水力的作用：持续的降雨或地下水渗入土层中，使土中含水率增高，土中易溶盐溶解，土质变软，强度降低，并对土坡产生侧向压力，从而促进土坡的滑动；。

(4)地下水在土坝或基坑等边坡中的渗流所引起的渗透力也是土坡失稳的重要因素。

7.2　无黏性土土坡的稳定分析

根据实际观测，由均质砂性土构成的土坡，破坏时滑动面大多近似于平面，成层的非均质的砂类土构成的土坡，破坏时的滑动面也往往近于一个平面，因此在分析砂性土的土坡稳定时，一般均假定滑动面是平面。

如图 7-2 所示的均质无黏性土土坡。已知土坡高为 H，坡角为 β，土的重度为 γ。若假定滑动面是通过坡脚 A 的平面 AC，AC 的倾角为 α，则可计算滑动土体 ABC 沿 AC 面上滑动的稳定安全系数 K 值。

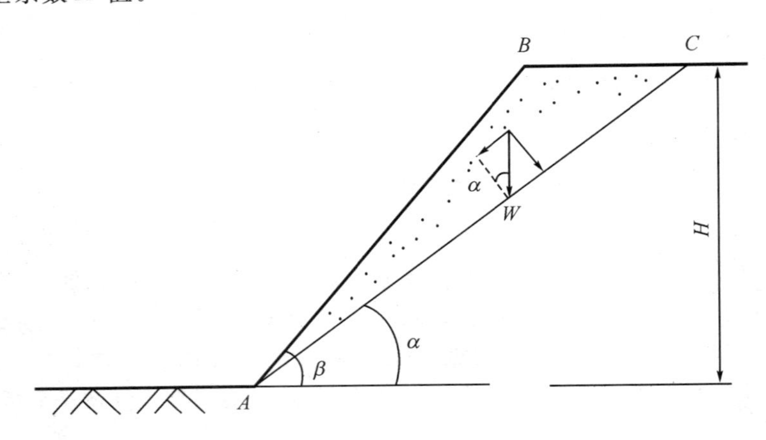

图 7-2　砂土土坡稳定分析

沿土坡长度方向截取单位长度土坡，作为平面应变问题分析。已知滑动土体 ABC 的重力为：

$$W=\gamma\times(\Delta ABC) \tag{7-1}$$

W 在滑动面 AC 上的平均法向分力 N 及由此产生的抗滑力 T_f 为：

$$N=W\cos\alpha \qquad T_f=N\tan\varphi=W\cos\alpha\tan\varphi \tag{7-2}$$

W 在滑动面 AC 上产生的平均下滑力 T 为：

$$T=W\sin\alpha \tag{7-3}$$

土坡的滑动稳定安全系数 K 为：

$$K=\frac{T_f}{T}=\frac{W\cos\alpha\tan\varphi}{W\sin\alpha}=\frac{\tan\varphi}{\tan\alpha} \tag{7-4}$$

工程中一般要求 $K\geqslant1.25\sim1.30$。上述安全系数公式表明，安全系数 K 随倾角 α 而变化，当 $\alpha=\varphi$ 时滑动稳定安全系数最小。无黏性土坡所能形成的最大坡角近似等于无黏性土的内摩擦角，根据这一原理，工程上可通过堆砂锥体法确定砂土的内摩擦角（也称为自然休止角）。

当土坡内出现渗流时，例如基坑排水、坡外水位下降时，在挡水土堤内形成渗流场，如果浸润线在下游坡面逸出（图 7-3），这时，在浸润线以下，下游坡内的土体除了受到重力作用外，还受到由于水的渗流而产生的渗透力作用，因而使下游边坡的稳定性降低。

如果水流方向与水平面呈夹角 θ，则沿水流方向的渗透力 $j=$。在坡面上取土体 V 中的土骨架为隔离体，其有效的重量为 $\gamma'V$。分析这块土骨架的稳定性，作用在土骨架上的渗透力为 $J=jV=\gamma_w iV$。因此，沿坡面的全部滑动力，包括重力和渗透力为

$$T=\gamma'V\sin\alpha+\gamma_w iV\cos(\alpha-\theta) \tag{7-5}$$

坡面的正压力为

$$N=\gamma' V\cos\alpha-\gamma_w iV\sin(\alpha-\theta) \tag{7-6}$$

则土体沿坡面滑动的稳定安全系数：

$$K=\frac{N\tan\varphi}{T}=\frac{[\gamma' V\cos\alpha-\gamma_w iV\sin(\alpha-\theta)]\tan\varphi}{\gamma' V\sin\alpha+\gamma_w iV\cos(\alpha-\theta)} \tag{7-7}$$

式中：i——渗透坡降；

γ'——土的浮重度；

γ_w——水的重度；

φ——土的内摩擦角。

若水流在逸出段顺着坡面流动，即 $\theta=\alpha$。这时，流经路途 ds 的水头损失为 dh，所以，有

$$i=\frac{dh}{ds}=\sin\alpha \tag{7-8}$$

将其代入式(7-7)，得：

$$K=\frac{\gamma' \tan\varphi}{\gamma_{sat}\tan\alpha} \tag{7-9}$$

由此可见，当逸出段为顺坡渗流时，土坡稳定安全系数降低(约 1/2)。因此，要保持同样的安全度，有渗流逸出时的坡角比没有渗流逸出时要平缓得多。

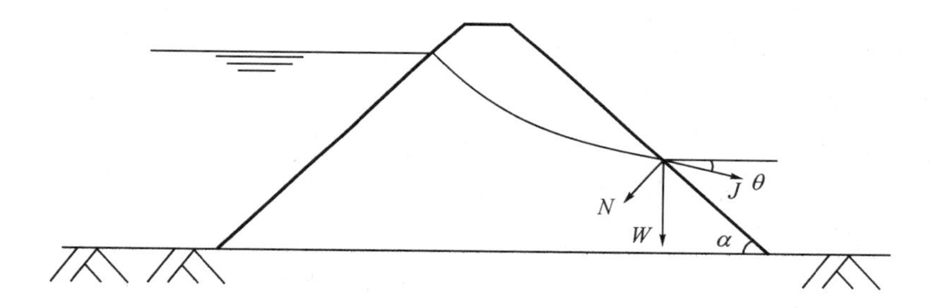

图 7-3 渗透水流未逸出的土坡

7.3 均质黏性土土坡的整体稳定分析

7.3.1 均质黏性土坡的整体稳定分析法

分析图 7-4 所示均质简单土坡，若可能的圆弧滑动面为 AD，其圆心为 O，滑动圆弧半径为 R。滑动土体 $ABCD$ 的重力为 W，它是促使土坡滑动的滑动力。沿着滑动面 AD 上分布土的抗剪强度将形成抗滑力 T_f。将滑动力 W 及抗滑力 T_f 分别对滑动面圆心 O 取矩，得滑动力矩 M_s 及抗滑力矩 M_r 为

$$M_s=W\cdot a \tag{7-10}$$

$$M_r=T_f\cdot R=\tau_f\hat{L}R \tag{7-11}$$

式中：a——W 对 O 点的力臂，m；

$\hat{L}$——滑动圆弧 AD 的长度，m。

土坡滑动的稳定安全系数 K 可以用抗滑力矩 M_r 与滑动力矩 M_s 的比值表示，即

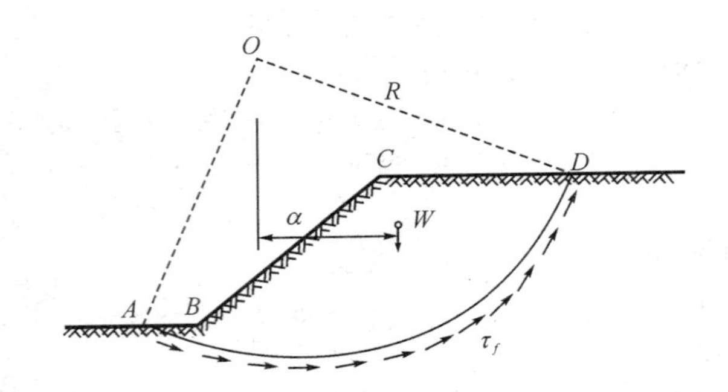

图 7-4　均质土坡的整体稳定分析

$$K=\frac{M_r}{M_s}=\frac{\tau_f \widehat{L} R}{Wa} \tag{7-12}$$

此式即为整体圆弧滑动法计算边坡稳定安全系数的公式。注意，它只适用于 $\varphi=0$ 的情况。若 $\varphi\neq 0$，则抗滑力与滑动面上的法向力有关，其求解可参阅下面的条分法。

上述计算中，滑动面 AD 是任意假定的，需要试算许多个可能的滑动面，找出最危险的滑动面即相应于最小稳定安全系数 $K_{\min}$ 的滑动面。

7.3.2　黏性土土坡稳定分析的费伦纽斯条分法

由于整体分析法对于非均质的土坡或比较复杂的土坡(如土坡形状比较复杂、或土坡上有荷载作用、或土坡中有水渗流时等)均不适用，费伦纽斯(W. Fellenius. 1927)等提出了黏性土土坡稳定分析的条分法。费伦纽斯法又称为瑞典条分法。

费伦纽斯法是针对平面(应变)问题，假定滑动面为圆弧面(从空间观点来看为圆柱面)。根据实际观察，对于比较均质的土质边坡，其滑裂面近似为圆弧面，因此费伦纽斯法可以较好地解决这类问题。一般来说，条分法在实际计算中要作一定的假设，其具体假设如下。

1. 假定问题为平面应变问题。
2. 假定危险滑动面(即剪切面)为圆弧面。
3. 假定抗剪强度全部得到发挥。
4. 不考虑各分条之间的作用力。

如图 7-4 所示土坡，取单位长度土坡按平面问题计算。设可能的滑动面是一圆弧 AD，其圆心为 O，半径为 R。将滑动土体 $ABCDA$ 分成许多竖向土条，土条宽度一般可取 $b=0.1R$，费伦纽斯条分法假设不考虑土条两侧的条间作用力效应，由此得出土条 i 上的作用力对圆心 O 产生的滑动力矩 M_s 及抗滑力矩 M_r 分别为：

$$M_s=T_iR_i=W_iR\sin\alpha_i \tag{7-13}$$

任一土条 i 上的作用力包括：土条的重力 W_i，其大小、作用点位置及方向均已知。滑动面 ef 上的法向反力 N_i 及切向反力 T_i，假定 N_i，T_i 作用在滑动面 ef 的中点，它们的大小均未知。土条两侧的法向力 E_i、、E_{i+1} 及竖向剪切力 X_i、X_{i+1}，其中 E_i 和 X_i 可由前一个土条的平衡条件求得，而 E_{i+1} 和 X_{i+1} 的大小未知，E_{i+1} 的作用点位置也未知。

由此看到，土条 i 的作用力中有 5 个未知数，但只能建立 3 个平衡条件方程，故为非静定问题。为了求得 N_i、T_i 值，必须对土条两侧作用力的大小和位置作适当假定。费伦纽斯的条分法假设不考虑土条两侧的作用力，也即假设 E_i 和 X_i 的合力等于 E_{i+1} 和 X_{i+1} 的合

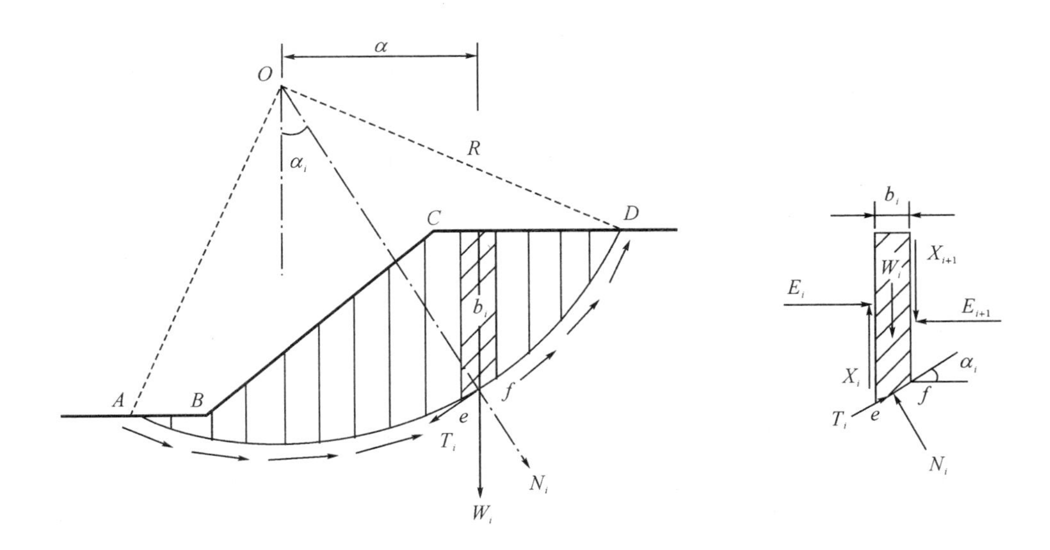

图 7-5 土坡稳定分析的条分法

力，同时它们的作用线重合，因此土条两侧的作用力相互抵消。这时土条 i 仅有作用力 W_i、N_i 及 T_i，根据平衡条件可得：

$$N_i = W_i \cos\alpha_i \quad T_i = W_i \sin\alpha_i \tag{7-14}$$

滑动面 ef 上土的抗剪强度为：

$$\tau_{fi} = \sigma_i \tan\varphi_i + c_i = \frac{1}{l_i}(W_i \cos\alpha_i \tan\varphi_i + c_i l_i) \tag{7-15}$$

式中：α_i——土条 i 滑动面的法线(亦即半径)与竖直线的夹角，°；

l_i——土条 i 滑动面 ef 的弧长，m；

c_i、φ_i——滑动面上土的黏聚力及内摩擦角，kPa，°。

于是土条 i 上的作用力对圆心 O 产生的滑动力矩 M_s 及抗滑力矩 M_r 分别为：

$$M_s = T_i R_i = W_i R \sin\alpha_i \tag{7-16}$$

$$M_r = \tau_{fj} l_j R = W_i \cos\alpha_j \tan\varphi_i + c_j l_j)R \tag{7-17}$$

而整个土坡相应于滑动面 AD 时的稳定安全系数为：

$$K = \frac{M_r}{M_s} = \frac{\sum(W_i \cos\alpha_i \tan\varphi_i + c_i l_i)}{\sum W_i \sin\alpha_i} \tag{7-18}$$

上述稳定安全系数 K 是对于某一个假定滑动面求得的，因此需要试算许多个可能的滑动面，相应于最小安全系数的滑动面即为最危险滑动面。也可采用费伦纽斯提出的近似方法确定最危险滑动面圆心位置，但当坡形复杂时，一般还是采用电算搜索的方法确定。

【例 7-1】 某土坡如图所示，已知土坡高度 $H=10\text{m}$，坡角 $\beta=40°$，土的物理力学参数：重度 $\gamma=17.8\text{kN/m}$，黏聚力 $c=21.2\text{kPa}$，内摩擦角 $\varphi=10°$，试用费伦纽斯法确定土的安全系数。

【解】经计算可得安全系数为 1.139，计算过程见表例 7-1。

表例 7-1　费伦纽斯条分法计算结果(从右到左编号)

土条编号	l_i(m)	W_i(kN)	α_i(°)	$W_i\sin\alpha_i$	$W_i\cos\alpha_i$
1	3.812	47.785	66.172	43.712	19.305
2	2.564	123.666	53.088	98.878	74.272
3	2.122	162.096	43.483	111.543	117.614
4	1.886	162.822	35.269	94.017	132.936
5	1.741	153.476	27.838	71.669	135.715
6	1.648	137.261	20.894	48.953	128.235
7	1.589	115.266	14.263	28.399	111.713
8	1.554	88.115	7.825	11.996	87.294
9	1.540	56.146	1.486	1.456	56.128
10	1.545	19.493	−4.835	−1.643	19.424
合计	20.001	合计	508.981	882.634	
安全系数	$K=\dfrac{\sum(W_i\cos\alpha_i\tan\varphi_i+c_il_i)p}{\sum W_i\sin\alpha_i}=\dfrac{882.634\times\tan10°+21.2\times20.001}{508.981}=1.139$				

7.3.3　边坡稳定分析的毕肖普法

费伦纽斯条分法作为条分法计算中的最简单形式在工程中得到广泛应用，但实践表明，该方法计算出的安全系数偏低。实际上，若不考虑土条之间的作用力，则无法满足土条的稳定，即土条无法自稳。随着边坡稳定分析理论与实践的发展，如何考虑土条间的作用力成为边坡稳定分析的发展方向之一，并形成了一些较为成熟并便于工程应用的分析方法，毕肖普条分法就是其中代表性的方法之一。

毕肖普在分析土坡稳定时认为土条之间的作用力不可忽略，土条之间的相互作用力包括土条两侧的竖向剪切力和土条之间的推力，并作如下假设。

1. 滑动面为圆弧面。
2. 滑动面上的剪切力做了具体规定。
3. 土条之间的剪切力忽略不计(简化毕肖普法)。

取第 i 根土条进行分析，作用在其上的力如图 7-7 所示，在土条受力中不考虑土条之间的竖向剪切力。

根据土条 i 的竖向力平衡条件可得

$$W_i-X_i+X_{i+1}-T_i\sin\alpha_i-N_i\cos\alpha_i=0 \tag{7-19}$$

于是可以得到

$$N_i\cos\alpha_i=W_i-(X_i-X_{i+1})-T_i\sin\alpha_i \tag{7-20}$$

假定土坡稳定安全系数为 K，则土条底面的极限抗剪强度只发挥了一部分，即切向力

$$T_i=\tau_{fi}l_i=\frac{1}{K}(\sigma_i\tan\varphi_i+c_i)l_i=\frac{1}{K}(N_i\tan\varphi_i+c_il_i) \tag{7-21}$$

从而可知

$$N_i=\frac{W_i-(X_i-X_{i+1})-\dfrac{1}{K}c_il_i\sin\alpha_i}{\cos\alpha_i+\dfrac{1}{K}\tan\varphi_i\sin\alpha_i} \tag{7-22}$$

于是得出土坡稳定的安全系数

$$K=\frac{\sum M_{ri}}{\sum M_{si}}=\frac{\sum(N_i\tan\varphi_i+c_il_i)}{\sum W_i\sin\alpha_i}=\frac{\sum\dfrac{[W_i-(X_i-X_{i+1})]\tan\varphi_i+c_il_i\cos\alpha_i}{\cos\alpha_i+\dfrac{1}{K}\tan\varphi_i\sin\alpha_i}}{\sum W_i\sin\alpha_i}\tag{7-23}$$

若令 $m_{\alpha i}=\cos\alpha_i+\dfrac{1}{K}\tan\varphi_i\sin\alpha_i$，并忽略土条两侧的剪切力，可得安全系数 K 的新形式

$$K=\frac{\sum\dfrac{W_i\tan\varphi_i+c_il_i\cos\alpha_i}{m_{\alpha i}}}{\sum W_i\sin\alpha_i}\tag{7-24}$$

与费伦纽斯方法一样，对于给定的滑动面对滑动体进行分条，确定土条参数(含几何尺寸、物理参数等)。由于式中 $m_{\alpha i}$ 也含有 K 值，故式须用迭代法求解。首先假定一个安全系数 K_0，求出 $m_{\alpha i}$ 后代入计算公式得出安全系数 K，若 K 与假设的 K_0 很相近，说明得出的即为合理的安全系数，若两者差别较大，即用得出的新安全系数再进行计算，又得出另一安全系数，再进行比较，一般经过 3～4 次循环之后即可求得合理安全系数。

与瑞典条分法相比，简化的毕肖甫法是在不考虑条块间切向力的前提下，满足力的多边形闭合条件，也就是说，隐含着条块间有水平力的作用，虽然在公式中水平作用力并未出现。所以它的特点是：(1)满足整体力矩平衡条件；(2)满足各个条块力的多边形闭合条件，但不满足条块的力矩平衡条件；(3)假设条块间作用力只有法向力没有切向力；(4)满足极限平衡条件。由于考虑了条块间水平力的作用，得到的稳定安全系数较瑞典条分法略高一些。很多工程计算表明，毕肖甫法与严格的极限平衡分析法，即满足全部静力平衡条件的方法(如下述的简布法)相比，结果甚为接近。由于计算过程不很复杂，精度也比较高，所以，该方法是目前工程中很常用的一种方法。

【例 7-2】 计算的例题同上题，在实际计算中要选取多个滑动面进行试算，以确定危险滑动面和对应的安全系数，见表例 7-2。

【解】 计算过程见表例 7-2。

表例 7-2

土条编号	l_i(m)	W_i(kN)	α_i(°)	$W_i\sin\alpha_i$	$W_i\tan\alpha_i$	$m_{\alpha i}$			$\frac{1}{m_{\alpha i}}(W_i\tan\varphi_i+c_il_i\cos\alpha_i)$		
						K=1.00	K=1.145	K=1.162	K=1.00	K=1.145	K=1.162
1	3.812	47.785	66.172	43.712	8.426	0.982	0.983	0.984	36.759	36.689	36.682
2	2.564	123.666	53.088	98.878	21.806	1.004	1.004	1.004	42.366	42.390	42.393
3	2.122	162.096	43.483	111.543	28.582	1.015	1.012	1.011	47.484	47.627	47.641
4	1.886	162.822	35.269	94.017	28.710	1.013	1.007	1.007	52.310	52.596	52.624
5	1.741	153.476	27.838	71.669	27.062	0.997	0.989	0.988	57.012	57.471	57.516
6	1.648	137.261	20.894	48.953	24.203	0.967	0.956	0.955	61.769	62.444	62.510
7	1.589	115.266	14.263	28.399	20.324	0.918	0.905	0.904	66.817	67.769	67.864
8	1.554	88.115	7.825	11.996	15.537	0.847	0.832	0.830	72.294	73.631	73.764
9	1.540	56.146	1.486	1.456	9.900	0.742	0.724	0.722	73.426	75.240	75.421
10	1.545	19.493	−4.835	−1.643	−3.437	0.565	0.545	0.543	72.655	75.383	75.659
		合计		508.981		得到的安全系数			K=1.145	K=1.162	K=1.163

7.4 泰勒图表法

土坡稳定分析大都需要经过试算，计算工作量很大，因此，曾有不少人寻求简化的图表法。图 7-6 是泰勒(Taylor)根据计算资料整理得到的极限状态时均质简单黏性土土坡内摩擦角 φ、坡角 θ 与稳定因数 $N=c/\gamma H$ 之间关系曲线（c 是黏聚力，γ 是重度，H 是土坡高度）。

利用这个图表，可以很快地解决下列两个主要的土坡稳定问题：

1.已知坡角 θ、土的内摩擦角 φ、黏聚力 c，重度 γ，求土坡的允许高度 H。

由图 7-6 横坐标根据 θ 值向上与 φ 值曲线的交点，水平向左找到纵坐标 N 值，即可得坡高 $H=\dfrac{c}{\gamma N}$。

2.已知土的性质指标土的内摩擦角 φ、黏聚力 c，重度 γ 及坡高 H，求许可的坡角 θ。

由图 7-6 计算纵坐标 $N=\dfrac{c}{\gamma H}$ 值，水平向右找到与 φ 值曲线的交点，再竖直向下找到与横坐标的交点即为所求稳定土坡的坡角。

此法可用来计算高度小于 10m 的均质简单黏性土土坡（小型堤坝），作初步估算堤坝断面之用。

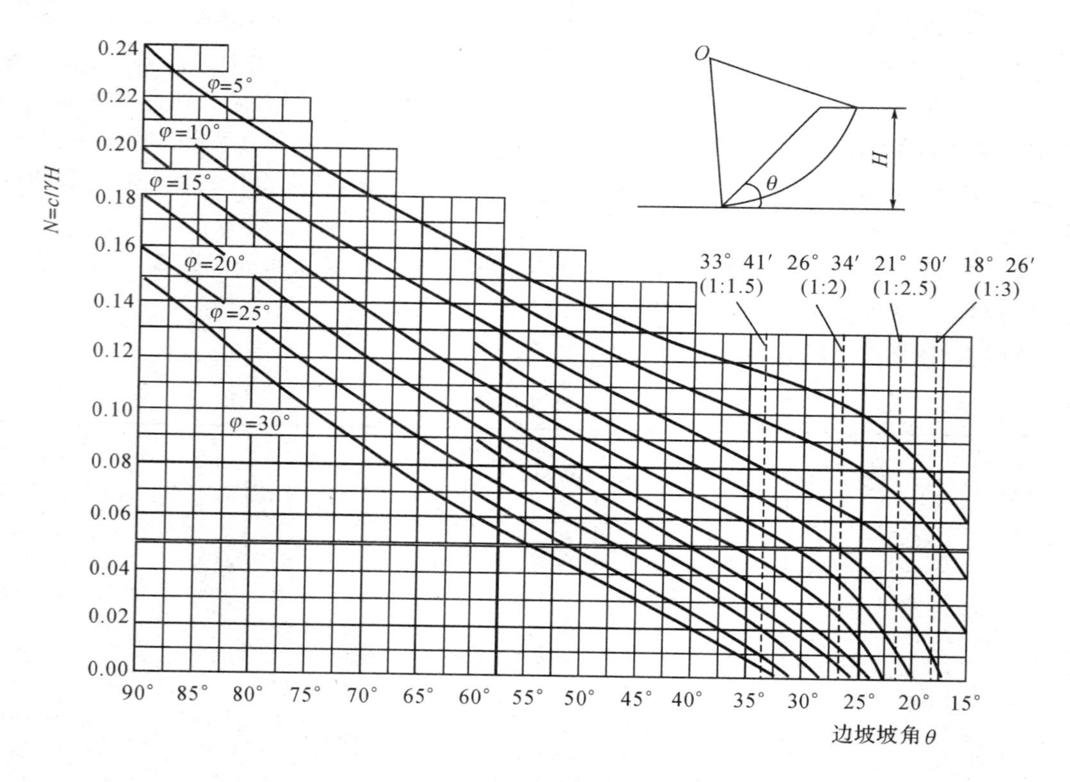

图 7-6　黏性土简单土坡计算图

7.5 非圆弧滑动的普遍条分法——简布法

普遍条分法的特点是假定条块间水平作用力的位置。在这一假定前提下，每个土条块都满足全部的静力平衡条件和极限平衡条件，滑动土体的整体力矩平衡条件也自然得到满足。而且，它适用于任何滑动面，而不必规定滑动面是一个圆弧面，所以称为普遍条分法。它是由简布提出的，又常称为简布法。

费伦纽斯法和毕肖普法均是基于圆弧滑动面假设而提出的计算公式。为了扩大这两方法的应用范围，有些学者尝试将其应用于非圆弧滑动面计算中，但缺乏力学意义上的理性。针对实际工程中常遇到非圆弧滑动面的问题，例如，土坡下面有软弱夹层存在，或倾斜岩层面上的土坡等，简布(Janbu)于 1954 年提出了普遍条分法的概念，其主要特点在于：并不假定土条竖直分界面上剪切力 T 的大小、分布形式，而是假定土条分界面上推力作用点的位置，认为大致在土条侧面高度的下 1/3 位置处，其位置的变化与土体强度特性和土条所处位置有关：当黏聚力 $c=0$ 时，可取 E 的作用点位土条侧面高度的下 1/3 位置处；若 $c>0$，则在被动区，位置稍高于 1/3 位置处，主动区稍低于 1/3 位置处，从而可得推力线分布图。

在简布条分法中，可以完全考虑土条的力学平衡条件，因此又可将其称为普遍条分法。取滑动体中的一个分条进行分析，作用在条块上的力及其作用点见图 7-7 所示。

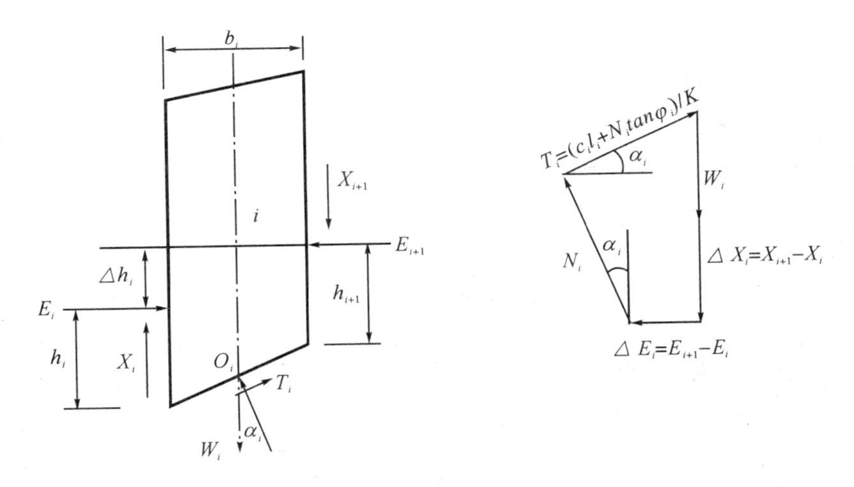

图 7-7　简布法条块作用力分析

按照静力平衡条件可得：

$$\Delta E_i=\frac{1}{K}\cdot\frac{\sec^2\alpha_i}{1+\dfrac{\tan\alpha_i\tan\varphi_i}{K}}[c_i l_i\cos\alpha_i+(W_i+\Delta X_i)\tan\alpha_i]-(W_i+\Delta X_i)\tan\alpha_i \tag{7-25}$$

图 7-8 表示作用在土条条块侧面的法向力 E，显然有 $E_1=\Delta E_1$，$E_2=E_1+\Delta E_2=\Delta E_1+\Delta E_2$，依此类推，有：

$$E_i=\sum_{j=1}^{i}\Delta E_j \tag{7-26}$$

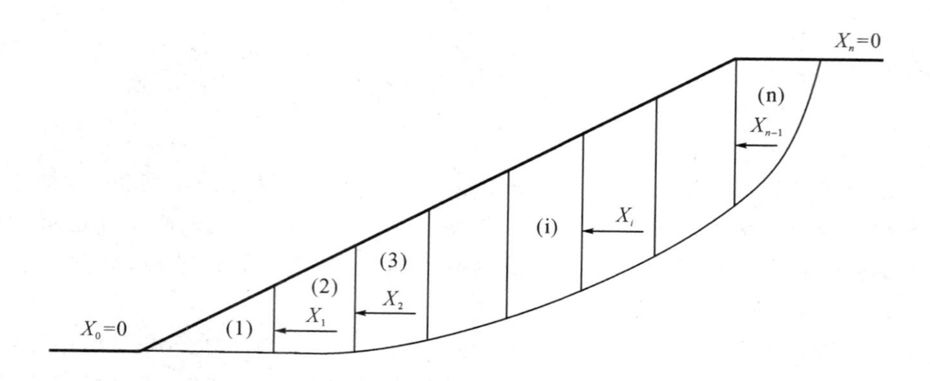

图 7-8　条块侧面法向力

若全部土条条块的总数为 n，则有：

$$E_n = \sum_{i=1}^{n} \Delta E_i = 0 \tag{7-27}$$

将式(7-25) 代入式(7-27)，可得：

$$K = \frac{\sum [c_i b_i + (W_i + \Delta X_i)\tan\varphi_i] \dfrac{1}{m_{\alpha i}}}{\sum (W_i + \Delta X_i)\sin\alpha_i} \tag{7-28}$$

式中：$m_{\alpha i} = \cos\alpha_i + \dfrac{1}{K}\tan\varphi_i \sin\alpha_i$；

b_i—— 土条 i 的宽度，$b_i = l_i \cos\alpha_i$。

比较毕肖普公式(7-24) 和简布公式(7-28)，可以看出两者很相似，但分母有差别，毕肖甫公式是根据滑动面为圆弧面，滑动土体满足整体力矩平衡条件推导出的。简布公式则是利用力的多边形闭合和极限平衡条件，最后从 $\sum_{i=1}^{n} \Delta E_i = 0$ 得出。显然这些条件适用于任何形式的滑动面而不仅仅局限于圆弧面，在式(7-28) 中，ΔX_i 仍然是待定的未知量。毕肖普没有解出 ΔX_i，而让 $\Delta X_i = 0$，从而成为简化的毕肖普公式。而简布法则是利用条块的力矩平衡条件，因而整个滑动土体的整体力矩平衡也自然得到满足。将作用在条块上的力对条块滑弧段中点 O_i 取矩(图 7-8)，并让 $\sum M_{Oi} = 0$。重力 W_i 和滑弧段上的力 N_i 和 T_i 均通过 O_i，不产生力矩。条块间力的作用点位置已确定，故有：

$$X_i \frac{b_i}{2} + (X_i + \Delta X_i)\frac{b_i}{2} - (E_i + \Delta E_i)\left(h_i + \Delta h_i - \frac{1}{2}b_i\tan\alpha_i\right) + E_i\left(h_i - \frac{1}{2}b_i\tan\alpha_i\right) = 0$$

略去高阶微量整理后得：

$$X_i = E_i \frac{\Delta h_i}{b_i} + \Delta E_i \frac{h_i}{b_i} \tag{7-29}$$

$$\Delta X_i = X_{i+1} - X_i \tag{7-30}$$

式(7-29)表示土条间切向力与法向力之间的关系。式中符号见图 7-11。

由公式(7-25)、(7-26)、(7-27)、(7-28)、(7-29)和(7-30)，利用迭代法可以求得普遍条分法的边坡稳定安全系数 K。其步骤如下：

1. 假定 $\Delta X_i=0$，利用式(7-28)，迭代求第一次近似的边坡稳定安全系数 K_1。

2. 将 K_1 和 $\Delta X_i=0$ 代入式(7-25)，求相应的 ΔE_i(对每一条块，从 1 到 n)。

3. 用式(7-26)$E_i=\sum_{j=1}^{i}\Delta E_j$ 求条块间的法向力。

4. 将 E_i 和 ΔE_i 代入式(7-29)和(7-30)，求条块间的切向作用力 X_i(对每一条块，从 1 到 n)和 ΔX_i。

5. 将 ΔX_i 重新代入式(7-28)，迭代求新的稳定安全系数 K_2。

如果 $K_2-K_1>\Delta$(Δ 为规定的计算精度)，重新按上述步骤 2～5 进行第二轮计算，如此反复进行，直至 $K_n-K_{n-1}\leqslant\Delta$ 为止。K_n 就是该假定滑动面的稳定安全系数。边坡真正的稳定安全系数还要计算很多滑动面进行比较，找出最危险的滑动面，其边坡稳定安全系数才是真正的安全系数。这种计算工作量相当大，一般要在计算机上计算。

【例题 7-3】 一简单的黏性土坡，高 25m，坡比 1∶2，辗压土的重度 $\gamma=20\text{kN/m}^3$，内摩擦角 $\varphi=26.6°$(相当于 $\tan\varphi=0.5$)，黏结力 $c=10\text{kN/m}^2$，滑动圆心 O 点如图例 7-3 所示，试分别用瑞典条分法和简化毕肖甫法求该滑动圆弧的稳定安全系数，并对结果进行比较。

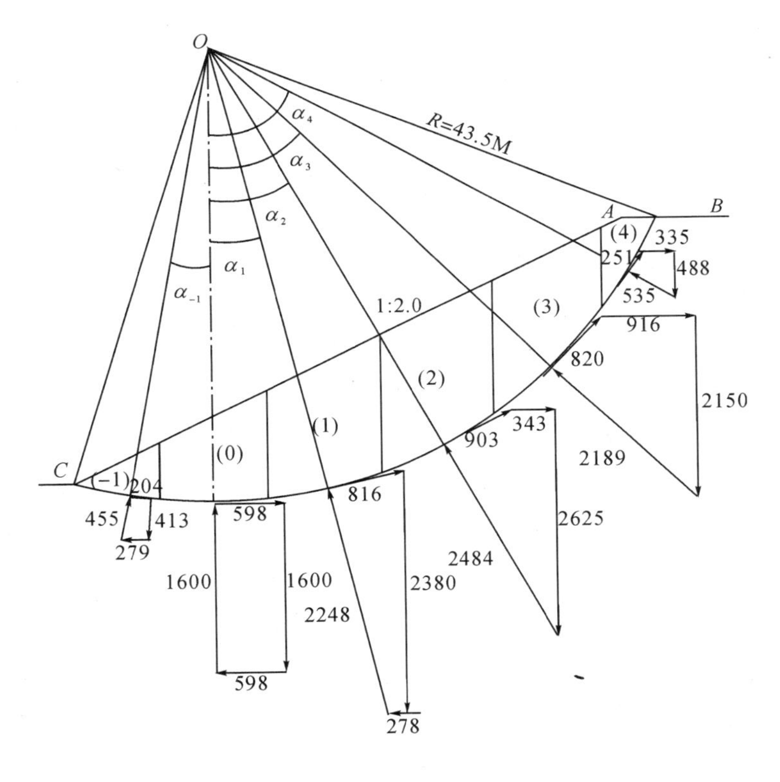

图例 7-3

【解】 为了使例题计算简单，只将滑动土体分成 6 个土条，分别计算各条块的重量 W_i，滑动面长度 l_i，滑动面中心与过圆心铅垂线的圆心角 α_i，然后，按照瑞典条分法和简化毕肖普法进行稳定分析计算。

1. 瑞典条分法

瑞典条分法分项计算结果见表例 7-3-1。

$$\sum W_i \sin\alpha_i = 3584\text{kN} \quad \sum W_i \cos\alpha_i \tan\varphi_i = 4228kN \quad \sum c_i l_i = 650\text{kN}$$

边坡稳定安全系数

$$K = \frac{\sum (W_i \cos\alpha_i \tan\varphi_i + c_i l_i)}{\sum W_i \sin\alpha_i} = \frac{4228 + 650}{3584} = 1.36$$

2. 简化毕肖普法

根据瑞典条分法得到计算结果 $K=1.36$，由于毕肖普法的稳定安全系数稍高于瑞典条分法。设 $K_1=1.55$，按简化的毕肖普条分法列表分项计算，结果如表例 7-3-2。

$$\sum \frac{c_i b_i + W_i \tan\varphi_i}{m_{\alpha i}} = 5417\text{kN}$$

表例 7-3-1 瑞典条分法计算成果

条块编号	α_i(°)	W_i(kN)	$\sin\alpha_i$	$\cos\alpha_i$	$W_i\sin\alpha_i$ (kN)	$W_i\cos\alpha_i$ (kN)	$W_i\cos\alpha_i\tan\varphi_i$ (kN)	l_i(m)	$c_i l_i$(kN)
−1	−9.93	412.5	−0.172	0.985	−71.0	406.3	203	8.0	80
0	0	1600	0	1.0	0	1600	800	10.0	100
1	13.29	2375	0.230	0.973	546	2311	1156	10.5	105
2	27.37	2625	0.460	0.888	1207	2331	1166	11.5	115
3	43.60	2150	0.690	0.724	1484	1557	779	14.0	140
4	59.55	487.5	0.862	0.507	420	247	124	11.0	110

表例 7-3-2 毕肖普法分项计算成果

编号	$\cos\alpha$	$\sin\alpha$	$\sin\alpha_i\tan\varphi_i$	$\frac{\sin\alpha_i\tan\varphi_i}{K}$	$M_{\alpha i}$	$W_i\sin\alpha_i$	$c_i b_i$	$W_i\tan\varphi_i$	$\frac{c_i b_i + W_i\tan\varphi_i}{m_{\alpha i}}$
−1	0.985	−0.172	−0.086	−0.055	0.93	−71	80	206.3	307.8
0	1.00	0	0	0	1.00	0	100	800	900
1	0.973	0.230	0.115	0.074	1.047	546	100	1188	1230
2	0.888	0.460	0.230	0.148	1.036	1207	100	1313	1364
3	0.724	0.690	0.345	0.223	0.947	1484	100	1075	1241
4	0.507	0.862	0.431	0.278	0.785	420	50	243.8	374.3

安全系数 $$K = \frac{\sum [c_i b_i + W_i \tan\varphi_i]\frac{1}{m_{\alpha i}}}{\sum W_i \sin\alpha_i} = \frac{5417}{3586} = 1.51$$

毕肖普法稳定安全系数公式中的滑动力 $\sum W_i \sin\alpha_i$ 与瑞典条分法相同。$K_2 - K_1 = 0.04$，误差较大。按 $K_2 = 1.51$，进行第二次迭代计算，结果列于表例 7-3-3 中。

稳定安全系数 $$K = \frac{\sum [c_i b_i + W_i \tan\varphi_i]\frac{1}{m_{\alpha i}}}{\sum W_i \sin\alpha_i} = \frac{5404.8}{3586} = 1.507$$

$K_2 - K_1 = 0.003$，十分接近，因此，可以认为 $K=1.51$。

表例 7-3-3 毕肖普法第二次迭代计算成果

编号	$\cos\alpha$	$\sin\alpha$	$\sin\alpha_i\tan\varphi_i$	$\frac{\sin\alpha_i\tan\varphi_i}{K}$	$M_{\alpha i}$	$W_i\sin\alpha_i$	c_ib_i	$W_i\tan\varphi_i$	$\frac{c_ib_i+W_i\tan\varphi_i}{m_{\alpha i}}$
−1	0.985	−0.172	−0.086	−0.057	0.928	−71	80	206.3	308.5
0	1.00	0.0	0	0	1.00	0	100	800	900
1	0.973	0.230	0.115	0.076	1.045	546	100	1188	1232.5
2	0.888	0.460	0.230	0.152	1.040	1207	100	1313	1358.6
3	0.724	0.690	0.345	0.228	0.952	1484	100	1075	1234.2
4	0.507	0.862	0.431	0.285	0.792	420	50	243.8	371

计算结果表明，简化毕肖普条分法的稳定安全系数较瑞典条分法高，约大 0.15，与一般结论相同。

7.6 不平衡推力传递法

不平衡推力传递法又称为剩余推力法或传递系数法。作为纳入《建筑地基基础设计规范》的一种方法，它在我国水利、交通和铁道部门滑坡稳定分析中得到了广泛的应用。该法将滑动体分成条块进行分析。该法简单实用，可考虑复杂形状的滑动面，根据某土条底面方向和垂直底面方向的静力平衡条件，可获得折线形滑动面在复杂荷载作用下的滑坡推力。

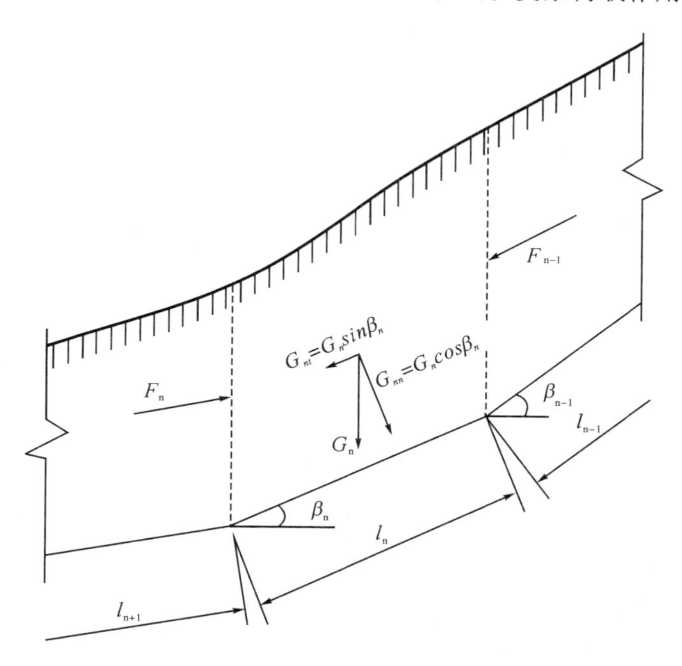

图 7-10 滑坡推力计算示意图

当滑动面为折线形时，滑坡推力可按下式计算(图 7-10)。

$$F_n=F_{n-1}\psi+\gamma_t G_{nt}-G_{nn}\tan\varphi_n-c_nl_n \tag{7-31}$$

$$\psi=\cos(\beta_{n-1}-\beta_n)-\sin(\beta_{n-1}-\beta_n)\tan\varphi_n \tag{7-32}$$

式中：F_n、F_{n-1}——第 n 块、第 $n-1$ 块滑体的剩余下滑力；

ψ——传递系数；

γ_t——滑坡推力安全系数；

G_{nt}、G_{nn}——第 n 块滑体自重沿滑动面、垂直滑动面的分力；

φ_n——第 n 块滑体沿滑动面土的内摩擦角标准值；

c_n——第 n 块滑体沿滑动面土的黏聚力标准值；

l_n——第 n 块滑体沿滑动面的长度。

可见在进行计算之前，需要假定一个安全系数 γ_t 进行试算，根据最后一个条块左侧不平衡推力 F_n 的大小来判断是否得出了合理的安全系数，若 F_n 很小则表明所取安全系数合理，一般来说在计算时选择三个以上不同的安全系数进行计算，计算出相应的 F_n，若 F_n 分布在大于 0，小于 0 的范围，则绘制出 F_n 与 γ_t 的曲线，并可用插入法求出 $F_n\approx 0$ 对应的 γ_t 值，否则需要调整 γ_t 的大小以满足 F_n 的分布范围。一般来说，采用这种方法需要经过多次试算，通过编制相应的计算程序不难实现对 γ_t 的求解。

计算滑坡推力应注意：

1. 当滑体有多层滑动面(带)时，应取推力最大的滑动面(带)确定滑坡推力；

2. 选择平行于滑动方向的几个具有代表性的断面进行计算。计算断面一般不得少于 2 个，其中应有一个是滑动主轴断面。根据不同断面的推力设计相应的抗滑结构；

3. 滑坡推力作用点，可取在滑体厚度的二分之一处；

4. 滑坡推力安全系数，应根据滑坡现状及其对工程的影响等因素确定，对地基基础设计等级为甲级的建筑物宜取 1.25，设计等级为乙级的建筑物宜取 1.15，设计等级为丙级的建筑物宜取 1.05。

7.7 最危险滑裂面的确定方法

以上介绍的是计算某个位置已经确定的滑动面稳定安全系数的几种方法。这一稳定安全系数并不代表边坡的真正稳定性，因为边坡的滑动面是任意选取的。假设边坡的一个滑动面，就可计算其相应的安全系数。真正代表边坡稳定程度的稳定安全系数应该是稳定安全系数中的最小值。相应于边坡最小的稳定安全系数的滑动面称为最危险滑动面，它才是土坡真正的滑动面。

确定土坡最危险滑动面圆心的位置和半径大小是稳定分析中最繁琐、工作量最大的工作。需要通过多次的计算才能完成。这方面费伦纽斯(W. Fellenius)提出的经验方法，对于较快地确定土坡最危险的滑动面很有帮助。

费伦纽斯认为，对于均匀黏性土坡，其最危险的滑动面一般通过坡趾。在 $\varphi=0$ 法的边坡稳定分析中，最危险滑弧圆心的位置可以由图 7-11(a)中 β_1 和 β_2 夹角的交点确定。β_1、β_2 的值与坡角 β 大小的关系，可由表 7-1 查用。

对于 $\varphi>0$ 的土坡，最危险滑动面的圆心位置如图 7-11(b)所示。首先按图 7-11(b)中所示的方法确定 DE 线。自 E 点向 DE 延线上取圆心 O_1、O_2…，通过坡趾 A 分别作圆弧，

AC_1、AC_2、…并求出相应的边坡稳定安全系数 K_1、K_2…。

表 7-1　费伦纽斯近似确定最危险滑动面圆心位置的方法

土坡坡度	坡角 β	角 β_1	角 β_2
1:0.58	60°	29°	40°
1:1.0	45°	28°	37°
1:1.5	33°41′	26°	35°
1:2.0	26°34′	25°	35°
1:3.0	18°26′	25°	35°
1:4	14°02′	25°	37°
1:5	11°19′	25°	37°

然后，再用适当的比例尺标在相应的圆心点上，并且连接成安全系数随圆心位置的变化曲线。曲线的最低点即为圆心在 DE 线上时安全系数的最小值。但是真正的最危险滑弧圆心并不一定在 DE 线上。通过这个最低点，引 DE 的垂直线 FG。在 FG 线上，在 DE 延线的最小值前后再定几个圆心 O'_1，O'_2…，用类似步骤确定 FG 线上对应于最小安全系数的圆心，这个圆心。才被认为是通过坡趾滑出时的最危险滑动圆弧的中心。

当地基土层性质比填土软弱，或者坝坡不是单一的土坡，或者坝体填土种类不同、强度互异时，最危险的滑动面就不一定通过坡脚。这时寻找最危险滑动面位置就更为繁琐。实际上，对于非均质的、边界条件较为复杂的土坡，用上述方法寻找最危险滑动面的位置将是十分困难的。随着计算机技术的发展和普及，目前可以采用最优化方法，通过随机搜索，寻找最危险的滑动面的位置。国内外已有这方面的较多程序可供使用。

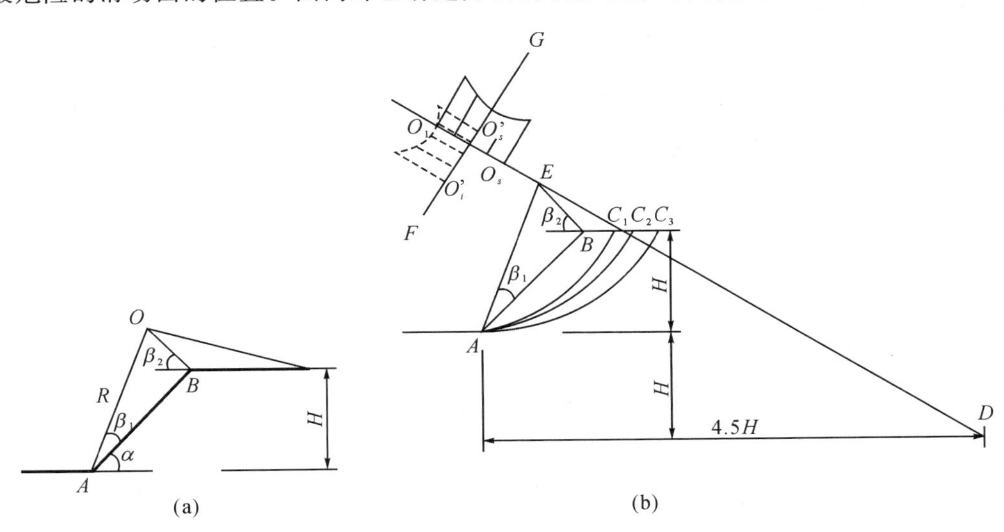

图 7-11　最危险滑动圆心的确定方法

7.8 边坡稳定分析的工程应用

7.8.1 边坡设计应符合下列原则

1)边坡设计应保护和整治边坡环境,边坡水系应因势利导,设置排水设施。对于稳定的边坡,应采取保护及营造植被的防护措施。

2)建筑物的布局应依山就势,防止大挖大填。场地平整时,应采取确保周边建筑物安全的施工顺序和工作方法。由于平整场地而出现的新边坡,应及时进行支挡或构造防护。

3)边坡工程的设计前,应进行详细的工程地质勘察,并应对边坡的稳定性作出准确的评价;对周围环境的危害性作出预测;对岩石边坡的结构面调查清楚,指出主要结构面的所在位置;提供边坡设计所需要的各项参数。

4)边坡的支挡结构应进行排水设计。对于可以向坡外排水的支挡结构,应在支挡结构上设置排水孔。排水孔应沿着横竖两个方向设置,其间距宜取 2m～3m,排水孔外斜坡度宜为 5%,孔眼尺寸不宜小于 100mm。支挡结构后面应做好滤水层,必要时应作排水暗沟。支挡结构后面有山坡时,应在坡脚处设置截水沟。对于不能向坡处排水的边坡,应在支挡结构后面设置排水暗沟。

5)支挡结构后面的填土,应选择透水性强的填料。当采用黏性土作填料时,宜掺入适量的碎石。在季节性冻土地区,应选择炉渣、碎石、粗砂等非冻胀性填料。

7.8.2 土坡的允许坡度

在山坡整体稳定的条件下,土质边坡的开挖应符合下列规定:

1)边坡的坡度允许值,应根据当地经验,参照同类土层的稳定坡度确定。当土质良好且均匀、无不良地质现象、地下水不丰富时,可按表 7-2 确定。

2)土质边坡开挖时,应采取排水措施,边坡的顶部应设置截水沟。在任何情况下不允许在坡脚及坡面上积水。

表 7-2 土质边坡坡度允许值

土的类别	密实度或状态	坡度允许值(高宽比)	
		坡高在 5m 以内	坡高为 5～10m
碎石土	密实	1:0.35—1:0.50	1:0.50—1:0.75
	中密	1:0.50—1:0.75	1:0.75—1:1.00
	稍密	1:0.75—1:1.00	1:1.00—1:1.25
黏性土	坚硬	1:0.75—1:1.00	1:1.00—1:1.25
	硬塑	1:1.00—1:1.25	1:1.25—1:1.50

注:①表中碎石土的充填物为坚硬或硬塑状态的黏性土;

②对于砂土或充填物为砂土的碎石土,其边坡坡度允许值均按自然休止角确定。

3)边坡开挖时,应由上往下开挖,依次进行。弃土应分散处理,不得将弃土堆置在坡顶及坡面上。当必须在坡顶或坡面上设置弃土转运站时,应进行坡体稳定性验算,严格控制堆栈的土方量。

4)边坡开挖后,应立即对边坡进行防护处理。压实填土的边坡允许值,应根据其厚度,填料性质等因素，按表 7-3 的数值确定。

表 7-3　压实填土的边坡允许值

填料类别	压实系数 λ_c	边坡允许值(高宽比)			
		填土厚度 H(m)			
		$H\leqslant5$	$5<H\leqslant10$	$10<H\leqslant15$	$15<H\leqslant20$
碎石，卵石	0.94—0.97	1:1.25	1:1.50	1:1.75	1:2.00
砂夹石(其中碎石，卵石占全重 30%～50%)		1:1.25	1:1.50	1:1.75	1:2.00
土夹石(其中碎石，卵石占全重 30%～50%)		1:1.25	1:1.50	1:1.75	1:2.00
粉质黏土，黏粒含量 $\rho c\geqslant10\%$ 的粉土		1:1.50	1:1.75	1:2.00	1:2.25

注：当压实填土厚度大于 20m 时，可设计成台阶进行压实填土的施工。

设置在斜坡上的压实填土，应验算其稳定性。当天然地面坡度大于 0.20 时，应采取防止压实填土可能沿坡面滑动的措施，并应避免雨水沿斜坡排泄。

前面在边坡稳定分析时，主要考虑的是除了考虑土条(块)自身的重力。实际工程作用在边坡上的荷载可能较为复杂，如边坡顶面超载，包括集中荷载和分布荷载；边坡中存在地下水作用；为了提高边坡稳定性而采取的各种抗滑措施；地震荷载、爆破作用、交通荷载等动荷载；边坡的施工过程等因素。

7.8.3　关于挖方边坡和天然边坡

在饱和黏性土地基上填筑土坝或土堤，如图 7-12(a)所示，现以地基中某点 A 为例来说明稳定性的变化。随着填筑荷载的增加，A 点的剪应力不断增加，在竣工时达到最大值。由于黏性土的透水性较差，可以认为在施工过程中不排水，由上部荷载引起的超孔隙水压力不消散，直到竣工之前，孔隙应力将随着填筑高度的增加而增大。竣工时的抗剪强度也一直保持与施工开始时的不排水强度相同。竣工以后，总应力保持不变，而超孔隙水应力则由于地基土的固结而逐渐减小，直至消散为零。土体的固结不仅使孔隙比减小，并使有效应力与抗剪强度增加。因此，当填土结束上，土坡的稳定性可用总应力法和不排水强度来分析，而长期稳定性则用有效应力和有效强度指标进行计算。显然，土坡稳定的安全系数在施工刚刚结束时是最小的，以后随时间而增大。对于蓄水水库的土坝，还必须校核水库运用期稳定渗流对下游坡和库水位骤降对上游坡稳定性的影响。

在黏性土中挖方形成如图 7-12(b)所示的边坡，仍以 A 点为例，由于开挖使 A 点的平均上覆荷载减小，并引起孔隙水应力下降，出现负孔隙水应力，而且由于在开挖过程中小主应力 σ_3 要比大主应力 σ_1 下降的厉害，即$(\Delta\sigma_1-\Delta\sigma_3)$为负值，所以在大多数情况下 Δu 为负值，如果黏性土的透水性很低，则和填方一样，A 点的剪应力在施工结束时达到最大，竣工时的抗剪强度仍为不排水强度。竣工后，负孔隙水应力逐渐消散，伴随而来的是黏性土的膨胀和抗剪强度下降，直至超孔隙水应力等于零。挖方土坡竣工时和长期稳定性的分析仍可分别用不排水强度和排水强度来表示，但与填方相反，最不利的条件不在竣工时，而在其长期稳定性。如果在边坡内存在渗流情况，则需用考虑水位骤降，形成顺坡渗流工况下的安全系数，因为它比稳定渗流更危险。

7.8.4　滑坡防治

在建设场区内，由于施工或其他因素的影响有可能形成滑坡的地段，必须采取可靠的预防措施，防止产生滑坡。对具有发展趋势并威胁建筑物安全使用的滑坡，应及早整治，防止

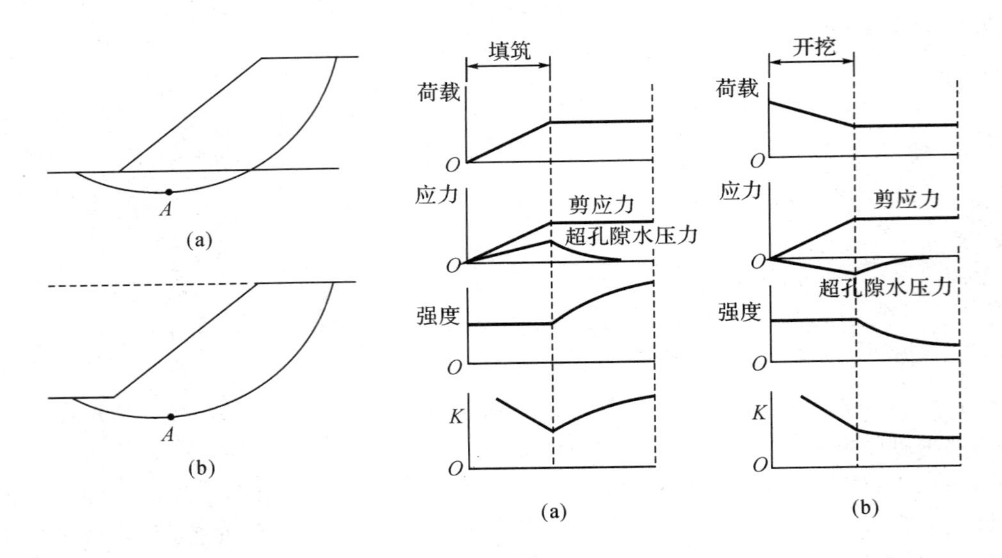

图 7-12　填方与挖方土坡的稳定性分析

滑坡继续发展。

必须根据工程地质、水文地质条件以及施工影响等因素，认真分析滑坡可能发生或发展的主要原因，可采取下列防治滑坡的处理措施：

1)排水：应设置排水沟以防止地面水浸入滑坡地段，必要时尚应采取防渗措施。在地下水影响较大的情况下，应根据地质条件，设置地下排水工程；

2)支挡：根据滑坡推力的大小、方向及作用点，可选用重力式抗滑挡墙、阻滑桩及其他抗滑结构。抗滑挡墙的基底及阻滑桩的桩端应埋置于滑动面以下的稳定土(岩)层中。必要时，应验算墙顶以上的土(岩)体从墙顶滑出的可能性；

3)卸载：在保证卸载区上方及两侧岩土稳定的情况下，可在滑体主动区卸载，但不得在滑体被动区卸载；

4)反压：在滑体的阻滑区段增加竖向荷载以提高滑体的阻滑安全系数。

思考题

7-1　砂性土边坡和黏性土边坡破坏方式有何不同?

7-2　在黏性土边坡稳定分析时，所要解决的主要问题主要有哪些?

7-3　简布普遍条分法的计算过程与费伦纽斯法和毕肖普法有何不同?

7-4　在坡顶开裂和存在渗流时如何计算边坡稳定?

7-5　采用总应力法和有效应力法如何计算土坡稳定?

7-6　土坡失稳破坏的原因有哪些? 影响土坡稳定的因素有哪些?

7-7　水对边坡有哪些危害?

7-8　砂性土边坡只要坡角不超过其内摩擦角即保持稳定，其安全系数与坡高无关，而黏性土坡安全系数与坡高有关，试分析其原因。

习 题

7-1 已知某路基填筑高度 $H=10.0$m，填土的重度 $\gamma=18.0\text{kN/m}^3$，黏聚力 $c=7$kPa，内摩擦角 $\varphi=20°$，求此路基的稳定坡角 θ。（答案：35°）

7-2 已知某均匀土坡的坡角 $\theta=30°$，土的重度 $\gamma=16.0\text{kN/m}^3$，黏聚力 $c=5$kPa，内摩擦角 $\varphi=20°$，求此黏性土坡的安全高度 H。（答案：12.0m）

7-3 某黏性土坡，高 6.0m，坡比 1∶1，地基分两层，第一层为粉质黏土，天然重度 $\gamma_1=18.0\text{kN/m}^3$，黏聚力 $c_1=5.4$kPa，内摩擦角 $\varphi_1=20°$，层厚 $h_1=3.0$m；第二层为黏土，天然重度 $\gamma_2=19.0\text{kN/m}^3$，黏聚力 $c_2=10$kPa，内摩擦角 $\varphi_1=16°$，层厚 $h_2=10.0$m；坡内无地下水影响，试用费伦纽斯条分法计算土坡的稳定安全系数。（答案：$K\approx1.0$）

7-4 一砂砾土坡，其饱和度为 $\gamma_{sat}=19\text{kN/m}^3$，内摩擦角 $\varphi=32°$，坡比为 1∶3。试问在干坡或完全浸水时，其稳定安全系数为多少？又问当有顺坡向水流时土坡还能保持稳定吗？若坡比改为 1∶4 其稳定性如何？（答案：干坡时安全系数为 1.87，完全浸水时为 0.89，坡比为 1∶4 时为 1.18）

第8章　地基承载力

8.1　概　　述

上部建筑的荷载通过基础传给地基，最终由地基承担。地基承载力是指地基承担荷载的能力。当地基承受建筑物荷载作用后，附加应力引起土体内部的剪应力增加，当土中某一点的剪应力达到土的抗剪强度时，这一点就处于极限平衡状态。若土体中区域内的各点均达到极限平衡状态，就形成了极限平衡区，或称为塑性区，荷载继续增大，地基内极限平衡区的范围会不断增大，局部的塑性区会发展成为连续贯穿到地表的整体滑动面，这时地基会失去稳定，建筑物会发生塌陷、倾倒等严重破坏。

地基承载力可分为容许承载力和极限承载力。容许承载力是指在地基稳定方面有足够的安全度，且地基土的变形控制在建筑物容许范围内的承载力；极限承载力是地基土发生剪切破坏而失去整体稳定时的基底最小压力。

《建筑地基基础设计规范》(GB50007—2002)规定，地基承载力的特征值是指由载荷试验测定的地基土压力变形曲线线性变形段内规定的变形所对应的压力值，其最大值为比例界限值。确定地基承载力的方法一般有原位试验法、理论计算法、规范表格法、经验法等。经验法是一种基于地区的使用经验，进行类比判断确定承载力的方法。规范表格法是根据土的物理力学性质指标或现场测试结果，通过查规范所列表格得到承载力的方法。规范不同(包括不同部门，不同行业、不同地区的规范)，地基承载力取值也不会完全相同，应用时需注意各自的使用条件。原位试验法是一种通过现场试验确定承载力的方法，包括静载荷试验、静力触探试验、标准贯入试验、旁压试验。通过某种方法得到的地基承载力为承载力的基本值，基本值经数理统计修正后可得未经深、宽修正的地基承载力特征值，经过深、宽修正后则得到用来设计的承载力特征值。在工程设计中为了保证地基土不发生剪切破坏而失去稳定，同时也为使建筑物不致因基础产生过大的沉降和差异沉降，而影响其正常使用，必须限制建筑物基础底面的压力，使其不得超过地基的承载力特征值。理论计算法是在土体处在极限平衡条件下，根据静力平衡条件及边界条件求解，本章主要介绍理论计算法确定埋深较浅基础承载力的方法。

8.2　地基的三种破坏模式

在荷载作用下地基因承载力不足引起的破坏一般都由地基土的剪切破坏引起的。研究表明，它有三种破坏型式：整体剪切破坏、局部剪切破坏和冲切剪切破坏，三种破坏的曲型 p-s 如图 8-1 所示。

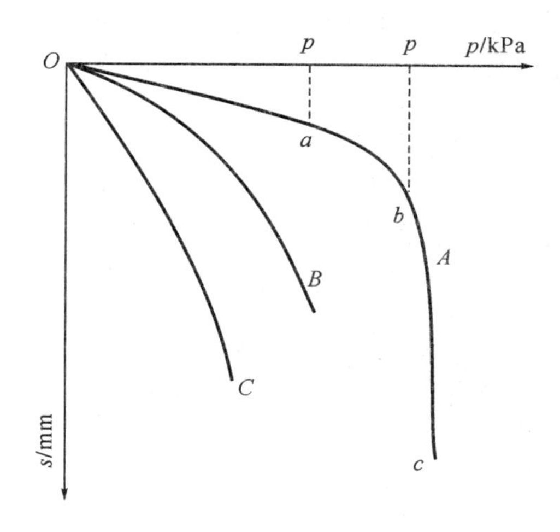

A—整体剪切破坏；B—局部剪切破坏；C—刺入剪切破坏

图 8-1 地基土 $P-S$ 曲线

1）整体剪切破坏形式

当基础上荷载较小时，基础下形成一个三角形压密区Ⅰ（见图 8-2(a)），随同基础压入土中，这时 p-s 曲线呈直线关系（见图 8-2(b)中直线段 OA）。随着荷载增加，三角形压密区Ⅰ向两侧挤压，土中产生塑性区，塑性区先在基础边缘产生，然后逐步扩大形成图 8-2(a)中的Ⅱ、Ⅲ塑性区。这时基础的沉降增长率较前一阶段增大，故此阶段在 p-s 曲线上呈曲线状（见图 8-2b 中的曲线段 AB）。当荷载达到最大值后，土中形成连续滑动面，并延伸到地面，土从基础两侧挤出并隆起，基础沉降急剧增加，整个地基发生失稳破坏，如图 8-2(a)所示。整体剪切破坏常发生在浅埋基础下的密砂或硬黏土等坚实地基中。

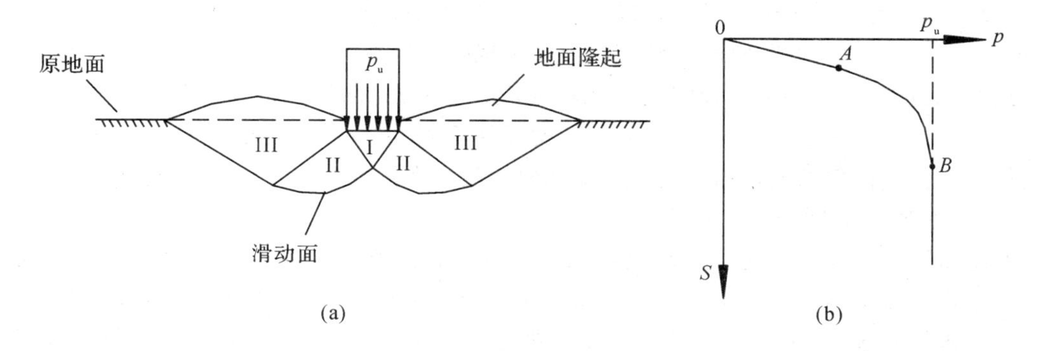

图 8-2 整体剪切破坏形式

整体剪切破坏的典型 p-s 曲线按照荷载施加的程度可以分成三个阶段，如图 8-3(a)所示。第一阶段为压密变形阶段（近似直线段 OA，如图 8-3(b)所示）、第二阶段为剪切阶段（曲线段 AB）和第三阶段为整体剪切破坏阶段（B 点以后）。其中第一阶段与第二阶段之间存在第一界限荷载：临塑荷载 p_{cr}，当荷载大于这一临塑荷载时，直接位于基础下的局部土体，通常是指基础边缘下的土体，先达到极限平衡状态，这是地基内开始出现弹性区和塑性区同时存在情况，如图 8-3(c)所示。第二阶段与第三阶段之间存在第二界限荷载：极限荷载 P_u，当荷载大于这一界限荷载时，地基土从局部剪损破坏阶进入整体破坏阶段，地基内的全部土体都处于塑性破坏状态，此时地基失稳，如图 8-3(d)所示。

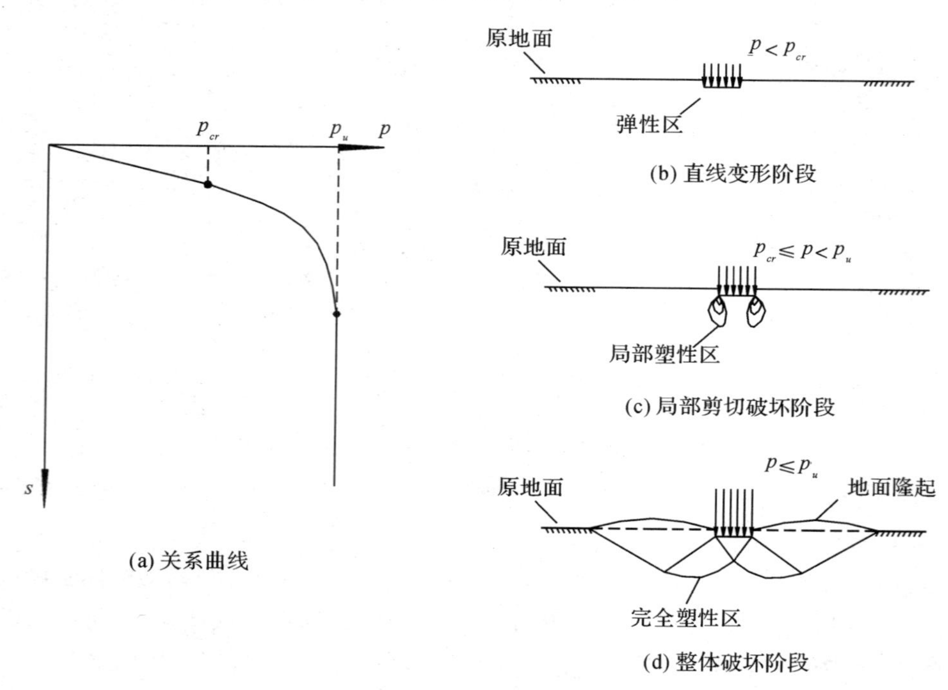

图 8-3　整体剪切破坏变形曲线的三个阶段与相应的地基破坏情况

2）局部剪切破坏形式

在荷载作用下，地基在基础边缘以下开始发生剪切破坏之后，随着荷载的继续增大，地基变形增大，剪切破坏区继续扩大，基础两侧土体有部分隆起，但剪切破坏区没有发展到地面，见图 8-4(a)，基础两侧地面微微隆起，没有出现明显的裂缝，基础由于产生过大的沉降而丧失继续承载能力，地基失去稳定性。这种破坏形式的 p-s 曲线一般没有明显的转折点，其直线段范围较小，是一种以变形为主要特征的破坏型式，其 p-s 曲线如图 8-4(b)所示，曲线的转折点不像整体剪切破坏那么明显。局部剪切破坏常发生在中等密实砂土中。

3）冲剪破坏形式

在基础下没有明显的连续滑动面，随着荷载的增加，基础随着土层发生压缩变形而下沉，当荷载继续增加，基础周围附近土体发生竖向剪切破坏，使基础刺入土中，如图 8-5(a)。刺入剪切破坏的 p-s 曲线如图 8-5(b)，没有明显的转折点，没有明显的比例界限及极限荷载，这种破坏形式常发生在松砂及软土中。

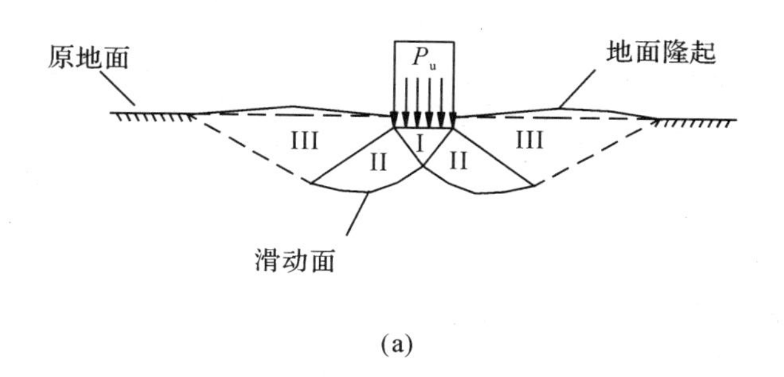

(a)

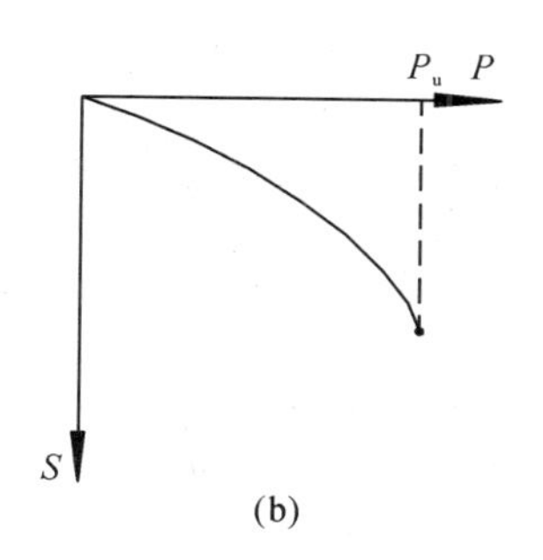

(b)

图 8-4　局部剪切破坏形式

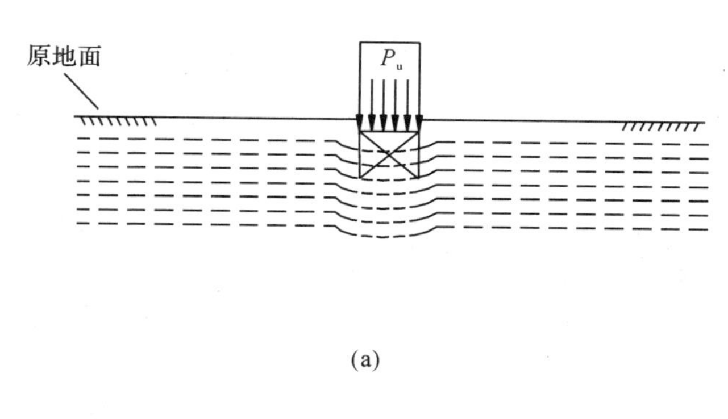

(a)

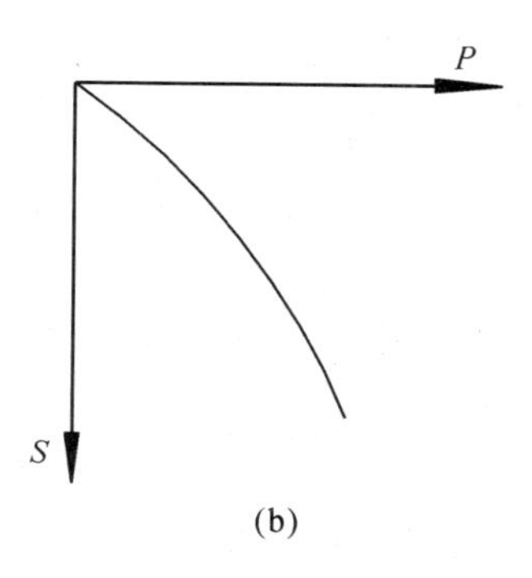

(b)

图 8-5　冲剪破坏形式

8.3　地基的临塑荷载和临界荷载

8.3.1　极限平衡区的界限方程式

根据弹性力学理论，条形基础在均布荷载作用下，当基础埋深为 d 及侧压力系数为 1 时，地基中任意深度 z 处一点 M 的最大、最小主应力(见图 8-6)。

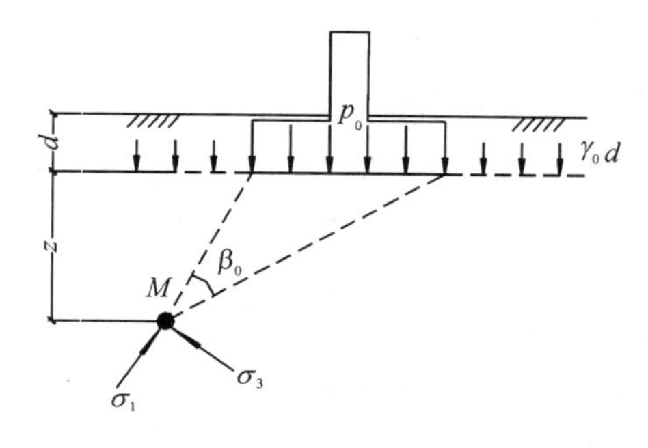

图 8-6　均布的条形荷载作用下地基中的主应力

$$\begin{matrix}\sigma_1\\ \sigma_3\end{matrix} = \frac{p}{\pi}(\beta_0 \pm \sin\beta_0) + \gamma_0 d + \gamma z \tag{8-1}$$

式中：p——基底压力，kPa；

β_0——M 点至基础边缘两连线的夹角，rad。

当 M 点位于塑性区的边界上时，它处于达到极限衡状态，其大小主应力应满足极限平衡条件，即

$$\sigma_1=\sigma_3\tan^2(45°+\frac{\varphi}{2})+2c\tan(45°+\frac{\varphi}{2}) \tag{8-2}$$

将式(8-1)代入式(8-2)中，整理后可得出轮廓界限方程式为

$$z=\frac{p-\gamma_0 d}{\gamma\pi}(\frac{\sin\beta_0}{\sin\varphi}-\beta_0)-\frac{c\cot\varphi}{\gamma}-\frac{\gamma_0}{\gamma}d \tag{8-3}$$

为了计算塑性变形区最大深度 $z_{\max}$，令 $\frac{dz}{d\beta}=0$ 得出 $\beta_0=\frac{\pi}{2}-\varphi$，代入式(8-3)即可得到 $z_{\max}$

$$z_{\max}=\frac{p-\gamma_0 d}{\gamma\pi}(\cot\varphi+\varphi-\frac{\pi}{2})-\frac{c\cot\varphi}{\gamma}--\frac{\gamma_0}{\gamma}d \tag{8-4}$$

式中：d——基础的埋置深度，m；

γ_0——基底平面以上土的加权平均重度，kN/m^3；

c——基底平面下持力层土的黏聚力，kPa；

φ——基底平面下持力层土的内摩擦角，°，计算时化为弧度。

8.3.2 临塑荷载

临塑荷载 p_{cr} 是地基变形的第一、二阶段的分界荷载，即地基中刚开始出现塑性变形区时，地基出现的相应基底压力。

当荷载 p 增大时，塑性区就发展，该区的最大深度也随之增大，若 $z_{\max}=0$，表示地基中刚要出现但尚未出现塑性区，相应的荷载 p 即为临塑荷载 p_{cr}。因此，在式(8-4)中令 $z_{\max}=0$，得到临塑荷载的表达式如下：

$$p_{cr}=\frac{\pi(\gamma_0 d+c\cdot\cot\varphi)}{\cot\varphi-\frac{\pi}{2}+\varphi}+\gamma_0 d \tag{8-5}$$

或

$$p_{cr}=N_q\cdot\gamma_0 d+N_c\cdot c \tag{8-6}$$

$$N_q=\left[\frac{\pi}{\cot\varphi+\varphi-\frac{\pi}{2}}+1\right] \tag{8-7a}$$

$$N_c=\frac{\pi\cot\varphi}{\cot\varphi+\varphi-\frac{\pi}{2}} \tag{8-7b}$$

式中：N_q，N_c 为承载力系数。

从式(8-6)中可看出，临塑荷载 p_{cr} 由两部分组成，第一部分为基础埋深的影响，第二部分为地基土黏聚力的作用，这两部分都是内摩擦角的函数。p_{cr} 随埋深的增大而增大，随 c 值的增大而增大。

8.3.3 临界荷载

大量工程实践表明，用 p_{cr} 作为地基承载力设计值是比较保守和不经济的。即使地基中

出现一定范围的塑性区，也不致危及建筑物的安全和正常使用。工程中允许塑性区发展到一定范围，这个范围的大小是与建筑物的重要性、荷载性质以及土的特征等因素有关的。一般中心受压基础可取 $z_{max}=b/4$，偏心受压基础可取 $z_{max}=b/3$，与此相应的地基承载力用 $p_{\frac{1}{4}}$、$p_{\frac{1}{3}}$ 表示，称为临界荷载，如下式所示：

$$p_{\frac{1}{4}}=\frac{\pi\left(\gamma d+c\cdot\cot\varphi+\frac{1}{4}\gamma b\right)}{\cot\varphi-\frac{\pi}{2}+\varphi}=N_{\frac{1}{4}}\gamma b+N_q\gamma_0 d+N_c c \tag{8-8}$$

$$p_{\frac{1}{3}}=\frac{\pi\left(\gamma d+c\cdot\cot\varphi+\frac{1}{3}\gamma b\right)}{\cot\varphi-\frac{\pi}{2}+\varphi}=N_{\frac{1}{3}}\gamma b+N_q\gamma_0 d+N_c c \tag{8-9}$$

式中：$N_{\frac{1}{4}}$、$N_{\frac{1}{3}}$、N_q、N_c 为承载力系数，可由表 8-1 查取或者也按下式计算：

$$N_{\frac{1}{4}}=\frac{\pi}{4\left(\cot\varphi+\varphi-\frac{\pi}{2}\right)} \tag{8-10a}$$

$$N_{\frac{1}{3}}=\frac{\pi}{3\left(\cot\varphi+\varphi-\frac{\pi}{2}\right)} \tag{8-10b}$$

在式(8-8)与式(8-9)中，第一项中的 γ 为基础底面以下 z_{max} 范围内地基土的加权平均重度；第二项中的 γ_0 为基础埋置深度范围内土的加权平均重度，如地基中存在地下水时，则位于水位以下的地基土取浮重度 γ' 值计算，其余的符号意义同前。

8.3.4 对临塑荷载和临界荷载的评价

1. p_{cr}、$p_{\frac{1}{3}}$、和 $p_{\frac{1}{4}}$ 的计算公式都是按条形基础受均布荷载的情况推导得到的，因此，应用于矩形及圆形基础时有一定的误差，但结果偏于安全。

表 8-1 承载力系数

φ(°)	N_q	N_c	$N_{\frac{1}{4}}$	$N_{\frac{1}{3}}$	φ(°)	N_q	N_c	$N_{\frac{1}{4}}$	$N_{\frac{1}{3}}$
0	1	3	0	0	24	3.9	6.5	0.7	1.0
2	1.1	3.3	0	0	26	4.4	6.9	0.8	1.1
4	1.2	3.5	0	0.1	28	4.9	7.4	1.0	1.3
6	1.4	3.7	0.1	0.1	30	5.6	8.0	1.2	1.5
8	1.6	3.9	0.1	0.2	32	6.3	8.5	1.4	1.8
10	1.7	4.2	0.2	0.2	34	7.2	9.2	1.6	2.1
12	1.9	4.4	0.2	0.3	36	8.2	10.0	1.8	2.4
14	2.2	4.7	0.3	0.4	38	9.4	10.8	2.1	2.8
16	2.4	5.0	0.4	0.5	40	10.8	11.8	2.5	3.3
18	2.7	5.3	0.4	0.6	42	12.7	12.8	2.9	3.8
20	3.1	5.6	0.5	0.7	44	14.5	14.0	3.4	4.5
22	3.4	6.0	0.6	0.8	45	15.6	14.6	3.7	4.9

2. 计算土中的自重应力时，假定土的侧压力系数为 1，与土的一般情况不符，但这样假定可使计算公式简化。

3. 在计算临界荷载 $p_{\frac{1}{3}}$、$p_{\frac{1}{4}}$时，土中已出现塑性区，但仍按弹性力学计算土中应力，这在理论上是不够严格的，但塑性区不大时，由此引起的误差在工程上还是允许的。

4. p_{cr}与基础宽度 b 无关，而 $p_{\frac{1}{3}}$、$p_{\frac{1}{4}}$与 b 有关；p_{cr}、$p_{\frac{1}{3}}$、$p_{\frac{1}{4}}$都随埋深 d 的增加而加大。

5. 其他条件相同时，$p_u > p_{\frac{1}{3}} > p_{\frac{1}{4}} > p_{cr}$。

8.4 地基的极限荷载

极限荷载即地基变形第二阶段与第三阶段的分界点相对应的荷载，是地基达到完全剪切破坏时的最小压力。极限荷载除以安全系数可作为地基的承载力设计值。

极限承载力的理论推导目前只能针对整体剪切破坏模式进行。确定极限承载力的计算公式可归纳为两大类：一类是假定滑动面法，先假定在极限荷载作用时土中滑动面的形状，然后根据滑动土体的静力平衡条件求解。另一类是理论解，根据塑性平衡理论导出在已知边界条件下滑动面的数学方程式来求解。

由于假定不同，计算极限荷载公式的形式也各不相同。但不论哪种公式，大都可写成如下基本形式，区别主要在于修改系数差异。

$$p_u = \frac{1}{2}\gamma b N_\gamma + q N_q + c N_c \tag{8-11}$$

下面介绍在平面问题中浅基础应用较多的几个公式。

8.4.1 普朗德尔极限承载力理论

1920 年 L. 普朗德尔(Prandtl)根据塑性理论，研究了刚性冲模压入无质量的半无限刚塑性介质时，导出了介质达到破坏的滑动面形状和极限压应力公式，人们把他的解答应用到地基极限承载力的课题。

对于一无限长的、底面光滑的条形荷载板置于无质量的土($\gamma=0$)的表面上，当作用在基础上的荷载足够大时，基础陷入地基中，地基产生如图 8-7 所示的整体剪切破坏。

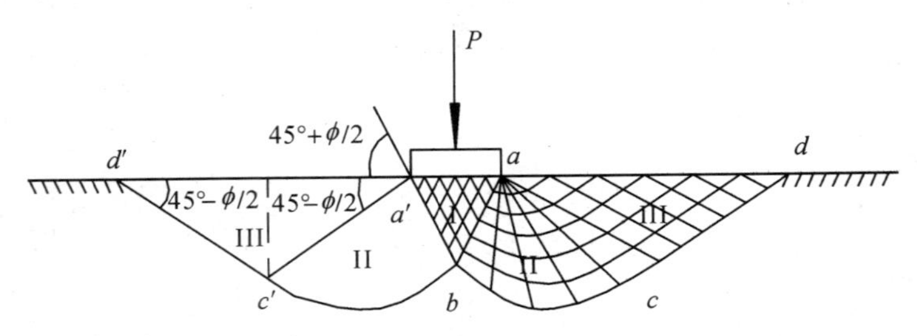

图 8-7　条形刚性板下的滑移线

塑性区共分为五个区，一个Ⅰ区，两个Ⅱ区和两个Ⅲ区。由于基底是光滑的，因此在Ⅰ区的大主应力 σ_1 是垂直向的，破裂面与水平面的夹角为 $45°+\frac{\varphi}{2}$，称为主动朗肯区，在Ⅲ区大主应力 σ_1 是水平向的，其破裂面与水平面的夹角为 $45°-\frac{\varphi}{2}$，称为被动朗肯区。在Ⅱ区中的滑动线，一组是对数螺线，如图 8.8 所示，另一组则是以a'和 a 为起点的辐射线，对数螺线

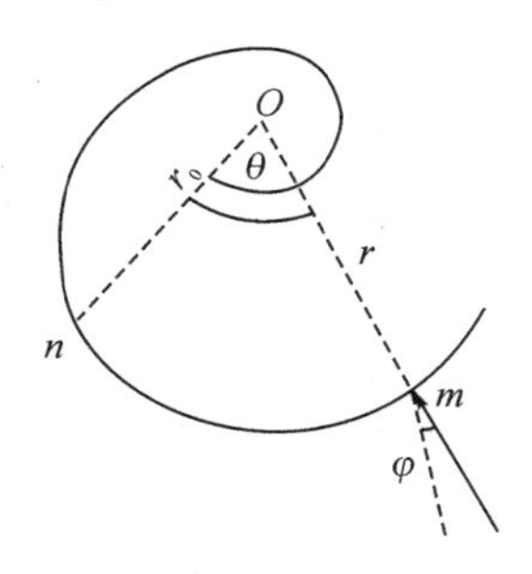

图 8-8　对数螺线

的方程可表示为：

$$r=r_0e^{\theta\tan\varphi} \tag{8-12}$$

式中：r——从起点 o 到任意点 m 的距离；

r_0——沿作一所选择的轴线 on 的距离；

θ——on 与 om 之间的夹角，任一点 m 的半径与该点的法线成 φ 角。

对于上述情况，普朗德尔得出极限承载力的理论解为

$$p_u=cN_c \tag{8-13}$$

其中

$$N_c=\cot\varphi\left[\exp(\pi\tan\varphi)\tan^2\left(45°+\frac{\varphi}{2}\right)-1\right] \tag{8-14}$$

式中：N_c——承载力系数，是仅与 φ 有关的无量纲系数；

c、φ——土的抗剪强度指标。

上述在基础埋深为零的假定条件上推导出来的，如果考虑到基础有埋置深度 d，将基底水平面以上的土重用均布超载 $q(=\gamma_0 d)$ 代替。赖斯纳(Reissner)在 1924 年针对这种情况推导出了极限承载力的公式，即

$$p_u=cN_c+qN_q \tag{8-15}$$

其中

$$N_q=e^{(\pi\tan\varphi)\tan^2\left(45°+\frac{\varphi}{2}\right)} \tag{8-16}$$

$$N_c=(N_q-1)\cot\varphi \tag{8-17}$$

比较可知，式(8-15)是在式(8-13)基础上加上考虑基础埋深影响的项。赖斯纳对普朗德尔的修正不考虑基底以上土的抗剪强度，把基底以上的土体采用作用在基底接触面上的柔性超载($q=\gamma_0 d$)来代替。虽然赖斯纳的修正比普朗德尔理论公式有了进步，但由于没有考虑地基土的重量，没有考虑基础埋深范围内土的抗剪强度等的影响，其结果与实际工程仍有较大差距，为此许多学者根据不同的假设条件，得出各种不同的极限承载力近似计算方法。

8.4.2　太沙基承载力理论

太沙基对地基承载力进行了修正，他在赖斯纳假定的基础上又考虑了两种因素：(1)地基土有重量，即 $\gamma\neq0$；(2)基底粗糙。

太沙基假定地基中滑动面的形状如图 8-9 所示，共分三区：Ⅰ区——基础下的楔形压密区，由于土与基底的摩阻力作用，该区的土不进入剪切状态而处于压密状态，形成压实核，它与基底所成角度为 φ；Ⅱ区——滑动面按对数螺线变化，b 点处螺线的切线垂直，c 点处螺线

的切线与水平线成$(45°-\frac{\varphi}{2})$角；Ⅲ区——底角与水平成$(45°-\frac{\varphi}{2})$的等腰三角形。

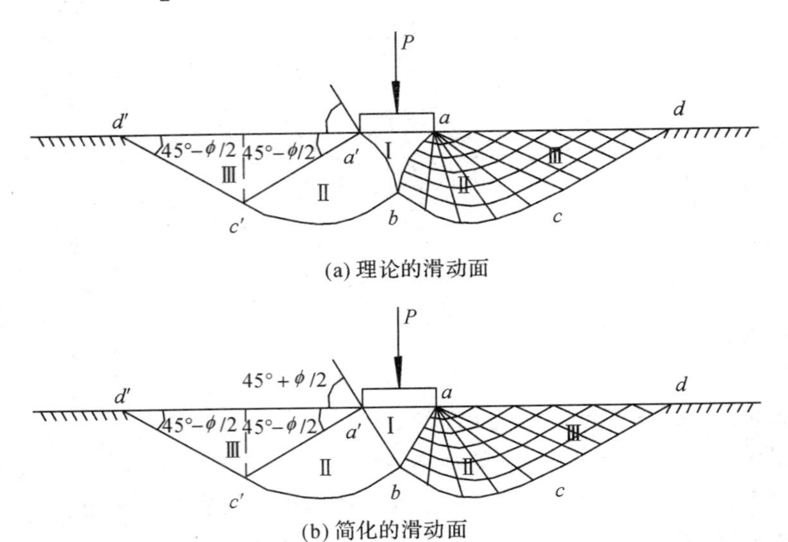

图 8-9　太沙基承载力理论假设的滑动面

在中心荷载作用下地基处于极限平衡时，条形基础上的总极限荷载 p_u 必将与下列各力平衡：

(1) 土楔 aba' 的自重，其值为 $\gamma b_1^2\tan\varphi$（此处 b_1 为基础宽度之半）；

(2) 土楔斜面 ab 上作用的内聚力 $c_a=\frac{b_1 c}{\cos\varphi}$ 在垂直向的分力，其值为 $cb_1\tan\varphi$，斜面 $a'b$ 上亦同。

(3) Ⅱ区、Ⅲ区的土滑动时，对斜面 ab 的被动土压力，其值为 E_p，方向与斜面的法线成 φ 角，即为铅直向，斜面 $a'b$ 上亦同。

各力的平衡关系如下式：

$$p_u+\gamma b_1^2\tan\varphi-E_p/b_1 2b_1 c\tan\varphi=0 \tag{8-18}$$

如式中 E_p 已知，则可解得 p_u。太沙基按挡土墙压力理论，将斜面 ab 当作挡土墙面，曲面 bce 以内的土体作为墙后滑动土体，求出被动土压力 E_p，将 E_p 代入式(8-18)中，整理后得到单位面积上的极限荷载 p_u 如下式：

$$p_u=cN_c+\gamma_0 dN_q+\frac{1}{2}\gamma bN_r \tag{8-19}$$

式中：N_c、N_q、N_γ——无量纲的承载力系数，仅与土的内摩擦角 φ 有关，如图 8-10 中的实线或者表 8-2 可得。

式(8-19)适用于基底粗糙的条形基础，且用于整体剪切破坏情况。

对于局部剪切破坏的情况（软黏土和松砂），太沙基根据应力-应变的资料建议用经验的方法调整抗剪强度指标 c 和 φ，即用

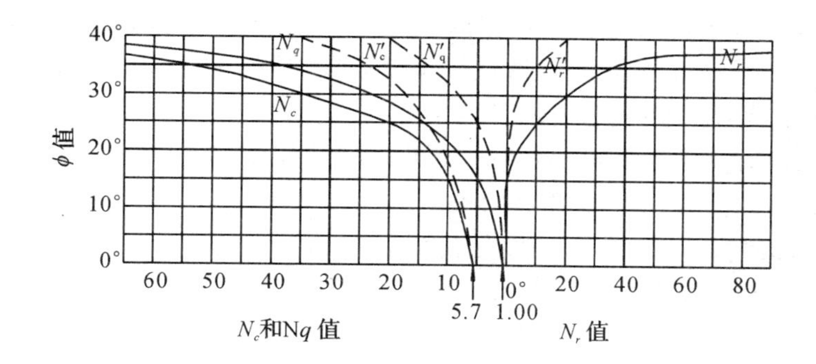

图 8-10　承载力因数 N_c、N_q、N_r 值
（引自 Terzaghi，1967 年）

表 8-2　太沙基公式的承载力系数

φ(°)	N_γ	N_q	N_c	φ(°)	N_γ	N_q	N_c
0	0	1.00	5.7	22	6.5	9.17	20.2
2	0.23	1.22	6.5	24	8.6	11.4	23.4
4	0.39	1.48	7.0	26	11.5	14.2	27.0
6	0.63	1.81	7.7	28	15	17.8	31.6
8	0.86	2.2	8.5	30	20	22.4	37.0
10	1.20	2.68	9.5	32	28	28.7	44.4
12	1.60	3.32	10.9	34	36	36.6	52.8
14	2.20	4.00	12.0	36	50	47.2	63.6
16	3.0	4.91	13.6	38	90	61.2	77.0
18	3.9	6.04	15.5	40	130	80.5	94.8
20	5.0	7.42	17.6				

$$\bar{c}=\frac{2}{3}c$$

$$\bar{\varphi}=\arctan\left(\frac{2}{3}\tan\varphi\right) \tag{8-20}$$

代替式(8-19)中的 c 和 φ。对于这种情况，极限承载力采用下式计算：

$$p_u=\frac{2}{3}c\,N'_c+q\,N'_q+\frac{1}{2}\gamma b\,N'_\gamma \tag{8-21}$$

至于方形和圆形基础的情况则属于三维问题，由于数学上的困难，至今还没有从理论上推导出计算公式，太沙基根据一些试验资料建议按以下公式计算。

对于边长为 b 的正方形基础：

整体剪切破坏：$$p_u=1.2cN_c+\gamma_0 dN_q+0.4\gamma bN_r \tag{8-22}$$

局部剪切破坏：$$p_u=0.8c\,N'_c+\gamma_0 d\,N'_q+0.4\gamma b\,N'_r \tag{8-23}$$

对于直径为 b 的圆形基础：

整体剪切破坏：$$p_u=1.2cN_c+\gamma_0 dN_q+0.6\gamma bN_r \tag{8-24}$$

局部剪切破坏：$$p_u=0.8c\,N'_c+\gamma_0 d\,N'_q+0.6\gamma b\,N'_r \tag{8-25}$$

对于矩形基础($b\times l$)可按 b/l 值，在条形基础($b/l=0$)和方形基础($b/l=1$)的承载力之间按插值法求得。

根据太沙基理论求得的是地基极限承载力，通常情况下取它的(1/2～1/3)作为地基承力特征值，这是的 2～3 旧称安全系数或安全度，是一种安全储备，它的取值大小与结构类型、建筑物的重要性、荷载的特性等有关。

【例题 8-1】 有一条形基础，宽度 $b=2.5\text{m}$，埋置深度 $d=1.6\text{m}$，地基土天然重度 $\gamma=19\text{kN/m}^3$，黏聚力 $c=17\text{kPa}$，内摩擦角，问：

(1)问该基础的临塑荷载 p_{cr}、塑性荷载 $p_{1/3}$、$p_{1/4}$ 各为多少？

(2)按太沙基承载力公式计算该基础的地基极限承载力，如果安全系数 $K=2.5$，容许承载力是多少？

【解】(1)根据 $\varphi=20°$，可由式(8-7a)，(8-7b)，(8-10a)，(8-10b)或者表 8.1 可求得相应的 $N_{(1/4)}$、$N_{(1/3)}$、N_d、N_c。

$$N_{(1/4)}=0.51;N_{(1/3)}=0.68,N_q=3.06,N_c=5.66。$$

将 $c=17\text{kPa}$，$\gamma=\gamma_0=19.0\text{kN/m}^3$，$b=2.5$，$d=1.6\text{m}$ 及承载力系数代入式(8-6)，式(8-8)及式(8-9)得：

$$p_{cr}=N_q\cdot\gamma_0 d+N_c\cdot c=19.0\times1.6\times3.06+17.0\times5.66=189.2\text{kPa}$$

$$\begin{aligned}p_{1/4}&=N_{(14)}\gamma\cdot b+N_d\gamma_0 d+N_c\cdot c\\&=19.0\times2.5\times0.51+19\times1.6\times3.06+17.0\times5.66\\&=213.5\text{kPa}\end{aligned}$$

$$\begin{aligned}p_{1/3}&=N_{(13)}\gamma\cdot b+N_q\gamma_0 d+N_c\cdot c\\&=19.0\times2.5\times0.68+19\times1.6\times3.06+17.0\times5.66\\&=222.5\text{kPa}\end{aligned}$$

(2)由 $\varphi=20°$查图 8-10 或者表 8-2 可得：

$$N_c=17.6,N_q=7.42,N_r=5.0$$

由式(8-19)计算极限承载力：

$$\begin{aligned}p_u&=cN_c+\gamma dN_q+\frac{1}{2}\gamma bN_r\\&=17\times17.6+19\times1.6\times7.42+\frac{1}{2}\times19\times2.5\times5.0\\&=643.5\text{kPa}\end{aligned}$$

计算容许承载力：

$$p_a=\frac{p_u}{K}=\frac{643.5}{2.5}=257.4\text{kPa}$$

8.4.3 梅耶霍夫(G. G. Meyerhoff)极限承载力公式

太沙基理论忽略了上覆土的抗剪强度，另外滑动区被假定与基础底面水平线相交，没有延伸到地表面，这与实际的地基破坏情况不符。针对太沙基承载力理论的局限性，梅耶霍夫开展了工作。他假定滑动面延伸到地表面，使地基土的塑性平衡区随地基埋深增加到最大程度。

在中心受压的条形荷载作用下，梅耶霍夫假定滑动面延伸到地表面，滑动面的形状如图 8-11 的曲线 $defgb$ 所示。其中：de—直线；ef—对数螺数；fg—直线；bg—直线；与水平向成 β 角。bg 面上作用的法向与切向应力 σ_0、τ_0 可根据 abg 的平衡求出。

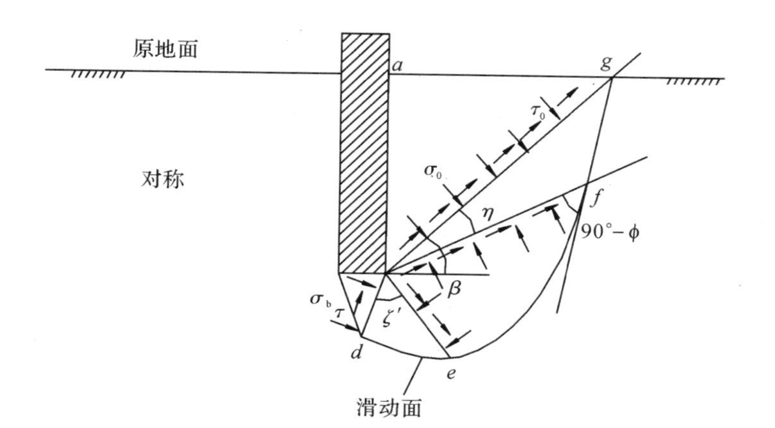

图 8-11　Meyerhoff 公式中假定的滑动面

为了简化推导极限承载力的过程，分为两个步骤：(1)考虑黏聚力和超载，不考虑地基土重度对承载力的影响；(2)考虑地基土重度，不考虑黏聚力和超载对承载力的影响。然后将两部分叠加起来，即可得出地基极限承载力公式。

$$p_u = cN_c + \sigma_0 N_q + \frac{1}{2}\gamma b N_r + \frac{2fd}{b} \tag{8-26}$$

在一般情况下，最后一项与前几项相比，相差较大，可略去不计。故常用下式：

$$p_u = cN_c + \sigma_0 N_q + \frac{1}{2}\gamma b N_r \tag{8-27}$$

式中：N_c、N_q、N_γ——无量纲的梅耶霍夫承载力系数，其值可由 β、φ 查图 8-12 得到。

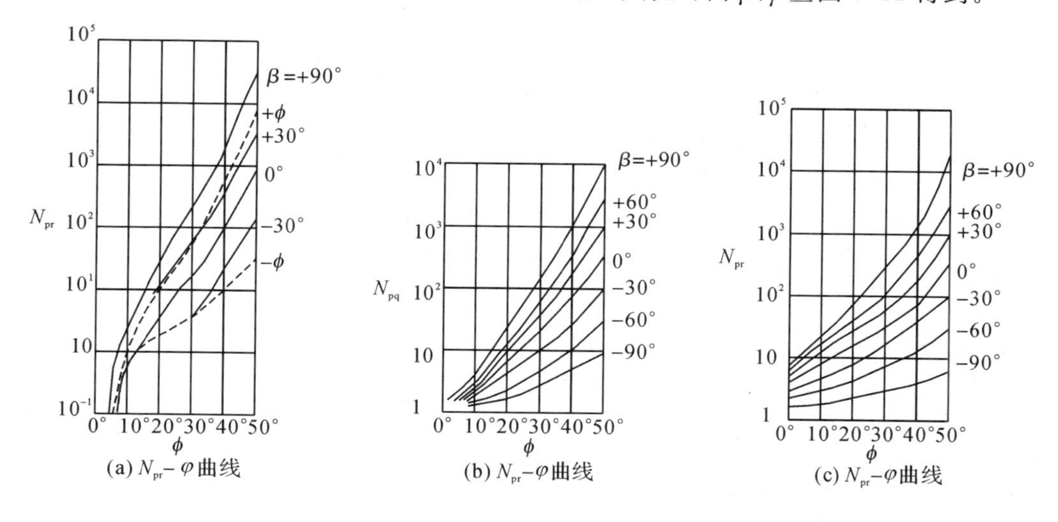

注：m 表示 bg 面抗剪强度发挥系数，$m=1$，表示抗剪强度充分发挥

图 8-12　梅耶霍夫公式中的承载系数(对条形基础，$m=1$)

8.4.4　汉森极限承载力公式

在实际工程中，理想中心荷载作用下的情况不是很多，在许多时候荷载是偏心的甚至是倾斜的，这时基础可能会发生整体剪切破坏也可能水平滑动破坏。其理论破坏模式见图

8-13所示。楔形 ABC 弹性区，在中心荷载时为三角形，偏心荷载时一部分蜕变为圆弧，圆心即为基础的转动中心。随着偏心距及荷载倾斜角的增大，基础下地基滑动土体的范围明显减少。

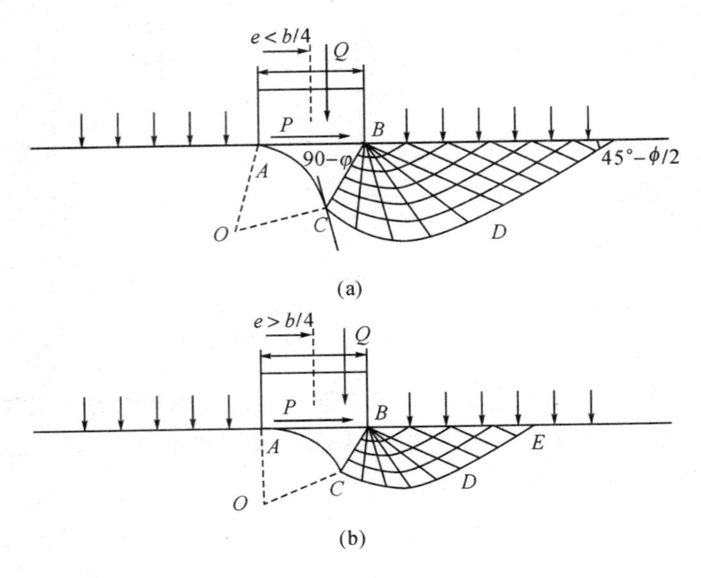

图 8-13　偏心和倾斜荷载作用下的理论滑动图式

偏心荷载与倾斜荷载下承载力公式，同时也可用于中心荷载作用的情况。

Hansen. J. B(汉森)公式的表达式为：

$$p_{uv}=cN_cS_cd_ci_c+qN_qS_qi_q+\frac{1}{2}\gamma_1bN_rS_ri_r \tag{8-28}$$

式中：p_{uv}——地基极限承载力的垂直分力，kN/m^2；

γ_1——基底下持力层的重度，水下用浮重度，kN/m^3；

b——基础宽度，m；

q——基底平面处的在有效旁侧荷载，kN/m^2；

c——土的黏聚力，kN/m^2；

N_c、N_q、N_γ——无量纲的承载力系数，仅与土的内摩擦角 φ 有关，可查表 8-3。

S_c、S_q、S_γ——与基础形状有关的形状系数；

d_q、d_c——与基础埋深有关的深度系数；

i_c、i_q、i_γ——与作用荷载倾斜有关的倾斜系数，根据土的内摩擦角 φ 与荷载倾斜角 δ_0 可查相关参考资料可得，也可由表 8-4 计算获得。当基础中心受压时 $i_c=i_q=i_\gamma=1$。

形状系数按下列近似公式计算：

$$S_q=S_c=1+0.2\frac{b}{l}$$

$$S_\gamma=1-0.4\frac{b}{l} \tag{8-29}$$

式中：l——基础长度，m。

对于条形基础：$S_q=S_c=S_\gamma=1$

深度系数按下列近似公式计算：

$$d_q=d_c=1+0.35\frac{d}{b} \tag{8-30}$$

若地基土在滑动面范围内由 n 层土组成，各土层的抗剪强度相差不太悬殊，则可按加权平均求得抗剪强度指标及重度，然后代入式(8-28)计算地基承载力。

表 8-3　汉森公式的承载力系数

φ(°)	N_γ	N_q	N_c	φ(°)	N_γ	N_q	N_c
0	5.14	1.00	0	24	19.33	9.61	6.90
2	5.69	1.20	0.01	26	22.25	11.83	9.53
4	6.17	1.43	0.05	28	25.80	14.71	13.13
6	6.82	1.72	0.14	30	30.15	18.40	18.09
8	7.52	2.06	0.27	32	35.50	23.18	24.95
10	8.35	2.47	0.47	34	42.18	29.45	34.54
12	9.29	2.97	0.76	36	50.61	37.77	48.08
14	10.37	3.58	1.16	38	61.36	48.92	67.43
16	11.62	4.33	1.72	40	75.36	64.23	95.51
18	13.09	5.25	2.49	42	93.69	85.36	136.72
20	14.83	6.40	3.54	44	118.41	115.35	198.77
22	16.89	7.82	4.96	45	133.86	134.86	240.95

表 8-4　荷载倾斜修正系数 i_c、i_q、i_γ

系数 / 公式来源	i_c	i_q	i_γ
汉森	$\varphi=0°$ $0.5+0.5\sqrt{1-\frac{H}{cA}}$ $\varphi>0°$：$i_q-\frac{1-i_q}{N_c\tan\varphi}$	$\left(1-\frac{0.5H}{N+cA\cot\varphi}\right)^5>0$	水平基度：$\left(1-\frac{0.7H}{N+cA\cot\varphi}\right)^5>0$ 倾斜基底： $\left(1-\frac{(0.7-\eta/45°)H}{N+cA\cot\varphi}\right)^5>0$

8.4.5　魏锡克极限承载力公式

魏锡克综合了以上各种情况，考虑荷载倾斜、偏心、基础形状、地面倾斜、基底倾斜等的影响，提出了修正的承载力公式。

$$p_{uv}=cN_cS_cd_ci_c+qN_qS_qi_q+\frac{1}{2}\gamma_1bN_rS_rd_ri_r \tag{8-31}$$

式中：N_c、N_q、N_γ——无量纲的承载力系数，滑动面形状与 $\beta=0$ 时的梅耶霍夫的假设相同，系数查表 8-5；

d_r——与深度有关的系数，是考虑埋深范围内土抗剪强度而提高的系数。

表 8-5　魏锡克承载力系数表

φ	N_c	N_q	N_γ	N_q/N_γ	$\tan\varphi$	φ	N_c	N_q	N_γ	N_q/N_γ	$\tan\varphi$
0	5.14	1.00	0.00	0.20	0.00	26	22.25	11.85	12.54	0.53	0.49
1	5.28	1.09	0.07	0.20	0.02	27	23.94	13.20	14.47	0.55	0.51
2	5.63	1.20	0.15	0.21	0.03	28	25.80	14.72	16.72	0.57	0.53
3	5.90	1.31	0.27	0.22	0.05	29	27.86	16.44	19.34	0.59	0.55
4	6.19	1.43	0.34	0.23	0.07	30	30.14	18.40	22.40	0.61	0.58
5	6.49	1.57	0.45	0.24	0.09						
6	6.81	1.72	0.57	0.25	0.11	31	32.67	20.63	25.99	0.63	0.60
7	7.16	1.88	0.71	0.26	0.12	32	35.49	23.18	30.22	0.65	0.62
8	7.53	2.06	0.86	0.27	0.14	33	38.64	26.09	35.19	0.68	0.65
9	7.92	2.25	1.03	0.28	0.16	34	42.16	29.44	41.06	0.70	0.67
10	8.35	2.47	1.22	0.30	0.18	35	46.12	33.30	468.03	0.72	0.70
11	8.80	2.71	1.44	0.31	0.19	36	50.59	37.95	56.31	0.75	0.73
12	9.28	2.97	1.60	0.32	0.21	37	53.63	42.92	66.19	0.77	0.75
13	9.81	3.26	1.97	0.33	0.23	38	61.35	48.93	78.03	0.80	0.78
14	10.37	3.59	2.29	0.35	0.25	39	67.87	55.96	92.25	0.82	0.81
15	10.98	3.94	2.65	0.36	0.27	40	75.31	64.20	109.41	0.85	0.84
16	11.63	4.34	3.06	0.37	0.29	41	83.86	73.90	130.22	0.88	0.87
17	12.34	4.77	3.53	0.39	0.31	42	93.71	85.38	155.55	0.91	0.90
18	13.10	5.26	4.07	0.40	0.32	43	105.11	99.02	186.54	0.94	0.93
19	13.93	5.80	4.68	0.42	0.34	44	118.37	115.31	224.64	0.97	0.97
20	14.83	6.40	5.39	0.43	0.36	45	133.88	134.88	271.76	1.01	1.00
21	15.82	7.07	6.20	0.45	0.38	46	152.10	158.51	330.35	1.04	1.04
22	16.88	7.82	7.13	0.46	0.40	47	173.64	187.21	403.67	1.08	1.07
23	18.05	8.66	8.20	0.48	0.42	48	199.26	222.31	496.01	1.12	1.11
24	19.32	9.60	9.44	0.50	0.45	49	299.93	265.51	613.16	1.15	1.15
25	20.72	10.66	10.88	0.51	0.47	50	266.89	319.07	762.89	1.20	1.19

8.4.6　承载力公式的若干问题

8.4.6.1　各种承载力公式的异同点

由承载力公式(8-11)可知，承载力由三部分组成：第一部分为基础宽度与所在土层重度的影响；第二部分为基础埋深的影响；第三部分为地基土黏聚力的作用。因此，可简单地由这三个决定因素来判别地基承载力的大小。

由于各种承载力理论都是在一定的假设前提下导出的，它们之间的结果不尽相同，各公式承载力系数如表 8-6 所示。从表可知，梅耶霍夫公式考虑了旁载的抗剪强度与基础的摩擦作用，其值最大；太沙基考虑基底摩擦，其值次之；魏锡克和汉森假定基底光滑，其值最小。

梅耶霍夫公式考虑了旁载的抗剪强度、侧土与基础的摩擦，理论上相对合理，但计算繁杂。太沙基得到的是基底完全粗糙假定情况下的解答，局部剪切的修正也偏小。汉森和魏锡克公式假定基底光滑，计算结果偏小，偏安全。

表 8-6　承载力系数比较表

N 值	φ	0°	10°	20°	30°	40°	45°
N_c	梅耶霍夫公式	—	10.00	18.00	39.00	100.00	185.00
	太沙基公式	5.70	9.10	17.30	36.40	91.20	169.00
	魏锡克公式	5.14	8.35	14.83	30.14	75.32	133.87
	汉森公式	5.14	8.35	14.83	30.14	75.32	133.87
N_q	梅耶霍夫公式	—	3.00	8.00	27.00	85.00	190.00
	太沙基公式	1.00	2.60	7.30	22.00	77.50	170.00
	魏锡克公式	1.00	2.47	6.40	18.40	64.20	134.87
	汉森公式	1.00	2.47	6.40	18.40	64.20	134.87
N_r	梅耶霍夫公式	—	0.75	5.50	25.50	135.00	330.00
	太沙基公式	0	1.20	4.70	21.00	130.00	330.00
	魏锡克公式	0	1.22	5.39	22.40	109.41	271.76
	汉森公式	0	0.47	3.54	18.08	95.45	241.00

8.4.6.2　极限承载力的特征值

地基极限承载力 p_u 与安全系数 k 之比，称为地基承载力的特征值(旧称地基允许承载力或基承载力的标准值)，记为 f_a：

$$f_a = q_u / k \tag{8-32}$$

式中：k 为安全系数。

安全系数与多种因素有关，主要有勘察的程度、抗剪强度试验和整理方法、建筑物类型与特征、荷载组合，选用的理论公式等，目前尚无统一的标准。太沙基公式适用的安全系数为 2～3。汉森适用的安全系数见表 8-7。魏锡克公式适用安全系数见表 8-8。

表 8-7　汉森公式安全系数表

土或荷载条件	F_s
无黏性土	2.0
黏性土	3.0
瞬时荷载(如风、地需和相当的活荷载)	2.0
静荷载或者长时期的活荷载	2 或 3(视土样而定)

表 8-8　魏锡克公式安全系数

种类	典型建筑物	所属的特征	土的查勘	
			完全、彻底的	有限的
A	铁路桥 仓库 高炉 水工建筑 土工建筑	最大设计荷载极可能经常出现；破坏结果的灾难性的	3.0	4.0
B	公路桥	最大设计荷载可能偶然出现；破坏结果是严重的	2.5	3.5
	较工业和公共建筑		2.0	3.0
C	房屋和办公建筑	最大设计荷载不可能出现	2.0	3.0

注：①对于临时性建筑物，可以将表中数值降低至 75%，但不得使安全系数低于 2.0 来使用。
②对于非常高的建筑物，例如烟囱和塔，或者随时可能发展成为承载力破坏危险的建筑物，表中数值将增加 20%～30%。
③如果基础设计是由沉降控制的，必须采用高的安全系数。

8.5 地基承载力的确定方法

从上述研究得知,浅基础地基承载力设计值除了与土的抗剪强度参数有关之外,还与基础的形状和埋深有关。其中,还牵涉到设计安全度的概念。

8.5.1 地基承载力的设计原则

为了满足地基强度和稳定性的要求,设计时必须控制基础底面的压力不得大于某一界限值,按照不同的设计思想,可以从不同的角度设置控制安全准则的界限值。

地基承载力设计可以按三种不同的原则进行,即容许承载力设计原则、总安全系数设计原则和概率极限状态设计原则。不同的设计原则遵循各自的安全准则,按不同的规则和不同的公式进行设计。

1)容许承载力设计原则

容许承载力设计原则是我国最常用的方法,亦已积累了丰富的工程经验。我国交通部发布的《公路桥涵地基与基础设计规范》(JTGD63—2007)(以下简称《路桥地基规范》)就是一本采用容许承载力设计原则的最典型的设计规范,还有一大批地方规范也采用容许承载力设计原则。

按照我国的设计习惯,容许承载力一词实际上包括了两种概念。一种仅指取用的承载力满足强度与稳定性的要求,在荷载作用下地基土尚处于弹性状态或仅局部出现了塑性,取用的承载力值距极限承载力有足够的安全度;另一种概念是指不仅满足强度和稳定性的要求,同时还必须满足建筑物容许变形的要求,即同时满足强度和变形的要求。前一种概念完全限于地基承载力能力的取值问题,是对强度和稳定性的一种控制标准,是相对于极限承载力而言的;后一种概念是对地基设计的控制标准,地基设计必须同时满足强度和变形两个要求,缺一不可。显然,这两个概念说的并不是同一个范畴的问题,但由于都使用了“容许承载力”这一术语,容易混淆概念。在本书里所说的“容许承载力”都是指地基的强度和变形要求而言的,指的是在地基土的压力变形曲线线性变形段内相应于不超过比例界限点的地基压力值,其设计表达式为

$$p \leqslant [f_a] \tag{8-33}$$

式中:p——基础底面的平均压力 kPa;

$[f_a]$——地基容许承载力,kPa。

地基容许承载力可以由载荷试验求得,也可以用理论公式计算。可以根据土层的特点和设计需要采用不同的取值标准;用理论公式时也可根据需要采用临塑荷载公式或临界荷载公式进行计算。

2)安全系数设计原则

容许承载力已经隐含着保证安全度的安全系数,在设计表达式中并不出现安全系数。如果将安全系数作为控制设计的标准,在设计表达式中出现的极限承载力设计方法,称为安全系数设计原则。为了与后面的分项安全系数相区别,通常称为总安全系数设计原则,其设计表达式为

$$p \leqslant \frac{p_u}{K} \tag{8-34}$$

式中：p_u 为地基极限承载力 kPa；K 为总安全系数。

地基极限承载力也可由载荷试验求得或用理论公式计算。我国有些规范采用极限荷载公式，但积累的工程经验不太多；国外普遍采用极限荷载公式，其安全系数一般取 2～3。

3）概率极限状态设计原则

国际标准《结构可靠性总原则》(ISO2394)对土木工程领域的设计采用了以概率理论为基础的极限状态设计方法。我国为了与国际接轨，从 20 世纪 80 年代开始在建筑工程领域内使用概率极限状态设计原则，现行的《建筑地基基础设计规范》(GB50007—2002)就是按这一原则要求来制定的。

《建筑地基基础设计规范》虽然采用概率极限状态设计原则确定地基承载力采用特征值，但由于在地基基础设计中有些参数因为统计的困难及统计资料的不足，在很大程度在还需凭经验确定。

8.5.2 《建筑地基基础设计规范》(GB50007—2002)的地基承载力特征值

地基承载力特征值指由载荷试验测定的地基土压力变形曲线线性变形段内规定的变形所对应的压力值，其最大值为比例界限值。地基承载力特征值可由载荷试验或其他原位测试、公式计算、并结合工程实践经验等方法综合确定。

1）按荷载试验确定地基土的承载力特征值

在现场通过一定尺寸的载荷板对扰动较少的地基土体直接施加荷载，所测得的结果一般能反映相当 1～2 倍荷载板宽度的深度以内土体的平均性质。这样大的影响范围为许多其他测试方法所不及。载荷试验虽然比较可靠，但费时、耗资而不能多做，规范只要求对地基基础设计等级为甲级的建筑物采用荷载试验、理论公式计算及其他原位试验等方法综合确定。对于成分或结构很不均匀的土层，如杂填土、裂隙土、风化岩等，载荷试验则显出用别的方法所难以代替的作用。有些规范中的地基承载力表所提供的经验性数据也是以静荷载试验成果为基础的。

根据浅层平板载荷试验确定地基承载力特征值时应符合下列规定：

(1)当 p-s 曲线上有比例界限时，取该比例界限所对应的荷载值；

(2)当极限荷载小于对应比例界限的荷载值的 2 倍时，取极限荷载值的一半；

(3)当不能按上述二款要求确定时，当压板面积为 0.25～0.50m^2，可取 $s/b=0.01$～0.015所对应的荷载，但其值不应大于最大加载量的一半。

同一土层参加统计的试验点不应少于三点，当试验实测值的极差不超过其平均值的30%时，取此平均值作为该土层的地基承载力特征值 f_{ak}。

除了载荷试验外，静力触探、动力触探、标准贯入试验等原位测试，在我国已经积累了丰富经验，《建筑地基基础设计规范》(GB50007—2002)允许将其应用于确定地基承载力特征值。但是强调必须有地区经验，即当地的对比资料，还应对承载力特征值进行基础宽度和埋置深度修正。同时还应注意，当地基基础设计等级为甲级和乙级时，应结合室内试验成果综合分析，不宜单独应用。

2)按《建筑地基基础设计规范》(GB50007—2002)推荐的理论公式确定

对于荷载偏心距 $e \leqslant 0.033b$(b 为偏心方向基础边长)时，浅基础地基的界限荷载 $p_{\frac{1}{4}}$ 为基础的理论公式计算地基承载力特征值：

$$f_a = M_b \gamma b + M_d \gamma_m d + M_c c_k \tag{8-35}$$

式中：f_a——由土的抗剪强度指标确定的地基承载力特征值，kPa；

M_b、M_d、M_c——承载力系数，根据 φ_k 按表 8-9 查取；

b——基础底面宽度，m，大于 6m 时按 6m 取值，对于砂土，小于 3m 时按 3m 取值；

φ_k、c_k——基底下一倍短边宽度的深度范围内土的内摩擦角和内黏聚力标准值，kPa；

γ——基础底面以下土的重度，地下水位以下取浮重度，kN/m^3；

γ_m——基础埋深范围内各层土的加权平均重度，地下水位以下取浮重度，kN/m^3；

d——基础埋置深度，m，当 d<0.5m 时按 0.5m 取值，一般自室外地面标高算起。

表 8-9　承载力系数 M_b、M_d、M_c

土的内摩擦角标准值 φ_k(°)	M_b	M_d	M_c
0	0	1.00	3.14
2	0.03	1.12	3.32
4	0.06	1.25	3.51
6	0.10	1.39	3.71
8	0.14	1.55	3.93
10	0.18	1.73	4.17
12	0.23	1.94	4.42
14	0.29	2.17	4.69
16	0.36	2.43	5.00
18	0.43	2.72	5.31
20	0.51	3.06	5.66
22	0.61	3.44	6.04
24	0.80	3.87	6.45
26	1.10	4.37	6.90
28	1.40	4.93	7.40
30	1.90	5.59	7.95
32	2.60	6.35	8.55
34	3.40	7.21	9.22
36	4.20	8.25	9.97
38	5.00	9.44	10.80
40	5.80	10.84	11.73

注：φ_k 为基底下一倍短边宽深度内土的内摩擦角标准值。

思考题

8-1　地基破坏的类型有哪些？各有什么特点？

8-2　临塑荷载、界限荷载和极限荷载之间有什么关系？

8-3　推导临塑荷载时做了哪些假设？推导方法有什么缺陷？

8-4　地下水位的升降对地基有哪些影响？

8-5 影响地基承载力的因素有哪些？是如何影响的？

8-6 为什么用条形基础推导出的极限荷载计算公式若用于方形基础偏于安全？地基的极限荷载是否可作为地基承载力？

8-7 如何防止地基发生强度破坏？

习 题

8-1 一条形基础，宽 1.5m，埋深 1.0m。地基土层分布为：第一层素填土，厚 0.8m，密度 1.80g/cm^3，含水量 35%；第二层黏性土，厚 6m，密度 1.82g/cm^3，含水量 38%，土粒相对密度 2.72，土黏聚力 10kPa，内摩擦角 13°。求该基础的临塑荷载 p_{cr}，塑性荷载 $p_{1/3}$ 和 $p_{1/4}$？若地下水位上升到基础底面，假定土的抗剪强度指标不变，其 p_{cr}、$p_{1/3}$、$p_{1/4}$ 相应为多少？据此可得到何种规律？

8-2 条形基础宽宽度 $b=2.5$m，埋置深度 $d=2$m，基础持力层的地基土天然重度 $\gamma=17.5$kN/m^3，黏聚力 $c=12$kPa，内摩擦角 $\varphi=15°$，试按太沙基承载力公式计算该基础的地基极限承载力。

8-3 某工程设计采用天然地基，浅埋矩形基础。基础底面长 3.00m，宽 1.50m，基础埋深 $d=1.20$m，地基为粉质黏土，天然重度 $\gamma=18.50$kN/m^3，黏聚力 $c=8$kPa，内摩擦角 $\varphi=30°$，地下水为埋深 8.90m。荷载倾斜角(1)$\delta_0=5°42'$；(2)$\delta_0=16°42$，试用汉森理论计算地基的极限荷载。

第9章　土的动力特性

9.1　概　　述

同样的土在慢速加载和冲击加载时表现出的强度不同。同样，平时支持上部结构的地基静承载力与地震时地基的动承载力也是不同的。

当荷载的大小、方向、作用位置随时间而变化，而且对作用体系所产生的动力效应不能忽略时，这种荷载就被称为动荷载。动荷载一般可以分为急速荷载、循环荷载和振动荷载三种类型。

土体承受急速荷载的情况有填土等的急速施工、施工机械快速通过等，其极端情况是冲击荷载。常见的冲击荷载有地基处理中爆破工法所产生的爆破力、打桩锤击时的冲击力等。

循环荷载最常见的就是汽车、火车产生的循环荷载。循环荷载作用下，在地基产生沉降的同时，其弹性模量、强度也发生变化。

一些机械设备的基础会将上部的机械振动向地基土中传播，引起地基的变形，有时还会产生共振现象。地震时，桩基础、沉箱基础等基础的振动方式与地基土的振动方式会有所不同，因此在计算这些基础构造物的变形与振动周期时我们必须了解地基土的动力特性。此外，地震时土的抗剪强度会降低，引起地基土的剪切破坏，从而发生建筑倾倒、边坡失稳等。对于饱和砂土地基还容易产生液化现象，造成建筑发生下沉，以及地中的中空管路上浮。

当前，由于我国城市化的快速推进，城市近接施工、高速铁路、高速公路、地铁等建设项目都与土的动力特性密切相关。

9.2　土的动力特性

9.2.1　急速荷载下土的特性

在高含水量的软土中慢速地将手指插入时，会感到比较小的抵抗力，而当快速将手指插入时，可以明显感到阻力增大。这反映了加荷速度对土抵抗力的影响。加荷速度对黏性土与砂性土的影响不同，一般说来对砂性土的影响要小一些。

9.2.1.1　砂性土

图9-1反映了不同加载时间对三轴强度的影响。横坐标为达到最大强度时的加载时间。可以看出，急速加载与慢速加载差别不大。饱和砂土的情况也类似，急速加载的影响较小。当饱和砂土中含有一些细粒土时，急速加载会使得强度提升15％～20％。

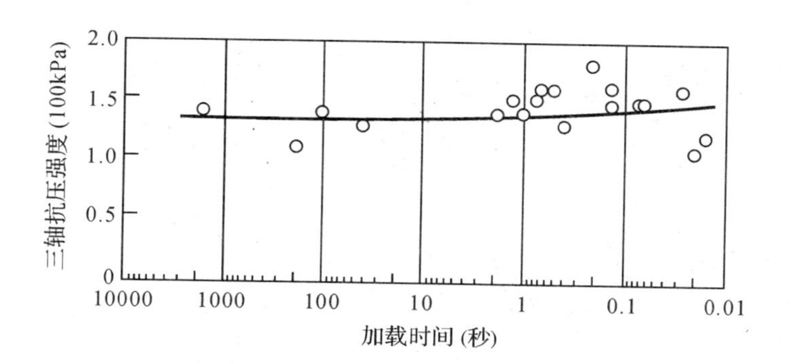

图 9-1　加载速度的影响(干砂)

9.2.2.2　黏性土

对于黏性土急速加载会使得强度增大,如图 9-2 所示。增大的比例与含水量相关,一般来说含水量,低增大的程度较高。土的变形模量在急速加载时也会增大。这种加载速度增大时引起的强度与变形模量增大的现象称作应变速度效应。

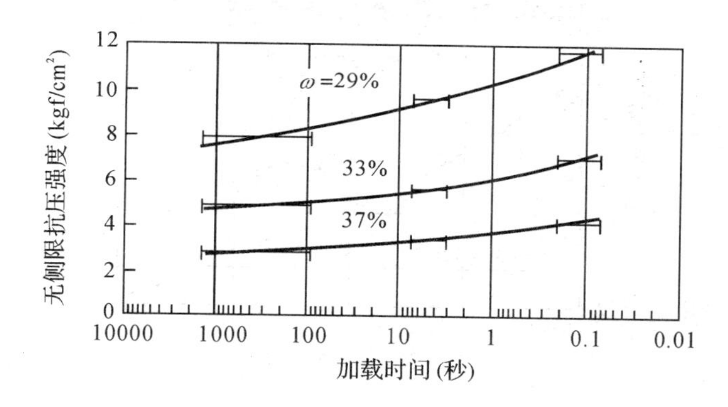

图 9-2　加载速度的影响(黏性土)

9.2.2　循环荷载下土的特性

当承受交通荷载这类循环荷载时,土的强度与变形系数都会发生变化。对于砂性土来说,循环荷载的影响不大。但随着细粒土的增加,影响变得比较复杂。实际道路上由于车轮荷载的大小、持续时间、周期等因素十分复杂,在相关的基础设计分析中把握循环荷载下土的特性十分重要。

循环荷载下土的应力应变关系可参照图 9-3。荷载在 σ_0 与零之间循环变化,应变分为可恢复的弹性应变 ε_{ei} 与不可恢复的残留应变 ε_{pi}。随着荷载的每一个循环,弹性应变与残留应变值减少,但残留应变的累积量不断增大。此外,随着循环次数的增加,可以看出荷载与应变曲线的斜率不断增大,说明了循环次数的增加使得土体的变形抵抗力增大。

图 9-4 为击实黏土的荷载循环次数与残留应变的试验结果。该实验结果显示了高含水量的土随着加载循环的增加,残留应变会急剧增大。图 9-5 显示了荷载循环次数与弹性变形模量的关系。含水量越低,随着循环次数的增加,变形模量会增大。

对事先承受过循环荷载的土样进行无侧限抗压强度试验时,发现循环次数对强度与变

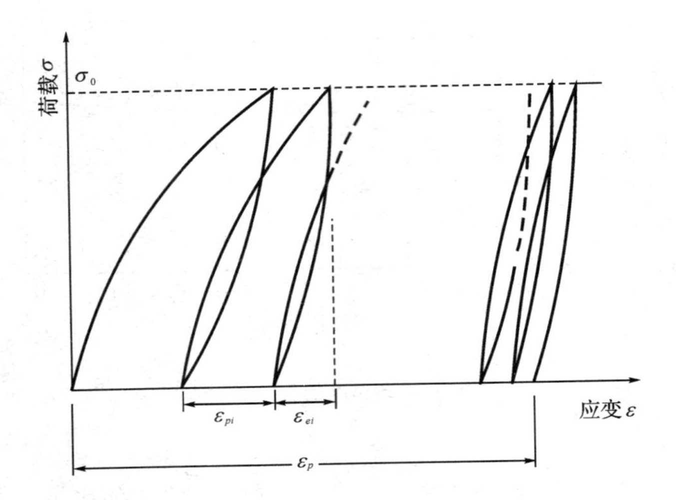

图 9-3　循环荷载下的应变变化

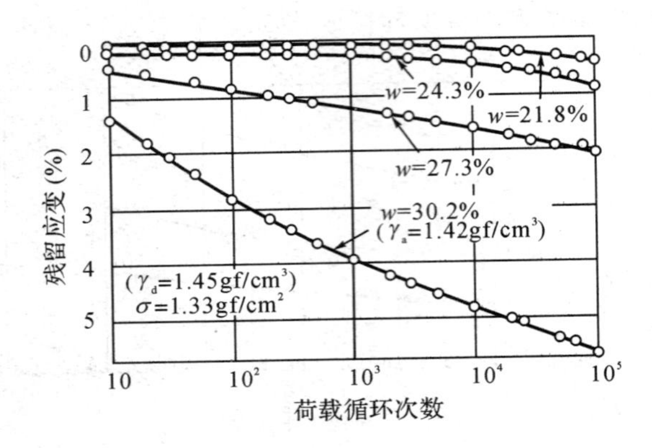

图 9-4　循环荷载下的残留应变的变化

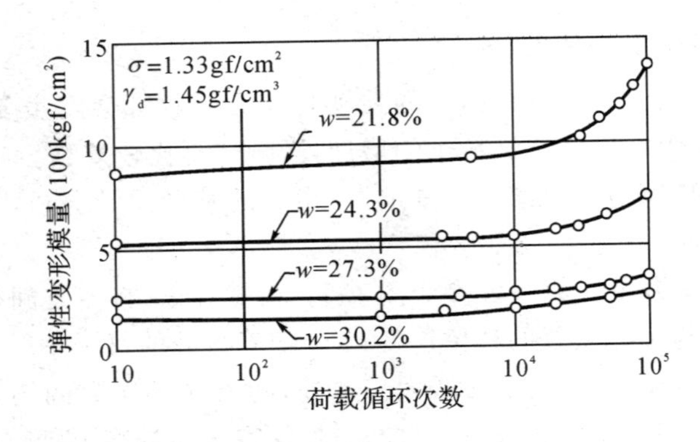

图 9-5　循环荷载下的弹性变形系数的变化

形模量都有影响，见图 9-6。一般循环次数多的土样，其强度与变形模量都会较大，称之为土的硬化现象。

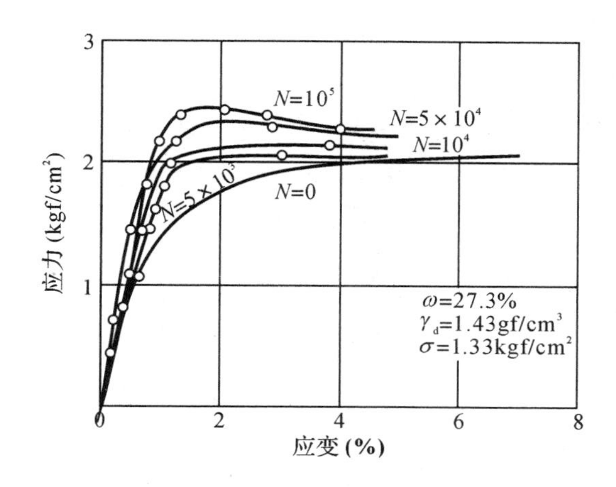

图 9-6　循环荷载下的土的应力应变关系曲线

与此相反，对于含水量特别高的黏性土承受循环荷载时，由于反复揉捏的影响常常使得强度弱化。例如在铁轨接头附近，这种弱化的土在动荷载作用下会通过碎石的缝隙喷出，称之为“喷泥”。

9.3　地　震

9.3.1　概　　述

地震是由大陆板块的碰撞以及岩层破裂、错位、塌陷引起的震动。地震对建筑物的破换作用有：

1）地震力的破坏作用

在 8、9 度区的某些结构应考虑垂直地震力和水平地震力的作用，在其他地区一般只考虑水平向的地震力作用。

2）共振作用

地震时如果建筑物的自振周期与地表土层的周期一致或接近，两者就会发生共振，从而大大增加振动力、振幅和时间，导致建筑物破坏。

3）地基失效

一种表现为土体承受了瞬时过大的地震荷载，或者土体本身强度瞬时降低，导致地基失稳，例如砂土液化、边坡滑移；另一种表现为变形增加导致建筑物过量震陷或者差异震陷。

9.3.2　地震强度

地震的强度通常用两种形式来表示，一种是地震震级，另一种是地震烈度。

地震震级是衡量地震时震源释放出总能量大小的一种度量。一般来说，七级以上的浅源地震可以引起大的灾害，称为大地震；七级以下至五级称为中等地震；小于五级的地震属于小震或微震。

地震烈度是地震后受震地区地面影响和破坏的强烈程度，我国分为 12 度。按照抗震规范，烈度在 5 度以下时建筑物可不设防；6～9 度时按照抗震规范要求设防；10～11 度时抗震设计需进行专门研究。

我国是一个多地震的国家，6 度以上需要抗震设防的地区占国土面积的 79%。表 9-1 为我国一些主要城市的地震基本烈度表。

表 9-1　我国主要城市基本烈度

6 度	上海、常州、温州、铜陵、宁波、芜湖、南昌、哈尔滨、杭州、淮北、福州、济南、无锡、南通、深圳、重庆、南宁、洛阳、郑州、武汉、青岛
7 度	邯郸、抚顺、大连、厦门、天津、张家口、沈阳、锦州、长春、南京、连云港、泉州、鞍山、徐州、淮南、石家庄、秦皇岛、丹东、合肥、九江、漳州、成都、广州、昆明、拉萨、乌鲁木齐、烟台、北海、德州、湛江、珠海、焦作、自贡、宝鸡、西宁
8 度	北京、大同、呼和浩特、太原、唐山、包头、安阳、兰州、汕头、咸阳、西安、天水、银川、三门峡、嘉峪关、石嘴山、海口
9 度	西昌、下关、东川

9.4　液　化

9.4.1　液化原因

当砂土受到震动时，土颗粒处于运动状态，在惯性力作用下，砂土有增密的趋势，如孔隙水来不及排出，孔压上升，使得有效应力减小。当有效应力下降至零时，完全丧失抗剪强度。此时土粒处于失重状态，可随水流动，土成为液态，称之为液化。地震、波浪、车辆、机器振动、打桩及爆破等都有可能引起饱和砂土或粉土的液化，其中又以地震引起的大面积甚至深层土体的液化危害性最大，它具有危害面广、危害严重等特点，常常造成场地的整体失稳。因此，近年来引起工程界的普遍重视，成为工程抗震设计的重要内容之一。

9.4.2　液化危害类型

(1)喷水冒砂。也叫“砂沸”，地震在土体内部积累了很高的孔隙水压力，这些压力较高的孔隙水会通过裂隙喷涌而出，并将土粒携带出来，会造成地面不均匀沉降，见图 9-7。

图 9-7　砂沸

2)震陷。液化时喷水冒砂带走了大量的土粒,地基产生不均匀沉陷,使建筑物倾斜、开裂甚至倒塌。

3)滑坡。在边坡中的饱和粉细砂或粉土层,由于液化而丧失抗剪强度,使边坡失去稳定,沿着液化层滑动,形成滑坡。

4)地下结构上浮。贮灌、管道、无上部结构的地下室等地下结构可能在周围土体液化后上浮,从而使这些设施受到严重破坏。

9.4.3 液化判别方法

《建筑抗震设计规范》(GB50011—2001)规定了饱和砂土和饱和粉土(不含黄土)的液化判别及地基处理原则,当地震烈度为 6 度时,一般情况下可不进行判别和处理,但对液化沉陷敏感的乙类建筑可按 7 度的要求进行判别和处理,7~9 度时,乙类建筑可按本地区抗震设防烈度的要求进行判别和处理。

饱和的砂土或粉土(不含黄土),当符合下列条件之一时,可初步判别为不液化或可不考虑液化影响:

1)地质年代为第四纪晚更新世(Q_3)及其以前时,7、8 度时可判为不液化。

2)粉土的黏粒(粒径小于 0.005mm 的颗粒)含量百分率,7 度 8 度和 9 度分别不小于 10、13、和 16 时,可判为不液化土。

注:用于液化判别的黏粒含量系采用六偏磷酸钠作分散剂测定,采用其他方法时应按有关规定换算。

3)天然地基的建筑,当上覆非液化土层厚度和地下水位深度符合下列条件之一时,可不考虑液化影响:

$$d_u > d_0 + d_b - 2 \tag{9-1}$$

$$d_w > d_0 + d_b - 3 \tag{9-2}$$

$$d_u + d_w > 1.5d_0 + 2d_b - 4.5 \tag{9-3}$$

式中:d_w——地下水位深度,m,宜按设计基准期内年平均最高水位采用,也可按近期内年最高水位采用;

d_u——上覆盖非液化土层厚度,m,计算时宜将淤泥和淤泥质土层扣除;

d_b——基础埋置深度,m,不超过 2m 时应采用 2m;

d_0——液化土特征深度,m,可按表 9-2 采用。

表 9-2 液化特征深度(m)

饱和土类别	7 度	8 度	9 度
粉土	6	7	8
砂土	7	8	9

当初步判别认为需进一步进行液化判别时,应采用标准贯入试验判别法判别地面下 15m 深度范围内的液化;当采用桩基或埋深大于 5m 的深基础时,尚应判别 15~20m 范围内土的液化。当饱和土标准贯入锤击数(未经杆长修正)小于液化判别标准贯入锤击数临界值时,应判为液化土。当有成熟经验时,尚可采用其他判别方法。

在地面下 15m 深度范围内,液化判别标准贯入锤击数临界值可按下式计算:

$$N_{cr} = N_0 [0.9 + 0.1(d_s - d_w)] \sqrt{3/\rho_c} \qquad d_s \leqslant 15 \tag{9-4}$$

在地面下 15～20m 范围内，液化判别标准贯入锤击数临界值可按下式计算：

$$N_{cr}=N_0[2.4-0.1d_s]\sqrt{3/\rho_c} \qquad 15\leqslant d_s\leqslant 20 \tag{9-5}$$

式中：N_{cr}——液化判别标准贯入锤击数临界值；

N_0——液化判别标准贯入锤击数基准值，应按表 9-3 采用；

d_s——饱和土标准贯入点深度(m)；

ρ_c——黏粒含量百分率，当小于 3 或为砂土时，应采用 3。

表 9-3　标准贯入锤击数基准值

设计地震分组	7 度	8 度	9 度
第一组	6(8)	10(13)	16
第二、三组	8(10)	12(15)	18

注：括号内数值用于设计基本地震加速度为 0.15g 和 0.30g 的地区。

对存在液化土层的地基，应探明各液化土层的深度和厚度，按下式计算每个钻孔的液化指数，并按表 4 综合划分地基的液化等级：

$$I_{lE}=\sum_{i=1}^{n}\left(1-\frac{N_i}{N_{cri}}\right)d_iW_i \tag{9-6}$$

式中：I_{lE}——液化指数；

n——在判别深度范围内每一个钻孔标准贯入试验点的总数；

N_i、N_{cri}——分别为 i 点标准贯入锤击数的实测值和临界值，当实测值大于临界值时应取临界值的数值；

d_i——i 点所代表的土层厚度(m)，可采用与该标准贯入试验点相邻的上、下两标准贯入试验点深度差的一半，但上界不高于地下水位深度，下界不深于液化深度；

W_i——i 土层单位土层厚度的层位影响权函数值(单位为 m^{-1})。若判别深度为 15m，当该层中点深度不大于 5m 时应采用 10，等于 15m 时应采用零值，5～15m 时应按线性内插法取值；若判别深度为 20m，当该层中点深度不大于 5m 时应采用 10，等于 20m 时应采用零值，5～20m 时应按线性内插法取值。

表 9-4　液化等级

液化等级	轻微	中等	严重
判别深度为 15m 时的液化指数	$0<I_{lE}\leqslant 5$	$5<I_{lE}\leqslant 15$	$I_{lE}\geqslant 15$
判别深度为 20m 时的液化指数	$0<I_{lE}\leqslant 6$	$6<I_{lE}\leqslant 18$	$I_{lE}\geqslant 18$

9.4.4　抗液化措施

当液化土层较平坦且均匀时，宜按表 9-5 选用地基抗液化措施；若计入上部结构重力荷载对液化危害的影响，可根据液化震陷量的估计适当调整抗液化措施。

不宜将未经处理的液化土层作为天然地基持力层。

全部消除地基液化沉陷的措施，应符合下列要求：

1)采用桩基时，桩端伸入液化深度以下稳定土层中的长度(不包括桩尖部分)，应按计算确定，且对碎石土，砾、粗、中砂，坚硬黏性土和密实粉土尚不应小于 0.5m，对其他非岩石土尚不宜小于 1.5m。

2)采用深基础时，基础底面应埋入液化深度以下的稳定土层中，其深度不应小于 0.5m。

表 9-5 抗液化措施

建筑抗震设防类别	地基的液化等级		
	轻微	中等	严重
乙类	部分消除液化沉陷，或对基础和上部结构处理	全部消除液化沉陷，或部分消除液化沉陷且对基础和上部结构处理	全部消除液化沉陷
丙类	基础和上部结构处理，亦可不采取措施	基础和上部结构处理，或更高要求的措施	全部消除液化沉陷，或部分消除液化沉陷且对基础和上部结构处理
丁类	可不采取措施	可不采取措施	基础和上部结构处理，或其他经济的措施

3)采用加密法(如振冲、振动加密、挤密碎石桩、强夯等)加固时，应处理至液化深度下界；振冲或挤密碎石桩加固后，桩间土的标准贯入锤击数不宜小于液化判别标准贯入锤击数临界值。

4)用非液化土替换全部液化土层。

5)采用加密法或换土法处理时，在基础边缘以外的处理宽度，应超过基础底面下处理深度的 1/2 且不小于基础宽度的 1/5。

部分消除地基液化沉陷的措施，应符合下列要求：

1)处理深度应使处理后的地基液化指数减少，当判别深度为 15m 时，其值不宜大于 4，当判别深度为 20m 时，其值不宜大于 5；对独立基础和条形基础，尚不应小于基础底面下液化土特征深度和基础宽度的较大值。

2)采用振冲或挤密碎石桩加固后，桩间土的标准贯入锤击数不宜小于液化判别标准贯入锤击数临界值。

3)基础边缘以外的处理宽度，应超过基础底面下处理深度的 1/2 且不小于基础宽度的 1/5。

减轻液化影响的基础和上部结构处理，可综合采用下列各项措施：

1)选择合适的基础埋置深度。

2)调整基础底面积，减少基础偏心。

3)加强基础的整体性和刚度，如采用箱基、筏基或钢筋混凝土交叉条形基础，加设基础圈梁等。

4)减轻荷载，增强上部结构的整体刚度和均匀对称性，合理设置沉降缝，避免采用对不均匀沉降敏感的结构形式等。

5)管道穿过建筑处应预留足够尺寸或采用柔性接头等。

液化等级为中等液化和严重液化的河道、现代河滨、海滨，当有液化侧向扩展或流滑可能时，在距常时水线约 100m 以内不宜修建永久性建筑，否则应进行抗滑动验算、采取防土体滑动措施或结构抗裂措施。

注：常时水线宜按设计基准期内年平均最高水位采用，也可按近期年最高水位采用。

地基主要受力层范围内存在软弱黏性土层与湿陷性黄土时，应结合具体情况综合考虑，采用桩基、地基加固处理和对基础和上部结构处理的各项措施，也可根据软土震陷量的估计，采取相应措施。

参考文献

[1] Bishop A W. The principle of effective stress[J]. Teknisk Ukeblad，1959，106(39)：859-863.

[2] Bishop A W and Henkel D J. The measurement of soil properties in the triaxial test [M]. 2nd Ed. London：Edward Arnold Ltd.，1962.

[3] Bowles J E. Foundation analysis and design[M]. 5th Ed. New York：McGraw-Hill，1997.

[4] Craig R F. Craig's soil mechanics[M]. 7th Ed. London：Spon Press，2004.

[5] Das B M. Principles of geotechnical engineering[M]. 7th Ed. Stamford，Connecticut：Cenage Learning，2006.

[6] Henkel D J. The shearing strength of saturated remoulded clays[C].//Research Conference on Shear Strength of Cohesive Soils. New York：American Society of Civil Engineers，1961：533-554.

[7] Kulhawy F H and Mayne P W. Manual on estimating soil properties for foundation design：EPRI-EL-6800，Final Report[R]. Palo Alto，California：Electric Power Research Institute，1990.

[8] Lade P V and de Boer R. The concept of effective stress for soil，concrete and rock [J]. Géotechnique，1997，47(1)：61-78.

[9] Mitchell J K. Fundamentals of soil behavior[M]. New York：John Wiley & Sons，1976.

[10] Schmertmann J H. The undisturbed consolidation behavior of clay[J]. Transactions of the ASCE，1955，120：1201-1227.

[11] Simons N E and Menzies B K. A short course in foundation engineering[M]. 2nd Ed. London：Thomas Telford Limited，2000.

[12] Skempton A W. Effective stress in soils，concrete and rocks[C]. //Pore Pressure and Suction in Soils. London：Butterworths，1961：4-16.

[13] 松冈元. 土力学[M]. 罗汀，姚仰平编译. 北京：中国水利水电出版社，2001.

[14] Terzaghi K. Die Berechnung der Durchl? ssigkeitsziffer des Tones aus dem Verlauf der Hydrodynamischen Spannungserscheinungen[J]. Akademie der Wissenschaften in Wien，Sitzungsberichte，Mathematisch- Naturwissens-chaftliche Klasse，Part Ⅱa，1923，132(3/4)：125-138.

[15] Terzaghi K. Theoretical soil mechanics[M]. New York：John Wiley & Sons，1943.

[16] Terzaghi K and Peck R B. Soil mechanics in engineering practice[M]. 2nd Ed. New York：John Wiley & Sons，1967.

[17] 钱家欢,殷宗泽主编. 土工原理与计算(第二版). 北京:中国水利水电出版社,1996.
[18] 陈仲颐，周景星，王洪瑾. 土力学[M]. 北京：清华大学出版社，1994.
[19] 东南大学,浙江大学,湖南大学,华南理工大学编. 地基与基础(第三版),北京:中国建筑工业出版社,1998.
[20] 东南大学,浙江大学,湖南大学,苏州科技学院编. 土力学,北京:中国建筑工业出版社,2005.
[21] 龚晓南主编. 土力学. 北京:中国建筑工业出版社,2002.
[22] 陈希哲. 土力学地基基础(第4版)[M]. 北京:清华大学出版社,2004.
[23] 张克恭. 刘玉松. 土力学[M]. 北京:中国建筑工业出版社,2001.
[24] 李镜培. 梁发云,赵春风. 土力学[M]. 北京:高等教育出版社,2008.
[25] 赵成刚. 白冰,王运霞等. 土力学原理. 北京:清华大学出版社,2004.
[26] 龚文惠. 土力学[M]. 武汉:华中科技大学出版社,2007.
[27] 卢廷浩. 土力学[M]. 南京:河海大学出版社,2002.
[28] 高大钊. 土力学与基础工程[M]. 北京:中国建筑工业出版社,1999.
[29] 夏建中. 土力学. 北京:中国电力出版社,2006.
[30] 赵树德. 土力学[M]. 北京:高等教育出版社,2001.
[31] 卢廷浩等. 高等土力学[M]. 北京:机械工业出版社,2005.
[32] 肖昭然. 土力学[M]. 郑州:郑州大学出版社,2007.
[33] 席永慧. 土力学与基础工程[M]. 上海:同济大学出版社,2006.
[34] 赵明华. 土力学与基础工程. 武汉:武汉理工大学出版社,2003.
[35] 陈兰云. 土力学及地基基础. 北京:机械工业出版社,2001.
[36] 张倬元,王士天,王兰生等. 工程地质分析原理. 北京:地质出版社;2009.
[37] 孔宪立,石振明主编. 工程地质学. 北京:中国建筑工业出版社,2001年.
[38] 张忠苗主编. 工程地质学. 北京:中国建筑工业出版社,2007.
[39] 尚岳全,王清,蒋军等. 地质工程学. 北京:清华大学出版社,2006.
[40] 张咸恭,王思敬,张倬元主编. 中国工程地质学. 北京:科学出版社,2000.
[41]《工程地质手册》编委会. 工程地质手册. 北京:中国建筑工业出版社,2007.
[42] 中国建筑科学研究院. 建筑地基基础设计规范 GB50007—2002[S]. 北京：中国建筑工业出版社，2002.
[43] 建设部综合勘察研究设计院等. 岩土工程勘察规范(GB50021—2001). 北京:中国建筑工业出版,2002.
[44] 中交公路规划设计院有限公司等. 公路桥涵地基与基础设计规范(JTG D63—2007),北京:人民交通出版社,2007.
[45] 中华人民共和国水利部等. 岩土工程基本术语标准(GB/T 50279—98). 北京:中国计划出版社,1999.
[46] 中华人民共和国水利部等. 土工试验方法标准(GB/T 50123—1999). 北京:中国计划出版社,1999.
[47] 袁聚云,钱建国,张宏鸣,梁发云. 土质学与土力学[M]. 北京:人民交通出版社,2009.
[48] 袁聚云，汤永净. 土力学复习与习题[M]. 上海：同济大学出版社，2010.
[49] 莫海鸿等. 土力学及基础工程学习辅导与习题精解. 北京:中国建筑工业出版社,2006.